# 工程数学

GONGCHENG SHUXUE

主 编

冯志刚

编委会

冯志刚 宋晓平

王卫龙 朱荣平

彭 涛 代国兴

刘 恂 汤 养

王 蓓

江苏大学出版社
JIANGSU UNIVERSITY PRESS
镇 江

## 内容摘要

本书针对成人教育工科专业的特点编写而成，以培养学生运用所学知识解决实际问题的能力为出发点，具有循序渐进、语言流畅、通俗易懂、便于自学、难点分散、重点突出的特点。

全书共13章，分为两部分。第一部分是线性代数，包括：行列式、矩阵及其运算、矩阵的初等变换及其线性方程组、向量组的线性相关性、相似矩阵及二次型等；第二部分是概率统计，包括：随机事件及其概率、随机变量及其分布、多维随机变量及其分布、随机变量的数字特征、大数定律和中心极限定理、数理统计的基本概念、参数估计、假设检验等。

**图书在版编目(CIP)数据**

工程数学 / 冯志刚主编. —镇江：江苏大学出版社，2016.2(2024.3重印)
ISBN 978-7-5684-0169-2

Ⅰ.①工… Ⅱ.①冯… Ⅲ.①工程数学—成人高等教育—教材 Ⅳ.①TB11

中国版本图书馆CIP数据核字(2016)第029680号

**工程数学**

主　　编/冯志刚
责任编辑/吴昌兴　吕亚楠
出版发行/江苏大学出版社
地　　址/江苏省镇江市京口区学府路301号(邮编：212013)
电　　话/0511-84446464(传真)
网　　址/http://press.ujs.edu.cn
印　　刷/广东虎彩云印刷有限公司
开　　本/787 mm×960 mm　1/16
印　　张/17.25
字　　数/381千字
版　　次/2016年2月第1版
印　　次/2024年3月第3次印刷
书　　号/ISBN 978-7-5684-0169-2
定　　价/45.00元

如有印装质量问题请与本社营销部联系(电话：0511-84440882)

# 前　言

随着数学科学的发展，数学的研究领域、研究方法和研究手段已经发生了深刻的变化，其应用范围向一切领域渗透，科学决策、精确计划、工程设计、控制过程、产品营销、质量管理、可靠性分析，甚至股市商情、天气预报、生物、医学、农业等都离不开数学. 作为一名工程技术人员，必须学习和掌握一定的应用数学知识，以适应工作的需要，并打下学习其他科学的基础. 本书便是适应这一社会需求，为成人教育各工科专业学生编写的教材. 本教材主要包含线性代数与概率论统计两部分内容.

为适应成人教育专业的需求和学生特点，在教材编写中做了以下探索与创新：

(1) 科学与人文结合. 各章开篇均介绍一位与本章内容相关的数学家生平与数学成就，增加教材的人文气息.

(2) 各章开头，对新知识或介绍其产生背景，或从问题引入，使新知识的引入自然，便于学生学习. "本章小结"中的"知识结构图"和"学习要求"，有利于学生进一步完善自己的知识结构，从而加深对知识的理解.

(3) 不片面强调理论的系统性和完整性，以"基础、必备、够用"为度，突出数学思想和方法的引导，增强计算能力和分析、解决实际问题的能力.

(4) 强调理论联系实际. 有意识地从实际问题引入数学概念，讲解基本理论、基本方法和实际应用，让学生认识到"数学的广泛应用性".

(5) 力争做到循序渐进、语言流畅、通俗易懂、便于自学.

本书由冯志刚任主编，组织宋晓平、王卫龙、朱荣平、彭涛、代国兴、刘恂、汤养和王蓓集体讨论、分工编写完成. 其中，冯志刚、王卫龙编写第 1 章，王卫龙编写第 2、6、11 章，朱荣平编写第 3 章，彭涛、王卫龙编写第 4 章，代国兴编写第 5 章，宋晓平编写第 7 章，汤养编写第 8 章，刘恂编写第 9、10 章，王蓓编写第 12、13 章. 全书由冯志刚、宋晓平统稿.

本书在编写过程中得到江苏大学数学系多位教师的大力支持，他们提出了许多宝贵的意见和建议，特别是张有德教授和王文初教授详细地审阅了本书的初稿，提出了很多建设性建议；江苏大学继续教育学院也提供了很多帮助，使本书顺利出版，在此一并表示感谢！

限于编者水平，教材中难免存在不妥之处，希望广大读者批评和指正.

# 目　录

# 第1章 行列式

范德蒙德(Vandermonde，Alexandre Theophile，1735－1796)，法国数学家，生、卒于巴黎. 范德蒙德最先在巴黎学习音乐，后来从事数学研究. 1771 年成为巴黎科学院院士. 1782 年担任国立工艺博物馆指导，1795 年被提名为国家研究院院士.

范德蒙德对代数学的发展作出了重要贡献. 他在 1771－1772 年连续向巴黎科学院提交了 4 篇论文，这也是他的全部数学论文. 他通过对根的置换下函数不变量的讨论，研究了代数方程可解性的一般问题；还证明了多项式方程根的任何对称式都能用方程的系数表示. 范德蒙德不仅把行列式应用于解线性方程组，而且对行列式理论本身进行了开创性研究，第一个对行列式理论作出连贯的逻辑阐述；他给出了用二阶子式和它的余子式来展开行列式的法则，提出了专门的行列式符号，被誉为行列式的奠基人. 范德蒙德已具有拉格朗日的预解式、置换理论等思想，为群的观念的产生做了一些准备工作.

行列式是线性代数的重要组成部分，也是研究线性方程组、矩阵等问题的重要工具. 本章内容主要包括：行列式的概念、行列式的性质、行列式的计算方法及行列式的一个重要应用——求解线性方程组的克莱姆(Cramer)法则.

## 1.1 行列式的定义

### 1.1.1 二阶行列式与三阶行列式

用消元法求解二元线性方程组

$$\begin{cases} a_{11}x_1+a_{12}x_2=b_1, \\ a_{21}x_1+a_{22}x_2=b_2, \end{cases} \tag{1-1}$$

为消去未知数 $x_2$，以 $a_{22}$ 与 $a_{12}$ 分别乘以方程组(1-1)中第一个方程和第二个方程，然后相减得

$$(a_{11}a_{22}-a_{12}a_{21})x_1=b_1a_{22}-a_{12}b_2.$$

类似地，消去 $x_1$，得

$$(a_{11}a_{22}-a_{12}a_{21})x_2=a_{11}b_2-b_1a_{21}.$$

因此，当 $a_{11}a_{22}-a_{12}a_{21}\neq 0$ 时，求得方程组(1-1)的解为

$$x_1=\frac{b_1a_{22}-a_{12}b_2}{a_{11}a_{22}-a_{12}a_{21}},\quad x_2=\frac{a_{11}b_2-b_1a_{21}}{a_{11}a_{22}-a_{12}a_{21}}. \tag{1-2}$$

式(1-2)中分子和分母有共同的特点，它们都是由四个数中的两个数相乘再相减得到.根据这一特点，我们称 $a_{11}a_{22}-a_{12}a_{21}$ 为数表

$$\begin{matrix} a_{11} & a_{12} \\ a_{21} & a_{22} \end{matrix} \tag{1-3}$$

的二阶行列式，记作

$$\begin{vmatrix} a_{11} & a_{12} \\ a_{21} & a_{22} \end{vmatrix}, \tag{1-4}$$

即

$$\begin{vmatrix} a_{11} & a_{12} \\ a_{21} & a_{22} \end{vmatrix}=a_{11}a_{22}-a_{12}a_{21}. \tag{1-5}$$



直观地，二阶行列式实际上就是主对角线(图 1-1 中的实连线)上的两元素之积减去副对角线(图 1-1 中的虚连线)上两元素之积所得到的差.

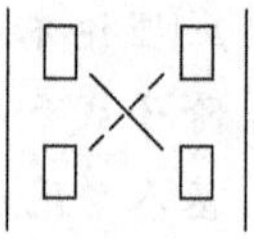

**图 1-1**

根据二阶行列式定义，式(1-2)中两个分子可以写成

$$b_1a_{22}-a_{12}b_2=\begin{vmatrix} b_1 & a_{12} \\ b_2 & a_{22} \end{vmatrix},\quad a_{11}b_2-b_1a_{21}=\begin{vmatrix} a_{11} & b_1 \\ a_{21} & b_2 \end{vmatrix}.$$

若记

$$\begin{vmatrix} a_{11} & a_{12} \\ a_{21} & a_{22} \end{vmatrix}=D,\quad \begin{vmatrix} b_1 & a_{12} \\ b_2 & a_{22} \end{vmatrix}=D_1,\quad \begin{vmatrix} a_{11} & b_1 \\ a_{21} & b_2 \end{vmatrix}=D_2,$$

则二元线性方程组(1-1)的解可简单地表达为

$$x_1=\frac{D_1}{D},\quad x_2=\frac{D_2}{D}. \tag{1-6}$$

**例 1** 求解二元线性方程组

$$\begin{cases} 5x_1+\ 8x_2=11, \\ 7x_1+12x_2=-4. \end{cases}$$

**解** 根据二元线性方程组的系数，可以计算出二阶行列式

$$D=\begin{vmatrix} 5 & 8 \\ 7 & 12 \end{vmatrix}=5\times 12-8\times 7=4,$$

$$D_1=\begin{vmatrix} 11 & 8 \\ -4 & 12 \end{vmatrix}=11\times 12-8\times(-4)=164,$$

$$D_2=\begin{vmatrix} 5 & 11 \\ 7 & -4 \end{vmatrix}=5\times(-4)-11\times 7=-97.$$

由式(1-6)，求得方程组的解为 $x_1=\dfrac{D_1}{D}=41$，$x_2=\dfrac{D_2}{D}=-\dfrac{97}{4}$.

下面用类似方法引入三阶行列式. 考虑三元线性方程组

$$\begin{cases} a_{11}x_1+a_{12}x_2+a_{13}x_3=b_1, \\ a_{21}x_1+a_{22}x_2+a_{23}x_3=b_2, \\ a_{31}x_1+a_{32}x_2+a_{33}x_3=b_3. \end{cases} \tag{1-7}$$

用消元法可以得到方程组的解为

$$x_1=\frac{b_1a_{22}a_{33}+a_{12}a_{23}b_3+a_{13}b_2a_{32}-a_{13}a_{22}b_3-b_1a_{23}a_{32}-a_{12}b_2a_{33}}{a_{11}a_{22}a_{33}+a_{12}a_{23}a_{31}+a_{13}a_{21}a_{32}-a_{13}a_{22}a_{31}-a_{11}a_{23}a_{32}-a_{12}a_{21}a_{33}},$$

$$x_2=\frac{a_{11}b_2a_{33}+b_1a_{23}a_{31}+a_{13}a_{21}b_3-a_{13}b_2a_{31}-a_{11}a_{23}b_3-b_1a_{21}a_{33}}{a_{11}a_{22}a_{33}+a_{12}a_{23}a_{31}+a_{13}a_{21}a_{32}-a_{13}a_{22}a_{31}-a_{11}a_{23}a_{32}-a_{12}a_{21}a_{33}},$$

$$x_3=\frac{a_{11}a_{22}b_3+a_{12}b_2a_{31}+b_1a_{21}a_{32}-b_1a_{22}a_{31}-a_{11}b_2a_{32}-a_{12}a_{21}b_3}{a_{11}a_{22}a_{33}+a_{12}a_{23}a_{31}+a_{13}a_{21}a_{32}-a_{13}a_{22}a_{31}-a_{11}a_{23}a_{32}-a_{12}a_{21}a_{33}}. \tag{1-8}$$

这里假设分母 $a_{11}a_{22}a_{33}+a_{12}a_{23}a_{31}+a_{13}a_{21}a_{32}-a_{13}a_{22}a_{31}-a_{11}a_{23}a_{32}-a_{12}a_{21}a_{33}\neq 0$，这样的解非常复杂，难以记忆. 为此引进三阶行列式的定义.

**定义**　对于由 9 个数构成的 3 行 3 列的数表

$$\begin{matrix} a_{11} & a_{12} & a_{13} \\ a_{21} & a_{22} & a_{23} \\ a_{31} & a_{32} & a_{33} \end{matrix} \tag{1-9}$$

记

$$\begin{vmatrix} a_{11} & a_{12} & a_{13} \\ a_{21} & a_{22} & a_{23} \\ a_{31} & a_{32} & a_{33} \end{vmatrix}=a_{11}a_{22}a_{33}+a_{12}a_{23}a_{31}+a_{13}a_{21}a_{32}-a_{13}a_{22}a_{31}-a_{11}a_{23}a_{32}-a_{12}a_{21}a_{33}, \tag{1-10}$$

式(1-10)称为数表(1-9)所确定的三阶行列式.

上述定义表明三阶行列式包含 6 项，每项都是由不同行且不同列的三个元素的乘积再冠以正负号，其规律为：主对角线及与主对角线“平行”的另两条线(图 1-2 中的实线)上三个元素的乘积前冠以“＋”号；副对角线及与副对角线“平行”的另两条线(图 1-2 中的虚线)上三个元素的

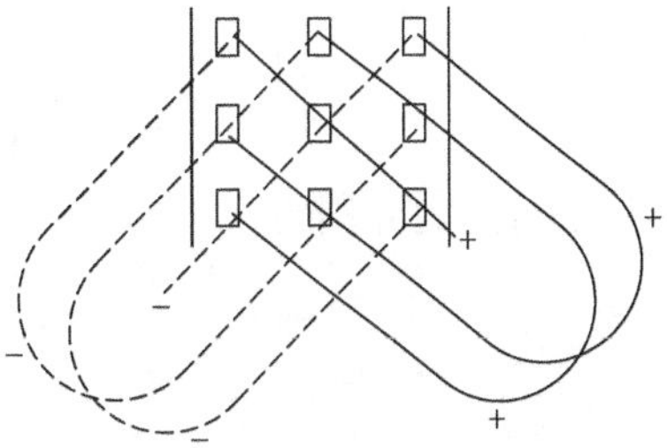

图 1-2

乘积前冠以"—"号.

**例 2** 计算三阶行列式

$$\begin{vmatrix} 1 & 0 & 5 \\ -1 & 4 & 3 \\ 2 & 4 & 7 \end{vmatrix}.$$

**解** 根据三阶行列式的对角线法则,有

$$\begin{vmatrix} 1 & 0 & 5 \\ -1 & 4 & 3 \\ 2 & 4 & 7 \end{vmatrix} = 1\times4\times7+0\times3\times2+5\times(-1)\times4-1\times3\times4-0\times(-1)\times7-5\times4\times2$$

$$=28+0-20-12-0-40=-44.$$

根据三阶行列式的定义,读者可以自行验证三元线性方程组的解(1-8)中的三个分子分别为

$$D_1=\begin{vmatrix} b_1 & a_{12} & a_{13} \\ b_2 & a_{22} & a_{23} \\ b_3 & a_{32} & a_{33} \end{vmatrix},\quad D_2=\begin{vmatrix} a_{11} & b_1 & a_{13} \\ a_{21} & b_2 & a_{23} \\ a_{31} & b_3 & a_{33} \end{vmatrix},\quad D_3=\begin{vmatrix} a_{11} & a_{12} & b_1 \\ a_{21} & a_{22} & b_2 \\ a_{31} & a_{32} & b_3 \end{vmatrix}.$$

若再令三阶行列式

$$D=\begin{vmatrix} a_{11} & a_{12} & a_{13} \\ a_{21} & a_{22} & a_{23} \\ a_{31} & a_{32} & a_{33} \end{vmatrix},$$



则线性方程组(1-7)的解为

$$x_1=\frac{D_1}{D},\quad x_2=\frac{D_2}{D},\quad x_3=\frac{D_3}{D}. \tag{1-11}$$

其中,$D$ 称为线性方程组(1-7)的系数行列式.

**例 3** 利用行列式求解三元线性方程组

$$\begin{cases} 2x_1-3x_2-3x_3=0, \\ x_1+4x_2+6x_3=-1, \\ 3x_1-\ x_2+\ x_3=2. \end{cases}$$

**解** 该线性方程组的系数行列式为

$$D=\begin{vmatrix} 2 & -3 & -3 \\ 1 & 4 & 6 \\ 3 & -1 & 1 \end{vmatrix}=8+(-54)+3-(-36)-(-3)-(-12)=8,$$

分子行列式分别为

$$D_1=\begin{vmatrix}0&-3&-3\\-1&4&6\\2&-1&1\end{vmatrix}=0+(-36)+(-3)-(-24)-3-0=-18,$$

$$D_2=\begin{vmatrix}2&0&-3\\1&-1&6\\3&2&1\end{vmatrix}=(-2)+0+(-6)-9-0-24=-41,$$

$$D_3=\begin{vmatrix}2&-3&0\\1&4&-1\\3&-1&2\end{vmatrix}=16+9+0-0-(-6)-2=29,$$

于是,方程组的解为

$$x_1=\frac{D_1}{D}=-\frac{9}{4},\quad x_2=\frac{D_2}{D}=-\frac{41}{8},\quad x_3=\frac{D_3}{D}=\frac{29}{8}.$$

二阶、三阶行列式只能用于求解二元、三元线性方程组,为了求解 $n$ 个变量 $n$ 个方程组成的线性方程组,可以类似引进 $n$ 阶行列式的概念. 为此,需要先介绍全排列的相关知识.

### 1.1.2　全排列及逆序数

把 $n$ 个不同的自然数 $1,2,\cdots,n$ 排成一列，叫做这 $n$ 个自然数的一个全排列(简称排列). 显然，自然数 $1,2,\cdots,n$ 的排列共有 $n!$ 种.



例如，自然数 1,2,3 的全排列有 123，132，213，231，312，321，共有 $3!=6$ 种.

在自然数 $1,2,\cdots,n$ 的一个全排列

$$p_1p_2\cdots p_n$$

中,考虑自然数 $p_i(1\leqslant i\leqslant n)$，如果排在 $p_i$ 之前的 $p_1,p_2,\cdots,p_{i-1}$ 中比 $p_i$ 大的个数为 $t_i$，那么称 $t_i$ 是元素 $p_i$ 的逆序数，排列中全体自然数的逆序数之总和

$$t=t_1+t_2+\cdots+t_n$$

称为这个排列的逆序数. 逆序数为奇数的排列叫做奇排列，逆序数为偶数的排列叫做偶排列.

**例 4**　计算排列 32541 的逆序数，并指出这个排列是奇排列还是偶排列.

**解**　在排列 32541 中：

3 排在首位，3 的前面没有其他数比 3 大，故 3 的逆序数为 $t_1=0$；

2 的前面比 2 大的数有 1 个数(3)，故 2 的逆序数为 $t_2=1$；

5 是最大的数，所以 5 的前面没有其他数比 5 大，故 5 的逆序数为 $t_3=0$；

4 的前面比 4 大的数有 1 个数(5)，故 4 的逆序数为 $t_4=1$；

1 的前面比 1 大的数有 4 个数(3，2，5，4)，故 1 的逆序数为 $t_5=4$.

因此，排列 32541 的逆序数为

$$t=0+1+0+1+4=6.$$

显然，这个排列为偶排列.

### 1.1.3 $n$ 阶行列式的定义

**定义** 设有 $n^2$ 个数，排成 $n$ 行 $n$ 列的数表

$$\begin{matrix} a_{11} & a_{12} & \cdots & a_{1n} \\ a_{21} & a_{22} & \cdots & a_{2n} \\ \vdots & \vdots & & \vdots \\ a_{n1} & a_{n2} & \cdots & a_{nn} \end{matrix} \tag{1-12}$$

其中，$a_{ij}$ 是第 $i$ 行第 $j$ 列的数(称为元素). 作数表中位于不同行不同列的 $n$ 个数的乘积，并冠以符号 $(-1)^t$，得形如

$$(-1)^t a_{1p_1} a_{2p_2} \cdots a_{np_n} \tag{1-13}$$

的项，其中 $p_1 p_2 \cdots p_n$ 是自然数 $1,2,\cdots,n$ 的一个排列，$t$ 是这个排列的逆序数. 由于这样的排列有 $n!$ 个，因而形如式(1-13)的项共有 $n!$ 项. 所有这 $n!$ 项的代数和

$$\sum (-1)^t a_{1p_1} a_{2p_2} \cdots a_{np_n}$$

称为数表(1-12)的 $n$ 阶行列式，记作

$$D=\begin{vmatrix} a_{11} & a_{12} & \cdots & a_{1n} \\ a_{21} & a_{22} & \cdots & a_{2n} \\ \vdots & \vdots & & \vdots \\ a_{n1} & a_{n2} & \cdots & a_{nn} \end{vmatrix} = \sum (-1)^t a_{1p_1} a_{2p_2} \cdots a_{np_n},$$

简记为 $\det(a_{ij})$.

由定义可知，$n$ 阶行列式是 $n!$ 项的代数和，每一项都形如式(1-13)，即取数表(1-12)中不同行不同列的 $n$ 个元素作积，其中式(1-13)中各元素的第一个指标 $1,2,\cdots,n$，表示这些元素分别取第 1 行，第 2 行，…，第 $n$ 行. 又因为 $p_1 p_2 \cdots p_n$ 是自然数 $1,2,\cdots,n$ 的一个排列，每个 $p_i(i=1,2,\cdots,n)$ 都取自 $1,2,\cdots,n$，且各不相同，因此式(1-13)中各元素 $a_{ip_i}(i=1,2,\cdots,n)$ 分别取自不同的列. 式(1-13)中符号 $(-1)^t$ 表示当 $p_1 p_2 \cdots p_n$ 是奇排列时，该项取负号；当 $p_1 p_2 \cdots p_n$ 是偶排列时，该项取正号.

按此定义的二阶、三阶行列式，与前面用对角线法则定义的二阶、三阶行列式是一致的. 当 $n=1$ 时，一阶行列式 $|a_{11}|=a_{11}$，注意不要与绝对值符号相混淆. 例如，$-5$ 的绝对值 $|-5|=5$，而 $-5$ 的一阶行列式 $|-5|=-5$.

**例 5** 证明行列式

$$D=\begin{vmatrix} a_{11} & a_{12} & a_{13} & \cdots & a_{1n} \\ 0 & a_{22} & a_{23} & \cdots & a_{2n} \\ 0 & 0 & a_{33} & \cdots & a_{3n} \\ \vdots & \vdots & \vdots & \ddots & \vdots \\ 0 & 0 & 0 & \cdots & a_{nn} \end{vmatrix}=a_{11}a_{22}\cdots a_{nn}.$$

**注**　这种主对角线(从左上角到右下角这条线)以下(上)的元素都是 0 的行列式，称为上(下)三角行列式.

**证**　由于当 $i>j$ 时，$a_{ij}=0$. 因此在形如式(1-13)中，只有当 $p_1\geqslant 1$，$p_2\geqslant 2$，…，$p_n\geqslant n$ 时，式(1-13)对应的项才可能不为 0. 从而，只有取 $p_n=n$，$p_{n-1}=n-1$(注意，由于排列中的自然数不能重复取，因此不能取 $p_{n-1}=n$)，…，$p_2=2$，$p_1=1$ 时，式(1-13)可能不为 0，其他都是 0. 所以行列式 $D$ 中可能不为 0 的项只有排列 $p_1p_2\cdots p_n=12\cdots n$ 所对应的那一项 $(-1)^t a_{11}a_{22}\cdots a_{nn}$. 又排列 $12\cdots n$ 的逆序数为 $t=0$，所以

$$D=a_{11}a_{22}\cdots a_{nn}.$$

与例 5 类似地,可以证明下三角形行列式也有

$$\begin{vmatrix} a_{11} & 0 & 0 & \cdots & 0 \\ a_{21} & a_{22} & 0 & \cdots & 0 \\ a_{31} & a_{32} & a_{33} & \cdots & 0 \\ \vdots & \vdots & \vdots & \ddots & \vdots \\ a_{n1} & a_{n2} & a_{n3} & \cdots & a_{nn} \end{vmatrix}=a_{11}a_{22}\cdots a_{nn}.$$

并且类似地可证明

$$\begin{vmatrix} 0 & 0 & \cdots & 0 & a_{1n} \\ 0 & 0 & \cdots & a_{2(n-1)} & a_{2n} \\ \vdots & \vdots & ⋰ & \vdots & \vdots \\ 0 & a_{(n-1)2} & \cdots & a_{(n-1)(n-1)} & a_{(n-1)n} \\ a_{n1} & a_{n2} & \cdots & a_{(n-1)n} & a_{nn} \end{vmatrix}=(-1)^{\frac{n(n-1)}{2}}a_{1n}a_{2(n-1)}\cdots a_{n1}.$$

特别地，有

$$\begin{vmatrix} \lambda_1 & 0 & \cdots & 0 \\ 0 & \lambda_2 & \cdots & 0 \\ 0 & 0 & \ddots & 0 \\ 0 & 0 & \cdots & \lambda_n \end{vmatrix}=\lambda_1\lambda_2\cdots\lambda_n,\quad \begin{vmatrix} 0 & \cdots & 0 & \lambda_1 \\ 0 & \cdots & \lambda_2 & 0 \\ 0 & ⋰ & 0 & 0 \\ \lambda_n & \cdots & 0 & 0 \end{vmatrix}=(-1)^{\frac{n(n-1)}{2}}\lambda_1\lambda_2\cdots\lambda_n.$$

## 习题 1.1

1. 利用对角线法则计算下列行列式：

(1) $\begin{vmatrix} 2 & -1 \\ 3 & 4 \end{vmatrix}$；　　(2) $\begin{vmatrix} a+b & b \\ -b & a-b \end{vmatrix}$；

(3) $\begin{vmatrix} 1 & 2 & -3 \\ 2 & 1 & 1 \\ 3 & 0 & 5 \end{vmatrix}$；　　(4) $\begin{vmatrix} 2 & 1 & 3 \\ 0 & 1 & 1 \\ -7 & 3 & 4 \end{vmatrix}$.

2. 试写出下列排列的逆序数：

(1) 3 2 1；　　(2) 1 3 2；

(3) 2 4 1 3；　　(4) 1 3 4 5 2.

3. 写出四阶行列式中含有因子 $a_{12}a_{24}$ 的项，并指出对应项冠以的符号.

4. 利用行列式定义计算下列行列式的值：

(1) $\begin{vmatrix} 1 & 1 & 0 & 0 \\ 2 & -1 & 0 & 0 \\ 0 & 0 & 4 & 0 \\ 0 & 0 & 4 & 3 \end{vmatrix}$；　　(2) $\begin{vmatrix} 0 & n & 0 & \cdots & 0 \\ 0 & 0 & n-1 & \cdots & 0 \\ \vdots & \vdots & \ddots & \ddots & \vdots \\ 0 & 0 & \cdots & 0 & 2 \\ 1 & 0 & \cdots & 0 & 0 \end{vmatrix}$.



## 1.2　行列式的性质

直接根据行列式的定义计算行列式通常是很困难的，特别是当行列式的阶数 $n$ 很大时. 下面我们讨论行列式的一些性质，通过这些性质，可以大大降低行列式计算的难度.

为了讨论行列式的性质,先引入全排列的一个重要概念——对换，并讨论对换对排列奇偶性产生的影响.

### 1.2.1　对换

在 $n$ 个自然数 $1,2,\cdots,n$ 的一个排列 $p_1p_2\cdots p_n$ 中,将其中两个元素 $p_i$ 和 $p_j$($i\neq j$)的位置对调，其他元素不动，对排列所施行的这样的一个变换叫做对换. 特别地，相邻两个元素的对换叫做相邻对换.

**定理 1**　每一个对换都改变排列的奇偶性.

**证**　(1) 先证相邻对换改变排列的奇偶性.

在排列 $a_1a_2\cdots a_labb_1b_2\cdots b_m$ 中对换相邻两个元素 $a$ 与 $b$，变为 $a_1a_2\cdots a_lbab_1b_2\cdots b_m$. 根

据逆序数的定义，显然，$a_1, a_2, \cdots, a_l$ 和 $b_1, b_2, \cdots, b_m$ 中每个数的逆序数都没有发生变化，而 $a$ 与 $b$ 的逆序数变化情况为：若 $a<b$，经对换后 $a$ 的逆序数增加 1，而 $b$ 的逆序数没有变化；若 $a>b$，经对换后 $a$ 的逆序数没有变化，而 $b$ 的逆序数减少 1. 因此，排列 $a_1a_2\cdots a_labb_1b_2\cdots b_m$ 和 $a_1a_2\cdots a_lbab_1b_2\cdots b_m$ 的奇偶性相反.

(2) 再证一般对换改变排列的奇偶性.

在排列 $a_1\cdots a_lab_1\cdots b_mbc_1\cdots c_k$ 中对换 $a$ 与 $b$，变为 $a_1\cdots a_lbb_1\cdots b_mac_1\cdots c_k$. 这一对换可以看作 $a$ 依次与 $b_1, b_2, \cdots, b_m$ 作相邻对换，变为 $a_1\cdots a_lb_1\cdots b_mabc_1\cdots c_k$，然后，$b$ 依次与 $a, b_m, b_{m-1}, \cdots, b_1$ 作相邻对换，变为 $a_1\cdots a_lbb_1\cdots b_mac_1\cdots c_k$. 这一过程中，共进行了 $m+(m+1)$ 次相邻对换，根据(1)的证明，每次相邻对换都改变奇偶性，因此，这一对换共改变了 $2m+1$ 次奇偶性，所以这两个排列奇偶性相反.

$n$ 个自然数 $1,2,\cdots,n$ 从小到大的排列 $12\cdots n$ 是一个特殊的排列，称为自然排列. 显然，自然排列的逆序数为 0，是偶排列. 另外，任一排列经过若干次对换都可以变成自然排列. 根据定理 1，可得到下面的结论.

**推论**　奇排列变成自然排列需经过奇数次对换，偶排列变成自然排列需经过偶数次对换.

**证**　由定理 1 可知，每次对换都改变排列的奇偶性，对换的次数就是排列奇偶性的变化的次数，而自然排列显然是一个偶排列(逆序数为 0). 因此，要把一个奇(偶)排列变成自然排列，必须要经过奇(偶)数次对换. 推论成立.

下面讨论行列式定义的另一种表示法.

对于行列式的任一项

$$(-1)^t a_{1p_1} a_{2p_2} \cdots a_{np_n}, \tag{1-14}$$

其行指标对应的排列(行标排列)为自然排列 $12\cdots n$，列指标对应的排列(列标排列)为 $p_1p_2\cdots p_n$，列指标对应的排列的逆序数为 $t$. 现在通过若干次元素对换，重新排列式(1-14)中 $a_{1p_1}a_{2p_2}\cdots a_{np_n}$，使其变为 $a_{q_11}a_{q_22}\cdots a_{q_nn}$. 此时，列标排列由 $p_1p_2\cdots p_n$ 变成了自然排列 $12\cdots n$；对应地，行标排列由 $12\cdots n$ 跟随变成了 $q_1q_2\cdots q_n$. 如果 $p_1p_2\cdots p_n$ 是奇(偶)排列，即它的逆序数 $t$ 为奇(偶)数时，由推论知，它变成 $12\cdots n$ 需经过奇(偶)数次对换，从而 $q_1q_2\cdots q_n$ 是由自然排列 $12\cdots n$ 经奇(偶)数次对换得到. 因此，排列 $q_1q_2\cdots q_n$ 也是奇(偶)排列，即它的逆序数 $s$ 也是奇(偶)数，$s$ 与 $t$ 有相同的奇偶性. 于是

$$(-1)^t a_{1p_1}a_{2p_2}\cdots a_{np_n} = (-1)^s a_{q_11}a_{q_22}\cdots a_{q_nn}.$$

由此可得以下的结论.

**定理 2**　$n$ 阶行列式也可定义为

$$D=\begin{vmatrix} a_{11} & a_{12} & \cdots & a_{1n} \\ a_{21} & a_{22} & \cdots & a_{2n} \\ \vdots & \vdots & & \vdots \\ a_{n1} & a_{n2} & \cdots & a_{nn} \end{vmatrix} = \sum (-1)^t a_{p_11}a_{p_22}\cdots a_{p_nn},$$

其中 $t$ 为行标排列 $p_1p_2\cdots p_n$ 的逆序数.

### 1.2.2 行列式的性质

对于一个 $n$ 阶行列式

$$D=\begin{vmatrix} a_{11} & a_{12} & \cdots & a_{1n} \\ a_{21} & a_{22} & \cdots & a_{2n} \\ \vdots & \vdots & & \vdots \\ a_{n1} & a_{n2} & \cdots & a_{nn} \end{vmatrix},$$

若把行列式的行和列交换，就可以得到一个新的行列式

$$D^{\mathrm{T}}=\begin{vmatrix} a_{11} & a_{21} & \cdots & a_{n1} \\ a_{12} & a_{22} & \cdots & a_{n2} \\ \vdots & \vdots & & \vdots \\ a_{1n} & a_{2n} & \cdots & a_{nn} \end{vmatrix},$$

则 $D^{\mathrm{T}}$ 叫做 $D$ 的转置行列式.

**性质 1** 行列式与它的转置行列式相等.

**证** 记行列式 $D=\det(a_{ij})$ 的转置行列式为

$$D^{\mathrm{T}}=\det(b_{ij})=\begin{vmatrix} b_{11} & b_{12} & \cdots & b_{1n} \\ b_{21} & b_{22} & \cdots & b_{2n} \\ \vdots & \vdots & & \vdots \\ b_{n1} & b_{n2} & \cdots & b_{nn} \end{vmatrix}.$$

上式中 $b_{ij}=a_{ji}(i,j=1,2,\cdots,n)$. 由行列式定义

$$D^{\mathrm{T}}=\sum(-1)^t b_{1p_1}b_{2p_2}\cdots b_{np_n}=\sum(-1)^t a_{p_1 1}a_{p_2 2}\cdots a_{p_n n},$$

其中 $t$ 是排列 $p_1p_2\cdots p_n$ 的逆序数. 由定理 2，有

$$D=\sum(-1)^t a_{p_1 1}a_{p_2 2}\cdots a_{p_n n},$$

因此

$$D^{\mathrm{T}}=D.$$

由性质 1 可知，行列式中的行与列具有同等地位，行列式中凡是对行成立的性质对列也同样成立，反之亦然. 因此，下面行列式性质的证明中，我们只需证明对行(或列)成立.

**性质 2** 互换行列式的两行(列)，行列式变号.

**证** 设给定行列式为

$$D=\begin{vmatrix} a_{11} & a_{12} & \cdots & a_{1n} \\ \vdots & \vdots & & \vdots \\ a_{i1} & a_{i2} & \cdots & a_{in} \\ \vdots & \vdots & & \vdots \\ a_{j1} & a_{j2} & \cdots & a_{jn} \\ \vdots & \vdots & & \vdots \\ a_{n1} & a_{n2} & \cdots & a_{nn} \end{vmatrix},$$

其中 $1\cdots i\cdots j\cdots n$ 为自然排列. 现在交换行列式 $D$ 的第 $i$ 行与第 $j$ 行,得到一个新的行列式,记作 $D_1=\det(b_{ij})$,即

$$D_1=\begin{vmatrix} b_{11} & b_{12} & \cdots & b_{1n} \\ \vdots & \vdots & & \vdots \\ b_{i1} & b_{i2} & \cdots & b_{in} \\ \vdots & \vdots & & \vdots \\ b_{j1} & b_{j2} & \cdots & b_{jn} \\ \vdots & \vdots & & \vdots \\ b_{n1} & b_{n2} & \cdots & b_{nn} \end{vmatrix}=\begin{vmatrix} a_{11} & a_{12} & \cdots & a_{1n} \\ \vdots & \vdots & & \vdots \\ a_{j1} & a_{j2} & \cdots & a_{jn} \\ \vdots & \vdots & & \vdots \\ a_{i1} & a_{i2} & \cdots & a_{in} \\ \vdots & \vdots & & \vdots \\ a_{n1} & a_{n2} & \cdots & a_{nn} \end{vmatrix},$$

其中当 $k\neq i,j$ 时,$b_{kp}=a_{kp}$;当 $k=i,j$ 时,$b_{ip}=a_{jp}$,$b_{jp}=a_{ip}$. 因此,

$$\begin{aligned} D_1 &= \sum(-1)^t b_{1p_1}\cdots b_{ip_i}\cdots b_{jp_j}\cdots b_{np_n} = \sum(-1)^t a_{1p_1}\cdots a_{jp_i}\cdots a_{ip_j}\cdots a_{np_n} \\ &= \sum(-1)^t a_{1p_1}\cdots a_{ip_j}\cdots a_{jp_i}\cdots a_{np_n}, \end{aligned}$$

其中 $1\cdots i\cdots j\cdots n$ 为自然排列,$t$ 是排列 $p_1\cdots p_i\cdots p_j\cdots p_n$ 的逆序数. 设排列 $p_1\cdots p_j\cdots p_i\cdots p_n$ 的逆序数为 $t_1$,由于 $p_1\cdots p_j\cdots p_i\cdots p_n$ 和 $p_1\cdots p_i\cdots p_j\cdots p_n$ 之间差一次对换,根据定理 1,$t$ 与 $t_1$ 的奇偶性相反,所以 $(-1)^t=-(-1)^{t_1}$. 因此,

$$D_1=-\sum(-1)^{t_1}a_{1p_1}\cdots a_{ip_j}\cdots a_{jp_i}\cdots a_{np_n}=-D.$$

**性质 3**　若行列式有两行(列)完全相同, 则这个行列式为零.

**证**　假设行列式 $D$ 中第 $i$ 行与第 $j$ 行($i\neq j$)完全相同, 则互换行列式 $i$ 和 $j$ 两行后得到的还是行列式 $D$. 由性质 2, $D=-D$, 即 $2D=0$, 所以 $D=0$.

**性质 4**　把行列式某一行(列)的所有元素都乘以同一数 $k$, 等于用数 $k$ 乘以此行列式,即

$$\begin{vmatrix} a_{11} & a_{12} & \cdots & a_{1n} \\ \vdots & \vdots & & \vdots \\ ka_{i1} & ka_{i2} & \cdots & ka_{in} \\ \vdots & \vdots & & \vdots \\ a_{n1} & a_{n2} & \cdots & a_{nn} \end{vmatrix}=k\begin{vmatrix} a_{11} & a_{12} & \cdots & a_{1n} \\ \vdots & \vdots & & \vdots \\ a_{i1} & a_{i2} & \cdots & a_{in} \\ \vdots & \vdots & & \vdots \\ a_{n1} & a_{n2} & \cdots & a_{nn} \end{vmatrix}.$$

**证**　把行列式 $D=\det(a_{ij})$ 第 $i$ 行所有元素都乘以同一数 $k$, 得到新的行列式, 记作

$D_1=\det(b_{ij})$，即当 $m\neq i$ 时，$b_{mj}=a_{mj}$；当 $m=i$ 时，$b_{ij}=ka_{ij}$. 因此，根据行列式的定义

$$\begin{aligned}D_1&=\sum(-1)^t b_{1p_1}\cdots b_{ip_i}\cdots b_{np_n}=\sum(-1)^t a_{1p_1}\cdots(ka_{ip_i})\cdots a_{np_n}\\&=k\sum(-1)^t a_{1p_1}\cdots a_{ip_i}\cdots a_{np_n}=k\cdot D.\end{aligned}$$

由性质 4 可以直接得到下面两个推论.

**推论 1** 行列式中某一行(列)所有元素的公因子可以提到行列式符号的外面.

**推论 2** 若行列式的某一行(列)的元素全为零，则这个行列式等于零.

由性质 3 和性质 4 还可得到下面性质 5.

**性质 5** 若行列式中有两行(列)成比例，则这个行列式等于零.

**性质 6** 若行列式中某一行(列)的元素都是两数之和，例如第 $j$ 列的元素都是两数之和：

$$D=\begin{vmatrix}a_{11}&\cdots&(a_{1j}+b_{1j})&\cdots&a_{1n}\\a_{21}&\cdots&(a_{2j}+b_{2j})&\cdots&a_{2n}\\\vdots&&\vdots&&\vdots\\a_{n1}&\cdots&(a_{nj}+b_{nj})&\cdots&a_{nn}\end{vmatrix},$$

则 $D$ 等于下列两个行列式之和,即

$$D=\begin{vmatrix}a_{11}&\cdots&a_{1j}&\cdots&a_{1n}\\a_{21}&\cdots&a_{2j}&\cdots&a_{2n}\\\vdots&&\vdots&&\vdots\\a_{n1}&\cdots&a_{nj}&\cdots&a_{nn}\end{vmatrix}+\begin{vmatrix}a_{11}&\cdots&b_{1j}&\cdots&a_{1n}\\a_{21}&\cdots&b_{2j}&\cdots&a_{2n}\\\vdots&&\vdots&&\vdots\\a_{n1}&\cdots&b_{nj}&\cdots&a_{nn}\end{vmatrix}.$$

**证** 根据定理 2，

$$\begin{aligned}D&=\sum(-1)^t a_{p_1 1}a_{p_2 2}\cdots(a_{p_j j}+b_{p_j j})\cdots a_{p_n n}\\&=\sum(-1)^t a_{p_1 1}a_{p_2 2}\cdots a_{p_j j}\cdots a_{p_n n}+\sum(-1)^t a_{p_1 1}a_{p_2 2}\cdots b_{p_j j}\cdots a_{p_n n}\\&=\begin{vmatrix}a_{11}&\cdots&a_{1j}&\cdots&a_{1n}\\a_{21}&\cdots&a_{2j}&\cdots&a_{2n}\\\vdots&&\vdots&&\vdots\\a_{n1}&\cdots&a_{nj}&\cdots&a_{nn}\end{vmatrix}+\begin{vmatrix}a_{11}&\cdots&b_{1j}&\cdots&a_{1n}\\a_{21}&\cdots&b_{2j}&\cdots&a_{2n}\\\vdots&&\vdots&&\vdots\\a_{n1}&\cdots&b_{nj}&\cdots&a_{nn}\end{vmatrix}.\end{aligned}$$

**性质 7** 把行列式的某一行(列)各元素乘以同一数后加到另一行(列)对应的元素上去，行列式不变.

**证** 假设把行列式

$$D=\begin{vmatrix}a_{11}&\cdots&a_{1i}&\cdots&a_{1j}&\cdots&a_{1n}\\a_{21}&\cdots&a_{2i}&\cdots&a_{2j}&\cdots&a_{2n}\\\vdots&&\vdots&&\vdots&&\vdots\\a_{n1}&\cdots&a_{ni}&\cdots&a_{nj}&\cdots&a_{nn}\end{vmatrix}$$

中第 $j$ 列的每个元素都乘以 $k$ 后加到第 $i$ 列对应的元素上，得到新行列式

$$D_1=\begin{vmatrix} a_{11} & \cdots & (a_{1i}+ka_{1j}) & \cdots & a_{1j} & \cdots & a_{1n} \\ a_{21} & \cdots & (a_{2i}+ka_{2j}) & \cdots & a_{2j} & \cdots & a_{2n} \\ \vdots & & \vdots & & \vdots & & \vdots \\ a_{n1} & \cdots & (a_{ni}+ka_{nj}) & \cdots & a_{nj} & \cdots & a_{nn} \end{vmatrix},$$

由性质 6，

$$D_1=\begin{vmatrix} a_{11} & \cdots & a_{1i} & \cdots & a_{1j} & \cdots & a_{1n} \\ a_{21} & \cdots & a_{2i} & \cdots & a_{2j} & \cdots & a_{2n} \\ \vdots & & \vdots & & \vdots & & \vdots \\ a_{n1} & \cdots & a_{ni} & \cdots & a_{nj} & \cdots & a_{nn} \end{vmatrix}+\begin{vmatrix} a_{11} & \cdots & ka_{1j} & \cdots & a_{1j} & \cdots & a_{1n} \\ a_{21} & \cdots & ka_{2j} & \cdots & a_{2j} & \cdots & a_{2n} \\ \vdots & & \vdots & & \vdots & & \vdots \\ a_{n1} & \cdots & ka_{nj} & \cdots & a_{nj} & \cdots & a_{nn} \end{vmatrix}.$$

上式等式右边第一个行列式就是 $D$，而第二个行列式中第 $i$ 列与第 $j$ 列成比例，由性质 5 知第二个行列式为零，所以

$$D_1=D.$$

应用上面这些性质可以简化行列式的计算. 为方便可以用 $r_i$ 表示行列式的第 $i$ 行，用 $c_i$ 表示行列式的第 $i$ 列，互换行列式第 $i$ 行(列)和第 $j$ 行(列)，记作 $r_i\leftrightarrow r_j\,(c_i\leftrightarrow c_j)$；行列式的第 $i$ 行(列)所有元素都乘以同一数 $k$，记作 $k\times r_i\,(k\times c_i)$；行列式的第 $j$ 行(列)所有元素都乘以同一数 $k$ 后加到第 $i$ 行(列)相应元素上，记作 $r_i+kr_j\,(c_i+k\times c_j)$.

**例 1**　计算

$$D=\begin{vmatrix} 2 & 4 & -4 & 7 \\ 2 & 4 & -6 & 8 \\ -1 & -3 & 5 & -8 \\ 1 & 3 & -5 & 10 \end{vmatrix}.$$

**解**

$$D\xlongequal{r_2\div 2}2\begin{vmatrix} 2 & 4 & -4 & 7 \\ 1 & 2 & -3 & 4 \\ -1 & -3 & 5 & -8 \\ 1 & 3 & -5 & 10 \end{vmatrix}\xlongequal{r_1\leftrightarrow r_2}-2\begin{vmatrix} 1 & 2 & -3 & 4 \\ 2 & 4 & -4 & 7 \\ -1 & -3 & 5 & -8 \\ 1 & 3 & -5 & 10 \end{vmatrix}$$

$$\xlongequal{r_2+(-2)r_1}-2\begin{vmatrix} 1 & 2 & -3 & 4 \\ 0 & 0 & 2 & -1 \\ -1 & -3 & 5 & -8 \\ 1 & 3 & -5 & 10 \end{vmatrix}\xlongequal[r_4+(-1)r_1]{r_3+r_1}-2\begin{vmatrix} 1 & 2 & -3 & 4 \\ 0 & 0 & 2 & -1 \\ 0 & -1 & 2 & -4 \\ 0 & 1 & -2 & 6 \end{vmatrix}$$

$$\xlongequal{c_2+\frac{c_3}{2}}-2\begin{vmatrix}1&\frac{1}{2}&-3&4\\0&1&2&-1\\0&0&2&-4\\0&0&-2&6\end{vmatrix}\xlongequal{r_4+r_3}-2\begin{vmatrix}1&\frac{1}{2}&-3&4\\0&1&2&-1\\0&0&2&-4\\0&0&0&2\end{vmatrix}$$

$$=-2\times1\times1\times2\times2=-8.$$

上述解法中，运算 $r_2\div2$ 是为了提取第 2 行的公因子，使数字简化，从而简化后面的计算. 运算 $r_1\leftrightarrow r_2$ 的目的是把 $a_{11}$ 换成 1，从而利用 $r_i-a_{i1}r_1$ 把 $a_{i1}(i=2,3,4)$ 变为 0. 如果不先把 $a_{11}$ 换成 1，即省略 $r_1\leftrightarrow r_2$ 这步，需用运算 $r_i-\dfrac{a_{i1}}{a_{11}}r_1$ 把 $a_{i1}(i=2,3,4)$ 变为 0，计算起来会相对麻烦些. 接下来用列变换 $c_2+\dfrac{c_3}{2}$，恰好把 $a_{22}$ 下方的元素变化为 0. 所有运算的目的都是为了使得位于 $a_{ii}$ 下方(主对角线下方)的元素变为 0，即将行列式变化成上三角形行列式，然后利用 1.1 节例 5 的结论直接计算行列式.

这种通过行列式的行变换和列变换把行列式变化成上(下)三角形的方法是计算行列式常用的基本方法，应熟练掌握. 实际上，仅用行变换 $r_i+k\cdot r_j$ 或仅用列变换 $c_i+k\cdot c_j$ 就能把行列式变化成上(下)三角形行列式.



**例 2** 设

$$D=\begin{vmatrix}a_{11}&\cdots&a_{1k}&&&\\\vdots&&\vdots&&0&\\a_{k1}&\cdots&a_{kk}&&&\\c_{11}&\cdots&c_{1k}&b_{11}&\cdots&b_{1n}\\\vdots&&\vdots&\vdots&&\vdots\\c_{n1}&\cdots&c_{nk}&b_{n1}&\cdots&b_{nn}\end{vmatrix},$$

$$D_1=\begin{vmatrix}a_{11}&\cdots&a_{1k}\\\vdots&&\vdots\\a_{k1}&\cdots&a_{kk}\end{vmatrix},\ D_2=\begin{vmatrix}b_{11}&\cdots&b_{1n}\\\vdots&&\vdots\\b_{n1}&\cdots&b_{nn}\end{vmatrix},$$

则 $D=D_1D_2$.

**证** 因为仅用行变换 $r_i+k\cdot r_j$ 可以将 $D_1$ 变化为下三角形行列式，仅用列变换 $c_i+k\cdot c_j$ 可以将 $D_2$ 变化为下三角形行列式，即

$$D_1\xlongequal{r_i+k\cdot r_j}\begin{vmatrix}p_{11}&&0\\\vdots&\ddots&\\p_{k1}&\cdots&p_{kk}\end{vmatrix}=p_{11}\cdots p_{kk};D_2\xlongequal{c_i+k\cdot c_j}\begin{vmatrix}q_{11}&&0\\\vdots&\ddots&\\q_{n1}&\cdots&q_{nn}\end{vmatrix}=q_{11}\cdots q_{nn}.$$

因此，

$$D \xlongequal{r_i+k\cdot r_j} \begin{vmatrix} p_{11} & & 0 & & & \\ \vdots & \ddots & & & 0 & \\ p_{k1} & \cdots & p_{kk} & & & \\ c_{11} & \cdots & c_{1k} & b_{11} & \cdots & b_{1n} \\ \vdots & & & \vdots & & \vdots \\ c_{n1} & \cdots & c_{nk} & b_{n1} & \cdots & b_{nn} \end{vmatrix} \xlongequal{c_{i+k}+k\cdot c_{j+k}} \begin{vmatrix} p_{11} & & 0 & & & \\ \vdots & \ddots & & & 0 & \\ p_{k1} & \cdots & p_{kk} & & & \\ c_{11} & \cdots & c_{1k} & q_{11} & & 0 \\ \vdots & & & \vdots & \ddots & \\ c_{n1} & \cdots & c_{nk} & q_{n1} & \cdots & q_{nn} \end{vmatrix}$$

$$= p_{11}\cdots p_{kk}\cdot q_{11}\cdots q_{nn} = D_1\cdot D_2.$$

即 $D=D_1D_2$.

**例 3**　计算

$$D=\begin{vmatrix} a & b & c & d \\ a & a+b & a+b+c & a+b+c+d \\ a & 2a+b & 3a+2b+c & 4a+3b+2c+d \\ a & 3a+b & 6a+3b+c & 10a+6b+3c+d \end{vmatrix}.$$

**解**

$$D \xlongequal[r_2-r_1]{\substack{r_4-r_3\\ r_3-r_2}} \begin{vmatrix} a & b & c & d \\ 0 & a & a+b & a+b+c \\ 0 & a & 2a+b & 3a+2b+c \\ 0 & a & 3a+b & 6a+3b+c \end{vmatrix} \xlongequal[r_3-r_2]{r_4-r_3} \begin{vmatrix} a & b & c & d \\ 0 & a & a+b & a+b+c \\ 0 & 0 & a & 2a+b \\ 0 & 0 & a & 3a+b \end{vmatrix}$$

$$\xlongequal{r_4-r_3} \begin{vmatrix} a & b & c & d \\ 0 & a & a+b & a+b+c \\ 0 & 0 & a & 2a+b \\ 0 & 0 & 0 & a \end{vmatrix} = a^4.$$

**注**　上述计算中有时把几个运算合并写在一起，这些运算是有前后次序的，后一个运算是在前一个运算基础上进行的，不能颠倒. 例如：

$$\begin{vmatrix} 3 & 2 \\ 3 & 4 \end{vmatrix} \xlongequal[r_1-r_2]{r_2-r_1} \begin{vmatrix} 3 & 0 \\ 0 & 2 \end{vmatrix}$$

应理解为

$$\begin{vmatrix} 3 & 2 \\ 3 & 4 \end{vmatrix} \xlongequal{r_2-r_1} \begin{vmatrix} 3 & 2 \\ 0 & 2 \end{vmatrix} \xlongequal{r_1-r_2} \begin{vmatrix} 3 & 0 \\ 0 & 2 \end{vmatrix}.$$

## 习题 1.2

1. 利用行列式性质计算下列四阶行列式：

(1) $\begin{vmatrix} 0 & -1 & -1 & 2 \\ 1 & -1 & 0 & 2 \\ -1 & 2 & -1 & 0 \\ 2 & 1 & 1 & 0 \end{vmatrix}$; (2) $\begin{vmatrix} 4 & 1 & 2 & 4 \\ 1 & 2 & 0 & 2 \\ 10 & 5 & 2 & 0 \\ 2 & 1 & 1 & 0 \end{vmatrix}$;

(3) $\begin{vmatrix} 1 & 1 & 1 & 1 \\ a & x & a & a \\ b & b & x & b \\ c & c & c & x \end{vmatrix}$; (4) $\begin{vmatrix} a^2 & (a+1)^2 & (a+2)^2 & (a+3)^2 \\ b^2 & (b+1)^2 & (b+2)^2 & (b+3)^2 \\ c^2 & (c+1)^2 & (c+2)^2 & (c+3)^2 \\ d^2 & (d+1)^2 & (d+2)^2 & (d+3)^2 \end{vmatrix}$;

(5) $\begin{vmatrix} 1 & 1 & 1 & 1-x \\ 1 & 1 & 1+x & 1 \\ 1 & 1-y & 1 & 1 \\ 1+y & 1 & 1 & 1 \end{vmatrix}$; (6) $\begin{vmatrix} a & 1 & 0 & 0 \\ -1 & b & 1 & 0 \\ 0 & -1 & c & 1 \\ 0 & 0 & -1 & d \end{vmatrix}$.

2. 利用行列式性质计算下列 $n$ 阶行列式：

(1) $\begin{vmatrix} 1 & 1 & \cdots & 1 & 1 & n \\ 1 & 1 & \cdots & 1 & n & 1 \\ 1 & 1 & \cdots & n & 1 & 1 \\ \vdots & \vdots & & \vdots & \vdots & \vdots \\ 1 & n & \cdots & 1 & 1 & 1 \\ n & 1 & \cdots & 1 & 1 & 1 \end{vmatrix}$; (2) $\begin{vmatrix} n & n-1 & \cdots & 3 & 2 & 1 \\ n & n-1 & \cdots & 3 & 2 & 2 \\ n & n-1 & \cdots & 3 & 3 & 3 \\ \vdots & \vdots & & \vdots & \vdots & \vdots \\ n & n-1 & \cdots & n-1 & n-1 & n-1 \\ n & n & \cdots & n & n & n \end{vmatrix}$.



## 1.3 行列式按行(列)展开

一般而言，低阶行列式的计算比高阶行列式的计算要简单.因此，将高阶行列式转化为低阶行列式是计算行列式的重要途径.本节首先引入余子式和代数余子式的概念，然后给出行列式降阶方法.

在 $n$ 阶行列式 $D=\det(a_{ij})$ 中，划去元素 $a_{ij}$ 所在的第 $i$ 行和第 $j$ 列的所有元素，剩下的 $n-1$ 阶行列式称为 $a_{ij}$ 的余子式，记作 $M_{ij}$，而称 $A_{ij}=(-1)^{i+j}M_{ij}$ 为 $a_{ij}$ 的代数余子式.

例如，在行列式

$$D=\begin{vmatrix} a_{11} & a_{12} & a_{13} & a_{14} \\ a_{21} & a_{22} & a_{23} & a_{24} \\ a_{31} & a_{32} & a_{33} & a_{34} \\ a_{41} & a_{42} & a_{43} & a_{44} \end{vmatrix}$$

中，元素 $a_{23}$ 的余子式和代数余子式分别为

$$M_{23}=\begin{vmatrix} a_{11} & a_{12} & a_{14} \\ a_{31} & a_{32} & a_{34} \\ a_{41} & a_{42} & a_{44} \end{vmatrix} \text{ 和 } A_{23}=(-1)^{2+3}M_{23}=-M_{23}.$$

**引理 1**　若行列式第一行(列)中除 $a_{11}$ 外，其他都为 0，则这个行列式等于 $a_{11}$ 与 $a_{11}$ 的代数余子式的积，即

$$D=\begin{vmatrix} a_{11} & 0 & \cdots & 0 \\ a_{21} & a_{22} & \cdots & a_{2n} \\ \vdots & \vdots & & \vdots \\ a_{n1} & a_{n2} & \cdots & a_{nn} \end{vmatrix}=a_{11}A_{11}=a_{11}\begin{vmatrix} a_{22} & \cdots & a_{2n} \\ \vdots & & \vdots \\ a_{n2} & \cdots & a_{nn} \end{vmatrix}$$

$$\left(D=\begin{vmatrix} a_{11} & a_{12} & \cdots & a_{1n} \\ 0 & a_{22} & \cdots & a_{2n} \\ \vdots & \vdots & & \vdots \\ 0 & a_{n2} & \cdots & a_{nn} \end{vmatrix}=a_{11}A_{11}=a_{11}\begin{vmatrix} a_{22} & \cdots & a_{2n} \\ \vdots & & \vdots \\ a_{n2} & \cdots & a_{nn} \end{vmatrix}\right).$$

这个引理可用 1.2 节例 2 的结论直接证明，只需令

$$D_1=|a_{11}|,\ D_2=\begin{vmatrix} a_{22} & \cdots & a_{2n} \\ \vdots & & \vdots \\ a_{n2} & \cdots & a_{nn} \end{vmatrix}.$$



**引理 2**　若行列式第 $i$ 行(第 $j$ 列)中除 $a_{ij}$ 外，其他都为 0，则这个行列式等于 $a_{ij}$ 与 $a_{ij}$ 的代数余子式 $A_{ij}$ 的积，即

$$D=\begin{vmatrix} a_{11} & \cdots & a_{1,j-1} & a_{1j} & a_{1,j+1} & \cdots & a_{1n} \\ \vdots & & \vdots & \vdots & \vdots & & \vdots \\ a_{i-1,1} & \cdots & a_{i-1,j-1} & a_{i-1,j} & a_{i-1,j+1} & \cdots & a_{i-1,n} \\ 0 & \cdots & 0 & a_{ij} & 0 & \cdots & 0 \\ a_{i+1,1} & \cdots & a_{i+1,j-1} & a_{i+1,j} & a_{i+1,j+1} & \cdots & a_{i+1,n} \\ \vdots & & \vdots & \vdots & \vdots & & \vdots \\ a_{n1} & \cdots & a_{n,j-1} & a_{nj} & a_{n,j+1} & \cdots & a_{nn} \end{vmatrix}$$

$$=a_{ij}A_{ij}=a_{ij}(-1)^{i+j}\begin{vmatrix} a_{11} & \cdots & a_{1,j-1} & a_{1,j+1} & \cdots & a_{1n} \\ \vdots & & \vdots & \vdots & & \vdots \\ a_{i-1,1} & \cdots & a_{i-1,j-1} & a_{i-1,j+1} & \cdots & a_{i-1,n} \\ a_{i+1,1} & \cdots & a_{i+1,j-1} & a_{i+1,j+1} & \cdots & a_{i+1,n} \\ \vdots & & \vdots & \vdots & & \vdots \\ a_{n1} & \cdots & a_{n,j-1} & a_{n,j+1} & \cdots & a_{nn} \end{vmatrix}.$$

(对于列的情形，可类似地写出公式)

**证** 在行列式 $D$ 中先依次作 $(i-1)$ 次行对换：$r_i \leftrightarrow r_{i-1}$，$r_{i-1} \leftrightarrow r_{i-2}$，…，$r_2 \leftrightarrow r_1$，则

$$D=(-1)^{i-1}\begin{vmatrix} 0 & \cdots & 0 & a_{ij} & 0 & \cdots & 0 \\ a_{11} & \cdots & a_{1j-1} & a_{1j} & a_{1j+1} & \cdots & a_{1n} \\ \vdots & & & \vdots & & & \vdots \\ a_{i-11} & \cdots & a_{i-1j-1} & a_{i-1j} & a_{i-1j+1} & \cdots & a_{i-1n} \\ a_{i+11} & \cdots & a_{i+1j-1} & a_{i+1j} & a_{i+1j+1} & \cdots & a_{i+1n} \\ \vdots & & \vdots & \vdots & \vdots & & \vdots \\ a_{n1} & \cdots & a_{nj-1} & a_{nj} & a_{nj+1} & \cdots & a_{nn} \end{vmatrix},$$

再依次作 $(j-1)$ 次列对换：$c_j \leftrightarrow c_{j-1}$，$c_{j-1} \leftrightarrow c_{j-2}$，…，$c_2 \leftrightarrow c_1$，得

$$D=(-1)^{i-1}(-1)^{j-1}\begin{vmatrix} a_{ij} & 0 & \cdots & 0 & 0 & \cdots & 0 \\ a_{1j} & a_{11} & \cdots & a_{1j-1} & a_{1j+1} & \cdots & a_{1n} \\ \vdots & \vdots & & \vdots & \vdots & & \vdots \\ a_{i-1j} & a_{i-11} & \cdots & a_{i-1j-1} & a_{i-1j+1} & \cdots & a_{i-1n} \\ a_{i+1j} & a_{i+11} & \cdots & a_{i+1j-1} & a_{i+1j+1} & \cdots & a_{i+1n} \\ \vdots & \vdots & & \vdots & \vdots & & \vdots \\ a_{nj} & a_{n1} & \cdots & a_{nj-1} & a_{nj+1} & \cdots & a_{nn} \end{vmatrix}.$$



从而由引理 1，得

$$D=a_{ij}A_{ij}.$$

**定理 1** 行列式等于它任意一行(列)的各元素与其对应的代数余子式乘积之和，即

$$D=a_{i1}A_{i1}+a_{i2}A_{i2}+\cdots+a_{in}A_{in} \quad (i=1,2,\cdots,n),$$

或

$$D=a_{1j}A_{1j}+a_{2j}A_{2j}+\cdots+a_{nj}A_{nj} \quad (j=1,2,\cdots,n).$$

**证** 行列式 $D$ 可以写成

$$D=\begin{vmatrix} a_{11} & a_{12} & \cdots & a_{1n} \\ \vdots & \vdots & & \vdots \\ a_{i1}+0+\cdots+0 & 0+a_{i2}+\cdots+0 & \cdots & 0+0+\cdots+a_{in} \\ \vdots & \vdots & & \vdots \\ a_{n1} & a_{n2} & \cdots & a_{nn} \end{vmatrix},$$

由 1.2 节性质 6，得

$$D=\begin{vmatrix} a_{11} & a_{12} & \cdots & a_{1n} \\ \vdots & \vdots & & \vdots \\ a_{i1} & 0 & \cdots & 0 \\ \vdots & \vdots & & \vdots \\ a_{n1} & a_{n2} & \cdots & a_{nn} \end{vmatrix}+\begin{vmatrix} a_{11} & a_{12} & \cdots & a_{1n} \\ \vdots & \vdots & & \vdots \\ 0 & a_{i2} & \cdots & 0 \\ \vdots & \vdots & & \vdots \\ a_{n1} & a_{n2} & \cdots & a_{nn} \end{vmatrix}+\cdots+\begin{vmatrix} a_{11} & a_{12} & \cdots & a_{1n} \\ \vdots & \vdots & & \vdots \\ 0 & 0 & \cdots & a_{in} \\ \vdots & \vdots & & \vdots \\ a_{n1} & a_{n2} & \cdots & a_{nn} \end{vmatrix},$$

再由引理 2 得到

$$D=a_{i1}A_{i1}+a_{i2}A_{i2}+\cdots+a_{in}A_{in}\quad(i=1,2,\cdots,n).$$

类似地，对于列也有

$$D=a_{1j}A_{1j}+a_{2j}A_{2j}+\cdots+a_{nj}A_{nj}\quad(j=1,2,\cdots,n).$$

定理 1 给出了行列式按行(列)展开法则，利用这一法则可以降低行列式的阶数，简化行列式的计算.

**例 1**　计算行列式

$$D=\begin{vmatrix}3&1&-1&2\\-5&1&3&-4\\2&0&1&-1\\1&-5&3&-3\end{vmatrix}.$$

**解法一**　根据行列式按行(列)展开法则，把 $D$ 依第 3 行展开，得

$$\begin{aligned}D&=2\times(-1)^{3+1}\begin{vmatrix}1&-1&2\\1&3&-4\\-5&3&-3\end{vmatrix}+0\times(-1)^{3+2}\begin{vmatrix}3&-1&2\\-5&3&-4\\1&3&-3\end{vmatrix}+\\&\quad 1\times(-1)^{3+3}\begin{vmatrix}3&1&2\\-5&1&-4\\1&-5&-3\end{vmatrix}+(-1)\times(-1)^{3+4}\begin{vmatrix}3&1&-1\\-5&1&3\\1&-5&3\end{vmatrix}\\&=32+0-40+48=40.\end{aligned}$$

解题过程中发现，如果行列式中有一行(列)元素中含有多个 0，按这一行(列)展开会大大简化行列式的计算. 为此，我们可以先对行列式施行行列式变换，使其中某一行(列)的元素出现多个 0，然后再应用行列式按行(列)展开法则.

**解法二**

$$D\xlongequal{c_3+c_4}\begin{vmatrix}3&1&1&2\\-5&1&-1&-4\\2&0&0&-1\\1&-5&0&-3\end{vmatrix}\xlongequal{r_2+r_1}\begin{vmatrix}3&1&1&2\\-2&2&0&-2\\2&0&0&-1\\1&-5&0&-3\end{vmatrix},$$

再按第 3 列展开，可得

$$D=1\times(-1)^{1+3}\begin{vmatrix}-2&2&-2\\2&0&-1\\1&-5&-3\end{vmatrix}=40.$$

**例 2**　计算 $n$ 阶行列式

$$D_n=\begin{vmatrix} a & a-1 & 0 & 0 & \cdots & 0 & 0 & 0 \\ 1 & a & a-1 & 0 & \cdots & 0 & 0 & 0 \\ 0 & 1 & a & a-1 & \cdots & 0 & 0 & 0 \\ \vdots & \vdots & \vdots & \vdots & & \vdots & \vdots & \vdots \\ 0 & 0 & 0 & 0 & \cdots & 1 & a & a-1 \\ 0 & 0 & 0 & 0 & \cdots & 0 & 1 & a \end{vmatrix}.$$

**解** 按第一行展开，得

$$D_n=aD_{n-1}-(a-1)D_{n-2},$$

等式两边同减去 $D_{n-1}$，得

$$D_n-D_{n-1}=(a-1)(D_{n-1}-D_{n-2}),$$

这是关于 $D_n-D_{n-1}$ 的递推公式，反复用此公式可得

$$D_n-D_{n-1}=(a-1)^2(D_{n-2}-D_{n-3})=\cdots=(a-1)^{n-2}(D_2-D_1).$$

因为

$$D_2=\begin{vmatrix} a & a-1 \\ 1 & a \end{vmatrix}=a^2-a+1,\ D_1=|a|=a,\ D_2-D_1=(a-1)^2,$$

所以 $D_n-D_{n-1}=(a-1)^n$，即 $D_n=D_{n-1}+(a-1)^n$，因此

$$\begin{aligned} D_n &=D_{n-2}+(a-1)^{n-1}+(a-1)^n=D_{n-3}+(a-1)^{n-2}+(a-1)^{n-1}+(a-1)^n \\ &=\cdots=a+(a-1)^2+\cdots+(a-1)^{n-2}+(a-1)^{n-1}+(a-1)^n \\ &=\begin{cases} n+1, & a=2, \\ \dfrac{1-(a-1)^{n+1}}{2-a}, & a\neq 2. \end{cases} \end{aligned}$$

**例 3** 证明范德蒙德(Vandermonde)行列式

$$V(x_1,x_2,\cdots,x_n)=\begin{vmatrix} 1 & 1 & \cdots & 1 \\ x_1 & x_2 & \cdots & x_n \\ x_1^2 & x_2^2 & \cdots & x_n^2 \\ \vdots & \vdots & & \vdots \\ x_1^{n-1} & x_2^{n-1} & \cdots & x_n^{n-1} \end{vmatrix}=\prod_{n\geqslant i>j\geqslant 1}(x_i-x_j). \tag{1-15}$$

**证** 用数学归纳法. 因为

$$V(x_1,x_2)=\begin{vmatrix} 1 & 1 \\ x_1 & x_2 \end{vmatrix}=x_2-x_1=\prod_{2\geqslant i>j\geqslant 1}(x_i-x_j),$$

所以当 $n=2$ 时式(1-15)成立. 现在假设式(1-15)对于 $n-1$ 阶的范德蒙德行列式成立. 下面证明式(1-15)对于 $n$ 阶范德蒙德行列式也成立.

先对 $n$ 阶范德蒙德行列式作行变换：从最下面一行开始，下面一行减去上面一行的 $x_n$ 倍，得

$$V(x_1,x_2,\cdots,x_n)\xlongequal[i=n,n-1,\cdots,2]{r_i-x_n\cdot x_{i-1}}\begin{vmatrix}1 & 1 & \cdots & 1 & 1\\ x_1-x_n & x_2-x_n & \cdots & x_{n-1}-x_n & 0\\ x_1(x_1-x_n) & x_2(x_2-x_n) & \cdots & x_{n-1}(x_{n-1}-x_n) & 0\\ \vdots & \vdots & & \vdots & \vdots\\ x_1^{n-2}(x_1-x_n) & x_2^{n-2}(x_2-x_n) & \cdots & x_{n-1}^{n-2}(x_{n-1}-x_n) & 0\end{vmatrix},$$

按第 $n$ 列展开，然后提取每一列的公因子$(x_i-x_n)$，就有

$$\begin{aligned}V(x_1,x_2,\cdots,x_n)&=(-1)^{1+n}(x_1-x_n)(x_2-x_n)\cdots(x_{n-1}-x_n)V(x_1,x_2,\cdots,x_{n-1})\\&=(x_n-x_1)(x_n-x_2)\cdots(x_n-x_{n-1})V(x_1,x_2,\cdots,x_{n-1}).\end{aligned}$$

由归纳假设，$V(x_1,x_2,\cdots,x_{n-1})=\prod\limits_{n-1\geqslant i>j\geqslant 1}(x_i-x_j)$，代入上式，可得

$$V(x_1,x_2,\cdots,x_n)=\prod_{n\geqslant i>j\geqslant 1}(x_i-x_j).$$

下面给出定理 1 的一个推论.

**推论**　行列式某一行(列)的元素与另一行(列)的对应元素的代数余子式乘积之和等于零，即

$$a_{i1}A_{j1}+a_{i2}A_{j2}+\cdots+a_{in}A_{jn}=0\quad(i\neq j),$$

或

$$a_{1i}A_{1j}+a_{2i}A_{2j}+\cdots+a_{ni}A_{nj}=0\quad(i\neq j).$$

**证**　对于行列式 $D=\det(a_{ij})$，当 $i\neq j$ 时，将第 $j$ 行的元素对应替换成第 $i$ 行元素，得到新的行列式 $D_1$，即

$$D_1=\begin{vmatrix}a_{11} & \cdots & a_{1n}\\ \vdots & & \vdots\\ a_{i1} & \cdots & a_{in}\\ \vdots & & \vdots\\ a_{i1} & \cdots & a_{in}\\ \vdots & & \vdots\\ a_{n1} & \cdots & a_{nn}\end{vmatrix}\begin{matrix}\\ \\ \leftarrow\text{第 } i \text{ 行}\\ \\ \leftarrow\text{第 } j \text{ 行}\\ \\ \\ \end{matrix}.$$

由于 $D_1$ 中有两行的元素对应相等，所以 $D_1=0$. 在 $D_1$ 中，除第 $j$ 行元素外，其他元素与 $D$ 的元素完全一样，所以 $D_1$ 中第 $j$ 行第 $k$ 列的代数余子式等于 $D$ 中第 $j$ 行第 $k$ 列的代数余子式 $A_{jk}(k=1,2,\cdots,n)$. 因此，对行列式 $D_1$ 依第 $j$ 行展开，有

$$D_1=a_{i1}A_{j1}+a_{i2}A_{j2}+\cdots+a_{in}A_{jn},$$

因此，

$$a_{i1}A_{j1}+a_{i2}A_{j2}+\cdots+a_{in}A_{jn}=0.$$

上面证明过程如按列进行，可得当 $i\neq j$ 时，

$$a_{1i}A_{1j}+a_{2i}A_{2j}+\cdots+a_{ni}A_{nj}=0.$$

## 习题 1.3

1. 利用行列式按行(列)展开计算下列行列式($D_k$ 为 $k$ 阶行列式):

(1) $D_n=\begin{vmatrix} x & 0 & \cdots & 0 & 1 \\ 0 & x & \ddots & \vdots & 0 \\ \vdots & \ddots & \ddots & 0 & \vdots \\ 0 & \cdots & 0 & x & 0 \\ 1 & 1 & \cdots & 1 & x \end{vmatrix}$;　　(2) $D_{2n}=\begin{vmatrix} a & \cdots & 0 & 0 & \cdots & b \\ \vdots & \ddots & 0 & 0 & ⋰ & \vdots \\ 0 & 0 & a & b & 0 & 0 \\ 0 & 0 & b & a & 0 & 0 \\ \vdots & ⋰ & 0 & 0 & \ddots & \vdots \\ b & \cdots & 0 & 0 & \cdots & a \end{vmatrix}$;

(3) $D_n=\begin{vmatrix} x & -1 & 0 & \cdots & 0 \\ 0 & x & -1 & \ddots & \vdots \\ \vdots & \ddots & \ddots & \ddots & 0 \\ 0 & \cdots & 0 & x & -1 \\ a_n & a_{n-1} & \cdots & a_2 & x+a_1 \end{vmatrix}$.

2. 利用行列式按行(列)展开及数学归纳法,证明:

(1) $\begin{vmatrix} \alpha+\beta & \alpha\beta & 0 & \cdots & 0 \\ 1 & \alpha+\beta & \alpha\beta & \ddots & \vdots \\ 0 & 1 & \ddots & \ddots & 0 \\ \vdots & \ddots & \ddots & \alpha+\beta & \alpha\beta \\ 0 & \cdots & 0 & 1 & \alpha+\beta \end{vmatrix}=\dfrac{\alpha^{n+1}-\beta^{n+1}}{\alpha-\beta}\ (\alpha\neq\beta)$;

(2) $\begin{vmatrix} \cos\theta & 1 & 0 & \cdots & 0 \\ 1 & 2\cos\theta & 1 & \ddots & \vdots \\ 0 & 1 & \ddots & \ddots & 0 \\ \vdots & \ddots & \ddots & 2\cos\theta & 1 \\ 0 & \cdots & 0 & 1 & 2\cos\theta \end{vmatrix}=\cos n\theta$.

3. 利用范德蒙德行列式的结果计算行列式:

$$D_{n+1}=\begin{vmatrix} a^n & (a-1)^n & \cdots & (a-n)^n \\ a^{n-1} & (a-1)^{n-1} & \cdots & (a-n)^{n-1} \\ \vdots & \vdots & & \vdots \\ a & a-1 & \cdots & a-n \\ 1 & 1 & \cdots & 1 \end{vmatrix}.$$

## 1.4　克莱姆(Cramer)法则

在 1.1 中介绍了应用二阶和三阶行列式分别解由 2 个和 3 个未知数组成的线性方程组. 实际上，这种方法可以推广到含有 $n$ 个未知数 $x_1, x_2, \cdots, x_n$ 的 $n$ 个线性方程的方程组

$$\begin{cases} a_{11}x_1+a_{12}x_2+\cdots+a_{1n}x_n=b_1, \\ a_{21}x_1+a_{22}x_2+\cdots+a_{2n}x_n=b_2, \\ \cdots\cdots\cdots\cdots \\ a_{n1}x_1+a_{n2}x_2+\cdots+a_{nn}x_n=b_n \end{cases} \tag{1-16}$$

的情形.

**定理 1**(克莱姆法则)　如果线性方程组(1-16)的系数行列式不等于零，即

$$D=\begin{vmatrix} a_{11} & \cdots & a_{1n} \\ \vdots & & \vdots \\ a_{n1} & \cdots & a_{nn} \end{vmatrix} \neq 0,$$

那么方程组(1-16)有唯一解

$$x_1=\frac{D_1}{D},\quad x_2=\frac{D_2}{D},\ \cdots,\ x_n=\frac{D_n}{D}, \tag{1-17}$$

其中 $D_j(j=1,2,\cdots,n)$ 是把系数行列式 $D$ 的第 $j$ 列的元素用方程组(1-16)右端的常数项替代后得到的 $n$ 阶行列式，即

$$D_j=\begin{vmatrix} a_{11} & \cdots & a_{1,j-1} & b_1 & a_{1,j+1} & \cdots & a_{1n} \\ \vdots & & \vdots & \vdots & \vdots & & \vdots \\ a_{n1} & \cdots & a_{n,j-1} & b_n & a_{n,j+1} & \cdots & a_{nn} \end{vmatrix}.$$

克莱姆法则的证明将在第 2 章第 3 节中给出.

**例 1**　解线性方程组

$$\begin{cases} 2x_1+x_2-5x_3+x_4=8, \\ x_1-3x_2-6x_4=9, \\ 2x_2-x_3+2x_4=-5, \\ x_1+4x_2-7x_3+6x_4=0. \end{cases}$$

**解**　方程组的系数行列式

$$D=\begin{vmatrix} 2 & 1 & -5 & 1 \\ 1 & -3 & 0 & -6 \\ 0 & 2 & -1 & 2 \\ 1 & 4 & -7 & 6 \end{vmatrix} \xlongequal[c_4+6c_1]{c_2+3c_1} \begin{vmatrix} 2 & 7 & -5 & 13 \\ 1 & 0 & 0 & 0 \\ 0 & 2 & -1 & 2 \\ 1 & 7 & -7 & 12 \end{vmatrix}$$

按第 2 行展开得

$$D=(-1)^{2+1}\begin{vmatrix}7&-5&13\\2&-1&2\\7&-7&12\end{vmatrix}\xlongequal{r_3-r_1}-\begin{vmatrix}7&-5&13\\2&-1&2\\0&-2&-1\end{vmatrix}\xlongequal{c_2-2c_3}-\begin{vmatrix}7&-31&13\\2&-5&2\\0&0&-1\end{vmatrix}$$

$$=\begin{vmatrix}7&-31\\2&-5\end{vmatrix}=27,$$

$$D_1=\begin{vmatrix}8&1&-5&1\\9&-3&0&-6\\-5&2&-1&2\\0&4&-7&6\end{vmatrix}=81,\ D_2=\begin{vmatrix}2&8&-5&1\\1&9&0&-6\\0&-5&-1&2\\1&0&-7&6\end{vmatrix}=-108,$$

$$D_3=\begin{vmatrix}2&1&8&1\\1&-3&9&-6\\0&2&-5&2\\1&4&0&6\end{vmatrix}=-27,\ D_4=\begin{vmatrix}2&1&-5&8\\1&-3&0&9\\0&2&-1&-5\\1&4&-7&0\end{vmatrix}=27.$$

于是方程组的解为 $x_1=3, x_2=-4, x_3=-1, x_4=1$.

由定理1可直接得到下面结论.

**推论** 如果线性方程组(1-16)无解或有两个不同的解,那么它的系数行列式必为零.



当线性方程组(1-16)右边的常数项 $b_1, b_2, \cdots, b_n$ 不全为0时,线性方程组(1-16)称为非齐次线性方程组;当 $b_1, b_2, \cdots, b_n$ 全为0时,即

$$\begin{cases}a_{11}x_1+a_{12}x_2+\cdots+a_{1n}x_n=0,\\a_{21}x_1+a_{22}x_2+\cdots+a_{2n}x_n=0,\\\cdots\cdots\cdots\cdots\\a_{n1}x_1+a_{n2}x_2+\cdots+a_{nn}x_n=0;\end{cases}\tag{1-18}$$

线性方程组(1-18)称为齐次线性方程组.

显然 $x_1=x_2=\cdots=x_n=0$ 一定是齐次线性方程组的解,这个解称为齐次线性方程组(1-18)的零解. 如果一组不全为0的数是(1-18)的解,那么称它是齐次线性方程组(1-18)的非零解. 因此,把定理1应用于齐次线性方程组(1-18),可得以下结论.

**定理2** 如果齐次线性方程组(1-18)的系数行列式 $D\neq0$,那么齐次线性方程组(1-18)只有零解.

因为齐次线性方程组一定有零解,对于齐次线性方程组定理1的推论可改写如下:

**推论** 如果齐次线性方程组(1-18)有非零解,那么它的系数行列式必为零.

**例2** 当 $a$ 和 $b$ 满足什么条件时,齐次线性方程组

$$\begin{cases} x_1+\ \ x_2+\ \ x_3+ax_4=0, \\ x_1+2x_2+\ \ x_3+ax_4=0, \\ x_1+\ \ x_2-3x_3+ax_4=0, \\ x_1+\ \ x_2+ax_3+bx_4=0 \end{cases}$$

有非零解？

**解**　由定理 2 的推论可知，若齐次线性方程组有非零解，则系数行列式 $D=0$. 而

$$D=\begin{vmatrix} 1 & 1 & 1 & a \\ 1 & 2 & 1 & a \\ 1 & 1 & -3 & a \\ 1 & 1 & a & b \end{vmatrix} \xlongequal[r_4-r_1]{\substack{r_2-r_1 \\ r_3-r_1}} \begin{vmatrix} 1 & 1 & 1 & a \\ 0 & 1 & 0 & 0 \\ 0 & 0 & -4 & 0 \\ 0 & 0 & a-1 & b-a \end{vmatrix} \xlongequal[c_3\leftrightarrow c_4]{r_3\leftrightarrow r_4} \begin{vmatrix} 1 & 1 & a & 1 \\ 0 & 1 & 0 & 0 \\ 0 & 0 & b-a & a-1 \\ 0 & 0 & 0 & -4 \end{vmatrix} =-4(b-a),$$

令 $D=0$，得 $a=b$. 因此，当 $a=b$ 时，齐次方程组有非零解.

## 习题 1.4

1. 用克莱姆法则解下列方程组：

(1) $\begin{cases} x_1+\ \ x_2+5x_3+7x_4=14, \\ 3x_1+5x_2+7x_3+\ \ x_4=0, \\ 5x_1+7x_2+1x_3+3x_4=4, \\ 7x_1+\ \ x_2+3x_3+5x_4=16; \end{cases}$

(2) $\begin{cases} 2x_1+3x_2=1, \\ x_1+2x_2+3x_3=0, \\ x_2+2x_3+3x_4=0, \\ x_3+2x_4+3x_5=0, \\ x_4+2x_5=1. \end{cases}$

2. 当 λ 取何值时，齐次线性方程组

$$\begin{cases} (1-\lambda)x+y+z=0, \\ x+(1-\lambda)y+z=0, \\ x+y+(1-\lambda)z=0 \end{cases}$$

有非零解？

# 本章小结

1. 本章知识结构图

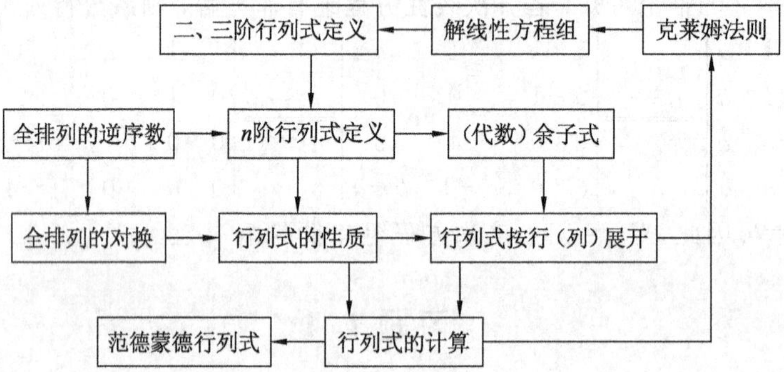


2. 学习要求

(1) 熟练掌握二、三阶行列式的计算.

(2) 了解全排列逆序数的概念、理解高阶行列式的定义.

(3) 掌握行列式的性质,并能熟练运用性质计算高阶行列式.

(4) 理解余子式和代数余子式的概念,掌握行列式按行(列)展开的方法.

(5) 掌握求解线性方程组的克莱姆法则.

3. 复习思考题

(1) 计算行列式:

① $\begin{vmatrix} 5 & -2 & 3 & -5 \\ -2 & 5 & -1 & 2 \\ -1 & 0 & 3 & 5 \\ 2 & -3 & 5 & 4 \end{vmatrix}$;  ② $\begin{vmatrix} 1 & 2 & 0 & 0 & 0 \\ 3 & 4 & 0 & 0 & 0 \\ -1 & 2 & 2 & 1 & 5 \\ 3 & 4 & 1 & 0 & 2 \\ 5 & 6 & 8 & 4 & 14 \end{vmatrix}$;

③ $\begin{vmatrix} a & b & c \\ b & c & a \\ c & a & b \end{vmatrix}$;  ④ $\begin{vmatrix} 1 & 2x & x^2 \\ 1 & x+y & xy \\ 1 & 2y & y^2 \end{vmatrix}$.

(2) 证明:

$$\begin{vmatrix} a+d & d+g & g \\ b+e & e+h & h \\ c+f & f+l & l \end{vmatrix} = \begin{vmatrix} a & d & g \\ b & e & h \\ c & f & l \end{vmatrix}.$$

(3) 计算下列排列的逆序数：

① $n\ (n-1)\cdots 3\ 2\ 1$；② $1\ 3\cdots(2n-1)\ 2\ 4\cdots(2n)$.

(4) 计算下列 $n$ 阶行列式：

① $\begin{vmatrix} a_1+b_1 & a_1+b_2 & \cdots & a_1+b_{n-1} & a_1+b_n \\ a_2+b_1 & a_2+b_2 & \cdots & a_2+b_{n-1} & a_2+b_n \\ \vdots & \vdots & & \vdots & \vdots \\ a_{n-1}+b_1 & a_{n-1}+b_2 & \cdots & a_{n-1}+b_{n-1} & a_{n-1}+b_n \\ a_n+b_1 & a_n+b_2 & \cdots & a_n+b_{n-1} & a_n+b_n \end{vmatrix}$；

② $D_{2n}=\begin{vmatrix} a & \cdots & 0 & 0 & \cdots & b \\ \vdots & \ddots & 0 & 0 & ⋰ & \vdots \\ 0 & 0 & a & b & 0 & 0 \\ 0 & 0 & c & d & 0 & 0 \\ \vdots & ⋰ & 0 & 0 & \ddots & \vdots \\ c & \cdots & 0 & 0 & \cdots & d \end{vmatrix}$.

(5) 求出下列方程的所有实根：

① $\begin{vmatrix} 1 & a_1 & a_2 & a_3 \\ 1 & a_1+x & a_2 & a_3 \\ 1 & a_1 & a_2+x+1 & a_3 \\ 1 & a_1 & a_2 & a_3+x+2 \end{vmatrix}=0$；　② $\begin{vmatrix} 1 & 2 & 3 & 4 \\ 1 & 3-x^2 & 3 & 4 \\ 3 & 4 & 1 & 2 \\ 3 & 4 & 1 & 5-x^2 \end{vmatrix}=0$.

(6) 利用克莱姆法则解下列方程组：

① $\begin{cases} 2x_1-x_2+3x_3+2x_4=6, \\ 3x_1-3x_2+3x_3+2x_4=5, \\ 3x_1-x_2-x_3+2x_4=3, \\ 3x_1-x_2+3x_3-x_4=4; \end{cases}$　② $\begin{cases} x_1+2x_2+3x_3-2x_4=6, \\ 2x_1-x_2-2x_3-3x_4=8, \\ 3x_1+2x_2-x_3+2x_4=4, \\ 2x_1-3x_2+2x_3+x_4=-8; \end{cases}$

③ $\begin{cases} x_1+2x_2-2x_3+4x_4-x_5=-1, \\ 2x_1-x_2+3x_3-4x_4+2x_5=8, \\ 3x_1+x_2-x_3+2x_4-x_5=3, \\ 4x_1+3x_2+4x_3+2x_4+2x_5=-2, \\ x_1-x_2-x_3+2x_4-3x_5=-3; \end{cases}$　④ $\begin{cases} 5x_1+6x_2=1, \\ x_1+5x_2+6x_3=0, \\ x_2+5x_3+6x_4=0, \\ x_3+5x_4+6x_5=0, \\ x_4+5x_5=1. \end{cases}$

# 第 2 章　矩阵及其运算

西尔维斯特(James Joseph Sylvester,1814—1897),英国数学家.生于伦敦,卒于牛津.

西尔维斯特曾就读于剑桥约翰学院.1838 年任伦敦大学学院教授;1841 年受聘任美国弗吉尼亚大学数学教授,几个月后辞职;1845 年返回伦敦.1846 年进入内殿法学会,1850 年成为律师;1855—1870 年任乌尔维奇皇家陆军军官学校数学教授;1859 年被选为伦敦皇家学会会员;1868 年当选为伦敦数学会主席;1876 年任美国约翰·霍普金斯大学数学教授;1883 年返回英国,任牛津大学几何学的萨维尔教授.



西尔维斯特的贡献主要在代数学方面.他同凯莱一起,发展了行列式理论,创立了代数型的理论,共同奠定了关于代数不变量的理论基础;他在数论方面也做出了突出的贡献,特别是在整数分拆和丢番图分析方面.他创造了许多数学名词,当代数学中常用到的术语,如不变式、判别式、雅可比行列式等都是他引入的.他一生发表了几百篇论文,著有《椭圆函数专论》一书.西尔维斯特是《美国数学杂志》的创始人,为发展美国数学研究做出了贡献,曾获得英国皇家勋章、科普利奖章,以及都柏林、爱丁堡、牛津、剑桥等大学授予的名誉学位.

矩阵是线性代数的主要研究对象,它是研究社会和自然现象中各种线性问题的不可缺少的重要数学工具,特别是计算机出现后,矩阵方法得到了更广泛的应用.矩阵是数量关系的一种表现形式,它将一个有序数表作为一个整体研究,使复杂问题变得简洁明了.矩阵是研究线性变换、线性方程组的解法、向量的线性相关性等重要内容的有力工具,同时也是研究离散问题的基本手段,因此,矩阵在线性代数中具有重要地位.

本章中我们首先要引入矩阵的概念,然后深入讨论在实际中常用到的矩阵的运算、分块矩阵的变换及矩阵的逆.第 3 章还将讨论矩阵的初等变换、矩阵的秩等内容.关于矩阵的这些知识将被广泛运用到解一般的线性方程组及其他应用上.

# 2.1　矩阵的概念

## 2.1.1　矩阵的概念

矩阵是一种常用的数学工具，主要体现在它能够方便简洁的储存有关信息，通过矩阵的运算，可以方便地处理这些信息. 下面我们通过一些具体例子引入矩阵的概念. 事实上，本节中的例子均展示了如何将某个数学问题或实际应用问题与一张数表——矩阵联系起来，这实际上是对一个数学问题或实际应用问题进行数学建模的第一步.

**引例**　线性方程组与数表的关系

由 $m$ 个方程、$n$ 个未知量组成的线性方程组的一般形式是

$$\begin{cases} a_{11}x_1+a_{12}x_2+\cdots+a_{1n}x_n=b_1, \\ a_{21}x_1+a_{22}x_2+\cdots+a_{2n}x_n=b_2, \\ \cdots\cdots\cdots\cdots \\ a_{m1}x_1+a_{m2}x_2+\cdots+a_{mn}x_n=b_m. \end{cases}$$

该方程组完全由 $m$ 个方程的 $n$ 个未知量的系数及等式右边的常数所决定，它可以用 $m$ 行 $n+1$ 列的数表表示：

$$\begin{matrix} a_{11} & a_{12} & \cdots & a_{1n} & b_1 \\ a_{21} & a_{22} & \cdots & a_{2n} & b_2 \\ \vdots & \vdots & & \vdots & \vdots \\ a_{m1} & a_{m2} & \cdots & a_{mn} & b_m \end{matrix}$$

实际上，在日常生活中有许多问题都可以用数表来表达一些量及量与量之间的关系. 这类数表，我们统称为矩阵. 下面给出矩阵的定义.

**定义 1**　由 $m\times n$ 个数 $a_{ij}(i=1,2,\cdots,m;j=1,2,\cdots,n)$ 排成的 $m$ 行 $n$ 列的数表

$$\begin{matrix} a_{11} & a_{12} & \cdots & a_{1n} \\ a_{21} & a_{22} & \cdots & a_{2n} \\ \vdots & \vdots & & \vdots \\ a_{m1} & a_{m2} & \cdots & a_{mn} \end{matrix}$$

称为 $m$ 行 $n$ 列矩阵，简称 $m\times n$ 矩阵. 为表示它是一个整体，总是加一个括弧，并用大写黑体字母表示，记为

$$\boldsymbol{A}=\begin{pmatrix} a_{11} & a_{12} & \cdots & a_{1n} \\ a_{21} & a_{22} & \cdots & a_{2n} \\ \vdots & \vdots & & \vdots \\ a_{m1} & a_{m2} & \cdots & a_{mn} \end{pmatrix}$$

这 $m\times n$ 个数称为矩阵 $\boldsymbol{A}$ 的元素，$a_{ij}$ 称为矩阵 $\boldsymbol{A}$ 的第 $i$ 行第 $j$ 列元素. 一个 $m\times n$ 矩阵 $\boldsymbol{A}$ 也可简记为

$$\boldsymbol{A}=\boldsymbol{A}_{m\times n}=(a_{ij})_{m\times n} \text{或} \boldsymbol{A}=(a_{ij}).$$

元素是实数的矩阵称为实矩阵，元素是复数的矩阵称为复矩阵，本书中的矩阵都指实矩阵(除非有特殊说明).

所有元素均为零的矩阵称为零矩阵，记为 $\boldsymbol{O}$.

所有元素均为非负数的矩阵称为非负矩阵.

若矩阵 $\boldsymbol{A}=(a_{ij})$ 的行数与列数都等于 $n$，则称 $\boldsymbol{A}$ 为 $n$ 阶方阵，记为 $\boldsymbol{A}_n$. $n$ 阶方阵从左上角到右下角元素的连线称为主对角线，从左下角到右上角元素的连线称为副对角线.

如果两个矩阵具有相同的行数与相同的列数，那么称这两个矩阵为同型矩阵.

**定义 2** 如果矩阵 $\boldsymbol{A},\boldsymbol{B}$ 为同型矩阵，且对应元素均相等，那么称矩阵 $\boldsymbol{A}$ 与矩阵 $\boldsymbol{B}$ 相等，记为 $\boldsymbol{A}=\boldsymbol{B}$.

**例 1** 设 $\boldsymbol{A}=\begin{pmatrix}3 & 2\\ 2-x & 8\\ 5 & 5z\end{pmatrix}$，$\boldsymbol{B}=\begin{pmatrix}3 & y\\ x & 8\\ 5 & z-8\end{pmatrix}$，已知 $\boldsymbol{A}=\boldsymbol{B}$，求 $x,y,z$.

**解** 因为 $2-x=x,2=y,5z=z-8$，所以 $x=1,y=2,z=-2$.



## 2.1.2 几种特殊矩阵

1. 行矩阵与列矩阵

只有一行的矩阵，即 $m=1$ 时

$$\boldsymbol{A}=(a_1 \quad a_2 \quad \cdots \quad a_n)$$

称为行矩阵或行向量. 为避免元素间的混淆，行矩阵也记作

$$\boldsymbol{A}=(a_1,a_2,\cdots,a_n)$$

只有一列的矩阵，即 $n=1$ 时

$$\boldsymbol{B}=\begin{pmatrix}b_1\\ b_2\\ \vdots\\ b_m\end{pmatrix}$$

称为列矩阵或列向量.

2. 对角阵

对于 $n$ 阶方阵，若主对角线以外的元素全为零，即形如

$$\boldsymbol{A}_n=\begin{pmatrix}\lambda_1 & 0 & \cdots & 0\\ 0 & \lambda_2 & \cdots & 0\\ \vdots & \vdots & & \vdots\\ 0 & 0 & \cdots & \lambda_n\end{pmatrix}$$

的 $n$ 阶方阵称为对角阵，对角阵也记为

$$\boldsymbol{A}=\operatorname{diag}(\lambda_1,\lambda_2,\cdots,\lambda_n).$$

3. 数量矩阵

当一个 $n$ 阶对角矩阵 $\boldsymbol{A}$ 的对角元素全部相等且等于某一数 $\lambda$ 时，称 $\boldsymbol{A}$ 为 $n$ 阶数量矩阵，即

$$\boldsymbol{A}=\begin{pmatrix}\lambda & 0 & \cdots & 0\\ 0 & \lambda & \cdots & 0\\ \vdots & \vdots & & \vdots\\ 0 & 0 & \cdots & \lambda\end{pmatrix}.$$

4. 单位矩阵

$n$ 阶方阵

$$\begin{pmatrix}1 & 0 & \cdots & 0\\ 0 & 1 & \cdots & 0\\ \vdots & \vdots & & \vdots\\ 0 & 0 & \cdots & 1\end{pmatrix}$$

称为 $n$ 阶单位矩阵，$n$ 阶单位矩阵也记为

$$\boldsymbol{E}=\boldsymbol{E}_n(\text{或 }\boldsymbol{I}=\boldsymbol{I}_n).$$

5. 上三角矩阵

主对角线以下元素全为零的 $n$ 阶方阵

$$\boldsymbol{A}=\begin{pmatrix}a_{11} & a_{12} & \cdots & a_{1n}\\ 0 & a_{22} & \cdots & a_{2n}\\ \vdots & \vdots & & \vdots\\ 0 & 0 & \cdots & a_{nn}\end{pmatrix}$$

称为上三角矩阵.

6. 下三角矩阵

主对角线以上元素全为零的 $n$ 阶方阵

$$\boldsymbol{A}=\begin{pmatrix}a_{11} & 0 & \cdots & 0\\ a_{21} & a_{22} & \cdots & 0\\ \vdots & \vdots & & \vdots\\ a_{n1} & a_{n2} & \cdots & a_{nn}\end{pmatrix}$$

称为下三角矩阵.

### 2.1.3 矩阵应用举例

矩阵的应用非常广泛,下面通过几例说明.

1. 线性变换

变量 $x_1,x_2,\cdots,x_n$ 与变量 $y_1,y_2,\cdots,y_m$ 之间的关系式

$$\begin{cases} y_1=a_{11}x_1+a_{12}x_2+\cdots+a_{1n}x_n, \\ y_2=a_{21}x_1+a_{22}x_2+\cdots+a_{2n}x_n, \\ \cdots\cdots\cdots\cdots \\ y_m=a_{m1}x_1+a_{m2}x_2+\cdots+a_{mn}x_n \end{cases} \tag{2-1}$$

称为从变量 $x_1,x_2,\cdots,x_n$ 到变量 $y_1,y_2,\cdots,y_m$ 的线性变换. 其中 $a_{ij}(i=1,2,\cdots,m;j=1,2,\cdots,n)$为常数. 线性变换(2-1)的系数 $a_{ij}$ 构成矩阵 $\mathbf{A}=(a_{ij})_{m\times n}$,称其为线性变换(2-1)的系数矩阵.

线性变换与其系数矩阵之间存在一一对应关系. 因而可利用矩阵来研究线性变换,亦可利用线性变换来研究矩阵.

线性变换

$$\begin{cases} y_1=x_1, \\ y_2=x_2, \\ \cdots\cdots\cdots\cdots \\ y_n=x_n \end{cases}$$



称为恒等变换,其系数矩阵就是单位矩阵.

2. 矩阵在逻辑推理中的应用

我们通过一例说明,甲、乙、丙、丁、戊五人各从图书馆借来一本小说,他们约定读完后互相交换,这五本书的厚度及他们五人的阅读速度差不多,因此,五人总是同时交换书,经 4 次交换后,他们五人读完了这四本书,现已知:

(1) 甲最后读的书是乙读的第二本书;

(2) 丙最后读的书是乙读的第四本书;

(3) 丙读的第二本书甲在一开始就读了;

(4) 丁最后读的书是丙读的第三本;

(5) 乙读的第四本书是戊读的第三本书;

(6) 丁第 3 次读的书是丙一开始读的那本书.

试根据以上情况判断丁第 2 次读的书是谁最先读的书.

**解** 设甲、乙、丙、丁、戊最后读的书的代号依次为 $A$、$B$、$C$、$D$、$E$,则根据题设条件可以列出下列初始矩阵为

$$\begin{array}{c} \\ 1 \\ 2 \\ 3 \\ 4 \\ 5 \end{array}\begin{array}{c} \begin{matrix} \text{甲} & \text{乙} & \text{丙} & \text{丁} & \text{戊} \end{matrix} \\ \begin{pmatrix} x & & y & & \\ & A & x & & \\ & & D & y & C \\ & C & & & \\ A & B & C & D & E \end{pmatrix} \end{array}$$

上述矩阵中的 $x$,$y$ 表示尚未确定的书名代号. 两个 $x$ 代表同一本书,两个 $y$ 代表另外的同一本书.

由题意知,经 5 次阅读后乙将五本书全都阅读了,则从上述矩阵可以看出,乙第 3 次读的书不可能是 $A$,$B$ 或 $C$. 另外由于丙在第 3 次阅读的是 $D$,所以乙第 3 次读的书也不可能是 $D$,因此,乙第 3 次读的书是 $E$,从而乙第 1 次读的书是 $D$. 同理可推出甲第 3 次读的书是 $B$. 因此上述矩阵中的 $y$ 为 $A$,$x$ 为 $E$. 由此可得到各个人的阅读顺序,如下述矩阵所示:

$$\begin{array}{c} \\ 1 \\ 2 \\ 3 \\ 4 \\ 5 \end{array}\begin{array}{c} \begin{matrix} \text{甲} & \text{乙} & \text{丙} & \text{丁} & \text{戊} \end{matrix} \\ \begin{pmatrix} E & D & A & C & B \\ C & A & E & B & D \\ B & E & D & A & C \\ D & C & B & E & A \\ A & B & C & D & E \end{pmatrix} \end{array}$$

由此矩阵知,丁第 2 次读的书是戊一开始读的那一本.

## 习题 2.1

1. 写出线性变换 $\begin{cases} y_1 = 3x_1 - x_2 + 5x_3 + 6x_4 - 8x_5, \\ y_2 = -x_2 + 15x_3 + 3x_5, \\ y_3 = 9x_1 - 3x_2 - 4x_3 + 7x_4 - 18x_5, \\ y_4 = x_1 + 9x_3 - 10x_4 + 6x_5 \end{cases}$ 的矩阵 $\boldsymbol{A}$.

2. 设 $\boldsymbol{A} = \begin{pmatrix} a+b & 4 \\ 0 & d \end{pmatrix}$,$\boldsymbol{B} = \begin{pmatrix} 2 & a-b \\ c & 3 \end{pmatrix}$,已知 $\boldsymbol{A} = \boldsymbol{B}$,求 $a$,$b$,$c$,$d$.

3. 举例说明矩阵在不同领域中的应用.

# 2.2　矩阵的运算

本节主要介绍矩阵的加法、数乘、乘法(包含方阵的幂)和转置等基本运算. 矩阵的运算是矩阵理论中最基本的内容之一,正是矩阵的各种运算,才使矩阵获得了较为广泛的应用.

### 2.2.1 矩阵的线性运算

**定义 1** 设有两个 $m\times n$ 矩阵 $\boldsymbol{A}=(a_{ij})$ 和 $\boldsymbol{B}=(b_{ij})$，矩阵 $\boldsymbol{A}$ 与 $\boldsymbol{B}$ 的和记作 $\boldsymbol{A}+\boldsymbol{B}$，规定为

$$\boldsymbol{A}+\boldsymbol{B}=(a_{ij}+b_{ij})_{m\times n}=\begin{pmatrix} a_{11}+b_{11} & a_{12}+b_{12} & \cdots & a_{1n}+b_{1n} \\ a_{21}+b_{21} & a_{22}+b_{22} & \cdots & a_{2n}+b_{2n} \\ \vdots & \vdots & & \vdots \\ a_{m1}+b_{m1} & a_{m2}+b_{m2} & \cdots & a_{mn}+b_{mn} \end{pmatrix}$$

**注** 只有两个矩阵是同型矩阵时，才能进行矩阵的加法运算. 两个同型矩阵的和，即为两个矩阵对应位置元素相加得到的矩阵.

设矩阵 $\boldsymbol{A}=(a_{ij})$，记

$$-\boldsymbol{A}=(-a_{ij}),$$

称 $-\boldsymbol{A}$ 为矩阵 $\boldsymbol{A}$ 的负矩阵，显然有

$$\boldsymbol{A}+(-\boldsymbol{A})=\boldsymbol{O}.$$

由此规定矩阵的减法为

$$\boldsymbol{A}-\boldsymbol{B}=\boldsymbol{A}+(-\boldsymbol{B}).$$

**定义 2** 数 $k$ 与矩阵 $\boldsymbol{A}$ 的乘积记作 $k\boldsymbol{A}$ 或 $\boldsymbol{A}k$，规定为

$$k\boldsymbol{A}=\boldsymbol{A}k=(ka_{ij})=\begin{pmatrix} ka_{11} & ka_{12} & \cdots & ka_{1n} \\ ka_{21} & ka_{22} & \cdots & ka_{2n} \\ \vdots & \vdots & & \vdots \\ ka_{m1} & ka_{m2} & \cdots & ka_{mn} \end{pmatrix}.$$

数与矩阵的乘积运算称为数乘运算.

矩阵的加法与矩阵的数乘两种运算统称为矩阵的线性运算. 它满足下列运算规律：

设 $\boldsymbol{A},\boldsymbol{B},\boldsymbol{C},\boldsymbol{O}$ 都是同型矩阵，$k,l$ 是常数，则

(1) $\boldsymbol{A}+\boldsymbol{B}=\boldsymbol{B}+\boldsymbol{A}$；

(2) $(\boldsymbol{A}+\boldsymbol{B})+\boldsymbol{C}=\boldsymbol{A}+(\boldsymbol{B}+\boldsymbol{C})$；

(3) $\boldsymbol{A}+\boldsymbol{O}=\boldsymbol{A}$；

(4) $\boldsymbol{A}+(-\boldsymbol{A})=\boldsymbol{O}$；

(5) $1\boldsymbol{A}=\boldsymbol{A}$；

(6) $k(l)\boldsymbol{A}=(kl\boldsymbol{A})$；

(7) $(k+l)\boldsymbol{A}=k\boldsymbol{A}+l\boldsymbol{A}$；

(8) $k(\boldsymbol{A}+\boldsymbol{B})=k\boldsymbol{A}+k\boldsymbol{B}$.

**注** 在数学中，把满足上述 8 条规律的运算称为线性运算.

**例 1**　设 $\boldsymbol{A}=\begin{pmatrix}-1 & 2 & 3 & 1\\ 0 & 3 & -2 & 1\\ 4 & 0 & 3 & 2\end{pmatrix}$，$\boldsymbol{B}=\begin{pmatrix}4 & 3 & 2 & -1\\ 5 & -3 & 0 & 1\\ 1 & 2 & -5 & 0\end{pmatrix}$，求 $3\boldsymbol{A}-2\boldsymbol{B}$.

**解**

$$3\boldsymbol{A}-2\boldsymbol{B}=3\begin{pmatrix}-1 & 2 & 3 & 1\\ 0 & 3 & -2 & 1\\ 4 & 0 & 3 & 2\end{pmatrix}-2\begin{pmatrix}4 & 3 & 2 & -1\\ 5 & -3 & 0 & 1\\ 1 & 2 & -5 & 0\end{pmatrix}$$

$$=\begin{pmatrix}-3 & 6 & 9 & 3\\ 0 & 9 & -6 & 3\\ 12 & 0 & 9 & 6\end{pmatrix}-\begin{pmatrix}8 & 6 & 4 & -2\\ 10 & -6 & 0 & 2\\ 2 & 4 & -10 & 0\end{pmatrix}$$

$$=\begin{pmatrix}-11 & 0 & 5 & 5\\ -10 & 15 & -6 & 1\\ 10 & -4 & 19 & 6\end{pmatrix}.$$

**例 2**　已知 $\boldsymbol{A}=\begin{pmatrix}-1 & 2 & 3 & 1\\ 0 & 3 & -2 & 1\\ 4 & 0 & 3 & 2\end{pmatrix}$，$\boldsymbol{B}=\begin{pmatrix}3 & -1 & 2 & 0\\ 1 & 5 & 7 & 9\\ 2 & 3 & -1 & 6\end{pmatrix}$，且 $\boldsymbol{A}+2\boldsymbol{X}=\boldsymbol{B}$，求 $\boldsymbol{X}$.

**解**　由矩阵的加法和数乘运算律，有

$$\boldsymbol{X}=\frac{1}{2}(\boldsymbol{B}-\boldsymbol{A})=\frac{1}{2}\begin{pmatrix}4 & -3 & -1 & -1\\ 1 & 2 & 9 & 8\\ -2 & 3 & -4 & 4\end{pmatrix}$$

$$=\begin{pmatrix}2 & -\frac{3}{2} & -\frac{1}{2} & -\frac{1}{2}\\ \frac{1}{2} & 1 & \frac{9}{2} & 4\\ -1 & \frac{3}{2} & -2 & 2\end{pmatrix}.$$

### 2.2.2　矩阵的乘法

我们通过一个引例来引入矩阵乘法.

设有两个线性变换为

$$\begin{cases}y_1=a_{11}x_1+a_{12}x_2+a_{13}x_3,\\ y_2=a_{21}x_1+a_{22}x_2+a_{23}x_3,\end{cases}\tag{2-2}$$

$$\begin{cases}x_1=b_{11}t_1+b_{12}t_2,\\ x_2=b_{21}t_1+b_{22}t_2,\\ x_3=b_{31}t_1+b_{32}t_2.\end{cases}\tag{2-3}$$

求出从变量 $t_1,t_2$ 到 $y_1,y_2$ 的线性变换为

$$\begin{cases} y_1=(a_{11}b_{11}+a_{12}b_{21}+a_{13}b_{31})t_1+(a_{11}b_{12}+a_{12}b_{22}+a_{13}b_{32})t_2, \\ y_2=(a_{21}b_{11}+a_{22}b_{21}+a_{23}b_{31})t_1+(a_{21}b_{12}+a_{22}b_{22}+a_{23}b_{32})t_2. \end{cases} \tag{2-4}$$

线性变换(2-2)、(2-3)、(2-4)，对应的矩阵分别为

$$\boldsymbol{A}=\begin{pmatrix} a_{11} & a_{12} & a_{13} \\ a_{21} & a_{22} & a_{23} \end{pmatrix},\boldsymbol{B}=\begin{pmatrix} b_{11} & b_{12} \\ b_{21} & b_{22} \\ b_{31} & b_{32} \end{pmatrix},$$

$$\boldsymbol{C}=\begin{pmatrix} a_{11}b_{11}+a_{12}b_{21}+a_{13}b_{31} & a_{11}b_{12}+a_{12}b_{22}+a_{13}b_{32} \\ a_{21}b_{11}+a_{22}b_{21}+a_{23}b_{31} & a_{21}b_{12}+a_{22}b_{22}+a_{23}b_{32} \end{pmatrix}.$$

很显然，矩阵 $\boldsymbol{C}=(c_{ij})$ 的元素 $c_{ij}$ 是矩阵 $\boldsymbol{A}$ 的第 $i$ 行元素与矩阵 $\boldsymbol{B}$ 的第 $j$ 列对应元素乘积之和. 正是根据这个规律，我们可以定义矩阵乘法，它已完全不同于矩阵加法的对应元素作相应加法运算的规则. 按以上方式定义的乘法具有实际意义. 由此推广得到一般定义：

**定义 3** 设

$$\boldsymbol{A}=(a_{ij})_{m\times s}=\begin{pmatrix} a_{11} & a_{12} & \cdots & a_{1s} \\ a_{21} & a_{22} & \cdots & a_{2s} \\ \vdots & \vdots & & \vdots \\ a_{m1} & a_{m2} & \cdots & a_{ms} \end{pmatrix},\boldsymbol{B}=(b_{ij})_{s\times n}=\begin{pmatrix} b_{11} & b_{12} & \cdots & b_{1n} \\ b_{21} & b_{22} & \cdots & b_{2n} \\ \vdots & \vdots & & \vdots \\ b_{s1} & b_{s2} & \cdots & b_{sn} \end{pmatrix}.$$



矩阵 $\boldsymbol{A}$ 与矩阵 $\boldsymbol{B}$ 的乘积记作 $\boldsymbol{AB}$，规定为

$$\boldsymbol{AB}=(c_{ij})_{m\times n}=\begin{pmatrix} c_{11} & c_{12} & \cdots & c_{1n} \\ c_{21} & c_{22} & \cdots & c_{2n} \\ \vdots & \vdots & & \vdots \\ c_{m1} & c_{m2} & \cdots & c_{mn} \end{pmatrix},$$

其中 $c_{ij}=a_{i1}b_{1j}+a_{i2}b_{2j}+\cdots+a_{is}b_{sj}=\sum\limits_{k=1}^{s}a_{ik}b_{kj},(i=1,2,\cdots,m;j=1,2,\cdots,n).$

记号 $\boldsymbol{AB}$ 常读作 $\boldsymbol{A}$ 左乘 $\boldsymbol{B}$ 或 $\boldsymbol{B}$ 右乘 $\boldsymbol{A}$.

**注** 只有当左边矩阵的列数等于右边矩阵的行数时，两个矩阵才能进行乘法运算；乘积矩阵的行数等于左边矩阵的行数，乘积矩阵的列数等于右边矩阵的列数.

若 $\boldsymbol{C}=\boldsymbol{AB}$，则矩阵 $\boldsymbol{C}$ 的元素 $c_{ij}$ 即为矩阵 $\boldsymbol{A}$ 的第 $i$ 行元素与矩阵 $\boldsymbol{B}$ 的第 $j$ 列对应元素乘积的和. 即

$$c_{ij}=(a_{i1},a_{i2},\cdots,a_{is})\begin{pmatrix} b_{1j} \\ b_{2j} \\ \vdots \\ b_{sj} \end{pmatrix}=a_{i1}b_{1j}+a_{i2}b_{2j}+\cdots+a_{is}b_{sj}.$$

可以证明，矩阵的乘法满足下列运算规律(假定运算都是可行的)：

(1) $(\boldsymbol{AB})\boldsymbol{C}=\boldsymbol{A}(\boldsymbol{BC})$；

(2) $(\boldsymbol{A}+\boldsymbol{B})\boldsymbol{C}=\boldsymbol{AC}+\boldsymbol{BC}$;

(3) $\boldsymbol{C}(\boldsymbol{A}+\boldsymbol{B})=\boldsymbol{CA}+\boldsymbol{CB}$;

(4) $k(\boldsymbol{AB})=(k\boldsymbol{A})\boldsymbol{B}=\boldsymbol{A}(k\boldsymbol{B})$.

**例 3**　设 $\boldsymbol{A}=\begin{pmatrix}1&2\\3&4\\-1&0\\7&-1\end{pmatrix}$, $\boldsymbol{B}=\begin{pmatrix}1&2&0\\-1&3&4\end{pmatrix}$, 求 $\boldsymbol{AB}$.

**解**　$$\boldsymbol{AB}=\begin{pmatrix}1&2\\3&4\\-1&0\\7&-1\end{pmatrix}\begin{pmatrix}1&2&0\\-1&3&4\end{pmatrix}$$

$$=\begin{pmatrix}1\times1+2\times(-1)&1\times2+2\times3&1\times0+2\times4\\3\times1+4\times(-1)&3\times2+4\times3&3\times0+4\times4\\-1\times1+0\times(-1)&-1\times2+0\times3&-1\times0+0\times4\\7\times1+(-1)\times(-1)&7\times2+(-1)\times3&7\times0+(-1)\times4\end{pmatrix}$$

$$=\begin{pmatrix}-1&8&8\\-1&18&16\\-1&-2&0\\8&11&-4\end{pmatrix}.$$

**注**　这里 $\boldsymbol{B}$ 与 $\boldsymbol{A}$ 不能相乘，即 $\boldsymbol{BA}$ 没有意义.

**例 4**　设 $\boldsymbol{A}=\begin{pmatrix}-2&4\\1&-2\end{pmatrix}$, $\boldsymbol{B}=\begin{pmatrix}2&4\\-3&-6\end{pmatrix}$, 求 $\boldsymbol{AB}$, $\boldsymbol{BA}$.

**解**　$$\boldsymbol{AB}=\begin{pmatrix}-2&4\\1&-2\end{pmatrix}\begin{pmatrix}2&4\\-3&-6\end{pmatrix}=\begin{pmatrix}-16&-32\\8&16\end{pmatrix},$$

$$\boldsymbol{BA}=\begin{pmatrix}2&4\\-3&-6\end{pmatrix}\begin{pmatrix}-2&4\\1&-2\end{pmatrix}=\begin{pmatrix}0&0\\0&0\end{pmatrix}.$$

显然 $\boldsymbol{AB}\neq\boldsymbol{BA}$，且 $\boldsymbol{BA}=\boldsymbol{O}$.

从该例可看出：(1) 矩阵的乘法一般不满足交换律，即 $\boldsymbol{AB}\neq\boldsymbol{BA}$；(2) 两个非零矩阵相乘，可能是零矩阵，故不能从 $\boldsymbol{AB}=\boldsymbol{O}$ 必然推出 $\boldsymbol{A}=\boldsymbol{O}$ 或 $\boldsymbol{B}=\boldsymbol{O}$.

此外，矩阵乘法一般也不满足消去律，即不能从 $\boldsymbol{AC}=\boldsymbol{BC}$ 必然推出 $\boldsymbol{A}=\boldsymbol{B}$. 例如，设

$$\boldsymbol{A}=\begin{pmatrix}1&2\\0&3\end{pmatrix},\ \boldsymbol{B}=\begin{pmatrix}1&0\\0&4\end{pmatrix},\ \boldsymbol{C}=\begin{pmatrix}1&1\\0&0\end{pmatrix},$$

则
$$\boldsymbol{AC}=\begin{pmatrix}1&2\\0&3\end{pmatrix}\begin{pmatrix}1&1\\0&0\end{pmatrix}=\begin{pmatrix}1&1\\0&0\end{pmatrix}=\begin{pmatrix}1&0\\0&4\end{pmatrix}\begin{pmatrix}1&1\\0&0\end{pmatrix}=\boldsymbol{BC},$$

但 $\boldsymbol{A}\neq\boldsymbol{B}$.

下面通过举例来说明矩阵乘法的应用.

设有线性方程组

$$\begin{cases}a_{11}x_1+a_{12}x_2+\cdots+a_{1n}x_n=b_1,\\a_{21}x_1+a_{22}x_2+\cdots+a_{2n}x_n=b_2,\\\cdots\cdots\cdots\cdots\\a_{m1}x_1+a_{m2}x_2+\cdots+a_{mn}x_n=b_m,\end{cases}\tag{2-5}$$

若记

$$\boldsymbol{A}=\begin{pmatrix}a_{11}&a_{12}&\cdots&a_{1n}\\a_{21}&a_{22}&\cdots&a_{2n}\\\vdots&\vdots&&\vdots\\a_{m1}&a_{m2}&\cdots&a_{mn}\end{pmatrix},\ \boldsymbol{X}=\begin{pmatrix}x_1\\x_2\\\vdots\\x_n\end{pmatrix},\ \boldsymbol{b}=\begin{pmatrix}b_1\\b_2\\\vdots\\b_m\end{pmatrix},$$

则利用矩阵的乘法,线性方程组(2-5)可表示为矩阵形式:

$$\boldsymbol{Ax}=\boldsymbol{b}\tag{2-6}$$

其中矩阵 $\boldsymbol{A}$ 称为线性方程组(2-5)的系数矩阵. 方程(2-6)又称为矩阵方程.

若 $x_j=c_j(j=1,2,\cdots,n)$是方程组(2-5)的解, 记列矩阵

$$\boldsymbol{C}=\begin{pmatrix}c_1\\c_2\\\vdots\\c_n\end{pmatrix},$$

则

$$\boldsymbol{AC}=\boldsymbol{b},$$

这时也称 $\boldsymbol{C}$ 是矩阵方程(2-6)的解; 反之, 若列矩阵 $\boldsymbol{C}$ 是矩阵方程(2-6)的解,即有矩阵等式 $\boldsymbol{AC}=\boldsymbol{b}$ 成立, 则 $\boldsymbol{x}=\boldsymbol{C}$, 即 $x_j=c_j(j=1,2,\cdots,n)$也是线性方程组(2-5)的解. 这样,对线性方程组(2-5)的讨论便等价于对矩阵方程(2-6)的讨论. 特别地, 齐次线性方程组可以表示为

$$\boldsymbol{Ax}=\boldsymbol{0}.$$

将线性方程组写成矩阵方程的形式,不仅书写方便,而且可以把线性方程组的理论与矩阵理论联系起来,这给线性方程组的讨论带来很大的便利.

**定义 4** 如果两矩阵相乘, 有

$$\boldsymbol{AB}=\boldsymbol{BA},$$

那么称矩阵 $\boldsymbol{A}$ 与矩阵 $\boldsymbol{B}$ 可交换,简称 $\boldsymbol{A}$ 与 $\boldsymbol{B}$ 可换.

**注** 对于单位矩阵 $\boldsymbol{E}$, 容易证明

$$\boldsymbol{E}_m\boldsymbol{A}_{m\times n}=\boldsymbol{A}_{m\times n},\ \boldsymbol{A}_{m\times n}\boldsymbol{E}_n=\boldsymbol{A}_{m\times n}.$$

或简写成

$$EA=AE=A.$$

可见，单位矩阵 $E$ 在矩阵的乘法中的作用类似于数 1 在数的乘法中的作用.

**例 5**　求与矩阵 $A=\begin{pmatrix}0&1&0&0\\0&0&1&0\\0&0&0&1\\0&0&0&0\end{pmatrix}$ 可交换的一切矩阵.

**解**　容易知道与 $A$ 可交换的矩阵必为四阶方阵，设为

$$B=\begin{pmatrix}a&b&c&d\\a_1&b_1&c_1&d_1\\a_2&b_2&c_2&d_2\\a_3&b_3&c_3&d_3\end{pmatrix},$$

则

$$AB=\begin{pmatrix}0&1&0&0\\0&0&1&0\\0&0&0&1\\0&0&0&0\end{pmatrix}\begin{pmatrix}a&b&c&d\\a_1&b_1&c_1&d_1\\a_2&b_2&c_2&d_2\\a_3&b_3&c_3&d_3\end{pmatrix}=\begin{pmatrix}a_1&b_1&c_1&d_1\\a_2&b_2&c_2&d_2\\a_3&b_3&c_3&d_3\\0&0&0&0\end{pmatrix},$$

$$BA=\begin{pmatrix}a&b&c&d\\a_1&b_1&c_1&d_1\\a_2&b_2&c_2&d_2\\a_3&b_3&c_3&d_3\end{pmatrix}\begin{pmatrix}0&1&0&0\\0&0&1&0\\0&0&0&1\\0&0&0&0\end{pmatrix}=\begin{pmatrix}0&a&b&c\\0&a_1&b_1&c_1\\0&a_2&b_2&c_2\\0&a_3&b_3&c_3\end{pmatrix},$$

由 $AB=BA$，有

$$a_1=0,b_1=a,c_1=b,d_1=c;$$
$$a_2=0,b_2=a_1=0,c_2=b_1=a,d_2=c_1=b;$$
$$a_3=0,b_3=a_2=0,c_3=b_2=0,d_3=c_2=a.$$

于是可得 $B=\begin{pmatrix}a&b&c&d\\0&a&b&c\\0&0&a&b\\0&0&0&a\end{pmatrix}$，其中 $a,b,c,d$ 为任意实数.

### 2.2.3　方阵的幂

**定义 5**　设方阵 $A=(a_{ij})_{n\times n}$，规定

$$A^0=E,A^k=\overbrace{A\cdot A\cdot\cdots\cdot A}^{k个},k\text{ 为正整数}.$$

$A^k$ 称为 $A$ 的 $k$ 次幂. 显然只有当 $A$ 是方阵时，它的幂才有意义.

应用矩阵乘法的结合律，可以证明方阵的幂满足以下运算规律($m,n$ 为正整数)：

(1) $\boldsymbol{A}^m\boldsymbol{A}^n=\boldsymbol{A}^{m+n}$；

(2) $(\boldsymbol{A}^m)^n=\boldsymbol{A}^{mn}$.

**注** 一般地，$(\boldsymbol{AB})^m\neq\boldsymbol{A}^m\boldsymbol{B}^m$，$m$ 为正整数. 这是因为矩阵乘法一般不满足交换律. 只有当 $\boldsymbol{A}$ 与 $\boldsymbol{B}$ 可交换时，才有 $(\boldsymbol{AB})^m=\boldsymbol{A}^m\boldsymbol{B}^m$. 类似地，也只有在 $\boldsymbol{A}$ 与 $\boldsymbol{B}$ 可交换时 $(\boldsymbol{A}+\boldsymbol{B})^2=\boldsymbol{A}^2+2\boldsymbol{AB}+\boldsymbol{B}^2$，$(\boldsymbol{A}-\boldsymbol{B})^2=\boldsymbol{A}^2-2\boldsymbol{AB}+\boldsymbol{B}^2$，$(\boldsymbol{A}+\boldsymbol{B})(\boldsymbol{A}-\boldsymbol{B})=(\boldsymbol{A}-\boldsymbol{B})(\boldsymbol{A}+\boldsymbol{B})=\boldsymbol{A}^2-\boldsymbol{B}^2$ 等才成立.

**定义 6** 如果记 $f(x)=a_mx^m+a_{m-1}x^{m-1}+\cdots+a_1x+a_0$ 是 $x$ 的 $m$ 次多项式，$\boldsymbol{A}$ 是 $n$ 阶方阵，那么称

$$f(\boldsymbol{A})=a_m\boldsymbol{A}^m+a_{m-1}\boldsymbol{A}^{m-1}+\cdots+a_1\boldsymbol{A}+a_0\boldsymbol{E}$$

为 $\boldsymbol{A}$ 的 $m$ 次多项式.

**例 6** 若 $\boldsymbol{A}=\begin{pmatrix}1&1&1&1\\1&1&-1&-1\\1&-1&1&-1\\1&-1&-1&1\end{pmatrix}$，求 $\boldsymbol{A}^3$，$\boldsymbol{A}^{10}$.

**解** $$\boldsymbol{A}^2=\begin{pmatrix}1&1&1&1\\1&1&-1&-1\\1&-1&1&-1\\1&-1&-1&1\end{pmatrix}\begin{pmatrix}1&1&1&1\\1&1&-1&-1\\1&-1&1&-1\\1&-1&-1&1\end{pmatrix}=\begin{pmatrix}4&0&0&0\\0&4&0&0\\0&0&4&0\\0&0&0&4\end{pmatrix}=4\boldsymbol{E},$$

故 $$\boldsymbol{A}^3=\boldsymbol{A}^2\boldsymbol{A}=(4\boldsymbol{E})\boldsymbol{A}=4(\boldsymbol{EA})=4\boldsymbol{A}=\begin{pmatrix}4&4&4&4\\4&4&-4&-4\\4&-4&4&-4\\4&-4&-4&4\end{pmatrix},$$

$$\boldsymbol{A}^{10}=(\boldsymbol{A}^2)^5=(4\boldsymbol{E})^5=4^5\boldsymbol{E}^5=4^5\boldsymbol{E}=\begin{pmatrix}4^5&0&0&0\\0&4^5&0&0\\0&0&4^5&0\\0&0&0&4^5\end{pmatrix}.$$

**例 7** 设 $f(x)=x^2-2x-3$，$\boldsymbol{A}=\begin{pmatrix}-1&0\\4&3\end{pmatrix}$，求 $f(\boldsymbol{A})$.

**解** $$\boldsymbol{A}^2=\begin{pmatrix}-1&0\\4&3\end{pmatrix}\begin{pmatrix}-1&0\\4&3\end{pmatrix}=\begin{pmatrix}1&0\\8&9\end{pmatrix},$$

$$f(\boldsymbol{A})=\boldsymbol{A}^2-2\boldsymbol{A}-3\boldsymbol{E}=\begin{pmatrix}1&0\\8&9\end{pmatrix}-2\begin{pmatrix}-1&0\\4&3\end{pmatrix}-3\begin{pmatrix}1&0\\0&1\end{pmatrix}=\begin{pmatrix}0&0\\0&0\end{pmatrix}.$$

### 2.2.4 矩阵的转置

**定义 7** 把矩阵 $\boldsymbol{A}$ 的行换成同序数的列得到的新矩阵，称为 $\boldsymbol{A}$ 的转置矩阵，记作 $\boldsymbol{A}^{\mathrm{T}}$

(或 $\boldsymbol{A}'$). 即若

$$\boldsymbol{A}=\begin{pmatrix} a_{11} & a_{12} & \cdots & a_{1n} \\ a_{21} & a_{22} & \cdots & a_{2n} \\ \vdots & \vdots & & \vdots \\ a_{m1} & a_{m2} & \cdots & a_{mn} \end{pmatrix},$$

则

$$\boldsymbol{A}^{\mathrm{T}}=\begin{pmatrix} a_{11} & a_{21} & \cdots & a_{m1} \\ a_{12} & a_{22} & \cdots & a_{m2} \\ \vdots & \vdots & & \vdots \\ a_{1n} & a_{2n} & \cdots & a_{mn} \end{pmatrix}.$$

矩阵的转置满足以下运算规律(假设运算都是可行的):

(1) $(\boldsymbol{A}^{\mathrm{T}})^{\mathrm{T}}=\boldsymbol{A}$;

(2) $(\boldsymbol{A}+\boldsymbol{B})^{\mathrm{T}}=\boldsymbol{A}^{\mathrm{T}}+\boldsymbol{B}^{\mathrm{T}}$;

(3) $(k\boldsymbol{A})^{\mathrm{T}}=k\boldsymbol{A}^{\mathrm{T}}$;

(4) $(\boldsymbol{AB})^{\mathrm{T}}=\boldsymbol{B}^{\mathrm{T}}\boldsymbol{A}^{\mathrm{T}}$.

**例 8**　设 $\boldsymbol{A}=\begin{pmatrix}\frac{1}{2} & 0 & \frac{1}{2}\end{pmatrix}$, $\boldsymbol{B}=\boldsymbol{E}-\boldsymbol{A}^{\mathrm{T}}\boldsymbol{A}$, $\boldsymbol{C}=\boldsymbol{E}+2\boldsymbol{A}^{\mathrm{T}}\boldsymbol{A}$, 其中 $\boldsymbol{E}$ 为 3 阶单位矩阵, 求 $\boldsymbol{BC}$.

**解法一**　先求出矩阵 $\boldsymbol{B}$, $\boldsymbol{C}$, 再来计算 $\boldsymbol{BC}$. 因为

$$\boldsymbol{A}^{\mathrm{T}}\boldsymbol{A}=\begin{pmatrix}\frac{1}{2} \\ 0 \\ \frac{1}{2}\end{pmatrix}\begin{pmatrix}\frac{1}{2} & 0 & \frac{1}{2}\end{pmatrix}=\begin{pmatrix}\frac{1}{4} & 0 & \frac{1}{4} \\ 0 & 0 & 0 \\ \frac{1}{4} & 0 & \frac{1}{4}\end{pmatrix},$$

所以

$$\boldsymbol{B}=\boldsymbol{E}-\boldsymbol{A}^{\mathrm{T}}\boldsymbol{A}=\begin{pmatrix}1 & 0 & 0 \\ 0 & 1 & 0 \\ 0 & 0 & 1\end{pmatrix}-\begin{pmatrix}\frac{1}{4} & 0 & \frac{1}{4} \\ 0 & 0 & 0 \\ \frac{1}{4} & 0 & \frac{1}{4}\end{pmatrix}=\begin{pmatrix}\frac{3}{4} & 0 & -\frac{1}{4} \\ 0 & 1 & 0 \\ -\frac{1}{4} & 0 & \frac{3}{4}\end{pmatrix},$$

$$\boldsymbol{C}=\boldsymbol{E}+2\boldsymbol{A}^{\mathrm{T}}\boldsymbol{A}=\begin{pmatrix}1 & 0 & 0 \\ 0 & 1 & 0 \\ 0 & 0 & 1\end{pmatrix}+2\begin{pmatrix}\frac{1}{4} & 0 & \frac{1}{4} \\ 0 & 0 & 0 \\ \frac{1}{4} & 0 & \frac{1}{4}\end{pmatrix}=\begin{pmatrix}\frac{3}{2} & 0 & \frac{1}{2} \\ 0 & 1 & 0 \\ \frac{1}{2} & 0 & \frac{3}{2}\end{pmatrix},$$

$$BC=\begin{pmatrix}\frac{3}{4} & 0 & -\frac{1}{4}\\ 0 & 1 & 0\\ -\frac{1}{4} & 0 & \frac{3}{4}\end{pmatrix}\begin{pmatrix}\frac{3}{2} & 0 & \frac{1}{2}\\ 0 & 1 & 0\\ \frac{1}{2} & 0 & \frac{3}{2}\end{pmatrix}=\begin{pmatrix}1 & 0 & 0\\ 0 & 1 & 0\\ 0 & 0 & 1\end{pmatrix}=\boldsymbol{E}.$$

**解法二** 由矩阵乘法的分配律，得

$$\begin{aligned}\boldsymbol{BC}&=(\boldsymbol{E}-\boldsymbol{A}^{\mathrm{T}}\boldsymbol{A})(\boldsymbol{E}+2\boldsymbol{A}^{\mathrm{T}}\boldsymbol{A})\\&=\boldsymbol{E}+2\boldsymbol{A}^{\mathrm{T}}\boldsymbol{A}-\boldsymbol{A}^{\mathrm{T}}\boldsymbol{A}-2\boldsymbol{A}^{\mathrm{T}}\boldsymbol{A}\boldsymbol{A}^{\mathrm{T}}\boldsymbol{A}\\&=\boldsymbol{E}+\boldsymbol{A}^{\mathrm{T}}\boldsymbol{A}-2\boldsymbol{A}^{\mathrm{T}}(\boldsymbol{A}\boldsymbol{A}^{\mathrm{T}})\boldsymbol{A},\end{aligned}$$

因为 $\boldsymbol{A}\boldsymbol{A}^{\mathrm{T}}=\begin{pmatrix}\frac{1}{2} & 0 & \frac{1}{2}\end{pmatrix}\begin{pmatrix}\frac{1}{2}\\ 0\\ \frac{1}{2}\end{pmatrix}=\frac{1}{2}$，所以 $\boldsymbol{BC}=\boldsymbol{E}+\boldsymbol{A}^{\mathrm{T}}\boldsymbol{A}-2\boldsymbol{A}^{\mathrm{T}}(\boldsymbol{A}\boldsymbol{A}^{\mathrm{T}})\boldsymbol{A}=\boldsymbol{E}$.

**注** 解法二运用了矩阵运算的运算规律，从而简化了运算，比解法一简单.

### 2.2.5 方阵的行列式



**定义 8** 由 $n$ 阶方阵 $\boldsymbol{A}$ 的元素所构成的行列式(各元素的位置不变)，称为方阵 $\boldsymbol{A}$ 的行列式，记作 $|\boldsymbol{A}|$ 或 $\det\boldsymbol{A}$..

**注** 方阵与行列式是两个不同的概念，$n$ 阶方阵是 $n^2$ 个数按一定方式排成的数表，而 $n$ 阶行列式则是这些数按一定的运算法则所确定的一个数值(实数或复数).

方阵 $\boldsymbol{A}$ 的行列式 $|\boldsymbol{A}|$ 满足以下运算规律(设 $\boldsymbol{A},\boldsymbol{B}$ 为 $n$ 阶方阵，$k$ 为常数)：

(1) $|\boldsymbol{A}^{\mathrm{T}}|=|\boldsymbol{A}|$；(行列式性质 1)

(2) $|k\boldsymbol{A}|=k^n|\boldsymbol{A}|$；

(3) $|\boldsymbol{AB}|=|\boldsymbol{A}||\boldsymbol{B}|$.(即同阶方阵乘积的行列式等于方阵行列式的乘积)

**例 9** 四阶方阵 $\boldsymbol{A}$ 的行列式的值为 $\frac{1}{8}$，求 $|4\boldsymbol{A}|$，$|-\boldsymbol{A}|$.

**解** $|4\boldsymbol{A}|=4^4|\boldsymbol{A}|=4^4\times\frac{1}{8}=32$；$|-\boldsymbol{A}|=(-1)^4|\boldsymbol{A}|=\frac{1}{8}$.

### 2.2.6 对称矩阵与反对称矩阵

**定义 9** 设 $\boldsymbol{A}$ 为 $n$ 阶方阵，若 $\boldsymbol{A}^{\mathrm{T}}=\boldsymbol{A}$，即

$$a_{ij}=a_{ji}\quad(i,j=1,2,\cdots,n),$$

则称 $\boldsymbol{A}$ 为对称矩阵.

显然，对称矩阵 $\boldsymbol{A}$ 的元素关于主对角线对称. 例如

$$\begin{pmatrix} 0 & -1 \\ -1 & 0 \end{pmatrix},\quad \begin{pmatrix} 8 & 6 & 1 \\ 6 & 9 & 0 \\ 1 & 0 & 5 \end{pmatrix}$$

均为对称矩阵.

若 $\boldsymbol{A}^{\mathrm{T}}=-\boldsymbol{A}$，即 $a_{ij}=-a_{ji}(i,j=1,2,\cdots,n)$，则称 $\boldsymbol{A}$ 为反对称矩阵. 显然，反对称矩阵主对角线上的元素全部为零.

**例 10**　证明任意一个 $n$ 阶方阵 $\boldsymbol{A}$ 都可以表示成一个对称矩阵与一个反对称矩阵的和.

**证**　任意一个 $n$ 阶方阵 $\boldsymbol{A}$ 都可以写成

$$\boldsymbol{A}=\frac{\boldsymbol{A}+\boldsymbol{A}^{\mathrm{T}}}{2}+\frac{\boldsymbol{A}-\boldsymbol{A}^{\mathrm{T}}}{2}.$$

由于

$$\left(\frac{\boldsymbol{A}+\boldsymbol{A}^{\mathrm{T}}}{2}\right)^{\mathrm{T}}=\frac{\boldsymbol{A}^{\mathrm{T}}+(\boldsymbol{A}^{\mathrm{T}})^{\mathrm{T}}}{2}=\frac{\boldsymbol{A}+\boldsymbol{A}^{\mathrm{T}}}{2},$$

$$\left(\frac{\boldsymbol{A}-\boldsymbol{A}^{\mathrm{T}}}{2}\right)^{\mathrm{T}}=\frac{\boldsymbol{A}^{\mathrm{T}}-(\boldsymbol{A}^{\mathrm{T}})^{\mathrm{T}}}{2}=-\frac{\boldsymbol{A}-\boldsymbol{A}^{\mathrm{T}}}{2},$$

因此 $\frac{\boldsymbol{A}+\boldsymbol{A}^{\mathrm{T}}}{2}$ 为对称矩阵，$\frac{\boldsymbol{A}-\boldsymbol{A}^{\mathrm{T}}}{2}$ 为反对称矩阵. 故结论成立.



### 2.2.7　伴随矩阵

**定义 10**　$n$ 阶方阵 $\boldsymbol{A}$ 的行列式 $|\boldsymbol{A}|$ 的各个元素 $a_{ij}$ 的代数余子式为 $\boldsymbol{A}_{ij}(i,j=1,2,\cdots,n)$，以 $A_{ji}$ 作为第 $i$ 行第 $j$ 列所构成的 $n$ 阶方阵

$$\boldsymbol{A}^{*}=\begin{pmatrix} \boldsymbol{A}_{11} & \boldsymbol{A}_{21} & \cdots & \boldsymbol{A}_{n1} \\ \boldsymbol{A}_{12} & \boldsymbol{A}_{22} & \cdots & \boldsymbol{A}_{n2} \\ \vdots & \vdots & & \vdots \\ \boldsymbol{A}_{1n} & \boldsymbol{A}_{2n} & \cdots & \boldsymbol{A}_{nn} \end{pmatrix}$$

称为矩阵 $\boldsymbol{A}$ 的伴随矩阵.

伴随矩阵有性质：$\boldsymbol{A}\boldsymbol{A}^{*}=\boldsymbol{A}^{*}\boldsymbol{A}=|\boldsymbol{A}|\boldsymbol{E}$. 这一性质容易证明，在下节逆矩阵中将会用到.

### 2.2.8　共轭矩阵

**定义 11**　设 $\boldsymbol{A}=(a_{ij})$ 为复(数)矩阵，记

$$\overline{\boldsymbol{A}}=(\overline{a_{ij}})$$

其中 $\overline{a_{ij}}$ 表示 $a_{ij}$ 的共轭复数，称 $\overline{\boldsymbol{A}}$ 为 $\boldsymbol{A}$ 的共轭矩阵.

可以证明共轭矩阵满足以下运算规律(设 $\boldsymbol{A},\boldsymbol{B}$ 为复矩阵，$\lambda$ 为复数，且运算都是可行的)：

(1) $\overline{\boldsymbol{A}+\boldsymbol{B}}=\overline{\boldsymbol{A}}+\overline{\boldsymbol{B}}$；

(2) $\overline{\lambda \boldsymbol{A}}=\bar{\lambda}\overline{\boldsymbol{A}}$；

(3) $\overline{\boldsymbol{AB}}=\overline{\boldsymbol{A}}\overline{\boldsymbol{B}}$.

## 习题 2.2

1. 计算：

(1) $\begin{pmatrix} 6 & 1 & 5 \\ -3 & 7 & 8 \end{pmatrix}-\begin{pmatrix} -3 & -1 & 6 \\ 3 & -4 & 5 \end{pmatrix}$；

(2) $\begin{bmatrix} 2 & -1 & 7 \\ 5 & 3 & 9 \\ 6 & -8 & -4 \end{bmatrix}+2\begin{bmatrix} 1 & 2 & -1 \\ 0 & 1 & 4 \\ 2 & -3 & -1 \end{bmatrix}-\begin{bmatrix} 2 & 3 & 1 \\ -3 & 1 & 3 \\ 1 & -3 & 2 \end{bmatrix}$.

2. 计算：

(1) $\begin{pmatrix} 1 \\ 2 \\ -3 \\ 4 \end{pmatrix}(5 \quad 4 \quad 3 \quad -2)$；

(2) $\begin{pmatrix} 3 & 2 & 1 \\ 2 & 1 & -2 \end{pmatrix}\begin{bmatrix} 2 & 3 & 0 \\ 1 & 2 & -1 \\ 0 & -1 & 1 \end{bmatrix}$；

(3) $(-1 \quad 1 \quad 0)\begin{bmatrix} 0 & 3 & -1 \\ 1 & 5 & -1 \\ 0 & 1 & 1 \end{bmatrix}\begin{bmatrix} 2 \\ 1 \\ -1 \end{bmatrix}$；

(4) $\begin{bmatrix} 1 & 3 \\ -2 & 1 \\ 4 & -1 \end{bmatrix}^{\mathrm{T}}\begin{bmatrix} 1 & 3 & 1 & 3 \\ -1 & 2 & -1 & -2 \\ -2 & 0 & -1 & 0 \end{bmatrix}$.

3. 已知两个线性变换

$$\begin{cases} x_1= y_1+y_2-y_3, \\ x_2=-y_1+2y_2+3y_3, \\ x_3=4y_1+3y_2-y_3 \end{cases} 与 \begin{cases} y_1=-z_1+3z_2-z_3, \\ y_2=z_1-5z_2+3z_3, \\ y_3=2z_1+3z_2-4z_3, \end{cases}$$

求从 $z_1,z_2,z_3$ 到 $x_1,x_2,x_3$ 的线性变换及该线性变换的矩阵.

4. 已知矩阵

$$\boldsymbol{A}=\begin{pmatrix} 1 & -2 & 3 \\ -4 & 5 & -6 \end{pmatrix},\ \boldsymbol{B}=\begin{pmatrix} 0 & 2 & 5 \\ 7 & -8 & -2 \end{pmatrix},$$

求 $\boldsymbol{A}+\boldsymbol{B},\boldsymbol{A}-\boldsymbol{B},3\boldsymbol{A}-4\boldsymbol{B},\boldsymbol{AB},\boldsymbol{A}^{\mathrm{T}},\boldsymbol{AB}^{\mathrm{T}}$.

5. 五阶方阵 $\boldsymbol{A}$ 的行列式的值为 $-2$，求 $|3\boldsymbol{A}|$，$|-\boldsymbol{A}|$.

6. 求矩阵 $\boldsymbol{A}=\begin{pmatrix}1&2&3\\2&2&1\\3&4&3\end{pmatrix}$ 的伴随矩阵 $\boldsymbol{A}^*$，并计算 $\frac{1}{|\boldsymbol{A}|}\boldsymbol{A}^*$.

7. 设 $\boldsymbol{A}=(1\quad -1\quad 1)$，$\boldsymbol{B}=\begin{pmatrix}1\\1\\2\end{pmatrix}$，求 $(\boldsymbol{BA})^n$.

8. 设 $f(x)=x^3+2x-1$，$\boldsymbol{A}=\begin{pmatrix}-1&0\\2&-3\end{pmatrix}$，求 $f(\boldsymbol{A})$.

9. 设 $\boldsymbol{A},\boldsymbol{B}$ 为同阶对称矩阵，则 $\boldsymbol{AB}$ 为对称矩阵的充要条件为 $\boldsymbol{AB}=\boldsymbol{BA}$.

10. 设 $\boldsymbol{A},\boldsymbol{B}$ 为 $n$ 阶矩阵，$\boldsymbol{E}$ 为 $n$ 阶单位矩阵，若 $\boldsymbol{A}=\frac{1}{2}(\boldsymbol{B}+\boldsymbol{E})$，则 $\boldsymbol{A}^2=\boldsymbol{A}$ 的充要条件为 $\boldsymbol{B}^2=\boldsymbol{E}$.

## 2.3 逆矩阵

在 2.2 中，我们运用矩阵乘法表示了线性方程组，如线性方程组

$$\begin{cases}x+2y-z=2,\\3x-4y+5z=4,\\7x-y-z=5.\end{cases}$$

若记 $\boldsymbol{A}=\begin{pmatrix}1&2&-1\\3&-4&5\\7&-1&-1\end{pmatrix}$，$\boldsymbol{X}=\begin{pmatrix}x\\y\\z\end{pmatrix}$，$\boldsymbol{b}=\begin{pmatrix}2\\4\\5\end{pmatrix}$，则该方程组可以写成 $\boldsymbol{AX}=\boldsymbol{b}$. 若要解该方程组，可以考虑这样的思路，若存在矩阵 $\boldsymbol{B}$，使得 $\boldsymbol{BA}=\boldsymbol{E}$，则

$$\boldsymbol{B}(\boldsymbol{AX})=\boldsymbol{Bb},\text{ 即 }(\boldsymbol{BA})\boldsymbol{X}=\boldsymbol{EX}=\boldsymbol{X}=\boldsymbol{Bb},$$

从而 $\boldsymbol{X}=\boldsymbol{Bb}$.

再类比实数运算中的事实：对于非零实数 $a$，总存在唯一实数 $a^{-1}$，使得 $a\cdot a^{-1}=a^{-1}\cdot a=1$ 成立. 由此我们可以引进逆矩阵概念.

### 2.3.1 逆矩阵的概念

**定义 1** 对于 $n$ 阶矩阵 $\boldsymbol{A}$，如果存在一个 $n$ 阶矩阵 $\boldsymbol{B}$，使得

$$\boldsymbol{AB}=\boldsymbol{BA}=\boldsymbol{E},$$

则称矩阵 $\boldsymbol{A}$ 为可逆矩阵（或称 $\boldsymbol{A}$ 为非奇异矩阵），并称矩阵 $\boldsymbol{B}$ 为 $\boldsymbol{A}$ 的逆矩阵，记为 $\boldsymbol{A}^{-1}=\boldsymbol{B}$；否则矩阵 $\boldsymbol{A}$ 为不可逆矩阵（或称 $\boldsymbol{A}$ 为奇异矩阵）.

**定理 1** 若矩阵 $\boldsymbol{A}$ 是可逆的，则 $\boldsymbol{A}$ 的逆矩阵是唯一的.

**证**　用反证法. 设 $\boldsymbol{B},\boldsymbol{C}$ 都是 $\boldsymbol{A}$ 的逆矩阵,则有

$$\boldsymbol{B}=\boldsymbol{BE}=\boldsymbol{B}(\boldsymbol{AC})=(\boldsymbol{BA})\boldsymbol{C}=\boldsymbol{EC}=\boldsymbol{C},$$

故结论成立.

**例 1**　如果 $\boldsymbol{A}=\begin{pmatrix} a_1 & 0 & \cdots & 0 \\ 0 & a_2 & \cdots & 0 \\ \vdots & \vdots & & \vdots \\ 0 & 0 & \cdots & a_n \end{pmatrix}$,其中 $a_i\neq 0(i=1,2,\cdots,n)$,验证

$$\boldsymbol{A}^{-1}=\begin{pmatrix} \frac{1}{a_1} & 0 & \cdots & 0 \\ 0 & \frac{1}{a_2} & \cdots & 0 \\ \vdots & \vdots & & \vdots \\ 0 & 0 & \cdots & \frac{1}{a_n} \end{pmatrix}.$$

**证**　因为 $\begin{pmatrix} a_1 & 0 & \cdots & 0 \\ 0 & a_2 & \cdots & 0 \\ \vdots & \vdots & & \vdots \\ 0 & 0 & \cdots & a_n \end{pmatrix}\begin{pmatrix} \frac{1}{a_1} & 0 & \cdots & 0 \\ 0 & \frac{1}{a_2} & \cdots & 0 \\ \vdots & \vdots & & \vdots \\ 0 & 0 & \cdots & \frac{1}{a_n} \end{pmatrix}$

$$=\begin{pmatrix} 1 & 0 & \cdots & 0 \\ 0 & 1 & \cdots & 0 \\ \vdots & \vdots & & \vdots \\ 0 & 0 & \cdots & 1 \end{pmatrix}=\boldsymbol{E}_n,$$

$$\begin{pmatrix} \frac{1}{a_1} & 0 & \cdots & 0 \\ 0 & \frac{1}{a_2} & \cdots & 0 \\ \vdots & \vdots & & \vdots \\ 0 & 0 & \cdots & \frac{1}{a_n} \end{pmatrix}\begin{pmatrix} a_1 & 0 & \cdots & 0 \\ 0 & a_2 & \cdots & 0 \\ \vdots & \vdots & & \vdots \\ 0 & 0 & \cdots & a_n \end{pmatrix}$$

$$=\begin{pmatrix} 1 & 0 & \cdots & 0 \\ 0 & 1 & \cdots & 0 \\ \vdots & \vdots & & \vdots \\ 0 & 0 & \cdots & 1 \end{pmatrix}=\boldsymbol{E}_n,$$

故
$$A^{-1}=\begin{pmatrix}\frac{1}{a_1} & 0 & \cdots & 0\\ 0 & \frac{1}{a_2} & \cdots & 0\\ \vdots & \vdots & & \vdots\\ 0 & 0 & \cdots & \frac{1}{a_n}\end{pmatrix}.$$

### 2.3.2　逆矩阵的计算

方阵满足什么条件时可逆？如可逆，如何求逆矩阵？下面的定理将回答这两个问题.

**定理 2**　$n$ 阶矩阵 $\boldsymbol{A}$ 可逆的充分必要条件是其行列式 $|\boldsymbol{A}|\neq 0$，且当 $\boldsymbol{A}$ 可逆时，有
$$\boldsymbol{A}^{-1}=\frac{1}{|\boldsymbol{A}|}\boldsymbol{A}^{*},$$
其中 $\boldsymbol{A}^{*}$ 为 $\boldsymbol{A}$ 的伴随矩阵.

**证**　必要性. 由于 $\boldsymbol{A}$ 可逆，即 $\boldsymbol{A}^{-1}$ 存在，且 $\boldsymbol{A}\boldsymbol{A}^{-1}=\boldsymbol{E}$，两边取行列式得
$$|\boldsymbol{A}\boldsymbol{A}^{-1}|=|\boldsymbol{E}|=1,\ 即有\ |\boldsymbol{A}||\boldsymbol{A}^{-1}|=1,$$
故 $|\boldsymbol{A}|\neq 0$.

充分性. 由伴随矩阵的性质可知
$$\boldsymbol{A}\boldsymbol{A}^{*}=\boldsymbol{A}^{*}\boldsymbol{A}=|\boldsymbol{A}|\boldsymbol{E},$$
因为 $|\boldsymbol{A}|\neq 0$，故 $\boldsymbol{A}\cdot\frac{1}{|\boldsymbol{A}|}\boldsymbol{A}^{*}=\frac{1}{|\boldsymbol{A}|}\boldsymbol{A}^{*}\cdot\boldsymbol{A}=\boldsymbol{E}$，由逆矩阵的定义可知 $\boldsymbol{A}^{-1}=\frac{1}{|\boldsymbol{A}|}\boldsymbol{A}^{*}$.

**注**　定理 2 非常重要，一方面给出了矩阵可逆的充要条件，另一方面给出了求逆矩阵的一种方法，该方法称为伴随矩阵法.

**推论 1**　对 $n$ 阶矩阵 $\boldsymbol{A}$，若存在一个 $n$ 阶矩阵 $\boldsymbol{B}$，使得 $\boldsymbol{A}\boldsymbol{B}=\boldsymbol{E}$（或 $\boldsymbol{B}\boldsymbol{A}=\boldsymbol{E}$），则 $\boldsymbol{B}=\boldsymbol{A}^{-1}$.

**证**　因为 $|\boldsymbol{A}\boldsymbol{B}|=|\boldsymbol{A}||\boldsymbol{B}|=|\boldsymbol{E}|=1$，故 $|\boldsymbol{A}|\neq 0$，从而 $\boldsymbol{A}^{-1}$ 存在. 于是
$$\boldsymbol{B}=\boldsymbol{E}\boldsymbol{B}=(\boldsymbol{A}^{-1}\boldsymbol{A})\boldsymbol{B}=\boldsymbol{A}^{-1}(\boldsymbol{A}\boldsymbol{B})=\boldsymbol{A}^{-1}\boldsymbol{E}=\boldsymbol{A}^{-1}.$$

**例 2**　判断 $\boldsymbol{A}=\begin{pmatrix}1 & 1 & -1\\ 1 & 2 & -3\\ 0 & 1 & 1\end{pmatrix}$，$\boldsymbol{B}=\begin{pmatrix}-1 & -3 & -11\\ 3 & 3 & 15\\ 2 & -1 & 1\end{pmatrix}$ 是否可逆？若可逆，求其逆矩阵.

**解**　因为 $|\boldsymbol{A}|=\begin{vmatrix}1 & 1 & -1\\ 1 & 2 & -3\\ 0 & 1 & 1\end{vmatrix}=3\neq 0$，$|\boldsymbol{B}|=\begin{vmatrix}-1 & -3 & -11\\ 3 & 3 & 15\\ 2 & -1 & 1\end{vmatrix}=0$，所以矩阵 $\boldsymbol{A}$ 可逆，但 $\boldsymbol{B}$ 不可逆，并且

$$\boldsymbol{A}_{11}=(-1)^{1+1}\begin{vmatrix}2 & -3\\ 1 & 1\end{vmatrix}=5,\boldsymbol{A}_{12}=(-1)^{1+2}\begin{vmatrix}1 & -3\\ 0 & 1\end{vmatrix}=-1,\boldsymbol{A}_{13}=(-1)^{1+3}\begin{vmatrix}1 & 2\\ 0 & 1\end{vmatrix}=1,$$

$$\boldsymbol{A}_{21}=(-1)^{2+1}\begin{vmatrix}1&-1\\1&1\end{vmatrix}=-2,\boldsymbol{A}_{22}=(-1)^{2+2}\begin{vmatrix}1&-1\\0&1\end{vmatrix}=1,\boldsymbol{A}_{23}=(-1)^{2+3}\begin{vmatrix}1&1\\0&1\end{vmatrix}=-1,$$

$$\boldsymbol{A}_{31}=(-1)^{3+1}\begin{vmatrix}1&-1\\2&-3\end{vmatrix}=-1,\boldsymbol{A}_{32}=(-1)^{3+2}\begin{vmatrix}1&-1\\1&-3\end{vmatrix}=2,\boldsymbol{A}_{33}=(-1)^{3+3}\begin{vmatrix}1&1\\1&2\end{vmatrix}=1.$$

于是 $\boldsymbol{A}$ 的伴随矩阵 $\boldsymbol{A}^*=\begin{pmatrix}5&-2&-1\\-1&1&2\\1&-1&1\end{pmatrix}$，$\boldsymbol{A}$ 的逆矩阵

$$\boldsymbol{A}^{-1}=\frac{1}{|\boldsymbol{A}|}\boldsymbol{A}^*=\frac{1}{3}\begin{pmatrix}5&-2&-1\\-1&1&2\\1&-1&1\end{pmatrix}=\begin{pmatrix}5/3&-2/3&-1/3\\-1/3&1/3&2/3\\1/3&-1/3&1/3\end{pmatrix}.$$

**注**　伴随矩阵法求逆矩阵在理论上非常重要，但实际计算逆矩阵时对于高阶方阵来说计算量非常大，我们在后面的学习中还将学习其他方法求逆矩阵.



**例 3**　设 $\boldsymbol{A}=\begin{pmatrix}1&2&3\\2&2&1\\3&4&3\end{pmatrix}$，$\boldsymbol{B}=\begin{pmatrix}2&1\\5&3\end{pmatrix}$，$\boldsymbol{C}=\begin{pmatrix}1&3\\2&0\\3&1\end{pmatrix}$，求矩阵 $\boldsymbol{X}$ 使其满足 $\boldsymbol{AXB}=\boldsymbol{C}$.

**解**　因为 $|\boldsymbol{A}|=\begin{vmatrix}1&2&3\\2&2&1\\3&4&3\end{vmatrix}=2\neq0$，$|\boldsymbol{B}|=\begin{vmatrix}2&1\\5&3\end{vmatrix}=1\neq0$，所以 $\boldsymbol{A}^{-1}$，$\boldsymbol{B}^{-1}$ 都存在，且

$$\boldsymbol{A}^{-1}=\begin{pmatrix}1&3&-2\\-3/2&-3&5/2\\1&1&-1\end{pmatrix},\ \boldsymbol{B}^{-1}=\begin{pmatrix}3&-1\\-5&2\end{pmatrix}.$$

又由 $\boldsymbol{AXB}=\boldsymbol{C}$ 可以得到

$$\boldsymbol{A}^{-1}\boldsymbol{AXBB}^{-1}=\boldsymbol{A}^{-1}\boldsymbol{CB}^{-1}$$

即 $\boldsymbol{X}=\boldsymbol{A}^{-1}\boldsymbol{CB}^{-1}=\begin{pmatrix}1&3&-2\\-3/2&-3&5/2\\1&1&-1\end{pmatrix}\begin{pmatrix}1&3\\2&0\\3&1\end{pmatrix}\begin{pmatrix}3&-1\\-5&2\end{pmatrix}=\begin{pmatrix}-2&1\\10&-4\\-10&4\end{pmatrix}$.

**例 4**　设 $\boldsymbol{P}=\begin{pmatrix}1&2\\1&4\end{pmatrix}$，$\boldsymbol{\Lambda}=\begin{pmatrix}1&0\\0&2\end{pmatrix}$，$\boldsymbol{AP}=\boldsymbol{P\Lambda}$，求 $\boldsymbol{A}^n$.

**解**　$|\boldsymbol{P}|=2$，$\boldsymbol{P}^{-1}=\dfrac{1}{2}\begin{pmatrix}4&-2\\-1&1\end{pmatrix}$.

$$\boldsymbol{A}=\boldsymbol{P\Lambda P}^{-1},\boldsymbol{A}^2=\boldsymbol{P\Lambda P}^{-1}\boldsymbol{P\Lambda P}^{-1}=\boldsymbol{P}\Lambda^2\boldsymbol{P}^{-1},\cdots,\boldsymbol{A}^n=\boldsymbol{P\Lambda}^n\boldsymbol{P}^{-1},$$

而
$$\boldsymbol{\Lambda}^2=\begin{pmatrix}1&0\\0&2\end{pmatrix}\begin{pmatrix}1&0\\0&2\end{pmatrix}=\begin{pmatrix}1&0\\0&2^2\end{pmatrix},\cdots,\boldsymbol{\Lambda}^n=\begin{pmatrix}1&0\\0&2^n\end{pmatrix},$$

故
$$\boldsymbol{A}^n=\begin{pmatrix}1&2\\1&4\end{pmatrix}\begin{pmatrix}1&0\\0&2^n\end{pmatrix}\frac{1}{2}\begin{pmatrix}4&-2\\-1&1\end{pmatrix}=\frac{1}{2}\begin{pmatrix}1&2^{n+1}\\1&2^{n+2}\end{pmatrix}\begin{pmatrix}4&-2\\-1&1\end{pmatrix}$$
$$=\frac{1}{2}\begin{pmatrix}4-2^{n+1}&2^{n+1}-2\\4-2^{n+2}&2^{n+2}-2\end{pmatrix}=\begin{pmatrix}2-2^n&2^n-1\\2-2^{n+1}&2^{n+1}-1\end{pmatrix}.$$

### 2.3.3　逆矩阵的运算性质

**性质 1**　若矩阵 $\boldsymbol{A}$ 可逆，则 $\boldsymbol{A}^{-1}$ 也可逆，且 $(\boldsymbol{A}^{-1})^{-1}=\boldsymbol{A}$.

**证**　因为矩阵 $\boldsymbol{A}$ 可逆，所以 $\boldsymbol{A}\boldsymbol{A}^{-1}=\boldsymbol{E}$，从而 $\boldsymbol{A}^{-1}$ 也可逆，且 $(\boldsymbol{A}^{-1})^{-1}=\boldsymbol{A}$.

**性质 2**　若矩阵 $\boldsymbol{A}$ 可逆，数 $k\neq0$，则 $kA$ 可逆，且 $(k\boldsymbol{A})^{-1}=\frac{1}{k}\boldsymbol{A}^{-1}$.

**证**　因为 $k\boldsymbol{A}\cdot\frac{1}{k}\boldsymbol{A}^{-1}=\boldsymbol{E}$，故 $k\boldsymbol{A}$ 可逆，且 $(k\boldsymbol{A})^{-1}=\frac{1}{k}\boldsymbol{A}^{-1}$.

**性质 3**　两个同阶可逆矩阵 $\boldsymbol{A},\boldsymbol{B}$ 的乘积 $\boldsymbol{AB}$ 是可逆矩阵，且
$$(\boldsymbol{AB})^{-1}=\boldsymbol{B}^{-1}\boldsymbol{A}^{-1}.$$

**证**　因为 $(\boldsymbol{AB})(\boldsymbol{B}^{-1}\boldsymbol{A}^{-1})=\boldsymbol{A}(\boldsymbol{BB}^{-1})\boldsymbol{A}^{-1}=\boldsymbol{AEA}^{-1}=\boldsymbol{AA}^{-1}=\boldsymbol{E}$，故 $\boldsymbol{AB}$ 是可逆矩阵，且
$$(\boldsymbol{AB})^{-1}=\boldsymbol{B}^{-1}\boldsymbol{A}^{-1}.$$

**性质 4**　若矩阵 $\boldsymbol{A}$ 可逆，则 $\boldsymbol{A}^{\mathrm{T}}$ 也可逆，且有 $(\boldsymbol{A}^{\mathrm{T}})^{-1}=(\boldsymbol{A}^{-1})^{\mathrm{T}}$.

**证**　因为 $(\boldsymbol{A}^{-1})^{\mathrm{T}}\boldsymbol{A}^{\mathrm{T}}=(\boldsymbol{AA}^{-1})^{\mathrm{T}}=\boldsymbol{E}^{\mathrm{T}}=\boldsymbol{E}$，故 $\boldsymbol{A}^{\mathrm{T}}$ 也可逆，且有 $(\boldsymbol{A}^{\mathrm{T}})^{-1}=(\boldsymbol{A}^{-1})^{\mathrm{T}}$.

**性质 5**　若矩阵 $\boldsymbol{A}$ 可逆，则 $|\boldsymbol{A}^{-1}|=|\boldsymbol{A}|^{-1}$.

**证**　因为 $\boldsymbol{AA}^{-1}=\boldsymbol{E}$，所以 $|\boldsymbol{A}||\boldsymbol{A}^{-1}|=1$，于是 $|\boldsymbol{A}^{-1}|=|\boldsymbol{A}|^{-1}$.

**例 5**　证明 $|\boldsymbol{A}^*|=|\boldsymbol{A}|^{n-1}$.

**证**　若 $|\boldsymbol{A}|\neq0$，因为 $\boldsymbol{AA}^*=|\boldsymbol{A}|\boldsymbol{E}$，所以 $|\boldsymbol{AA}^*|=|\boldsymbol{A}|^n$，又 $|\boldsymbol{AA}^*|=|\boldsymbol{A}||\boldsymbol{A}^*|$，故 $|\boldsymbol{A}^*|=|\boldsymbol{A}|^{n-1}$.

**例 6**　设 $n$ 阶方阵 $\boldsymbol{A}$ 满足 $\boldsymbol{A}^2-2\boldsymbol{A}-3\boldsymbol{E}=\boldsymbol{O}$.

(1) 证明 $\boldsymbol{A}$ 为可逆矩阵，且求出 $\boldsymbol{A}^{-1}$；

(2) 证明 $\boldsymbol{A}+2\boldsymbol{E}$ 为可逆矩阵，且求出 $(\boldsymbol{A}+2\boldsymbol{E})^{-1}$.

**解**　(1) 由已知条件，得 $\boldsymbol{A}^2-2\boldsymbol{A}=3\boldsymbol{E}$，即 $\boldsymbol{A}(\boldsymbol{A}-2\boldsymbol{E})=3\boldsymbol{E}$，等式两边用 $\frac{1}{3}$ 作数乘，得
$$\boldsymbol{A}\left(\frac{1}{3}\boldsymbol{A}-\frac{2}{3}\boldsymbol{E}\right)=\boldsymbol{E}.$$
由推论得，$\boldsymbol{A}$ 为可逆矩阵，且 $\boldsymbol{A}^{-1}=\frac{1}{3}\boldsymbol{A}-\frac{2}{3}\boldsymbol{E}$；

(2) 由已知条件，得 $\boldsymbol{A}^2-2\boldsymbol{A}=3\boldsymbol{E}$，变形得 $\boldsymbol{A}(\boldsymbol{A}+2\boldsymbol{E}-4\boldsymbol{E})=3\boldsymbol{E}$，故 $\boldsymbol{A}(\boldsymbol{A}+2\boldsymbol{E})-4\boldsymbol{A}-8\boldsymbol{E}=-5\boldsymbol{E}$，即 $\boldsymbol{A}(\boldsymbol{A}+2\boldsymbol{E})-4(\boldsymbol{A}+2\boldsymbol{E})=-5\boldsymbol{E}$，再变形得
$$-\frac{1}{5}(\boldsymbol{A}-4\boldsymbol{E})(\boldsymbol{A}+2\boldsymbol{E})=\boldsymbol{E}.$$

由推论,得 $\boldsymbol{A}+2\boldsymbol{E}$ 为可逆矩阵,且 $(\boldsymbol{A}+2\boldsymbol{E})^{-1}=-\frac{1}{5}(\boldsymbol{A}-4\boldsymbol{E})$.

本节的最后,我们来证明第 1 章介绍的克莱姆法则.

对线性方程组

$$\begin{cases}a_{11}x_1+a_{12}x_2+\cdots+a_{1n}x_n=b_1,\\a_{21}x_1+a_{22}x_2+\cdots+a_{2n}x_n=b_2,\\\cdots\cdots\cdots\cdots\\a_{n1}x_1+a_{n2}x_2+\cdots+a_{nn}x_n=b_n,\end{cases}\tag{2-7}$$

若记

$$\boldsymbol{A}=\begin{pmatrix}a_{11}&a_{12}&\cdots&a_{1n}\\a_{21}&a_{22}&\cdots&a_{2n}\\\vdots&\vdots&&\vdots\\a_{n1}&a_{n2}&\cdots&a_{nn}\end{pmatrix},\ \boldsymbol{x}=\begin{pmatrix}x_1\\x_2\\\vdots\\x_n\end{pmatrix},\ \boldsymbol{b}=\begin{pmatrix}b_1\\b_2\\\vdots\\b_n\end{pmatrix}.$$

则可写成矩阵方程

$$\boldsymbol{Ax}=\boldsymbol{b}.$$

于是,克莱姆法则可重新叙述如下:

**克莱姆法则** 若方程组 $\boldsymbol{Ax}=\boldsymbol{b}$ 的系数行列式 $D=|\boldsymbol{A}|\neq 0$,则它有唯一解

$$x_j=\frac{D_j}{D}=\frac{1}{D}(b_1\boldsymbol{A}_{1j}+b_2\boldsymbol{A}_{2j}+\cdots+b_n\boldsymbol{A}_{nj})\ (j=1,2,\cdots,n).$$

**证** 因为 $D=|\boldsymbol{A}|\neq 0$,故 $\boldsymbol{A}^{-1}$ 存在. 令 $\boldsymbol{x}=\boldsymbol{A}^{-1}\boldsymbol{b}$,有

$$\boldsymbol{Ax}=\boldsymbol{AA}^{-1}\boldsymbol{b}=(\boldsymbol{AA}^{-1})\boldsymbol{b}=\boldsymbol{Eb}=\boldsymbol{b},$$

显然 $\boldsymbol{x}=\boldsymbol{A}^{-1}\boldsymbol{b}$ 是方程组(2-7)的解.

由 $\boldsymbol{Ax}=\boldsymbol{b}$,有 $\boldsymbol{A}^{-1}\boldsymbol{Ax}=\boldsymbol{A}^{-1}\boldsymbol{b}$,即 $\boldsymbol{x}=\boldsymbol{A}^{-1}\boldsymbol{b}$,根据逆矩阵的唯一性,可知 $\boldsymbol{x}=\boldsymbol{A}^{-1}\boldsymbol{b}$ 是方程组(2-7)的唯一解.

由逆矩阵公式 $\boldsymbol{A}^{-1}=\frac{1}{|\boldsymbol{A}|}\boldsymbol{A}^*$,有 $\boldsymbol{x}=\boldsymbol{A}^{-1}\boldsymbol{b}=\frac{1}{D}\boldsymbol{A}^*\boldsymbol{b}$,即

$$\begin{pmatrix}x_1\\x_2\\\vdots\\x_n\end{pmatrix}=\frac{1}{D}\begin{pmatrix}\boldsymbol{A}_{11}&\boldsymbol{A}_{21}&\cdots&\boldsymbol{A}_{n1}\\\boldsymbol{A}_{12}&\boldsymbol{A}_{22}&\cdots&\boldsymbol{A}_{n2}\\\vdots&\vdots&&\vdots\\\boldsymbol{A}_{1n}&\boldsymbol{A}_{2n}&\cdots&\boldsymbol{A}_{nn}\end{pmatrix}\begin{pmatrix}b_1\\b_2\\\vdots\\b_n\end{pmatrix}=\frac{1}{D}\begin{pmatrix}b_1\boldsymbol{A}_{11}+b_2\boldsymbol{A}_{21}+\cdots+b_n\boldsymbol{A}_{n1}\\b_1\boldsymbol{A}_{12}+b_2\boldsymbol{A}_{22}+\cdots+b_n\boldsymbol{A}_{n2}\\\cdots\cdots\cdots\cdots\\b_1\boldsymbol{A}_{2n}+b_2\boldsymbol{A}_{2n}+\cdots+b_n\boldsymbol{A}_{nn}\end{pmatrix},$$

亦即

$$x_j=\frac{D_j}{D}=\frac{1}{D}(b_1\boldsymbol{A}_{1j}+b_2\boldsymbol{A}_{2j}+\cdots+b_n\boldsymbol{A}_{nj})\quad(j=1,2,\cdots,n).$$

## 习题 2.3

1. 判断 $A=\begin{pmatrix}1 & 2\\4 & 3\end{pmatrix}$，$B=\begin{vmatrix}3 & 4 & -2\\1 & 2 & -1\\5 & -4 & 1\end{vmatrix}$，$C=\begin{pmatrix}1 & 0 & -1 & 2\\3 & -1 & 2 & 4\\1 & 3 & -5 & 6\\3 & 3 & -7 & 10\end{pmatrix}$ 是否可逆？若可逆，求其逆矩阵.

2. 求满足下列条件的矩阵 $X$：

(1) $\begin{pmatrix}1 & -5\\-1 & 4\end{pmatrix}X=\begin{pmatrix}4 & 1\\2 & 3\end{pmatrix}$；　　(2) $X\begin{pmatrix}1 & -5\\1 & -4\end{pmatrix}=\begin{pmatrix}4 & 0\\-1 & 3\end{pmatrix}$；

(3) $\begin{pmatrix}2 & 7\\1 & 4\end{pmatrix}X\begin{pmatrix}1 & -4\\2 & -7\end{pmatrix}=\begin{pmatrix}0 & 1\\1 & 0\end{pmatrix}$；　　(4) $\begin{bmatrix}0 & 1 & 0\\-1 & 1 & 1\\-1 & 0 & -1\end{bmatrix}X+\begin{bmatrix}1 & -1\\2 & 0\\5 & -3\end{bmatrix}=X$.

3. 设 $A$ 为四阶方阵，$|A|=\frac{1}{3}$，求 $|(2A)^{-1}-4A^*|$.

4. 设 $n$ 阶方阵 $A$ 满足 $A^2-A-2E=O$.

(1) 证明 $A$ 为可逆矩阵，且求出 $A^{-1}$；

(2) 证明 $A+2E$ 为可逆矩阵，且求出 $(A+2E)^{-1}$.



## 2.4　分块矩阵

### 2.4.1　分块矩阵的概念

对于行数和列数较高的矩阵，为了简化运算，经常采用矩阵分块法，使大矩阵的运算化成若干小矩阵间的运算，同时也使原矩阵的结构显得简单而清晰. 矩阵分块法是矩阵运算中的一个重要技巧，具体做法是：将大矩阵 $A$ 用若干条纵线和横线分成多个小矩阵，每个小矩阵称为 $A$ 的子块，以子块为元素的形式上的矩阵称为分块矩阵.

**例 1**　设 $A=\left(\begin{array}{ccc:c}1 & 3 & -1 & 0\\2 & 5 & 0 & -2\\ \hdashline 3 & 1 & -1 & 3\end{array}\right)$，则 $A$ 就是一个分块矩阵.

若记

$$A_{11}=\begin{pmatrix}1 & 3 & -1\\2 & 5 & 0\end{pmatrix},\quad A_{12}=\begin{pmatrix}0\\-2\end{pmatrix},$$

$$\boldsymbol{A}_{21}=(3,1,-1),\quad \boldsymbol{A}_{22}=(3),$$

则 $\boldsymbol{A}$ 可表示为

$$\boldsymbol{A}=\begin{pmatrix}\boldsymbol{A}_{11} & \boldsymbol{A}_{12}\\ \boldsymbol{A}_{21} & \boldsymbol{A}_{22}\end{pmatrix},$$

这是一个分成了 4 块的分块矩阵.

**例 2**　设 $\boldsymbol{A}=\left(\begin{array}{cc:cc:c}1 & 1 & 0 & 0 & 0\\ -1 & 1 & 0 & 0 & 0\\ \hdashline 0 & 0 & 1 & 0 & 0\\ 0 & 0 & 1 & 1 & 0\\ \hdashline 0 & 0 & 0 & 0 & 1\end{array}\right)$,则 $\boldsymbol{A}$ 是一个分块的矩阵,且 $\boldsymbol{A}$ 的分块有一个特点,

若记

$$\boldsymbol{A}_1=\begin{pmatrix}1 & 1\\ -1 & 1\end{pmatrix},\boldsymbol{A}_2=\begin{pmatrix}1 & 0\\ 1 & 1\end{pmatrix},\boldsymbol{A}_3=(1),$$

则

$$\boldsymbol{A}=\begin{pmatrix}\boldsymbol{A}_1 & 0 & 0\\ 0 & \boldsymbol{A}_2 & 0\\ 0 & 0 & \boldsymbol{A}_3\end{pmatrix},$$



即 $\boldsymbol{A}$ 作为分块矩阵,除了主对角线上的块外,其余各块都是零矩阵,此时称 $\boldsymbol{A}$ 为分块对角阵. 后面我们会发现分块对角阵在运算上是比较简便的.

矩阵的分块有多种方式,可根据具体需要而定.

(1) 一个矩阵 $\boldsymbol{A}_{m\times n}$ 可看作以 $m\times n$ 个元素为一阶子块的分块矩阵. 例如

$$\boldsymbol{A}=\begin{pmatrix}a_{11} & a_{12} & a_{13} & a_{14}\\ a_{21} & a_{22} & a_{23} & a_{24}\\ a_{31} & a_{32} & a_{33} & a_{34}\end{pmatrix}=(\boldsymbol{A}_{11}).$$

(2) 按照矩阵的列分块,即在矩阵的列间引入虚线进行分块:

$$\boldsymbol{A}=\left(\begin{array}{c:c:c:c}a_{11} & a_{12} & \cdots & a_{1n}\\ a_{21} & a_{22} & \cdots & a_{2n}\\ \vdots & \vdots & & \vdots\\ a_{m1} & a_{m2} & \cdots & a_{mn}\end{array}\right)=(\boldsymbol{\alpha}_1\quad \boldsymbol{\alpha}_2\quad \cdots\quad \boldsymbol{\alpha}_n)$$

其中 $\boldsymbol{\alpha}_j$ 是 $\boldsymbol{A}$ 的第 $j$ 列,$\boldsymbol{\alpha}_j=(a_{1j}\quad a_{2j}\quad \cdots\quad a_{mj})^{\mathrm{T}},j=1,2,\cdots,n.$

(3) 按照矩阵的行分块,即在矩阵的行间引入虚线进行分块.

$$\boldsymbol{A}=\left(\begin{array}{cccc}a_{11} & a_{12} & \cdots & a_{1n}\\ \hdashline a_{21} & a_{22} & \cdots & a_{2n}\\ \hdashline \vdots & \vdots & & \vdots\\ \hdashline a_{m1} & a_{m2} & \cdots & a_{mn}\end{array}\right)=\begin{pmatrix}\boldsymbol{\beta}_1\\ \boldsymbol{\beta}_2\\ \vdots\\ \boldsymbol{\beta}_m\end{pmatrix}$$

其中 $\boldsymbol{\beta}_i$ 是 $\boldsymbol{A}$ 的第 $i$ 行，$\boldsymbol{\beta}_i=(a_{i1}\quad a_{i2}\quad \cdots\quad a_{in})$，$i=1,2,\cdots,m$.

(4) 分块对角阵，见例 2，详细性质我们在随后介绍.

### 2.4.2　分块矩阵的运算

分块矩阵的运算与普通矩阵的运算规则相似. 分块时要注意，运算的两矩阵按块能运算，并且参与运算的子块也能运算，即内外都能运算.

1. 设矩阵 $\boldsymbol{A}$ 与 $\boldsymbol{B}$ 的行数相同、列数相同，采用相同的分块法，若

$$\boldsymbol{A}=\begin{pmatrix}\boldsymbol{A}_{11} & \cdots & \boldsymbol{A}_{1t}\\ \vdots & & \vdots\\ \boldsymbol{A}_{s1} & \cdots & \boldsymbol{A}_{st}\end{pmatrix},\quad \boldsymbol{B}=\begin{pmatrix}\boldsymbol{B}_{11} & \cdots & \boldsymbol{B}_{1t}\\ \vdots & & \vdots\\ \boldsymbol{B}_{s1} & \cdots & \boldsymbol{B}_{st}\end{pmatrix},$$

其中 $\boldsymbol{A}_{ij}$ 与 $\boldsymbol{B}_{ij}$ 的行数相同、列数相同，则

$$\boldsymbol{A}+\boldsymbol{B}=\begin{pmatrix}\boldsymbol{A}_{11}+\boldsymbol{B}_{11} & \cdots & \boldsymbol{A}_{1t}+\boldsymbol{B}_{1t}\\ \vdots & & \vdots\\ \boldsymbol{A}_{s1}+\boldsymbol{B}_{s1} & \cdots & \boldsymbol{A}_{st}+\boldsymbol{B}_{st}\end{pmatrix}.$$

2. 设 $\boldsymbol{A}=\begin{pmatrix}\boldsymbol{A}_{11} & \cdots & \boldsymbol{A}_{1t}\\ \vdots & & \vdots\\ \boldsymbol{A}_{s1} & \cdots & \boldsymbol{A}_{st}\end{pmatrix}$，$k$ 为数，则 $k\boldsymbol{A}=\begin{pmatrix}k\boldsymbol{A}_{11} & \cdots & k\boldsymbol{A}_{1t}\\ \vdots & & \vdots\\ k\boldsymbol{A}_{s1} & \cdots & k\boldsymbol{A}_{st}\end{pmatrix}$.

3. 设 $\boldsymbol{A}$ 为 $s\times t$ 矩阵，$\boldsymbol{B}$ 为 $t\times r$ 矩阵，分块成

$$\boldsymbol{A}=\begin{pmatrix}\boldsymbol{A}_{11} & \cdots & \boldsymbol{A}_{1t}\\ \vdots & & \vdots\\ \boldsymbol{A}_{s1} & \cdots & \boldsymbol{A}_{st}\end{pmatrix},\quad \boldsymbol{B}=\begin{pmatrix}\boldsymbol{B}_{11} & \cdots & \boldsymbol{B}_{1r}\\ \vdots & & \vdots\\ \boldsymbol{B}_{t1} & \cdots & \boldsymbol{B}_{tr}\end{pmatrix},$$

其中 $\boldsymbol{A}_{p1},\boldsymbol{A}_{p2},\cdots,\boldsymbol{A}_{pt}$ 的列数分别等于 $\boldsymbol{B}_{1q},\boldsymbol{B}_{2q},\cdots,\boldsymbol{B}_{tq}$ 的行数，则

$$\boldsymbol{AB}=\begin{pmatrix}\boldsymbol{C}_{11} & \cdots & \boldsymbol{C}_{1r}\\ \vdots & & \vdots\\ \boldsymbol{C}_{s1} & \cdots & \boldsymbol{C}_{sr}\end{pmatrix},$$

其中 $\boldsymbol{C}_{pq}=\sum\limits_{k=1}^{t}\boldsymbol{A}_{pk}\boldsymbol{B}_{kq}\ (p=1,2,\cdots,s;q=1,2,\cdots,r)$.

**例 3**　设 $\boldsymbol{A}=\begin{pmatrix}1 & 0 & 0 & 0\\ 0 & 1 & 0 & 0\\ -1 & 2 & 1 & 0\\ 1 & 1 & 0 & 1\end{pmatrix}$，$\boldsymbol{B}=\begin{pmatrix}1 & 0 & 1 & 0\\ -1 & 2 & 0 & 1\\ 1 & 0 & 4 & 1\\ -1 & -1 & 2 & 0\end{pmatrix}$，求 $\boldsymbol{AB}$.

解　$A=\left(\begin{array}{cc|cc}1&0&0&0\\0&1&0&0\\ \hline -1&2&1&0\\1&1&0&1\end{array}\right)=\begin{pmatrix}E&O\\A_1&E\end{pmatrix}$，$B=\left(\begin{array}{cc|cc}1&0&1&0\\-1&2&0&1\\ \hline 1&0&4&1\\-1&-1&2&0\end{array}\right)=\begin{pmatrix}B_{11}&E\\B_{21}&B_{22}\end{pmatrix}$，

$$AB=\begin{pmatrix}E&O\\A_1&E\end{pmatrix}\begin{pmatrix}B_{11}&E\\B_{21}&B_{22}\end{pmatrix}=\begin{pmatrix}B_{11}&E\\A_1B_{11}+B_{21}&A_1+B_{22}\end{pmatrix}=\begin{pmatrix}1&0&1&0\\-1&2&0&1\\-2&4&3&3\\-1&1&3&1\end{pmatrix}.$$

4. 分块矩阵的转置.

设 $A=\begin{pmatrix}A_{11}&\cdots&A_{1t}\\ \vdots&&\vdots\\ A_{s1}&\cdots&A_{st}\end{pmatrix}$，则 $A^{\mathrm{T}}=\begin{pmatrix}A_{11}^{\mathrm{T}}&\cdots&A_{s1}^{\mathrm{T}}\\ \vdots&&\vdots\\ A_{1t}^{\mathrm{T}}&\cdots&A_{st}^{\mathrm{T}}\end{pmatrix}$.

5. 设 $A$ 为 $n$ 阶矩阵，若 $A$ 的分块矩阵只有在对角线上有非零子块，其余子块都为零矩阵，且在对角线上的子块都是方阵，即

$$A=\begin{pmatrix}A_1&&&O\\&A_2&&\\&&\ddots&\\O&&&A_s\end{pmatrix},$$

其中 $A_i(i=1,2,\cdots,s)$都是方阵，则称 $A$ 为分块对角矩阵.

分块对角矩阵具有以下性质：

(1) 若 $|A_i|\neq0(i=1,2,\cdots,s)$，则$|A|\neq0$，且$|A|=|A_1||A_2|\cdots|A_s|$.

(2) $A^{-1}=\begin{pmatrix}A_1^{-1}&&&O\\&A_2^{-1}&&\\&&\ddots&\\O&&&A_s^{-1}\end{pmatrix}$.

(3) 同结构的分块对角矩阵的和、差、积、商仍是分块对角矩阵，且运算表现为对应子块的运算.

设有两个分块对角阵：

$$A=\begin{pmatrix}A_1&&&O\\&A_2&&\\&&\ddots&\\O&&&A_k\end{pmatrix},\ B=\begin{pmatrix}B_1&&&O\\&B_2&&\\&&\ddots&\\O&&&B_k\end{pmatrix}.$$

其中矩阵 $A_i$ 与 $B_i$ 都是 $n_i$ 阶方阵(即 $A,B$ 是同阶方阵)，则有

$$\boldsymbol{A}\pm\boldsymbol{B}=\begin{pmatrix}\boldsymbol{A}_1\pm\boldsymbol{B}_1 & & & \boldsymbol{O}\\ & \boldsymbol{A}_2\pm\boldsymbol{B}_2 & & \\ & & \ddots & \\ \boldsymbol{O} & & & \boldsymbol{A}_k\pm\boldsymbol{B}_k\end{pmatrix},\ k\boldsymbol{A}=\begin{pmatrix}k\boldsymbol{A}_1 & & & \boldsymbol{O}\\ & k\boldsymbol{A}_2 & & \\ & & \ddots & \\ \boldsymbol{O} & & & k\boldsymbol{A}_k\end{pmatrix},$$

$$\boldsymbol{A}\boldsymbol{B}=\begin{pmatrix}\boldsymbol{A}_1\boldsymbol{B}_1 & & & \boldsymbol{O}\\ & \boldsymbol{A}_2\boldsymbol{B}_2 & & \\ & & \ddots & \\ \boldsymbol{O} & & & \boldsymbol{A}_k\boldsymbol{B}_k\end{pmatrix},\ \boldsymbol{A}^{\mathrm{T}}=\begin{pmatrix}\boldsymbol{A}_1^{\mathrm{T}} & & & \boldsymbol{O}\\ & \boldsymbol{A}_2^{\mathrm{T}} & & \\ & & \ddots & \\ \boldsymbol{O} & & & \boldsymbol{A}_k^{\mathrm{T}}\end{pmatrix},$$

$$\boldsymbol{A}^m=\begin{pmatrix}\boldsymbol{A}_1^m & & & \boldsymbol{O}\\ & \boldsymbol{A}_2^m & & \\ & & \ddots & \\ \boldsymbol{O} & & & \boldsymbol{A}_k^m\end{pmatrix}.$$

**例 4**　设矩阵 $\boldsymbol{A}=\begin{pmatrix}1&1&0&0&0\\0&1&0&0&0\\0&0&3&-2&0\\0&0&7&0&0\\0&0&0&0&8\end{pmatrix}$，求 $\boldsymbol{A}$ 的行列式 $|\boldsymbol{A}|$ 及 $\boldsymbol{A}^{-1}$，$\boldsymbol{A}^2$.

**解**　将 $\boldsymbol{A}$ 分块为 $\boldsymbol{A}=\left(\begin{array}{cc|cc|c}1&1&0&0&0\\0&1&0&0&0\\\hline 0&0&3&-2&0\\0&0&7&0&0\\\hline 0&0&0&0&8\end{array}\right)=\begin{pmatrix}\boldsymbol{A}_1 & & O\\ & \boldsymbol{A}_2 & \\ O & & \boldsymbol{A}_3\end{pmatrix}$，它是一个分块对角阵，由分块对角阵性质，得

$$|\boldsymbol{A}|=|\boldsymbol{A}_1||\boldsymbol{A}_2||\boldsymbol{A}_3|=1\times14\times8=112,$$

$$\boldsymbol{A}^{-1}=\begin{pmatrix}\boldsymbol{A}_1^{-1} & & \boldsymbol{O}\\ & \boldsymbol{A}_2^{-1} & \\ \boldsymbol{O} & & \boldsymbol{A}_3^{-1}\end{pmatrix}=\begin{pmatrix}1&-1&0&0&0\\0&1&0&0&0\\0&0&0&\frac{1}{7}&0\\0&0&-\frac{1}{2}&\frac{3}{14}&0\\0&0&0&0&\frac{1}{8}\end{pmatrix},$$

$$A^2=\begin{pmatrix} A_1^2 & & O \\ & A_2^2 & \\ O & & A_3^2 \end{pmatrix}=\begin{pmatrix} 1 & 2 & 0 & 0 & 0 \\ 0 & 1 & 0 & 0 & 0 \\ 0 & 0 & -5 & -6 & 0 \\ 0 & 0 & 21 & -14 & 0 \\ 0 & 0 & 0 & 0 & 64 \end{pmatrix}.$$

## 习题 2.4

1. 设 $A=\begin{pmatrix} 0 & 0 & 1 & 2 & 0 & 0 & 0 \\ 0 & 0 & 3 & -1 & 0 & 0 & 0 \\ 5 & 4 & 0 & 0 & 2 & 7 & -1 \end{pmatrix}$，$B=\begin{pmatrix} 3 & 1 \\ 0 & -1 \\ 0 & 2 \\ 1 & 0 \\ 0 & 0 \\ -1 & 0 \\ 2 & 3 \end{pmatrix}$，求 $AB$.

2. 设矩阵 $A=\begin{pmatrix} 1 & 1 & 0 & 0 & 0 \\ 0 & 2 & 0 & 0 & 0 \\ 0 & 0 & 1 & -2 & 0 \\ 0 & 0 & 5 & 0 & 0 \\ 0 & 0 & 0 & 0 & 3 \end{pmatrix}$，求 $A$ 的行列式 $|A|$ 及 $A^{-1}$，$A^2$.



## 本章小结

1. 知识结构图

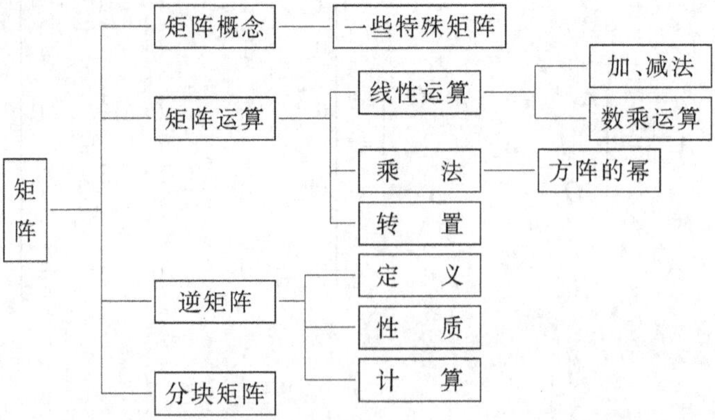

2. 学习要求

(1) 掌握矩阵的概念，理解一些特殊矩阵，运用矩阵解决一些实际问题.

(2) 熟练掌握矩阵的线性运算、矩阵的乘法、方阵的幂、矩阵的转置等运算.

(3) 熟练掌握逆矩阵及其性质，会求逆矩阵.

(4) 了解分块矩阵及其运算.

3. 复习思考题

(1) 计算：

① $\begin{pmatrix} 1 & 4 & 3 \\ -3 & 2 & 1 \\ 7 & 0 & 5 \end{pmatrix}\begin{pmatrix} 3 \\ -5 \\ 1 \end{pmatrix}$；② $\begin{pmatrix} \lambda_1 & 0 & 0 \\ 0 & \lambda_2 & 0 \\ 0 & 0 & \lambda_3 \end{pmatrix}\begin{pmatrix} a_{11} & a_{12} & a_{13} \\ a_{21} & a_{22} & a_{23} \\ a_{31} & a_{32} & a_{33} \end{pmatrix}$.

(2) ① 设矩阵

$$\boldsymbol{A}=\begin{pmatrix} 1 & -2 & 3 \\ -2 & 1 & -6 \end{pmatrix},\ \boldsymbol{B}=\begin{pmatrix} 0 & 2 & 5 \\ 6 & -5 & -2 \end{pmatrix},$$

求 $\boldsymbol{A}+\boldsymbol{B}, \boldsymbol{A}-\boldsymbol{B}, 3\boldsymbol{A}-4\boldsymbol{B}, \boldsymbol{A}\boldsymbol{B}, \boldsymbol{A}^{\mathrm{T}}, \boldsymbol{A}\boldsymbol{B}^{\mathrm{T}}$.

② 设矩阵

$$\boldsymbol{A}=\begin{pmatrix} 3 & 1 & 0 \\ -1 & 2 & 1 \\ 3 & 4 & 2 \end{pmatrix},\ \boldsymbol{B}=\begin{pmatrix} 1 & -1 & 0 \\ 2 & -2 & 5 \\ 3 & 4 & 1 \end{pmatrix},$$

求 $\boldsymbol{AB}-\boldsymbol{BA}, \boldsymbol{A}^2-\boldsymbol{B}^2, (\boldsymbol{A}+\boldsymbol{B})(\boldsymbol{A}-\boldsymbol{B}), \boldsymbol{B}^{\mathrm{T}}\boldsymbol{A}^{\mathrm{T}}$.

(3) 设 $\boldsymbol{A}=(1\quad -1\quad 1)$，$\boldsymbol{B}=\begin{pmatrix} 1 \\ 1 \\ 2 \end{pmatrix}$，$f(x)=2x^3+x+3$，求 $\boldsymbol{BA}, f(\boldsymbol{BA})$.

(4) 求下列矩阵的逆矩阵：

① $\begin{pmatrix} \cos\theta & -\sin\theta \\ \sin\theta & \cos\theta \end{pmatrix}$；　② $\begin{pmatrix} 1 & 0 & 1 \\ 5 & 3 & 2 \\ 2 & 10 & 1 \end{pmatrix}$；

③ $\begin{pmatrix} 1 & 2 & 0 & 0 & 0 \\ 4 & 3 & 0 & 0 & 0 \\ 0 & 0 & 5 & 0 & 0 \\ 0 & 0 & 0 & 6 & 9 \\ 0 & 0 & 0 & 8 & 7 \end{pmatrix}$；　④ $\begin{pmatrix} 5 & & & 0 \\ & 10 & & \\ & & -20 & \\ 0 & & & 15 \end{pmatrix}$.

(5) 求满足下列条件的矩阵 $\boldsymbol{X}$：

① $\boldsymbol{X}\begin{pmatrix}1&1&1\\0&1&1\\0&0&2\end{pmatrix}=\begin{pmatrix}1&-2&1\\0&1&-1\end{pmatrix}$；

② $\begin{pmatrix}0&3&3\\1&1&0\\-1&2&3\end{pmatrix}\boldsymbol{X}=\begin{pmatrix}0&3&3\\1&1&0\\-1&2&3\end{pmatrix}+2\boldsymbol{X}$.

(6) 设 $\boldsymbol{A}$ 为三阶方阵，$|\boldsymbol{A}|=\frac{1}{3}$，求 $|(4\boldsymbol{A})^{-1}-3\boldsymbol{A}^*|$.

(7) 设 $n$ 阶方阵 $\boldsymbol{A}$ 满足 $\boldsymbol{A}^2-2\boldsymbol{A}-4\boldsymbol{E}=\boldsymbol{O}$，证明 $\boldsymbol{A}-2\boldsymbol{E}$ 为可逆矩阵，并求出 $(\boldsymbol{A}-2\boldsymbol{E})^{-1}$.

(8) 设矩阵 $\boldsymbol{A}=\begin{pmatrix}3&4&0&0\\4&-3&0&0\\0&0&2&0\\0&0&2&2\end{pmatrix}$，求 $|\boldsymbol{A}^8|$ 及 $\boldsymbol{A}^4$.

(9) 设列矩阵 $\boldsymbol{X}=(x_1,x_2,\cdots,x_n)^{\mathrm{T}}$ 满足 $\boldsymbol{X}^{\mathrm{T}}\boldsymbol{X}=1$，$\boldsymbol{E}$ 为 $n$ 阶单位矩阵，$\boldsymbol{H}=\boldsymbol{E}-2\boldsymbol{X}\boldsymbol{X}^{\mathrm{T}}$，证明 $\boldsymbol{H}$ 为对称矩阵，且 $\boldsymbol{H}\boldsymbol{H}^{\mathrm{T}}=\boldsymbol{E}$.

(10) 设 $\boldsymbol{B}$ 为元素全为 1 的 $n$ 阶矩阵，$\boldsymbol{E}$ 为 $n$ 阶单位矩阵，证明：$(\boldsymbol{E}-\boldsymbol{B})^{-1}=\boldsymbol{E}-\frac{1}{n-1}\boldsymbol{B}$.

# 第 3 章　矩阵的初等变换及线性方程组

加百列・克莱姆(Gabriel Cramer)，瑞士数学家. 1704 年 7 月 31 日于日内瓦出生，1752 年 1 月 4 日于法国塞兹河畔巴尼奥勒逝世.

克莱姆早年在日内瓦读书，1724 年起在日内瓦加尔文学院任教，1734 年成为几何学教授，1750 年任哲学教授. 他自 1727 年进行了为期两年的旅行访学，在巴塞尔与约翰・伯努利、欧拉等人学习交流，结为挚友；后又到英国、荷兰、法国等地拜见许多数学名家，回国后在与他们的长期通信中，加强了数学家之间的联系，为数学宝库也留下大量有价值的文献. 他一生未婚，专心治学，平易近人且德高望重，先后当选为伦敦皇家学会、柏林研究院和法国、意大利等学会的成员. 首先定义了正则、非正则、超越曲线和无理曲线等概念；第一次正式引入坐标系的纵轴(Y 轴)，然后讨论曲线变换，并依据曲线方程的阶数将曲线进行分类；为了确定经过 5 个点的一般二次曲线的系数，应用了著名的"克莱姆法则"，即由线性方程组的系数确定方程组解的表达式，该法则于 1729 年由英国数学家马克劳林得到，并于 1748 年发表. 其最著名的工作是他 1750 年发表在代数曲线方面的权威之作.



由于许多关于化学、生物、电子、工程、经济、计算机科学、社会等方面的问题都可以转化为线性方程组来进行求解，故线性方程组是重要的数学模型. 线性方程组的求解是线性代数研究的重要而又基本的问题. 在第 1 章中，克莱姆法则在解决方程个数与未知量个数相等时的线性方程组时非常完美，在理论和实践上都有重要意义，但由于条件的制约也存在着应用范围的局限性. 这一章我们要讨论如何解一般的线性方程组. 为此，本章我们先引入矩阵的初等变换，建立矩阵的秩的概念，并且利用初等变换讨论矩阵的秩的若干性质；然后以矩阵的秩作为工具，研究线性方程组有解的条件；最后介绍用初等变换解一般线性方程组的方法.

## 3.1　矩阵的初等变换

本节我们先介绍高斯消元法，随后引入矩阵的初等变换，在此基础上用初等变换求逆矩阵、求解矩阵方程及求解线性方程组.因此矩阵的初等变换是矩阵十分重要的运算.

### 3.1.1 引例

在中学,我们已经学习过用消元法解二元、三元线性方程组.实际上,消元法同样也适用于求解更为一般的多元线性方程组.

**引例** 求解线性方程组

$$\begin{cases}2x_1-x_2-x_3+x_4=2, ① \\ x_1+x_2-2x_3+x_4=4, ② \\ 6x_1-9x_2+3x_3-3x_4=6, ③ \\ 2x_1+5x_2-7x_3+6x_4=5. ④\end{cases} \tag{3-1}$$

**解** $$(3\text{-}1)\xrightarrow[③\div 3]{①\leftrightarrow②}\begin{cases}x_1+x_2-2x_3+x_4=4, ① \\ 2x_1-x_2-x_3+x_4=2, ② \\ 2x_1-3x_2+x_3-x_4=2, ③ \\ 2x_1+5x_2-7x_3+6x_4=5, ④\end{cases} \tag{3-2}$$

$$\xrightarrow[\substack{③-2\times① \\ ④-2\times①}]{②-③}\begin{cases}x_1+x_2-2x_3+x_4=4, ① \\ 2x_2-2x_3+2x_4=0, ② \\ -5x_2+5x_3-3x_4=-6, ③ \\ 3x_2-3x_3+4x_4=-3, ④\end{cases} \tag{3-3}$$

$$\xrightarrow[\substack{③+5\times② \\ ④-3\times②}]{②\times\frac{1}{2}}\begin{cases}x_1+x_2-2x_3+x_4=4, ① \\ x_2-x_3+x_4=0, ② \\ 2x_4=-6, ③ \\ x_4=-3, ④\end{cases} \tag{3-4}$$

$$\xrightarrow[④-2\times③]{③\leftrightarrow④}\begin{cases}x_1+x_2-2x_3+x_4=4, ① \\ x_2-x_3+x_4=0, ② \\ x_4=-3, ③ \\ 0=0. ④\end{cases} \tag{3-5}$$

这里,(3-1)→(3-2)是为消 $x_1$ 作准备;(3-2)→(3-3)是保留①中的 $x_1$,消去②,③,④中的 $x_1$;(3-3)→(3-4)是保留② 中的 $x_2$ 并把它的系数变为1,然后消去③,④ 中的 $x_2$,与此同时恰巧把 $x_3$ 也消去了;(3-4)→(3-5)是消去 $x_4$,同时刚好将常数也消去了,得到等式 0=0(若常数项不能消去,将得到矛盾方程,则说明原方程组无解).到此,消元过程完毕.

我们发现方程组(3-5)是含有4个未知数3个有效方程的方程组,应有一个自由未知数,(3-5)是一个阶梯型方程组,将每个台阶的第一个未知数(即 $x_1,x_2,x_4$)选为非自由未知数,剩下的未知数 $x_3$ 作为自由未知数,这样我们用“回代”的方法就可以求出解:由③,得

$x_4=-3$；将 $x_4=-3$ 代入②，得 $x_2=x_3+3$；以 $x_4=-3, x_2=x_3+3$ 代入①，得 $x_1=x_3+4$. 于是解得

$$\begin{cases} x_1=x_3+4, \\ x_2=x_3+3, \\ x_4=-3, \end{cases}$$

其中 $x_3$ 可取任意值. 如令 $x_3=c$，方程组的解可以写成如下：

$$\boldsymbol{x}=\begin{pmatrix} x_1 \\ x_2 \\ x_3 \\ x_4 \end{pmatrix}=\begin{pmatrix} c+4 \\ c+3 \\ c \\ -3 \end{pmatrix}，即\ \boldsymbol{x}=c\begin{pmatrix} 1 \\ 1 \\ 1 \\ 0 \end{pmatrix}+\begin{pmatrix} 4 \\ 3 \\ 0 \\ -3 \end{pmatrix}. \tag{3-6}$$

在上面的消元过程中，我们始终把方程组作为一个整体，即不是着眼于某一个方程的变形，而是着眼于整个方程组变形为另一个方程组. 我们用到三种变换，一是交换方程的次序；二是用一个非零数乘以某个方程；三是一个方程加上另一个方程的倍数. 显然这些变形都是可逆的，因此变换前后的方程组是同解方程组，这三种变换都是方程组的同解变换，我们称为方程组的初等变换. 因此，最后求得的解(3-6)是原方程组(3-1)的解. 这就是我们通常说的高斯消元法.

在引例的求解过程中，对方程组(3-1)进行初等变换，仅仅只对方程组的系数和右端的常数进行运算，未知数并没有参与运算. 从而，将方程组(3-1)的系数和右端常数项所构成的矩阵称为方程组的增广矩阵，记为

$$\widetilde{\boldsymbol{A}}=(\boldsymbol{A} \mid \boldsymbol{b})=\left(\begin{array}{cccc|c} 2 & -1 & -1 & 1 & 2 \\ 1 & 1 & -2 & 1 & 4 \\ 6 & -9 & 3 & -3 & 6 \\ 2 & 5 & -7 & 6 & 5 \end{array}\right),$$

则对方程组(3-1)进行初等变换相当于对增广矩阵 $\widetilde{\boldsymbol{A}}$ 的各行进行相应的变换，这种变换称为矩阵的初等行变换. 矩阵的变换还有初等列变换. 下面我们引入矩阵的初等变换的定义.

### 3.1.2　矩阵的初等变换

**定义 1**　矩阵的下列三种变换称为矩阵的初等行变换：

(1) 交换矩阵的两行(交换 $i, j$ 两行，记作 $r_i \leftrightarrow r_j$)；

(2) 以一个非零的数 $k$ 乘矩阵的某一行(第 $i$ 行乘数 $k$，记作 $r_i \times k$)；

(3) 把矩阵的某一行的 $k$ 倍加到另一行(第 $j$ 行乘 $k$ 加到 $i$ 行，记为 $r_i+kr_j$).

把定义中的“行”换成“列”，即得矩阵的初等列变换的定义(相应记号中把 $r$ 换成 $c$).

矩阵的初等行变换与初等列变换统称为矩阵的初等变换.

**注**　初等变换的逆变换仍是初等变换，且变换类型相同. 例如，变换 $r_i \leftrightarrow r_j$ 的逆变换即

为其本身；变换 $r_i \times k$ 的逆变换为 $r_i \times \frac{1}{k}$；变换 $r_i + kr_j$ 的逆变换为 $r_i + (-k)r_j$ 或 $r_i - kr_j$.

**例 1** 试对矩阵 $A = \begin{pmatrix} 1 & -2 & 3 & 0 \\ -1 & 2 & -5 & 1 \\ 3 & 2 & 0 & -2 \end{pmatrix}$ 施行所有类型的初等变换.

**解** 解答不唯一，如

$$A = \begin{pmatrix} 1 & -2 & 3 & 0 \\ -1 & 2 & -5 & 1 \\ 3 & 2 & 0 & -2 \end{pmatrix} \xrightarrow{r_2 \leftrightarrow r_3} \begin{pmatrix} 1 & -2 & 3 & 0 \\ 3 & 2 & 0 & -2 \\ -1 & 2 & -5 & 1 \end{pmatrix} \xrightarrow{r_1 \times 2} \begin{pmatrix} 2 & -4 & 6 & 0 \\ 3 & 2 & 0 & -2 \\ -1 & 2 & -5 & 1 \end{pmatrix}$$

$$\xrightarrow{r_1 + 2r_3} \begin{pmatrix} 0 & 0 & -4 & 2 \\ 3 & 2 & 0 & -2 \\ -1 & 2 & -5 & 1 \end{pmatrix} \xrightarrow{c_2 \div 2} \begin{pmatrix} 0 & 0 & -4 & 2 \\ 3 & 1 & 0 & -2 \\ -1 & 1 & -5 & 1 \end{pmatrix} \xrightarrow{c_1 \leftrightarrow c_4} \begin{pmatrix} 2 & 0 & -4 & 0 \\ -2 & 1 & 0 & 3 \\ 1 & 1 & -5 & -1 \end{pmatrix}$$

$$\xrightarrow{c_2 + 2c_3} \begin{pmatrix} 2 & -8 & -4 & 0 \\ -2 & 1 & 0 & 3 \\ 1 & -9 & -5 & -1 \end{pmatrix}.$$

### 3.1.3 初等矩阵



**定义 2** 对单位矩阵 $E$ 施以一次初等变换得到的矩阵称为初等矩阵.

三种初等变换分别对应着三种初等矩阵.

(1) $E$ 的第 $i, j$ 行(列)互换得到的矩阵

$$E(i,j) = \begin{pmatrix} 1 & & & & & & & & \\ & \ddots & & & & & & & \\ & & 1 & & & & & & \\ & & & 0 & \cdots & 1 & & & \\ & & & & 1 & & & & \\ & & & \vdots & \ddots & \vdots & & & \\ & & & & & 1 & & & \\ & & & 1 & \cdots & 0 & & & \\ & & & & & & 1 & & \\ & & & & & & & \ddots & \\ & & & & & & & & 1 \end{pmatrix} \begin{matrix} \\ \\ \\ i\text{行} \\ \\ \\ \\ j\text{行} \\ \\ \\ \\ \end{matrix}.$$

$\qquad\qquad\qquad i$ 列 $\qquad\qquad j$ 列

(2) $\boldsymbol{E}$ 的第 $i$ 行(列)乘以非零数 $k$ 得到的矩阵

$$\boldsymbol{E}(i(k))=\begin{pmatrix}1 & & & & \\ & \ddots & & & \\ & & k & & \\ & & & \ddots & \\ & & & & 1\end{pmatrix}\begin{matrix}\\ \\ i\text{ 行}. \\ \\ \\ \end{matrix}$$

$$i\text{ 列}$$

(3) $\boldsymbol{E}$ 的第 $j$ 行乘以数 $k$ 加到第 $i$ 行上，或 $E$ 的第 $i$ 列乘以数 $k$ 加到第 $j$ 列上得到的矩阵

$$\boldsymbol{E}(ij(k))=\begin{pmatrix}1 & & & & & & \\ & \ddots & & & & & \\ & & 1 & \cdots & k & & \\ & & & \ddots & \vdots & & \\ & & & & 1 & & \\ & & & & & \ddots & \\ & & & & & & 1\end{pmatrix}\begin{matrix}\\ \\ i\text{ 行} \\ \\ j\text{ 行} \\ \\ \\ \end{matrix}.$$

$$i\text{ 列}\quad j\text{ 列}$$

很明显有：$|\boldsymbol{E}(i,j)|=-1$，$|\boldsymbol{E}(i(k))|=k$，$|\boldsymbol{E}(i,j(k))|=1$，这三种初等矩阵的行列式均不为零，因此它们都可逆，可以验证：

$$\boldsymbol{E}(i,j)^{-1}=\boldsymbol{E}(i,j);\quad \boldsymbol{E}(i(k))^{-1}=\boldsymbol{E}(i(k^{-1}));\quad \boldsymbol{E}(i,j(k))^{-1}=\boldsymbol{E}(i,j(-k)).$$

由此可见，初等矩阵的逆矩阵仍然是同类型的初等矩阵.

矩阵的初等变换与初等矩阵有着非常密切的关系，这种关系由下面定理 1 给出.

**定理 1**　设 $\boldsymbol{A}$ 是一个 $m\times n$ 矩阵，对 $\boldsymbol{A}$ 施行一次某种初等行变换，相当于用同种的 $m$ 阶初等矩阵左乘 $\boldsymbol{A}$；对 $\boldsymbol{A}$ 施行一次某种初等列变换，相当于用同种的 $n$ 阶初等矩阵右乘 $\boldsymbol{A}$.

**注**　定理 1 不难证明，证明过程在此省略，下面通过例 2 来验证定理 1 的正确性.

**例 2**　计算：

(1) $\begin{pmatrix}0 & 0 & 1\\ 0 & 1 & 0\\ 1 & 0 & 0\end{pmatrix}\begin{pmatrix}a_{11} & a_{12} & a_{13} & a_{14}\\ a_{21} & a_{22} & a_{23} & a_{24}\\ a_{31} & a_{32} & a_{33} & a_{34}\end{pmatrix}=\begin{pmatrix}a_{31} & a_{32} & a_{33} & a_{34}\\ a_{21} & a_{22} & a_{23} & a_{24}\\ a_{11} & a_{12} & a_{13} & a_{14}\end{pmatrix}$，显然左乘初等矩阵 $\boldsymbol{E}(1,3)$ 后交换了矩阵的第 1、3 行.

(2) $\begin{pmatrix} a_{11} & a_{12} & a_{13} & a_{14} \\ a_{21} & a_{22} & a_{23} & a_{24} \\ a_{31} & a_{32} & a_{33} & a_{34} \end{pmatrix}\begin{pmatrix} 1 & 0 & 0 & 0 \\ 0 & 1 & 0 & 0 \\ 0 & 0 & 1 & 0 \\ 0 & 4 & 0 & 1 \end{pmatrix}=\begin{pmatrix} a_{11} & a_{12}+4a_{14} & a_{13} & a_{14} \\ a_{21} & a_{22}+4a_{24} & a_{23} & a_{24} \\ a_{31} & a_{32}+4a_{34} & a_{33} & a_{34} \end{pmatrix}$,显然右乘初等矩阵 $\boldsymbol{E}(4,2(4))$ 后将矩阵的第 4 列乘以 4 倍加到了第 2 列.

读者可以进一步验证其他情况.

### 3.1.4 矩阵的等价

**定义 3** 若矩阵 $\boldsymbol{A}$ 经过有限次初等变换变成矩阵 $\boldsymbol{B}$，则称矩阵 $\boldsymbol{A}$ 与 $\boldsymbol{B}$ 等价，记为 $\boldsymbol{A}\sim\boldsymbol{B}$（或 $\boldsymbol{A}\rightarrow\boldsymbol{B}$）.

**注** 在理论表述或证明中,常用记号“$\sim$”,在对矩阵作初等变换运算的过程中常用记号“$\rightarrow$”.

根据定理 1,容易得到矩阵 $\boldsymbol{A}$ 与 $\boldsymbol{B}$ 等价的充要条件,这就是下面的定理 2.

**定理 2** 两个 $m\times n$ 矩阵 $\boldsymbol{A}$ 与 $\boldsymbol{B}$ 等价的充要条件是存在有限个 $m$ 阶初等矩阵 $\boldsymbol{P}_1$，$\boldsymbol{P}_2,\cdots,\boldsymbol{P}_s$ 和 $n$ 阶初等矩阵 $\boldsymbol{Q}_1,\boldsymbol{Q}_2,\cdots,\boldsymbol{Q}_t$,使得 $\boldsymbol{P}_s\cdots\boldsymbol{P}_2\boldsymbol{P}_1\boldsymbol{A}\boldsymbol{Q}_1\boldsymbol{Q}_2\cdots\boldsymbol{Q}_t=\boldsymbol{B}$;或更简单地说,两个 $m\times n$ 矩阵 $\boldsymbol{A}$ 与 $\boldsymbol{B}$ 等价的充要条件是存在 $m$ 阶可逆矩阵 $\boldsymbol{P}$ 和 $n$ 阶可逆矩阵 $\boldsymbol{Q}$,使得 $\boldsymbol{PAQ}=\boldsymbol{B}$.



容易证明,矩阵之间的等价关系具有下列基本性质：

(1) 反身性:$\boldsymbol{A}\sim\boldsymbol{A}$；

(2) 对称性:若 $\boldsymbol{A}\sim\boldsymbol{B}$,则 $\boldsymbol{B}\sim\boldsymbol{A}$；

(3) 传递性:若 $\boldsymbol{A}\sim\boldsymbol{B},\boldsymbol{B}\sim\boldsymbol{C}$,则 $\boldsymbol{A}\sim\boldsymbol{C}$.

**定义 4** 称满足下列条件的矩阵为行阶梯形矩阵：

(1) 零行(元素全为零的行)位于矩阵的下方(假如存在零行)；

(2) 各非零行的首非零元(从左至右第一个不为零的元素)的列标随着行标的增大而严格增大(或说其列标一定不小于行标).

如矩阵 $\begin{pmatrix} 2 & 1 & -1 & 0 & 3 & 4 \\ 0 & -3 & 2 & 2 & 1 & -5 \\ 0 & 0 & 0 & 3 & 6 & 7 \\ 0 & 0 & 0 & 0 & 0 & 0 \end{pmatrix}$ 就是一个行阶梯形矩阵.

**定义 5** 称满足下列条件的阶梯形矩阵为行最简形矩阵：

(1) 各非零行的首非零元都是 1；

(2) 每个首非零元所在列的其余元素都是零.

如$\begin{pmatrix}1 & 0 & -1 & 0 & 3 & 4\\0 & 1 & 2 & 0 & 1 & -5\\0 & 0 & 0 & 1 & 6 & 7\\0 & 0 & 0 & 0 & 0 & 0\end{pmatrix}$就是一个行最简形矩阵.

**定义 6**　矩阵 $\boldsymbol{A}$ 经过初等变换化为 $\boldsymbol{D}$，若 $\boldsymbol{D}$ 的左上角是一个单位矩阵，其余元素全为 0，则称 $\boldsymbol{D}$ 为 $\boldsymbol{A}$ 的标准形.

如矩阵 $\boldsymbol{D}=\begin{pmatrix}1 & 0 & 0 & 0 & 0 & 0\\0 & 1 & 0 & 0 & 0 & 0\\0 & 0 & 1 & 0 & 0 & 0\\0 & 0 & 0 & 0 & 0 & 0\end{pmatrix}$就是某矩阵 $\boldsymbol{A}$ 的标准形.

任何一个矩阵都可以经过初等行变换化成行阶梯形矩阵、行最简形矩阵，再经过初等列变换化成标准形. 这就是下面的定理 3（在此不详细证明，证明过程只要不断对矩阵作初等变换就可以了）.

**定理 3**　任意一个矩阵 $\boldsymbol{A}=(a_{ij})_{m\times n}$经过有限次初等变换，可以化为下列标准形矩阵

$$\boldsymbol{A}\sim\begin{pmatrix}1 & & & & & \\ & \ddots & & & & \\ & & 1 & & & \\ & & & 0 & & \\ & & & & \ddots & \\ & & & & & 0\end{pmatrix}=\begin{pmatrix}\boldsymbol{E}_r & \boldsymbol{O}_{r\times(n-r)}\\ \boldsymbol{O}_{(m-r)\times r} & \boldsymbol{O}_{(m-r)\times(n-r)}\end{pmatrix}.$$

**注**　这里左上角是一个 $r$ 阶单位矩阵，并且这个单位矩阵的阶数由 $\boldsymbol{A}$ 唯一确定，是矩阵固有的一个属性，这就是后面我们要学习的矩阵的秩.

**例 3**　求矩阵 $\boldsymbol{A}=\begin{pmatrix}1 & 3 & 6 & 2\\3 & 9 & 21 & 6\\2 & 6 & 12 & 4\end{pmatrix}$的标准形矩阵 $\boldsymbol{D}$.

**解**　$$\boldsymbol{A}=\begin{pmatrix}1 & 3 & 6 & 2\\3 & 9 & 21 & 6\\2 & 6 & 12 & 4\end{pmatrix}\xrightarrow[r_3-2r_1]{r_2-3r_1}\begin{pmatrix}1 & 3 & 6 & 2\\0 & 0 & 3 & 0\\0 & 0 & 0 & 0\end{pmatrix}\xrightarrow[r_2\times\frac{1}{3}]{r_1-2r_2}\begin{pmatrix}1 & 3 & 0 & 2\\0 & 0 & 1 & 0\\0 & 0 & 0 & 0\end{pmatrix}\xrightarrow[c_4-2c_1]{c_2-3c_1}\begin{pmatrix}1 & 0 & 0 & 0\\0 & 0 & 1 & 0\\0 & 0 & 0 & 0\end{pmatrix}$$

$$\xrightarrow{c_2\leftrightarrow c_3}\begin{pmatrix}1 & 0 & 0 & 0\\0 & 1 & 0 & 0\\0 & 0 & 0 & 0\end{pmatrix}=\boldsymbol{D}.$$

**定理 4**　$n$ 阶方阵 $\boldsymbol{A}$ 可逆的充要条件为 $\boldsymbol{A}$ 与 $n$ 阶单位矩阵 $\boldsymbol{E}$ 等价.

**证**　必要性. 设 $n$ 阶方阵 $\boldsymbol{A}$ 可逆，由定理 2，$\boldsymbol{A}$ 等价于 $n$ 阶标准形矩阵 $\boldsymbol{D}$，即 $\boldsymbol{A}\to\boldsymbol{D}$. 故存在有限个初等矩阵 $\boldsymbol{P}_1,\boldsymbol{P}_2,\cdots,\boldsymbol{P}_s$ 和初等矩阵 $\boldsymbol{Q}_1,\boldsymbol{Q}_2,\cdots,\boldsymbol{Q}_t$，使得

$$P_s \cdots P_2 P_1 A Q_1 Q_2 \cdots Q_t = D.$$

由于阵 $A$ 可逆及初等矩阵 $P_1, P_2, \cdots, P_s$ 和 $Q_1, Q_2, \cdots, Q_t$ 可逆，故 $P_s \cdots P_2 P_1 A Q_1 Q_2 \cdots Q_t$ 可逆，即 $D$ 可逆，从而 $|D| \neq 0$，这说明 $D$ 中没有任何一行任何一列的元素全为零，即 $D$ 的主对角线元素全部为 1，故 $D=E$. 因此，$A \to E$.

充分性. 设 $A \to E$，则存在有限个初等矩阵 $P_1, P_2, \cdots, P_s$ 和 $Q_1, Q_2, \cdots, Q_t$，使得

$$P_s \cdots P_2 P_1 A Q_1 Q_2 \cdots Q_t = E,$$

两边取行列式，得 $|P_s| \cdots |P_2| |P_1| |A| |Q_1| |Q_2| \cdots |Q_t| = 1$，所以 $|A| \neq 0$. 因此，$A$ 可逆.

**定理 5**　$n$ 阶方阵 $A$ 可逆的充要条件为它可以表示成若干个初等矩阵的乘积.

**证**　必要性. 设 $n$ 阶方阵 $A$ 可逆，由定理 4，$A \to E$，从而 $E \to A$. 故存在有限个初等矩阵 $P_1, P_2, \cdots, P_s$ 和初等矩阵 $Q_1, Q_2, \cdots, Q_t$，使得

$$P_s \cdots P_2 P_1 E Q_1 Q_2 \cdots Q_t = A,$$

即 $A = P_s \cdots P_2 P_1 Q_1 Q_2 \cdots Q_t$，所以若 $n$ 阶方阵 $A$ 可逆，则它可以表示成若干个初等矩阵的乘积.

充分性. 设 $n$ 阶方阵 $A$ 可以表示成若干个初等矩阵的乘积，而初等矩阵是可逆的，且初等矩阵的乘积也是可逆的，所以 $A$ 可逆.

**推论 1**　可逆矩阵经过若干次初等行变换就可以化成单位矩阵.



**证**　设 $n$ 阶方阵 $A$ 可逆，对于其逆矩阵 $A^{-1}$，由定理 5，存在有限个初等矩阵 $P_1, P_2, \cdots, P_s$，使得 $A^{-1} = P_1 P_2 \cdots P_s$，则 $A^{-1} A = P_1 P_2 \cdots P_s A = E$. 因此，可逆矩阵经过若干次初等行变换就可以化成单位矩阵.

### 3.1.5　求逆矩阵的初等变换法

在第 2 章第 2.3 节中，给出矩阵 $A$ 可逆的充要条件的同时，也给出了利用伴随矩阵求逆矩阵 $A^{-1}$ 的一种方法，即

$$A^{-1} = \frac{1}{|A|} A^*,$$

该方法称为伴随矩阵法.

对于较高阶的矩阵，用伴随矩阵法求逆矩阵计算量太大. 下面介绍一种较为简便的方法，这就是求逆矩阵的初等变换法. 其基本原理为：

若 $n$ 阶方阵 $A$ 可逆，则逆矩阵 $A^{-1}$ 也可逆，由定理 5，存在有限个初等矩阵 $P_1, P_2, \cdots, P_s$，使得 $A^{-1} = P_1 P_2 \cdots P_s$，则由 $A^{-1} A = E$，$A^{-1} E = A^{-1}$ 可以得到

$$P_1 P_2 \cdots P_s A = E,\ P_1 P_2 \cdots P_s E = A^{-1},$$

这说明对矩阵 $A$ 与 $E$ 同时施行同样的初等行变换，当 $A$ 化为 $E$ 时，$E$ 就化为 $A^{-1}$.

因此，求矩阵 $A$ 的逆矩阵 $A^{-1}$ 时，可构造 $n \times 2n$ 矩阵 $(A, E)$，然后对其施以初等行变换，将矩阵 $A$ 化为单位矩阵 $E$，则上述初等行变换同时也将其中的单位矩阵 $E$ 化为 $A^{-1}$，即

$$(\boldsymbol{A},\boldsymbol{E})\xrightarrow{\text{初等行变换}}(\boldsymbol{E},\boldsymbol{A}^{-1}),$$

这就是求逆矩阵的初等变换法.

**例 4**　设 $\boldsymbol{A}=\begin{pmatrix}1&2&3\\2&2&1\\3&4&3\end{pmatrix}$,用初等变换法求 $\boldsymbol{A}^{-1}$.

**解**　$$(\boldsymbol{A},\boldsymbol{E})=\begin{pmatrix}1&2&3&1&0&0\\2&2&1&0&1&0\\3&4&3&0&0&1\end{pmatrix}\xrightarrow[r_3-3r_1]{r_2-2r_1}\begin{pmatrix}1&2&3&1&0&0\\0&-2&-5&-2&1&0\\0&-2&-6&-3&0&1\end{pmatrix}$$

$$\xrightarrow[r_3-r_2]{r_1+r_2}\begin{pmatrix}1&0&-2&-1&1&0\\0&-2&-5&-2&1&0\\0&0&-1&-1&-1&1\end{pmatrix}\xrightarrow[r_2-5r_3]{r_1-2r_3}\begin{pmatrix}1&0&0&1&3&-2\\0&-2&0&3&6&-5\\0&0&-1&-1&-1&1\end{pmatrix}$$

$$\xrightarrow[r_3\div(-1)]{r_2\div(-2)}\begin{pmatrix}1&0&0&1&3&-2\\0&1&0&-\frac{3}{2}&-3&\frac{5}{2}\\0&0&1&1&1&-1\end{pmatrix},$$

因此
$$\boldsymbol{A}^{-1}=\begin{pmatrix}1&3&-2\\-\frac{3}{2}&-3&\frac{5}{2}\\1&1&-1\end{pmatrix}.$$

**例 5**　判断矩阵 $\boldsymbol{A}=\begin{pmatrix}2&3&14\\2&7&-2\\1&3&1\end{pmatrix}$的是否可逆.

**解**　$$(\boldsymbol{A},\boldsymbol{E})=\begin{pmatrix}2&3&14&1&0&0\\2&7&-2&0&1&0\\1&3&1&0&0&1\end{pmatrix}\xrightarrow{r_1\leftrightarrow r_3}\begin{pmatrix}1&3&1&0&0&1\\2&7&-2&0&1&0\\2&3&14&1&0&0\end{pmatrix}$$

$$\xrightarrow{\substack{r_2-2r_1\\r_3-2r_1}}\begin{pmatrix}1&3&1&0&0&1\\0&1&-4&0&1&-2\\0&-3&12&1&0&-2\end{pmatrix}\xrightarrow{\substack{r_1-3r_2\\r_3+3r_2}}\begin{pmatrix}1&0&13&0&-3&7\\0&1&-4&0&1&-2\\0&0&0&1&3&-8\end{pmatrix},$$

由此可见,$\boldsymbol{A}$ 不等价于 $\boldsymbol{E}$,故 $\boldsymbol{A}$ 不可逆.

**注**　用初等变换求 $\boldsymbol{A}$ 的逆矩阵时,不必先计算其行列式的值来判断矩阵 $\boldsymbol{A}$ 是否可逆.当对$(\boldsymbol{A},\boldsymbol{E})$进行初等行变换时,当左侧子块中有一行的元素全部为零时,就可以断定矩阵 $\boldsymbol{A}$ 不可逆.请读者思考为什么?

### 3.1.6　用初等变换法求解矩阵方程

设矩阵 $\boldsymbol{A}$ 可逆,则求解矩阵方程 $\boldsymbol{AX}=\boldsymbol{B}$ 等价于求矩阵

$$X=A^{-1}B,$$

为此，可采用类似初等行变换求矩阵的逆的方法，构造矩阵$(A,B)$，对其施以初等行变换将矩阵$A$化为单位矩阵$E$，则上述初等行变换同时也将其中的矩阵$B$化为$A^{-1}B$，即

$$(A,B)\xrightarrow{\text{初等行变换}}(E,A^{-1}B).$$

这样就给出了用初等行变换求解矩阵方程$AX=B$的方法.

请读者思考解上面提到的矩阵方程为什么可以这样求解？自己给出证明过程.

**例 6** 求矩阵$X$，使$AX=B$，其中$A=\begin{pmatrix}1&2&3\\2&2&1\\3&4&3\end{pmatrix}$，$B=\begin{pmatrix}2&5\\3&1\\4&3\end{pmatrix}$.

**解** $(A,B)=\begin{pmatrix}1&2&3&2&5\\2&2&1&3&1\\3&4&3&4&3\end{pmatrix}\xrightarrow[r_3-3r_1]{r_2-2r_1}\begin{pmatrix}1&2&3&2&5\\0&-2&-5&-1&-9\\0&-2&-6&-2&-12\end{pmatrix}$

$$\xrightarrow[r_3-r_2]{r_1+r_2}\begin{pmatrix}1&0&-2&1&-4\\0&-2&-5&-1&-9\\0&0&-1&-1&-3\end{pmatrix}\xrightarrow[r_2-5r_3]{r_1-2r_3}\begin{pmatrix}1&0&0&3&2\\0&-2&0&4&6\\0&0&-1&-1&-3\end{pmatrix}$$

$$\xrightarrow[r_3\div(-1)]{r_2\div(-2)}\begin{pmatrix}1&0&0&3&2\\0&1&0&-2&-3\\0&0&1&1&3\end{pmatrix}.$$



故有$X=\begin{pmatrix}3&2\\-2&-3\\1&3\end{pmatrix}$.

**例 7** 求解矩阵方程$AX=A+X$，其中$A=\begin{pmatrix}2&2&0\\2&1&3\\0&1&0\end{pmatrix}$.

**解** 把所给方程变形为$(A-E)X=A$，则$X=(A-E)^{-1}A$.

$(A-E,A)=\begin{pmatrix}1&2&0&2&2&0\\2&0&3&2&1&3\\0&1&-1&0&1&0\end{pmatrix}\xrightarrow[r_2\leftrightarrow r_3]{r_2-2r_1}\begin{pmatrix}1&2&0&2&2&0\\0&1&-1&0&1&0\\0&-4&3&-2&-3&3\end{pmatrix}$

$$\xrightarrow[r_3\div(-1)]{r_3+4r_2}\begin{pmatrix}1&2&0&2&2&0\\0&1&-1&0&1&0\\0&0&1&2&-1&-3\end{pmatrix}\xrightarrow{r_2+r_3}\begin{pmatrix}1&2&0&2&2&0\\0&1&0&2&0&-3\\0&0&1&2&-1&-3\end{pmatrix}$$

$$\xrightarrow{r_1-2r_2}\begin{pmatrix}1&0&0&-2&2&6\\0&1&0&2&0&-3\\0&0&1&2&-1&-3\end{pmatrix},$$

即得 $\boldsymbol{X}=\begin{pmatrix}-2 & 2 & 6\\ 2 & 0 & -3\\ 2 & -1 & -3\end{pmatrix}$.

## 习题 3.1

1. 把下列矩阵化为标准形:

(1) $\begin{pmatrix}0 & 1\\ 2 & 5\end{pmatrix}$;　　(2) $\begin{pmatrix}2 & -3 & 5\\ -4 & 5 & 3\end{pmatrix}$;

(3) $\begin{pmatrix}-2 & 5 & 4\\ 1 & -2 & 1\\ 1 & -4 & 6\end{pmatrix}$;　　(4) $\begin{pmatrix}2 & 3 & 1 & -3 & -7\\ 1 & 2 & 0 & -2 & -4\\ 3 & -2 & 8 & 3 & 0\\ 2 & -3 & 7 & 4 & 3\end{pmatrix}$.

2. 利用矩阵的初等变换法求下列矩阵的逆矩阵:

(1) $\begin{pmatrix}3 & 2 & 1\\ 3 & 1 & 5\\ 3 & 2 & 3\end{pmatrix}$;　　(2) $\begin{pmatrix}1 & 2 & 3 & 4\\ 2 & 3 & 1 & 2\\ 1 & 1 & 1 & -1\\ 1 & 0 & -2 & -6\end{pmatrix}$.

3. 证明本节定理 2.

4. 解下列矩阵方程:

(1) $\begin{pmatrix}4 & 1 & -2\\ 2 & 2 & 1\\ 3 & 1 & -1\end{pmatrix}\boldsymbol{X}=\begin{pmatrix}1 & -3\\ 2 & 2\\ 3 & -1\end{pmatrix}$;

(2) $\boldsymbol{X}\begin{pmatrix}2 & 1 & -1\\ 2 & 1 & 0\\ 1 & -1 & 1\end{pmatrix}=\begin{pmatrix}1 & -2 & 3\\ 4 & 3 & 2\end{pmatrix}$.

5. 设 $\boldsymbol{A}=\begin{pmatrix}3 & -4 & -3\\ 1 & -3 & -3\\ -1 & 6 & 6\end{pmatrix}$,求矩阵 $\boldsymbol{B}$,使得 $\boldsymbol{A}+2\boldsymbol{B}=\boldsymbol{B}\boldsymbol{A}$.

## 3.2 矩阵的秩

矩阵的秩的概念是讨论我们将要学习的向量组的线性相关性、深入研究线性方程组等问题的重要工具.通过上一节的学习可知,矩阵可经初等行变换化为行阶梯形矩阵,且行阶梯形矩阵所含非零行的行数是唯一确定的，这个数实质上就是矩阵的秩. 在本节中，首先利用行列式来定义矩阵的秩，然后给出利用初等变换求矩阵的秩的方法，最后简单介绍矩阵的秩的有关性质.

### 3.2.1 矩阵的秩

**定义 1** 在 $m\times n$ 矩阵 $\boldsymbol{A}$ 中，任取 $k$ 行 $k$ 列（$1\leqslant k\leqslant m,1\leqslant k\leqslant n$）位于这些行列交叉处的 $k^2$ 个元素，不改变它们在 $\boldsymbol{A}$ 中所处的位置次序而得到的 $k$ 阶行列式，称为矩阵 $\boldsymbol{A}$ 的 $k$ 阶子式.

例如，若矩阵 $\boldsymbol{A}=\begin{pmatrix}1&2&-3&4&5\\-6&1&2&2&3\\3&0&4&-2&5\\1&-1&2&3&6\end{pmatrix}$，选取第 1、3 行，第 3、5 列，其交叉处的元素按原来位置构成的二阶行列式 $\begin{vmatrix}-3&5\\4&5\end{vmatrix}=-35$ 就是矩阵 $\boldsymbol{A}$ 的一个二阶子式.

**注** $m\times n$ 矩阵 $\boldsymbol{A}$ 的 $k$ 阶子式共有 $C_m^k\cdot C_n^k$ 个.

设 $\boldsymbol{A}$ 为 $m\times n$ 矩阵，当 $\boldsymbol{A}=\boldsymbol{O}$ 时，它的任何子式都为零；当 $\boldsymbol{A}\neq\boldsymbol{O}$ 时，它至少有一个元素不为零，即它至少有一个一阶子式不为零，再考察二阶子式，若 $\boldsymbol{A}$ 中有一个二阶子式不为零，则继续考察三阶子式，如此进行下去，最后必达到 $\boldsymbol{A}$ 中有 $r$ 阶子式不为零，而再没有比 $r$ 更高阶的不为零的子式，这个不为零的子式的最高阶数 $r$ 反映了矩阵 $\boldsymbol{A}$ 内在的重要特征，在矩阵的理论与应用中都有重要意义.



**定义 2** 设 $\boldsymbol{A}$ 为 $m\times n$ 矩阵，如果存在 $\boldsymbol{A}$ 的 $r$ 阶子式不为零，而任何 $r+1$ 阶子式（如果存在）皆为零，那么称数 $r$ 为矩阵 $\boldsymbol{A}$ 的秩，记为 $R(\boldsymbol{A})$（或 $r(\boldsymbol{A})$），并规定零矩阵的秩等于零.

显然，根据矩阵的秩的定义，可知矩阵的秩具有下列性质：

(1) 若矩阵 $\boldsymbol{A}$ 中有某个 $s$ 阶子式不为 0，则 $R(\boldsymbol{A})\geqslant s$；

(2) 若 $\boldsymbol{A}$ 中所有 $t$ 阶子式全为 0，则 $R(\boldsymbol{A})<t$；

(3) 若 $\boldsymbol{A}$ 为 $m\times n$ 矩阵，则 $0\leqslant R(\boldsymbol{A})\leqslant\min\{m,n\}$；

(4) $R(\boldsymbol{A})=R(\boldsymbol{A}^{\mathrm{T}})$.

当 $R(\boldsymbol{A})=\min\{m,n\}$ 时，称矩阵 $\boldsymbol{A}$ 为满秩矩阵，否则称为降秩矩阵.

**例 1** 求矩阵 $\boldsymbol{A}=\begin{pmatrix}1&-2&3\\2&1&-1\\5&-5&8\end{pmatrix}$ 的秩.

**解** 在 $\boldsymbol{A}$ 中，存在一个 2 阶子式 $\begin{vmatrix}1&-2\\2&1\end{vmatrix}=5\neq0$，又因为 $\boldsymbol{A}$ 的 3 阶子式只有一个 $|\boldsymbol{A}|=0$，故 $R(\boldsymbol{A})=2$.

**例 2**　求矩阵 $A=\begin{pmatrix}1&4&6&8&10&2\\0&2&1&1&1&1\\0&0&0&0&3&1\\0&0&0&0&0&0\\0&0&0&0&0&0\end{pmatrix}$ 的秩.

**解**　由于 $A$ 是一个行阶梯形矩阵，其非零行只有 3 行，故其所有四阶子式全为 0，又因为 $A$ 中存在一个 3 阶子式 $\begin{vmatrix}1&4&10\\0&2&1\\0&0&3\end{vmatrix}=6\neq0$，因此 $R(A)=3$.

**注**　这里行阶梯形矩阵 $A$ 的秩刚好等于其非零行的行数，这不是巧合，是一种必然结果. 利用矩阵的秩的定义，可以得到一般结论：行阶梯形矩阵的秩等于其非零行的行数.

### 3.2.2　矩阵秩的求法

利用定义计算矩阵的秩，需要由高阶到低阶考虑矩阵的子式，当矩阵的行数与列数较高时，按定义求秩是非常麻烦的. 由于行阶梯形矩阵的秩很容易判断，而任意矩阵都可以经过初等变换化为行阶梯形矩阵，如果能够分析出与矩阵的秩和与之等价的行阶梯形矩阵的秩之间的关系，就可考虑借助初等变换法来求矩阵的秩.

**定理 1**　矩阵的初等变换不改变矩阵的秩，即若 $A\sim B$，则 $R(A)=R(B)$.

证明读者可以参考有关文献.

由定理 1，容易得到下面的推论.

**推论**　若存在可逆矩阵 $P,Q$，使得 $PAQ=B$，则 $R(A)=R(B)$.

根据定理 1，可以得到利用初等变换求矩阵的秩的方法：把矩阵用初等行变换变成行阶梯形矩阵，行阶梯形矩阵中非零行的行数就是该矩阵的秩.

**例 3**　求矩阵 $A=\begin{pmatrix}3&2&0&5&0\\3&-2&3&6&-1\\2&0&1&5&-3\\1&6&-4&-1&4\end{pmatrix}$ 的秩.

**解**　$$A=\begin{pmatrix}3&2&0&5&0\\3&-2&3&6&-1\\2&0&1&5&-3\\1&6&-4&-1&4\end{pmatrix}\xrightarrow[\substack{r_3-2r_1\\r_4-3r_1}]{\substack{r_1\leftrightarrow r_4\\r_2-r_4}}\begin{pmatrix}1&6&-4&-1&4\\0&-4&3&1&-1\\0&-12&9&7&-11\\0&-16&12&8&-12\end{pmatrix}$$

$$\xrightarrow[r_4-4r_2]{r_3-3r_2}\begin{pmatrix}1&6&-4&-1&4\\0&-4&3&1&-1\\0&0&0&4&-8\\0&0&0&4&-8\end{pmatrix}\xrightarrow{r_4-r_3}\begin{pmatrix}1&6&-4&-1&4\\0&-4&3&1&-1\\0&0&0&4&-8\\0&0&0&0&0\end{pmatrix},$$

故 $R(\boldsymbol{A})=3$.

**例 4** 设 $\boldsymbol{A}=\begin{pmatrix}1&-2&2&-1\\2&-4&8&0\\-2&4&-2&3\\3&-6&0&-6\end{pmatrix}$, $\boldsymbol{b}=\begin{pmatrix}1\\2\\3\\4\end{pmatrix}$，求矩阵 $\boldsymbol{A}$ 及矩阵 $\widetilde{\boldsymbol{A}}=(\boldsymbol{A},\boldsymbol{b})$ 的秩.

**解** $$\widetilde{\boldsymbol{A}}=\begin{pmatrix}1&-2&2&-1&1\\2&-4&8&0&2\\-2&4&-2&3&3\\3&-6&0&-6&4\end{pmatrix}\xrightarrow[r_4-3r_1]{\substack{r_2-2r_1\\r_3+2r_1}}\begin{pmatrix}1&-2&2&-1&1\\0&0&4&2&0\\0&0&2&1&5\\0&0&-6&-3&1\end{pmatrix}$$

$$\xrightarrow[r_4+3r_2]{\substack{r_2\div 2\\r_3-r_2}}\begin{pmatrix}1&-2&2&-1&1\\0&0&2&1&0\\0&0&0&0&5\\0&0&0&0&1\end{pmatrix}\xrightarrow[r_4-r_3]{r_3\div 5}\begin{pmatrix}1&-2&2&-1&1\\0&0&2&1&0\\0&0&0&0&1\\0&0&0&0&0\end{pmatrix},$$



故 $R(\boldsymbol{A})=2$, $R(\widetilde{\boldsymbol{A}})=3$.

**例 5** 设 $\boldsymbol{A}$ 为 $n$ 阶非奇异矩阵，$\boldsymbol{B}$ 为 $n\times m$ 矩阵. 试证：$\boldsymbol{A}$ 与 $\boldsymbol{B}$ 之积的秩等于 $\boldsymbol{B}$ 的秩，即 $R(\boldsymbol{AB})=R(\boldsymbol{B})$.

**证** 因为 $\boldsymbol{A}$ 为非奇异矩阵，故可表示成若干初等矩阵之积，$\boldsymbol{A}=\boldsymbol{P}_1\boldsymbol{P}_2\cdots\boldsymbol{P}_s$，$\boldsymbol{P}_i\,(i=1,2,\cdots,s)$ 皆为初等矩阵. $\boldsymbol{AB}=\boldsymbol{P}_1\boldsymbol{P}_2\cdots\boldsymbol{P}_s\boldsymbol{B}$，即 $\boldsymbol{AB}$ 是 $\boldsymbol{B}$ 经 $s$ 次初等行变换后得出的. 因而 $R(\boldsymbol{AB})=R(\boldsymbol{B})$.

**例 6** 若 $\boldsymbol{A}=\begin{pmatrix}1&-1&1&2\\3&\lambda&-1&2\\5&3&\mu&6\end{pmatrix}$，已知 $R(\boldsymbol{A})=2$，求 $\lambda$ 与 $\mu$ 的值.

**解** $$\boldsymbol{A}\xrightarrow[r_4-5r_1]{r_2-3r_1}\begin{pmatrix}1&-1&1&2\\0&\lambda+3&-4&-4\\0&8&\mu-5&-4\end{pmatrix}\xrightarrow{r_3-r_2}\begin{pmatrix}1&-1&1&2\\0&\lambda+3&-4&-4\\0&5-\lambda&\mu-1&0\end{pmatrix}.$$

因 $R(\boldsymbol{A})=2$，故 $\begin{cases}5-\lambda=0,\\ \mu-1=0.\end{cases}$ 所以有 $\begin{cases}\lambda=5,\\ \mu=1.\end{cases}$

### 3.2.3 矩阵的秩的性质

除了上面已经介绍的矩阵的秩的性质，还有其他性质如下：

(1) $\max\{R(\boldsymbol{A}),R(\boldsymbol{B})\}\leqslant R(\boldsymbol{A},\boldsymbol{B})\leqslant R(\boldsymbol{A})+R(\boldsymbol{B})$；

(2) $R(\boldsymbol{A}+\boldsymbol{B})\leqslant R(\boldsymbol{A})+R(\boldsymbol{B})$；

(3) $R(\boldsymbol{AB})\leqslant\min\{R(\boldsymbol{A}),R(\boldsymbol{B})\}$；

(4) 若 $\boldsymbol{A}_{m\times n}\boldsymbol{B}_{n\times l}=\boldsymbol{O}$,则 $R(\boldsymbol{A})+R(\boldsymbol{B})\leqslant n$.

**例 7**　设 $\boldsymbol{A}$ 为 $n$ 阶矩阵,证明 $R(\boldsymbol{A}+\boldsymbol{E})+R(\boldsymbol{A}-\boldsymbol{E})\geqslant n$.

**证**　因 $(\boldsymbol{A}+\boldsymbol{E})+(\boldsymbol{E}-\boldsymbol{A})=2E$,有

$$R(\boldsymbol{A}+\boldsymbol{E})+R(\boldsymbol{E}-\boldsymbol{A})\geqslant R(2\boldsymbol{E})=n,$$

而 $R(\boldsymbol{E}-\boldsymbol{A})=R(\boldsymbol{A}-\boldsymbol{E})$,所以

$$R(\boldsymbol{A}+\boldsymbol{E})+R(\boldsymbol{A}-\boldsymbol{E})\geqslant n.$$

## 习题 3.2

1. 用定义求下列矩阵的秩：

(1) $\begin{pmatrix} 2 & 4 & 0 \\ -1 & 0 & -3 \\ 2 & 2 & 3 \end{pmatrix}$；　　(2) $\begin{pmatrix} 2 & -1 & 4 & -1 \\ 4 & -2 & 5 & 4 \\ 2 & -1 & 3 & 1 \end{pmatrix}$.

2. 用初等变换法求下列矩阵的秩：

(1) $\begin{pmatrix} 1 & 2 & 3 & 4 \\ 1 & -2 & 4 & 5 \\ 1 & 10 & 1 & 2 \end{pmatrix}$；　　(2) $\begin{pmatrix} 1 & -1 & 1 & 2 & 0 \\ 2 & -2 & 2 & 4 & 0 \\ 3 & 0 & -1 & 6 & 1 \\ 0 & 3 & 0 & 0 & 1 \end{pmatrix}$；

(3) $\begin{pmatrix} 1 & 0 & 0 & 1 & 4 \\ 0 & 1 & 0 & 2 & 5 \\ 0 & 0 & 1 & 3 & 6 \\ 1 & 2 & 3 & 14 & 32 \\ 4 & 5 & 6 & 32 & 77 \end{pmatrix}$.

3. 已知矩阵 $\boldsymbol{A}=\begin{pmatrix} 1 & a & a & a \\ a & 1 & a & a \\ a & a & 1 & a \\ a & a & a & 1 \end{pmatrix}$,试对 $a$ 的不同取值计算 $\boldsymbol{A}$ 的秩.

4. 设矩阵 $\boldsymbol{A}=\begin{pmatrix} 1 & -2 & 3k \\ -1 & 2k & -3 \\ k & -2 & 3 \end{pmatrix}$,问 $k$ 取何值时,可使：

(1) $R(\boldsymbol{A})=1$；　(2) $R(\boldsymbol{A})=2$；　(3) $R(\boldsymbol{A})=3$.

## 3.3 线性方程组的解

在学习了前两节内容的基础上，本节就可以解决一般的线性方程组

$$\begin{cases} a_{11}x_1+a_{12}x_2+\cdots+a_{1n}x_n=b_1, \\ a_{21}x_1+a_{22}x_2+\cdots+a_{2n}x_n=b_2, \\ \cdots\cdots\cdots\cdots \\ a_{m1}x_1+a_{m2}x_2+\cdots+a_{mn}x_n=b_m \end{cases} \tag{3-7}$$

的求解问题了.

若记

$$\boldsymbol{A}=\begin{pmatrix} a_{11} & a_{12} & \cdots & a_{1n} \\ a_{21} & a_{22} & \cdots & a_{2n} \\ \vdots & \vdots & & \vdots \\ a_{m1} & a_{m2} & \cdots & a_{mn} \end{pmatrix},\quad \boldsymbol{X}=\begin{pmatrix} x_1 \\ x_2 \\ \vdots \\ x_n \end{pmatrix},\quad \boldsymbol{b}=\begin{pmatrix} b_1 \\ b_2 \\ \vdots \\ b_m \end{pmatrix},$$

则利用矩阵的乘法，线性方程组(3-7)可表示为矩阵形式

$$\boldsymbol{AX}=\boldsymbol{b}. \tag{3-8}$$



先给出几个定义.

**定义 1** 称 $\boldsymbol{A}=\begin{pmatrix} a_{11} & a_{12} & \cdots & a_{1n} \\ a_{21} & a_{22} & \cdots & a_{2n} \\ \vdots & \vdots & & \vdots \\ a_{m1} & a_{m2} & \cdots & a_{mn} \end{pmatrix}$ 为(3-7)的系数矩阵；

$\widetilde{\boldsymbol{A}}=(\boldsymbol{A},\boldsymbol{b})=\begin{pmatrix} a_{11} & a_{12} & \cdots & a_{1n} & b_1 \\ a_{21} & a_{22} & \cdots & a_{2n} & b_2 \\ \vdots & \vdots & & \vdots & \vdots \\ a_{m1} & a_{m2} & \cdots & a_{mn} & b_m \end{pmatrix}$ 为(3-7)的增广矩阵.

**定义 2** 当(3-8)中 $\boldsymbol{b}=\boldsymbol{O}$ 时，即 $\boldsymbol{AX}=\boldsymbol{O}$ 称为齐次线性方程组；否则，称为非齐次线性方程组.

**定义 3** 线性方程组(3-7)如果有解，就称它是相容的；否则，就称它是不相容的.

运用线性方程组(3-7)的系数矩阵 $\boldsymbol{A}$ 和增广矩阵 $\widetilde{\boldsymbol{A}}$ 的秩，可以方便地讨论线性方程组是否有解及有解时解是否唯一等问题.

**定理 1** 线性方程组(3-8)，

(i) 无解的充要条件是 $R(\boldsymbol{A})<R(\widetilde{\boldsymbol{A}})$；

(ii) 有唯一解的充要条件是 $R(\boldsymbol{A})=R(\widetilde{\boldsymbol{A}})=n$；

(iii) 有无限多解的充要条件是 $R(\boldsymbol{A})=R(\widetilde{\boldsymbol{A}})<n$.

**证**　只需要证明条件的充分性，这是因为(i)，(ii)，(iii)中条件的必要性依次是(ii)(iii)，(i)(iii)，(i)(ii)中条件的充分性的逆否命题.

设 $R(\boldsymbol{A})=r$，为叙述方便，不妨设 $\widetilde{\boldsymbol{A}}$ 的行最简形矩阵为

$$\widetilde{\boldsymbol{B}}=\begin{pmatrix} 1 & 0 & \cdots & 0 & b_{11} & \cdots & b_{1,n-r} & d_1 \\ 0 & 1 & \cdots & 0 & b_{21} & \cdots & b_{2,n-r} & d_2 \\ \vdots & \vdots & & \vdots & \vdots & & \vdots & \vdots \\ 0 & 0 & \cdots & 1 & b_{r1} & \cdots & b_{r,n-r} & d_r \\ 0 & 0 & \cdots & 0 & 0 & \cdots & 0 & d_{r+1} \\ 0 & 0 & \cdots & 0 & 0 & \cdots & 0 & 0 \\ \vdots & \vdots & & \vdots & \vdots & & \vdots & \vdots \\ 0 & 0 & \cdots & 0 & 0 & \cdots & 0 & 0 \end{pmatrix},$$

(i) 若 $R(\boldsymbol{A})<R(\widetilde{\boldsymbol{A}})$，则 $\widetilde{\boldsymbol{B}}$ 中的 $d_{r+1}=1$，于是 $\widetilde{\boldsymbol{B}}$ 的第 $r+1$ 行对应矛盾方程 $0=1$，故线性方程组(3-8)无解.

(ii) 若 $R(\boldsymbol{A})=R(\widetilde{\boldsymbol{A}})=r=n$，则 $\widetilde{\boldsymbol{B}}$ 中的 $d_{r+1}=0$(或 $d_{r+1}$ 不出现)，且 $b_{ij}$ 都不出现，于是 $\widetilde{\boldsymbol{B}}$ 对应的方程组为

$$\begin{cases} x_1=d_1, \\ x_2=d_2, \\ \cdots\cdots\cdots\cdots \\ x_n=d_n \end{cases}$$

故线性方程组(3-8)有唯一解.

(iii) 若 $R(\boldsymbol{A})=R(\widetilde{\boldsymbol{A}})=r<n$，则 $\widetilde{\boldsymbol{B}}$ 中的 $d_{r+1}=0$(或 $d_{r+1}$ 不出现)，$\widetilde{\boldsymbol{B}}$ 对应的方程组为

$$\begin{cases} x_1=-b_{11}x_{r+1}-\cdots-b_{1,n-r}x_n+d_1, \\ x_2=-b_{21}x_{r+1}-\cdots-b_{2,n-r}x_n+d_2, \\ \cdots\cdots\cdots\cdots \\ x_r=-b_{r1}x_{r+1}-\cdots-b_{r,n-r}x_n+d_r. \end{cases} \tag{3-9}$$

令自由未知数 $x_{r+1}=c_1,\cdots,x_n=c_{n-r}$，即得线性方程组(3-8)的含 $n-r$ 个参数的解

$$\begin{pmatrix} x_1 \\ \vdots \\ x_r \\ x_{r+1} \\ \vdots \\ x_n \end{pmatrix}=\begin{pmatrix} -b_{11}c_1-\cdots-b_{1,n-r}c_{n-r}+d_1 \\ \vdots \\ -b_{r1}c_1-\cdots-b_{r,n-r}c_{n-r}+d_r \\ c_1 \\ \vdots \\ c_{n-r} \end{pmatrix},$$

即
$$\begin{pmatrix} x_1 \\ \vdots \\ x_r \\ x_{r+1} \\ \vdots \\ x_n \end{pmatrix} = c_1 \begin{pmatrix} -b_{11} \\ \vdots \\ -b_{r1} \\ 1 \\ \vdots \\ 0 \end{pmatrix} + \cdots + c_{n-r} \begin{pmatrix} -b_{1,n-r}c_{n-r} \\ \vdots \\ -b_{r,n-r} \\ 0 \\ \vdots \\ 1 \end{pmatrix} + \begin{pmatrix} d_1 \\ \vdots \\ d_r \\ 0 \\ \vdots \\ 0 \end{pmatrix}. \tag{3-10}$$

由于参数 $c_1,\cdots,c_{n-r}$ 可取任意值，故线性方程组(3-8)有无限多解.

当 $R(\mathbf{A})=R(\widetilde{\mathbf{A}})=r<n$ 时，由于含 $n-r$ 个参数的解(3-10)可以表示线性方程组(3-9)的任一解，从而也可表示线性方程组(3-7)的任一解. 因此，解(3-10)通常称为线性方程组(3-7)的通解.

定理 1 的证明过程实质上就是求解线性方程组解的过程，因此可以进一步给出解线性方程组的一般步骤：

(i) 对于非齐次线性方程组，把它的增广矩阵 $\widetilde{\mathbf{A}}$ 化成行阶梯形，从 $\widetilde{\mathbf{A}}$ 的行阶梯形可以同时看出 $R(\mathbf{A}),R(\widetilde{\mathbf{A}})$. 若 $R(\mathbf{A})<R(\widetilde{\mathbf{A}})$，则线性方程组无解.

(ii) 若 $R(\mathbf{A})=R(\widetilde{\mathbf{A}})$，则进一步将 $\widetilde{\mathbf{A}}$ 的行阶梯形化成行最简形. 而对于齐次线性方程组，则将系数矩阵 $\mathbf{A}$ 化成行最简形.



(iii) 设 $R(\mathbf{A})=R(\widetilde{\mathbf{A}})=r$，把行最简形中 $r$ 个非零行的非零首元所对应的未知数取作非自由未知数，其余 $n-r$ 个未知数取作自由未知数，并令自由未知数分别等于 $c_1,c_2,\cdots,c_{n-r}$，由 $\widetilde{\mathbf{A}}$(或 $\mathbf{A}$)的行最简形，即可写出含有 $n-r$ 个参数的通解. 特别地，当 $r=n$ 时，线性方程组有唯一解.

下面看一些具体例子.

**例 1** 求解下列齐次线性方程组：

$$(1)\begin{cases} x_1+2x_2-3x_3=0, \\ 2x_1+5x_2+2x_3=0, \\ 3x_1-x_2-4x_3=0, \\ 4x_1+9x_2-4x_3=0. \end{cases} \qquad (2)\begin{cases} x_1+2x_2+x_3-x_4=0, \\ 3x_1+6x_2-x_3-3x_4=0, \\ 5x_1+10x_2+x_3-5x_4=0. \end{cases}$$

**解** (1) $$\mathbf{A}=\begin{pmatrix} 1 & 2 & -3 \\ 2 & 5 & 2 \\ 3 & -1 & -4 \\ 4 & 9 & -4 \end{pmatrix} \xrightarrow[\substack{r_3-3r_1 \\ r_4-4r_1}]{r_2-2r_1} \begin{pmatrix} 1 & 2 & -3 \\ 0 & 1 & 8 \\ 0 & -7 & 5 \\ 0 & 1 & 8 \end{pmatrix} \xrightarrow[r_4-r_2]{r_3+7r_2} \begin{pmatrix} 1 & 2 & -3 \\ 0 & 1 & 8 \\ 0 & 0 & 61 \\ 0 & 0 & 0 \end{pmatrix}.$$

可得 $R(\mathbf{A})=3$，而 $n=3$，故方程组有唯一解，即零解：

$$x_1=0, \quad x_2=0, \quad x_3=0.$$

(2) $\boldsymbol{A}=\begin{pmatrix}1&2&1&-1\\3&6&-1&-3\\5&10&1&-5\end{pmatrix}\xrightarrow[r_3-5r_1]{r_2-3r_1}\begin{pmatrix}1&2&1&-1\\0&0&-4&0\\0&0&-4&0\end{pmatrix}\xrightarrow[\left(-\frac{1}{4}\right)\times r_2]{r_3-r_2}\begin{pmatrix}1&2&1&-1\\0&0&1&0\\0&0&0&0\end{pmatrix}$

$\xrightarrow{r_1-r_2}\begin{pmatrix}1&2&0&-1\\0&0&1&0\\0&0&0&0\end{pmatrix}$,可得 $R(\boldsymbol{A})=2$,而 $n=4$,故方程组有非零解,通解中含有 $4-2=2$ 个任意常数.

原方程组的同解方程组为 $\begin{cases}x_1+2x_2-x_4=0,\\x_3=0.\end{cases}$

取 $x_2,x_4$ 为自由未知量,令 $x_2=c_1,x_4=c_2$,则方程组的通解为

$$\begin{cases}x_1=-2c_1+c_2,\\x_2=c_1,\\x_3=0,\\x_4=c_2\end{cases}\quad(c_1,c_2\text{ 为任意常数}).$$

或 $$\begin{pmatrix}x_1\\x_2\\x_3\\x_4\end{pmatrix}=c_1\begin{pmatrix}-2\\1\\0\\0\end{pmatrix}+c_2\begin{pmatrix}1\\0\\0\\1\end{pmatrix}\quad(c_1,c_2\text{ 为任意常数}).$$

**例 2**　求解下列非齐次线性方程组:

(1) $\begin{cases}2x_1+x_2+x_3=2,\\x_1+3x_2+x_3=5,\\x_1+x_2+5x_3=-7,\\2x_1+3x_2-3x_3=14,\end{cases}$　(2) $\begin{cases}x_1+3x_2-3x_3=2,\\3x_1-x_2+2x_3=3,\\4x_1+2x_2-x_3=2,\end{cases}$

(3) $\begin{cases}x_1-x_2-x_3-3x_4=-2,\\x_1-x_2+x_3+5x_4=4,\\-4x_1+4x_2+x_3\phantom{+5x_4}=-1.\end{cases}$

**解**

(1) $\widetilde{\boldsymbol{A}}=\begin{pmatrix}2&1&1&2\\1&3&1&5\\1&1&5&-7\\2&3&-3&14\end{pmatrix}\xrightarrow{r_1\leftrightarrow r_2}\begin{pmatrix}1&3&1&5\\2&1&1&2\\1&1&5&-7\\2&3&-3&14\end{pmatrix}\xrightarrow[\substack{r_3-r_1\\r_4-2r_1}]{r_2-2r_1}\begin{pmatrix}1&3&1&5\\0&-5&-1&-8\\0&-2&4&-12\\0&-3&-5&4\end{pmatrix}$

$$\xrightarrow[r_2\leftrightarrow r_3]{\left(-\frac{1}{2}\right)\times r_3}\begin{pmatrix}1&3&1&5\\0&1&-2&6\\0&-5&-1&-8\\0&-3&-5&4\end{pmatrix}\xrightarrow[r_4+3r_2]{r_3+5r_2}\begin{pmatrix}1&3&1&5\\0&1&-2&6\\0&0&-11&22\\0&0&-11&22\end{pmatrix}\xrightarrow[\left(-\frac{1}{11}\right)\times r_3]{r_4-r_3}\begin{pmatrix}1&3&1&5\\0&1&-2&6\\0&0&1&-2\\0&0&0&0\end{pmatrix}$$

$$\xrightarrow[r_1-r_3]{r_2+2r_3}\begin{pmatrix}1&3&0&7\\0&1&0&2\\0&0&1&-2\\0&0&0&0\end{pmatrix}\xrightarrow{r_1-3r_2}\begin{pmatrix}1&0&0&1\\0&1&0&2\\0&0&1&-2\\0&0&0&0\end{pmatrix},$$

可得 $R(\mathbf{A})=R(\widetilde{\mathbf{A}})=3$，而 $n=3$，故方程组有解，且解唯一：

$$x_1=1,\quad x_2=2,\quad x_3=-2.$$

(2) $$\widetilde{\mathbf{A}}=\begin{pmatrix}1&3&-3&2\\3&-1&2&3\\4&2&-1&2\end{pmatrix}\xrightarrow[r_3-4r_1]{r_2-3r_1}\begin{pmatrix}1&3&-3&2\\0&-10&11&-3\\0&-10&11&-6\end{pmatrix}\xrightarrow{r_3-r_2}\begin{pmatrix}1&3&-3&2\\0&-10&8&-3\\0&0&0&-3\end{pmatrix},$$

可得 $R(\mathbf{A})=2$，$R(\widetilde{\mathbf{A}})=3$，故方程组无解.

(3) $$\widetilde{\mathbf{A}}=\begin{pmatrix}1&-1&-1&-3&-2\\1&-1&1&5&4\\-4&4&1&0&-1\end{pmatrix}\xrightarrow[r_3+4r_1]{r_2-r_1}\begin{pmatrix}1&-1&-1&-3&-2\\0&0&2&8&6\\0&0&-3&-12&-9\end{pmatrix}$$

$$\xrightarrow{\frac{1}{2}\times r_2}\begin{pmatrix}1&-1&-1&-3&-2\\0&0&1&4&3\\0&0&-3&-12&-9\end{pmatrix}\xrightarrow[r_3+3r_2]{r_1+r_2}\begin{pmatrix}1&-1&0&1&1\\0&0&1&4&3\\0&0&0&0&0\end{pmatrix},$$

可得 $R(\mathbf{A})=R(\widetilde{\mathbf{A}})=2$，而 $n=4$，故方程组有解，且有无穷多解，通解中含有 $4-2=2$ 个任意常数.

与原方程组同解的方程组为 $\begin{cases}x_1-x_2\qquad+x_4=1,\\ \qquad\qquad x_3+4x_4=3.\end{cases}$

取 $x_2,x_4$ 为自由未知量，令 $x_2=c_1,x_4=c_2$，则方程组的通解为

$$\begin{cases}x_1=1+c_1-c_2,\\x_2=c_1,\\x_3=3-4c_2,\\x_4=c_2\end{cases}\quad(c_1,c_2\text{ 为任意常数}).$$

或 $$\begin{pmatrix}x_1\\x_2\\x_3\\x_4\end{pmatrix}=\begin{pmatrix}1\\0\\3\\0\end{pmatrix}+c_1\begin{pmatrix}1\\1\\0\\0\end{pmatrix}+c_2\begin{pmatrix}-1\\0\\-4\\1\end{pmatrix}(c_1,c_2\text{ 为任意常数}).$$

**例 3**　$a,b$ 取何值时，非齐次线性方程组

$$\begin{cases} x_1+x_2+x_3+x_4=1, \\ x_2-x_3+2x_4=1, \\ 2x_1+3x_2+(a+2)x_3+4x_4=b+3, \\ 3x_1+5x_2+x_3+(a+8)x_4=5. \end{cases}$$

(1) 有唯一解；(2) 无解；(3) 有无穷多个解？

**解**　用初等行变换把增广矩阵化为行阶梯形矩阵

$$\widetilde{\boldsymbol{A}}=\begin{pmatrix} 1 & 1 & 1 & 1 & 1 \\ 0 & 1 & -1 & 2 & 1 \\ 2 & 3 & a+2 & 4 & b+3 \\ 3 & 5 & 1 & a+8 & 5 \end{pmatrix} \xrightarrow[r_4-3r_1]{r_3-2r_1} \begin{pmatrix} 1 & 1 & 1 & 1 & 1 \\ 0 & 1 & -1 & 2 & 1 \\ 0 & 1 & a & 2 & b+1 \\ 0 & 2 & -2 & a+5 & 2 \end{pmatrix} \xrightarrow[r_4-2r_2]{r_3-r_2} \begin{pmatrix} 1 & 1 & 1 & 1 & 1 \\ 0 & 1 & -1 & 2 & 1 \\ 0 & 0 & a+1 & 0 & b \\ 0 & 0 & 0 & a+1 & 0 \end{pmatrix}.$$

由此可知：

(1) 当 $a\neq-1$ 时，$R(\boldsymbol{A})=R(\widetilde{\boldsymbol{A}})=4$，方程组有唯一解；

(2) 当 $a=-1,b\neq0$ 时，$R(\boldsymbol{A})=2,R(\widetilde{\boldsymbol{A}})=3$，方程组无解；

(3) 当 $a=-1,b=0$ 时，$R(\boldsymbol{A})=R(\widetilde{\boldsymbol{A}})=2$，方程组有无穷多个解.

本节最后，可以将定理 1 进一步理解为：

(1) 关于齐次线性方程组 $\boldsymbol{AX}=\boldsymbol{0}$ 的结论：

① 方程组仅有零解的充分必要条件是 $R(\boldsymbol{A})=n$；

② 方程组有非零解的充分必要条件是 $R(\boldsymbol{A})<n$；

③ 当齐次线性方程组中未知量的个数大于方程个数时，必有 $R(\boldsymbol{A})<n$，这时齐次线性方程组一定有非零解.

(2) 关于非齐次线性方程组的结论：

① 方程组无解的充分必要条件是 $R(\boldsymbol{A})<R(\widetilde{\boldsymbol{A}})$；

② 方程组有唯一解的充分必要条件是 $R(\boldsymbol{A})=R(\widetilde{\boldsymbol{A}})=n$；

③ 方程组有无穷多组解的充分必要条件是 $R(\boldsymbol{A})=R(\widetilde{\boldsymbol{A}})=r<n$ 且在任一解中含有 $n-r$ 个任意常数.

## 习题 3.3

1. 求解下列齐次线性方程组：

(1) $\begin{cases} x_1+2x_2+2x_3+x_4=0, \\ 2x_1+x_2-2x_3-2x_4=0, \\ x_1-x_2-4x_3-3x_4=0, \end{cases}$

(2) $\begin{cases} 3x_1+4x_2-5x_3+7x_4=0, \\ 2x_1-3x_2+3x_3-2x_4=0, \\ 4x_1+11x_2-13x_3+16x_4=0, \\ 7x_1-2x_2+x_3+3x_4=0. \end{cases}$

2. 求解下列非齐次线性方程组：

(1) $\begin{cases} 4x_1+2x_2-\ x_3=2, \\ 3x_1-\ x_2+2x_3=10, \\ 11x_1+3x_2\qquad\ =8, \end{cases}$ (2) $\begin{cases} 2x_1+\ x_2-\ x_3+x_4=1, \\ 4x_1+2x_2-2x_3+x_4=2, \\ 2x_1+\ x_2-\ x_3-x_4=1. \end{cases}$

3. $a,b$ 满足什么条件时，非齐次线性方程组

$$\begin{cases} -x_1-2x_2+\ ax_3=1, \\ \quad x_1+\ x_2+\ 2x_3=0, \\ 4x_1+5x_2+10x_3=b. \end{cases}$$

(1) 有唯一解； (2) 无解； (3) 有无穷多个解？并在有无穷多解时求解.

## 本章小结

1. 知识结构图

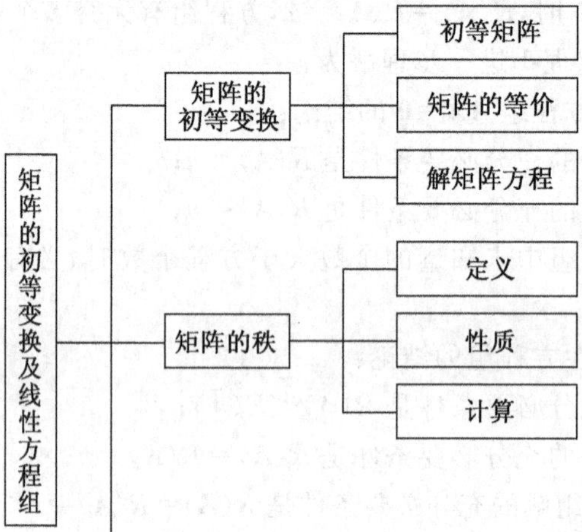


2. 学习要求

(1) 熟练掌握矩阵的初等变换、初等矩阵及矩阵等价的概念与性质.

(2) 理解矩阵的秩、性质，熟练计算矩阵的秩.

(3) 掌握线性方程组有解的条件，会解线性方程组.

3. 复习思考题

(1) 把下列矩阵化为标准形：

① $\begin{pmatrix} 2 & 1 & -3 \\ 1 & 2 & -2 \\ -1 & 3 & 2 \end{pmatrix}$；　　② $\begin{pmatrix} 2 & -1 & -1 & 1 & 2 \\ 1 & 1 & -2 & 1 & 4 \\ 4 & -6 & 2 & -2 & 4 \\ 3 & 6 & -9 & 7 & 9 \end{pmatrix}$.

(2) 利用矩阵的初等变换法求下列矩阵的逆矩阵：

① $\begin{pmatrix} 1 & 2 & 2 \\ 3 & 1 & 0 \\ -1 & -1 & -1 \end{pmatrix}$；　　② $\begin{pmatrix} 1 & 1 & 1 & 1 \\ 1 & 1 & -1 & -1 \\ 1 & -1 & 1 & -1 \\ 1 & -1 & -1 & 1 \end{pmatrix}$.

(3) 解下列矩阵方程：

① $\begin{pmatrix} 1 & 1 & -1 \\ -2 & 1 & 1 \\ 1 & 1 & 1 \end{pmatrix}\boldsymbol{X}=\begin{pmatrix} 2 \\ 3 \\ 6 \end{pmatrix}$；　　② $\boldsymbol{X}\begin{pmatrix} 1 & 1 & 1 \\ 0 & 1 & 1 \\ 0 & 0 & 2 \end{pmatrix}=\begin{pmatrix} 1 & -2 & 1 \\ 0 & 1 & -1 \end{pmatrix}$.

(4) 设 $\boldsymbol{A}=\begin{pmatrix} 4 & 2 & 3 \\ 1 & 1 & 0 \\ -1 & 2 & 3 \end{pmatrix}$，求矩阵 $\boldsymbol{B}$，使得 $\boldsymbol{BA}=\boldsymbol{A}+2\boldsymbol{B}$.

(5) 用初等变换法求解下列矩阵的秩：

① $\begin{pmatrix} 14 & 12 & 6 & 8 & 2 \\ 6 & 104 & 21 & 9 & 17 \\ 7 & 6 & 3 & 4 & 1 \\ 35 & 30 & 15 & 20 & 4 \end{pmatrix}$；　　② $\begin{pmatrix} 0 & 2 & 2 & 2 & 0 \\ 0 & 1 & 1 & -1 & 2 \\ 0 & -1 & -1 & 1 & 1 \\ 1 & 1 & 0 & 0 & -1 \\ -3 & -3 & 0 & 0 & 3 \end{pmatrix}$.

(6) 已知矩阵 $\boldsymbol{A}=\begin{pmatrix} 2 & a & a & a \\ a & 2 & a & a \\ a & a & 2 & a \\ a & a & a & 2 \end{pmatrix}$，试对 $a$ 的不同取值计算 $\boldsymbol{A}$ 的秩.

(7) 求解下列齐次线性方程组：

① $\begin{cases} x_1-x_2+5x_3-x_4=0, \\ x_1+x_2-2x_3+3x_4=0, \\ 3x_1-x_2+8x_3+x_4=0, \\ x_1+3x_2-9x_3+7x_4=0; \end{cases}$　　② $\begin{cases} x_1-x_2+4x_3-2x_4=0, \\ x_1-x_2-x_3+2x_4=0, \\ 3x_1+x_2+7x_3-2x_4=0, \\ x_1-3x_2-12x_3+6x_4=0. \end{cases}$

(8) 求解下列非齐次线性方程组：

① $\begin{cases} x_1+5x_2-x_3-x_4=-1, \\ x_1-2x_2+x_3+3x_4=3, \\ 3x_1+8x_2-x_3+x_4=1, \\ x_1-9x_2+3x_3+7x_4=7; \end{cases}$ ② $\begin{cases} x_1+x_2+2x_3+3x_4=1, \\ x_2+x_3-4x_4=1, \\ x_1+2x_2+3x_3-x_4=4, \\ 2x_1+3x_2-x_3-x_4=-6. \end{cases}$

(9) $k$ 为何值时，非齐次线性方程组：

$$\begin{cases} x_1+x_2+kx_3=4, \\ -x_1+kx_2+x_3=k^2, \\ x_1-x_2+2x_3=-4. \end{cases}$$

① 有唯一解；② 无解；③ 有无穷多个解？并在有解时，求出所有解.

# 第 4 章　向量组的线性相关性

卡尔·雅可比(Carl Gustav Jacob,1804—1851),德国数学家,1804 年 12 月 10 日生于波茨坦,1851 年 2 月 18 日卒于柏林.1821 年入柏林大学,1824 年为柏林大学无薪教师,1825 年获柏林大学哲学博士学位,1826 年到柯尼斯大学任教,1832 年为教授,1844 年起接受普鲁士国王的津贴,在柏林大学任教.在柯尼斯堡大学任教的 18 年间,他同数学家贝塞尔(Friedrich Wilhelm Bessel)、物理学家诺伊曼(Stanislav Kostka Neumann)三人成为复兴德国数学的核心.雅可比在数学方面最主要的成就是和挪威数学家阿贝尔(Niels Henrik Abel)相互独立奠定了椭圆函数论的基础,引入并研究了 $\theta$ 函数和其他一些超越函数.他对阿贝尔函数也做了研究,还发现了超椭圆函数.对行列式理论也作了奠基性的工作,给出了函数行列式求导公式.在偏微分方程的研究中,他引进了"雅可比行列式",并应用在多重积分的变量变换和函数组的相关性研究中.他的工作还包括代数学、变分法、复变函数论和微分方程,以及数学史的研究.雅可比在分析力学、动力学及数学、物理方面也有很大贡献.

本章介绍 $n$ 维向量的有关概念,先讨论向量组的线性相关性和线性无关性,然后引入最大线性无关组的概念,定义向量组的秩,并进一步讨论向量组的秩和矩阵的秩之间的关系,最后给出向量空间的概念.

## 4.1　向量组及其线性组合

在解析几何中,我们已知道平面上的向量可以用二元有序数组来表示.例如,以 $M_1(x_1,y_1)$ 为起点,$M_2(x_2,y_2)$ 为终点的向量 $\overrightarrow{M_1M_2}$ 可以用二元有序数组 $(x_2-x_1,y_2-y_1)$ 来表示;同样地,空间中的向量可以用三元有序数组 $(a_1,a_2,a_3)$ 来表示.但是,有许多研究对象,仅用二元或三元有序数组来表示是不够的.例如,一个 $m\times n$ 矩阵的每一行都是由 $n$ 个数组成的有序数组,其每一列都是由 $m$ 个数组成的有序数组.又如一个 $n$ 元线性方程 $a_1x_1+a_2x_2+\cdots+a_nx_n=b$ 就对应一个 $n+1$ 元有序数组 $(a_1,a_2,a_3,\cdots,a_n,b)$,反过来,这样一个有序数组也完

全确定了一个 $n$ 元线性方程.因此我们将解析几何中向量的概念加以推广:

**定义 1** $n$ 个有次序的数 $a_1,a_2,\cdots,a_n$ 所组成的数组称为 $n$ 维向量,这 $n$ 个数称为该向量的 $n$ 个分量,第 $i$ 个数 $a_i$ 称为第 $i$ 个分量,向量可以写成一列:$\boldsymbol{a}=\begin{pmatrix}a_1\\a_2\\\vdots\\a_n\end{pmatrix}$称为 $n$ 维列向量;也可以写成一行:$\boldsymbol{a}^{\mathrm{T}}=(a_1,a_2,\cdots,a_n)$称为 $n$ 维行向量.

本书中用小写黑体字母 $\boldsymbol{a},\boldsymbol{b},\boldsymbol{x},\boldsymbol{y},\boldsymbol{\alpha},\boldsymbol{\beta},\cdots$等来表示列向量,行向量用 $\boldsymbol{a}^{\mathrm{T}},\boldsymbol{b}^{\mathrm{T}},\boldsymbol{x}^{\mathrm{T}},\boldsymbol{y}^{\mathrm{T}},\boldsymbol{\alpha}^{\mathrm{T}},\boldsymbol{\beta}^{\mathrm{T}},\cdots$等来表示.所讨论的向量在没有指明是行向量还是列向量时,都表示列向量.

向量的本质是有序数组,按第 2 章的规定:行矩阵就是行向量,列矩阵就是列向量,所以向量又是一种特殊的矩阵.因此,向量的相等、零向量、负向量及向量运算自然应服从矩阵的定义和运算规则:

(1) 向量相等:若两个 $n$ 维向量 $\boldsymbol{\alpha}=\begin{pmatrix}a_1\\a_2\\\vdots\\a_n\end{pmatrix}$,$\boldsymbol{\beta}=\begin{pmatrix}b_1\\b_2\\\vdots\\b_n\end{pmatrix}$的对应分量全相等,即 $a_i=b_i(i=1,2,\cdots,n)$,则称向量 $\boldsymbol{\alpha}$ 与向量 $\boldsymbol{\beta}$ 相等,记为 $\boldsymbol{\alpha}=\boldsymbol{\beta}$.



**注** 不同维数的向量必不相等.

(2) 零向量:分量全为零的 $n$ 维向量称为 $n$ 维零向量,记为 $\mathbf{0}$,即 $\mathbf{0}=\begin{pmatrix}0\\0\\\vdots\\0\end{pmatrix}$.

**注** 不同维数的零向量是不相等的.

(3) 负向量:对于向量 $\boldsymbol{\alpha}=\begin{pmatrix}a_1\\a_2\\\vdots\\a_n\end{pmatrix}$,称$\begin{pmatrix}-a_1\\-a_2\\\vdots\\-a_n\end{pmatrix}$为 $\boldsymbol{\alpha}$ 的负向量,记为 $-\boldsymbol{\alpha}$.

(4) 向量的加法及数与向量的乘法:对于向量 $\boldsymbol{\alpha}=\begin{pmatrix}a_1\\a_2\\\vdots\\a_n\end{pmatrix}$,$\boldsymbol{\beta}=\begin{pmatrix}b_1\\b_2\\\vdots\\b_n\end{pmatrix}$,规定 $\boldsymbol{\alpha}$ 与 $\boldsymbol{\beta}$ 的和为:

$$\boldsymbol{\alpha}+\boldsymbol{\beta}=\begin{pmatrix} a_1+b_1 \\ a_2+b_2 \\ \vdots \\ a_n+b_n \end{pmatrix};$$

规定数 $k$ 与 $\boldsymbol{\alpha}$ 的乘积为

$$k\boldsymbol{\alpha}=\begin{pmatrix} ka_1 \\ ka_2 \\ \vdots \\ ka_n \end{pmatrix}.$$

向量的加法与数乘运算统称为向量的线性运算，这是向量的最基本运算. 向量的线性运算满足下列运算律：

(1) $\boldsymbol{\alpha}+\boldsymbol{\beta}=\boldsymbol{\beta}+\boldsymbol{\alpha}$（加法交换律）；

(2) $(\boldsymbol{\alpha}+\boldsymbol{\beta})+\boldsymbol{r}=\boldsymbol{\alpha}+(\boldsymbol{\beta}+\boldsymbol{r})$（加法结合律）；

(3) $k(l\boldsymbol{\alpha})=(kl)\boldsymbol{\alpha}$（数乘向量的结合律）；

(4) $k(\boldsymbol{\alpha}+\boldsymbol{\beta})=k\boldsymbol{\alpha}+k\boldsymbol{\beta}$（分配律）；

(5) $(k+l)\boldsymbol{\alpha}=k\boldsymbol{\alpha}+l\boldsymbol{\alpha}$（分配律）.

（其中 $\boldsymbol{\alpha},\boldsymbol{\beta},\boldsymbol{r}$ 为 $n$ 维向量，$k,l$ 为常数）

下面讨论若干个向量组成的集合.

把若干个同维数的列向量（行向量）所组成的向量的集合叫作向量组. 例如一个 $m\times n$ 矩阵的全体列向量是一个含 $n$ 个 $m$ 维列向量的向量组，它的全体行向量是一个含 $m$ 个 $n$ 维行向量的向量组. 反过来，$n$ 个 $m$ 维列向量所组成的向量组 $\boldsymbol{A}:\boldsymbol{\alpha}_1,\boldsymbol{\alpha}_2,\cdots,\boldsymbol{\alpha}_n$ 构成一个 $m\times n$ 矩阵，即 $\boldsymbol{A}=(\boldsymbol{\alpha}_1,\boldsymbol{\alpha}_2,\cdots,\boldsymbol{\alpha}_n)$；$m$ 个 $n$ 维行向量组成向量组 $\boldsymbol{B}:\boldsymbol{\beta}_1^T,\boldsymbol{\beta}_2^T,\cdots,\boldsymbol{\beta}_m^T$ 构成一个 $m\times n$ 矩阵 $\boldsymbol{B}=\begin{pmatrix} \boldsymbol{\beta}_1^T \\ \boldsymbol{\beta}_2^T \\ \vdots \\ \boldsymbol{\beta}_m^T \end{pmatrix}$. 总之，含有限向量的有序向量组可以与矩阵一一对应.

**定义 2**　给定向量组 $\boldsymbol{A}:\boldsymbol{\alpha}_1,\boldsymbol{\alpha}_2,\cdots,\boldsymbol{\alpha}_m$，对于任何一组定数 $k_1,k_2\cdots k_m$，表达式 $k_1\boldsymbol{\alpha}_1+k_2\boldsymbol{\alpha}_2\cdots+k_m\boldsymbol{\alpha}_m$ 称为向量组 $\boldsymbol{A}$ 的一个线性组合，$k_1,k_2,\cdots,k_m$ 称为这个线性组合的系数.

给定向量组 $\boldsymbol{A}:\boldsymbol{\alpha}_1,\boldsymbol{\alpha}_2,\cdots,\boldsymbol{\alpha}_m$ 和向量 $\boldsymbol{\beta}$，如果存在一组数 $\lambda_1,\lambda_2,\cdots,\lambda_m$，使 $\boldsymbol{\beta}=\lambda_1\boldsymbol{\alpha}_1+\lambda_2\boldsymbol{\alpha}_2+\cdots+\lambda_m\boldsymbol{\alpha}_m$，则称向量 $\boldsymbol{\beta}$ 是向量组 $\boldsymbol{A}$ 的线性组合，这时也称向量 $\boldsymbol{\beta}$ 能由向量组 $\boldsymbol{A}$ 线性表示.

向量 $\boldsymbol{\beta}$ 能由向量组 $\boldsymbol{A}$ 线性表示，也就是方程组 $x_1\boldsymbol{\alpha}_1+x_2\boldsymbol{\alpha}_2+\cdots+x_m\boldsymbol{\alpha}_m=\boldsymbol{\beta}$ 有解，由第 3 章 3.3 节定理 1 可得如下定理.

**定理 1**　向量 $\boldsymbol{\beta}$ 能由向量组 $\boldsymbol{A}:\boldsymbol{\alpha}_1,\boldsymbol{\alpha}_2,\cdots,\boldsymbol{\alpha}_m$ 线性表示的充分必要条件是矩阵 $\boldsymbol{A}=(\boldsymbol{\alpha}_1,$

$\boldsymbol{\alpha}_2,\cdots,\boldsymbol{\alpha}_m$)的秩等于矩阵 $\boldsymbol{B}=(\boldsymbol{\alpha}_1,\boldsymbol{\alpha}_2,\cdots,\boldsymbol{\alpha}_m,\boldsymbol{\beta})$ 的秩.

**定义 3** 设有两个向量组 $\boldsymbol{A}:\boldsymbol{\alpha}_1,\boldsymbol{\alpha}_2,\cdots,\boldsymbol{\alpha}_m$ 及向量组 $\boldsymbol{B}:\boldsymbol{\beta}_1,\boldsymbol{\beta}_2,\cdots,\boldsymbol{\beta}_n$，若 $\boldsymbol{B}$ 组中每个向量都能由向量组 $\boldsymbol{A}$ 线性表示，称向量组 $\boldsymbol{B}$ 能由向量组 $\boldsymbol{A}$ 线性表示；若向量组 $\boldsymbol{A}$ 与向量组 $\boldsymbol{B}$ 能相互线性表示，称这两个向量组等价.

把向量组 $\boldsymbol{A}$ 和 $\boldsymbol{B}$ 所构成的矩阵依次记作 $\boldsymbol{A}=(\boldsymbol{\alpha}_1,\boldsymbol{\alpha}_2,\cdots,\boldsymbol{\alpha}_m)$ 和 $\boldsymbol{B}=(\boldsymbol{\beta}_1,\boldsymbol{\beta}_2,\cdots,\boldsymbol{\beta}_n)$，$\boldsymbol{B}$ 能由 $\boldsymbol{A}$ 线性表示，即对于每一个 $\boldsymbol{\beta}_j(j=1,2,\cdots,n)$，存在数 $k_{1j},k_{2j},\cdots,k_{mj}$ 使

\
$$\boldsymbol{\beta}_j=k_{1j}\boldsymbol{\alpha}_1+k_{2j}\boldsymbol{\alpha}_2+\cdots k_{mj}\boldsymbol{\alpha}_m=(\boldsymbol{\alpha}_1,\boldsymbol{\alpha}_2,\cdots,\boldsymbol{\alpha}_m)\begin{pmatrix}k_{1j}\\k_{2j}\\\vdots\\k_{mj}\end{pmatrix}.$$

$$\text{从而}(\boldsymbol{\beta}_1\quad\boldsymbol{\beta}_2\quad\cdots\quad\boldsymbol{\beta}_n)=(\boldsymbol{\alpha}_1\quad\boldsymbol{\alpha}_2\quad\cdots\quad\boldsymbol{\alpha}_m)\begin{pmatrix}k_{11}&k_{12}&\cdots&k_{1n}\\k_{21}&k_{22}&\cdots&k_{2n}\\\vdots&\vdots&&\vdots\\k_{m1}&k_{m2}&\cdots&k_{mn}\end{pmatrix}.$$

这里 $k_{m\times n}=(k_{ij})$ 称为这一线性表示的系数矩阵.

按定义 3，向量组 $\boldsymbol{B}:\boldsymbol{\beta}_1,\boldsymbol{\beta}_2,\cdots,\boldsymbol{\beta}_n$ 能由 $\boldsymbol{A}:\boldsymbol{\alpha}_1,\boldsymbol{\alpha}_2\cdots,\boldsymbol{\alpha}_m$ 线性表示，也就是存在矩阵 $\boldsymbol{k}_{m\times n}$，使 $(\boldsymbol{\beta}_1,\boldsymbol{\beta}_2,\cdots,\boldsymbol{\beta}_n)=(\boldsymbol{\alpha}_1,\boldsymbol{\alpha}_2,\cdots,\boldsymbol{\alpha}_m)\boldsymbol{k}_{m\times n}$，即矩阵方程 $(\boldsymbol{\alpha}_1,\boldsymbol{\alpha}_2,\cdots,\boldsymbol{\alpha}_m)\boldsymbol{X}=(\boldsymbol{\beta}_1,\boldsymbol{\beta}_2,\cdots,\boldsymbol{\beta}_n)$ 有解，也即 $\boldsymbol{AX}=\boldsymbol{B}$ 有解，由此可得如下定理.

**定理 2** 向量组 $\boldsymbol{B}:\boldsymbol{\beta}_1,\boldsymbol{\beta}_2\cdots\boldsymbol{\beta}_n$ 能由向量 $\boldsymbol{A}:\boldsymbol{\alpha}_1,\boldsymbol{\alpha}_2,\cdots,\boldsymbol{\alpha}_m$ 线性表示的充分必要条件是矩阵 $\boldsymbol{A}=(\boldsymbol{\alpha}_1,\boldsymbol{\alpha}_2,\cdots,\boldsymbol{\alpha}_m)$ 的秩等于矩阵 $(\boldsymbol{A},\boldsymbol{B})=(\boldsymbol{\alpha}_1,\boldsymbol{\alpha}_2,\cdots,\boldsymbol{\alpha}_m,\boldsymbol{\beta}_1,\boldsymbol{\beta}_2,\cdots,\boldsymbol{\beta}_n)$ 的秩，即 $R(\boldsymbol{A})=R(\boldsymbol{A},\boldsymbol{B})$.

**推论** 向量组 $\boldsymbol{A}:\boldsymbol{\alpha}_1,\boldsymbol{\alpha}_2,\cdots,\boldsymbol{\alpha}_m$ 与向量组 $\boldsymbol{B}:\boldsymbol{\beta}_1,\boldsymbol{\beta}_2,\cdots,\boldsymbol{\beta}_n$ 等价的充分必要条件是 $R(\boldsymbol{A})=R(\boldsymbol{B})=R(\boldsymbol{A},\boldsymbol{B})$.

**定理 3** 设向量组 $\boldsymbol{B}:\boldsymbol{\beta}_1,\boldsymbol{\beta}_2,\cdots,\boldsymbol{\beta}_n$ 能由向量组 $\boldsymbol{A}:\boldsymbol{\alpha}_1,\boldsymbol{\alpha}_2,\cdots,\boldsymbol{\alpha}_m$ 线性表示，则 $R(\boldsymbol{B})\leqslant R(\boldsymbol{A})$.

**证** 记 $\boldsymbol{A}=(\boldsymbol{\alpha}_1,\boldsymbol{\alpha}_2,\cdots,\boldsymbol{\alpha}_m)$，$\boldsymbol{B}=(\boldsymbol{\beta}_1,\boldsymbol{\beta}_2,\cdots,\boldsymbol{\beta}_n)$. 按定理条件结合定理 2 有 $R(\boldsymbol{A})=R(\boldsymbol{A},\boldsymbol{B})$，又 $R(\boldsymbol{B})\leqslant R(\boldsymbol{A},\boldsymbol{B})$，故 $R(\boldsymbol{B})\leqslant R(\boldsymbol{A})$.

**例 1** 设 $\boldsymbol{\alpha}_1=\begin{pmatrix}1\\2\\1\\1\end{pmatrix},\boldsymbol{\alpha}_2=\begin{pmatrix}2\\3\\4\\4\end{pmatrix},\boldsymbol{\alpha}_3=\begin{pmatrix}0\\-1\\2\\2\end{pmatrix}$.

问：$\boldsymbol{\alpha}_3$ 能否由向量组 $\boldsymbol{\alpha}_1,\boldsymbol{\alpha}_2$ 线性表示？

**解** 由定理 1，$\boldsymbol{\alpha}_3$ 能由 $\boldsymbol{\alpha}_1,\boldsymbol{\alpha}_2$ 线性表示的充要条件是矩阵 $\boldsymbol{A}=(\boldsymbol{\alpha}_1,\boldsymbol{\alpha}_2)$ 与 $\boldsymbol{B}=(\boldsymbol{\alpha}_1,\boldsymbol{\alpha}_2,\boldsymbol{\alpha}_3)$ 的秩相同，对 $\boldsymbol{B}$ 作初等行变换

$$B=\begin{pmatrix}1&2&0\\2&3&-1\\1&4&2\\1&4&2\end{pmatrix}\xrightarrow[r_4-r_1]{\substack{r_2-2r_1\\r_3-r_1}}\begin{pmatrix}1&2&0\\0&-1&-1\\0&2&2\\0&2&2\end{pmatrix}\xrightarrow[r_4+2r_2]{r_3+2r_2}\begin{pmatrix}1&2&0\\0&-1&-1\\0&0&0\\0&0&0\end{pmatrix}\xrightarrow[r_2\times(-1)]{r_1+2r_2}\begin{pmatrix}1&0&-2\\0&1&1\\0&0&0\\0&0&0\end{pmatrix}$$

因此，$R(\boldsymbol{A})=R(\boldsymbol{B})$，故 $\boldsymbol{\alpha}_3$ 能由 $\boldsymbol{\alpha}_1,\boldsymbol{\alpha}_2$ 线性表示.

由上述行最简形，可得方程$(\boldsymbol{\alpha}_1,\boldsymbol{\alpha}_2)\boldsymbol{X}=\boldsymbol{\alpha}_3$ 的唯一解为 $\boldsymbol{X}=\begin{pmatrix}-2\\1\end{pmatrix}$，故 $\boldsymbol{\alpha}_3=-2\boldsymbol{\alpha}_1+\boldsymbol{\alpha}_2$.

## 习题 4.1

1. 设向量 $\boldsymbol{\alpha}=(4,7,-3,2)$，$\boldsymbol{\beta}=(11,-12,8,58)$，求满足 $5\boldsymbol{r}-2\boldsymbol{\alpha}=2(\boldsymbol{\beta}-5\boldsymbol{r})$ 的向量 $\boldsymbol{r}$.

2. 设向量 $\boldsymbol{\alpha}$ 满足 $3(\boldsymbol{\alpha}_1-\boldsymbol{\alpha})+2(\boldsymbol{\alpha}_2+\boldsymbol{\alpha})=5(\boldsymbol{\alpha}_3+\boldsymbol{\alpha})$，其中 $\boldsymbol{\alpha}_1=(2,5,1,3)^{\mathrm{T}}$，$\boldsymbol{\alpha}_2=(10,1,5,10)^{\mathrm{T}}$，$\boldsymbol{\alpha}_3=(4,1,-1,1)^{\mathrm{T}}$，求 $\boldsymbol{\alpha}$.

3. 已知向量组$\boldsymbol{A}$：$\boldsymbol{\alpha}_1=(0,1,2,3)^{\mathrm{T}}$，$\boldsymbol{\alpha}_2=(3,0,1,2)^{\mathrm{T}}$，$\boldsymbol{\alpha}_3=(2,3,0,1)^{\mathrm{T}}$；

$$\boldsymbol{B}:\boldsymbol{\beta}_1=(2,1,1,2)^{\mathrm{T}},\boldsymbol{\beta}_2=(0,-2,1,1)^{\mathrm{T}},\boldsymbol{\beta}_3=(4,4,1,3)^{\mathrm{T}}.$$

证明：$\boldsymbol{B}$ 能由 $\boldsymbol{A}$ 线性表示，但 $\boldsymbol{A}$ 不能由 $\boldsymbol{B}$ 线性表示.

4. 将下列各题中向量 $\boldsymbol{\beta}$ 表示为其他向量的线性组合：

(1) $\boldsymbol{\beta}=(3,5,-6)^{\mathrm{T}}$，$\boldsymbol{\alpha}_1=(1,0,1)^{\mathrm{T}}$，$\boldsymbol{\alpha}_2=(1,1,1)^{\mathrm{T}}$，$\boldsymbol{\alpha}_3=(0,-1,-1)^{\mathrm{T}}$；

(2) $\boldsymbol{\beta}=(2,-1,5,1)^{\mathrm{T}}$，$\boldsymbol{\alpha}_1=(1,0,0,0)$，$\boldsymbol{\alpha}_2=(0,1,0,0)$，$\boldsymbol{\alpha}_3=(0,0,1,0)$，$\boldsymbol{\alpha}_4=(0,0,0,1)$.

5. 已知向量组 $\boldsymbol{\beta}_1=\boldsymbol{\alpha}_1$，$\boldsymbol{\beta}_2=\boldsymbol{\alpha}_1+\boldsymbol{\alpha}_2$，…，$\boldsymbol{\beta}_m=\boldsymbol{\alpha}_1+\boldsymbol{\alpha}_2+\cdots+\boldsymbol{\alpha}_m$.

证明：向量组 $\boldsymbol{\alpha}_1,\boldsymbol{\alpha}_2,\cdots,\boldsymbol{\alpha}_m$ 与 $\boldsymbol{\beta}_1,\boldsymbol{\beta}_2,\cdots,\boldsymbol{\beta}_m$ 等价.

## 4.2　向量组的线性相关性

在上节例 1 中，$\boldsymbol{\alpha}_3$ 可由 $\boldsymbol{\alpha}_1,\boldsymbol{\alpha}_2$ 线性表示，说明在向量 $\boldsymbol{\alpha}_1,\boldsymbol{\alpha}_2$ 和 $\boldsymbol{\alpha}_3$ 之间存在一种线性关系，我们称这 3 个向量是线性相关的. 线性表示式 $\boldsymbol{\alpha}_3=-2\boldsymbol{\alpha}_1+\boldsymbol{\alpha}_2$ 可以改写为 $2\boldsymbol{\alpha}_1-\boldsymbol{\alpha}_2+\boldsymbol{\alpha}_3=0$. 此式表明，对于向量 $\boldsymbol{\alpha}_1,\boldsymbol{\alpha}_2,\boldsymbol{\alpha}_3$，存在一组不全为零的常数 $k_1,k_2,k_3$，使 $k_1\boldsymbol{\alpha}_1+k_2\boldsymbol{\alpha}_2+k_3\boldsymbol{\alpha}_3=\boldsymbol{0}$.

但对于向量 $\boldsymbol{\alpha}_1=\begin{pmatrix}1\\1\\0\end{pmatrix}$，$\boldsymbol{\alpha}_2=\begin{pmatrix}1\\2\\0\end{pmatrix}$，$\boldsymbol{\alpha}_3=\begin{pmatrix}1\\3\\1\end{pmatrix}$，找不到3个不全为零的数 $k_1,k_2,k_3$，使 $k_1\boldsymbol{\alpha}_1+k_2\boldsymbol{\alpha}_2+k_3\boldsymbol{\alpha}_3=\boldsymbol{0}$，换句话说，若要等式 $k_1\boldsymbol{\alpha}_1+k_2\boldsymbol{\alpha}_2+k_3\boldsymbol{\alpha}_3=\boldsymbol{0}$ 成立，必有 $k_1=k_2=k_3=0$. 这表明 $\boldsymbol{\alpha}_1,\boldsymbol{\alpha}_2,\boldsymbol{\alpha}_3$ 之间不存在任何线性关系.

**定义 1**　给定向量组 $\boldsymbol{A}$：$\boldsymbol{\alpha}_1,\boldsymbol{\alpha}_2,\cdots,\boldsymbol{\alpha}_m$，若存在不全为零的数 $k_1,k_2,\cdots,k_m$，使 $k_1\boldsymbol{\alpha}_1+k_2\boldsymbol{\alpha}_2+$

$\cdots+k_m\boldsymbol{\alpha}_m=\mathbf{0}$,则称向量组是线性相关的,否则称它线性无关.

根据定义,当 $m=1$ 时,向量组只有一个向量 $\boldsymbol{\alpha}_1$,这时当 $\boldsymbol{\alpha}_1=\mathbf{0}$ 时,向量组是线性相关的;当 $\boldsymbol{\alpha}_1\neq\mathbf{0}$ 时,向量组是线性无关的;当 $m=2$ 时,向量组有 2 个向量,这时向量组线性相关的充要条件是 $\boldsymbol{\alpha}_1,\boldsymbol{\alpha}_2$ 的分量对应成比例,其意义是这两向量共线. 三向量线性相关的几何意义是三向量共面.

**定理 1** 向量组 $\boldsymbol{\alpha}_1,\boldsymbol{\alpha}_2,\cdots,\boldsymbol{\alpha}_m(m\geqslant 2)$ 线性相关的充要条件是这 $m$ 个向量中至少存在一个向量可由向量组中其余$(m-1)$个向量线性表示.

**证** 先证必要性. 设 $\boldsymbol{\alpha}_1,\boldsymbol{\alpha}_2,\cdots,\boldsymbol{\alpha}_m$ 线性相关,即存在不全为零的数 $k_1,k_2,\cdots,k_m$,使 $k_1\boldsymbol{\alpha}_1+k_2\boldsymbol{\alpha}_2+\cdots+k_m\boldsymbol{\alpha}_m=\mathbf{0}$.

不妨设 $k_1\neq 0$,则 $\boldsymbol{\alpha}_1=-\dfrac{k_2}{k_1}\boldsymbol{\alpha}_2-\dfrac{k_3}{k_1}\boldsymbol{\alpha}_3-\cdots-\dfrac{k_m}{k_1}\boldsymbol{\alpha}_m$,即 $\boldsymbol{\alpha}_1$ 可由 $\boldsymbol{\alpha}_2,\boldsymbol{\alpha}_3,\cdots,\boldsymbol{\alpha}_m$ 线性表示.

再证充分性. 设 $\boldsymbol{\alpha}_i$ 可由其余$(m-1)$个向量 $\boldsymbol{\alpha}_1,\boldsymbol{\alpha}_2,\cdots,\boldsymbol{\alpha}_{i-1},\boldsymbol{\alpha}_{i+1},\cdots,\boldsymbol{a}_m$ 线性表示,即存在 $\lambda_1,\lambda_2,\cdots,\lambda_{i-1},\lambda_{i+1},\cdots,\lambda_m$,使 $\boldsymbol{\alpha}_i=\lambda_1\boldsymbol{\alpha}_1+\lambda_2\boldsymbol{\alpha}_2+\cdots+\lambda_{i-1}\boldsymbol{\alpha}_{i-1}+\lambda_{i+1}\boldsymbol{\alpha}_{i+1}+\cdots+\lambda_m\boldsymbol{\alpha}_m$,移项得 $\lambda_1\boldsymbol{\alpha}_1+\lambda_2\boldsymbol{\alpha}_2+\cdots+\lambda_{i-1}\boldsymbol{\alpha}_{i-1}-\boldsymbol{\alpha}_i+\lambda_{i+1}\boldsymbol{\alpha}_{i+1}+\cdots+\lambda_m\boldsymbol{\alpha}_m=\mathbf{0}$.

由于数 $\lambda_1,\lambda_2,\cdots,\lambda_{i-1},-1,\lambda_{i+1},\cdots,\lambda_m$ 不全为 $0(-1\neq 0)$,所以 $\boldsymbol{\alpha}_1,\boldsymbol{\alpha}_2,\cdots,\boldsymbol{\alpha}_m$ 线性相关.

根据定义 1 可知,$\boldsymbol{\alpha}_1,\boldsymbol{\alpha}_2,\cdots,\boldsymbol{\alpha}_m$ 线性相关,即存在 $\lambda_1,\lambda_2,\cdots,\lambda_m$ 使 $\lambda_1\boldsymbol{\alpha}_1+\cdots+\lambda_m\boldsymbol{\alpha}_m=\mathbf{0}$ 成立,也就是 $x_1\boldsymbol{\alpha}_1+x_2\boldsymbol{\alpha}_2\cdots+x_m\boldsymbol{\alpha}_m=\mathbf{0}$ 有非零解.



由第 3 章 3.3 节定理 1 可得如下定理.

**定理 2** 向量组 $\boldsymbol{\alpha}_1,\boldsymbol{\alpha}_2,\cdots,\boldsymbol{\alpha}_m$ 线性相关的充要条件是矩阵 $\mathbf{A}=(\boldsymbol{\alpha}_1,\boldsymbol{\alpha}_2,\cdots,\boldsymbol{\alpha}_m)$的秩小于向量的个数 $m$;向量组 $\boldsymbol{\alpha}_1,\boldsymbol{\alpha}_2,\cdots,\boldsymbol{\alpha}_m$ 线性无关的充要条件是 $R(\mathbf{A})=m$.

**例 1** 已知 $\boldsymbol{\alpha}_1=\begin{pmatrix}1\\1\\1\end{pmatrix},\boldsymbol{\alpha}_2=\begin{pmatrix}0\\2\\5\end{pmatrix},\boldsymbol{\alpha}_3=\begin{pmatrix}2\\4\\7\end{pmatrix}$,讨论向量组 $\boldsymbol{\alpha}_1,\boldsymbol{\alpha}_2,\boldsymbol{\alpha}_3$ 和向量组 $\boldsymbol{\alpha}_1,\boldsymbol{\alpha}_2$ 的线性相关性.

**解** 设 $\mathbf{A}=(\boldsymbol{\alpha}_1,\boldsymbol{\alpha}_2,\boldsymbol{\alpha}_3)$,对 $\mathbf{A}$ 施行初等行变换将它变成阶梯形

$$\mathbf{A}=(\boldsymbol{\alpha}_1,\boldsymbol{\alpha}_2,\boldsymbol{\alpha}_3)=\begin{pmatrix}1&0&2\\1&2&4\\1&5&7\end{pmatrix}\xrightarrow[r_3-r_1]{r_2-r_1}\begin{pmatrix}1&0&2\\0&2&2\\0&5&5\end{pmatrix}\xrightarrow{r_3-\frac{5}{2}r_2}\begin{pmatrix}1&0&2\\0&2&2\\0&0&0\end{pmatrix}.$$

可见 $R(\mathbf{A})=2<3$,故 $\boldsymbol{\alpha}_1,\boldsymbol{\alpha}_2,\boldsymbol{\alpha}_3$ 线性相关. 又 $R(\boldsymbol{\alpha}_1,\boldsymbol{\alpha}_2)=2$,故 $\boldsymbol{\alpha}_1,\boldsymbol{\alpha}_2$ 线性无关.

**例 2** 设向量组 $\boldsymbol{\alpha}_1,\boldsymbol{\alpha}_2,\boldsymbol{\alpha}_3$ 线性无关,又 $\boldsymbol{\beta}_1=\boldsymbol{\alpha}_1-\boldsymbol{\alpha}_2,\boldsymbol{\beta}_2=2\boldsymbol{\alpha}_1+\boldsymbol{\alpha}_2+3\boldsymbol{\alpha}_3,\boldsymbol{\beta}_3=3\boldsymbol{\alpha}_1+\boldsymbol{\alpha}_2+2\boldsymbol{\alpha}_3$. 讨论:$\boldsymbol{\beta}_1,\boldsymbol{\beta}_2,\boldsymbol{\beta}_3$ 的线性相关性.

**解法一** 设有 $x_1,x_2,x_3$ 使 $x_1\boldsymbol{\beta}_1+x_2\boldsymbol{\beta}_2+x_3\boldsymbol{\beta}_3=\mathbf{0}$,即

$$x_1(\boldsymbol{\alpha}_1-\boldsymbol{\alpha}_2)+x_2(2\boldsymbol{\alpha}_1+\boldsymbol{\alpha}_2+3\boldsymbol{\alpha}_3)+x_3(3\boldsymbol{\alpha}_1+\boldsymbol{\alpha}_2+2\boldsymbol{\alpha}_3)=\mathbf{0},$$

整理,得

$$(x_1+2x_2+3x_3)\boldsymbol{\alpha}_1+(-x_1+x_2+x_3)\boldsymbol{\alpha}_2+(3x_2+2x_3)\boldsymbol{\alpha}_3=\mathbf{0}.$$

因为 $\boldsymbol{\alpha}_1,\boldsymbol{\alpha}_2,\boldsymbol{\alpha}_3$ 线性无关，所以

$$\begin{cases} x_1+2x_2+3x_3=0, \\ -x_1+x_2+x_3=0, \\ 3x_2+2x_3=0. \end{cases}$$

该齐次线性方程组的系数行列式 $\begin{vmatrix} 1 & 2 & 3 \\ -1 & 1 & 1 \\ 0 & 3 & 2 \end{vmatrix}=-6\neq 0$，故该方程组只有零解，即 $x_1=x_2=x_3=0$，所以 $\boldsymbol{\beta}_1,\boldsymbol{\beta}_2,\boldsymbol{\beta}_3$ 线性无关.

**解法二**　将 $\boldsymbol{\beta}_1=\boldsymbol{\alpha}_1-\boldsymbol{\alpha}_2,\boldsymbol{\beta}_2=2\boldsymbol{\alpha}_1+\boldsymbol{\alpha}_2+3\boldsymbol{\alpha}_3,\boldsymbol{\beta}_3=3\boldsymbol{\alpha}_1+\boldsymbol{\alpha}_2+2\boldsymbol{\alpha}_3$ 写成矩阵式

$$(\boldsymbol{\beta}_1,\boldsymbol{\beta}_2,\boldsymbol{\beta}_3)=(\boldsymbol{\alpha}_1,\boldsymbol{\alpha}_2,\boldsymbol{\alpha}_3)\begin{pmatrix} 1 & 2 & 3 \\ -1 & 1 & 1 \\ 0 & 3 & 2 \end{pmatrix},$$

记作 $\boldsymbol{B}=\boldsymbol{AK}$.

因为 $|\boldsymbol{k}|=-6\neq 0$ 所以 $\boldsymbol{R}(\boldsymbol{B})=\boldsymbol{R}(\boldsymbol{A})=3$. 再根据定理 2，可知 $\boldsymbol{\beta}_1,\boldsymbol{\beta}_2,\boldsymbol{\beta}_3$ 线性无关.

**定理 3**　(1) 若向量组 $\boldsymbol{A}:\boldsymbol{\alpha}_1,\boldsymbol{\alpha}_2,\cdots,\boldsymbol{\alpha}_m$ 线性相关. 则向量组 $\boldsymbol{B}:\boldsymbol{\alpha}_1,\boldsymbol{\alpha}_2,\cdots,\boldsymbol{\alpha}_m,\boldsymbol{\alpha}_{m+1}$ 也线性相关；反之，若向量组 $\boldsymbol{B}$ 线性无关，则向量组 $\boldsymbol{A}$ 也线性无关.

(2) $m$ 个 $n$ 维向量组成的向量组，当 $n<m$ 时一定线性相关. 特别地，$(n+1)$ 个 $n$ 维向量组成的向量组一定线性相关.

(3) 若向量组 $\boldsymbol{A}:\boldsymbol{\alpha}_1,\boldsymbol{\alpha}_2,\cdots,\boldsymbol{\alpha}_m$ 线性无关，而向量组 $\boldsymbol{B}:\boldsymbol{\alpha}_1,\boldsymbol{\alpha}_2,\cdots,\boldsymbol{\alpha}_m,\boldsymbol{\beta}$ 线性相关，则向量组 $\boldsymbol{\beta}$ 必能由向量组 $\boldsymbol{A}$ 线性表示，且表示式是唯一的.

**证**　(1) 记 $\boldsymbol{A}=(\boldsymbol{\alpha}_1,\boldsymbol{\alpha}_2,\cdots,\boldsymbol{\alpha}_m),\boldsymbol{B}=(\boldsymbol{\alpha}_1,\boldsymbol{\alpha}_2,\cdots,\boldsymbol{\alpha}_m,\boldsymbol{\alpha}_{m+1})$，则有 $R(\boldsymbol{B})\leqslant R(\boldsymbol{A})+1$. 因为向量组 $\boldsymbol{A}$ 线性相关，由定理 2，$R(\boldsymbol{A})<m$，从而 $R(\boldsymbol{B})\leqslant R(\boldsymbol{A})+1<m+1$，所以由定理 2 可知，向量组 $\boldsymbol{B}$ 线性相关.

(2) $m$ 个 $n$ 维向量 $\boldsymbol{\alpha}_1,\boldsymbol{\alpha}_2,\cdots,\boldsymbol{\alpha}_m$ 构成矩阵 $\boldsymbol{A}_{n\times m}=(\boldsymbol{\alpha}_1,\boldsymbol{\alpha}_2,\cdots,\boldsymbol{\alpha}_m)$，有 $R(\boldsymbol{A})\leqslant n$. 当 $n<m$ 时，$R(\boldsymbol{A})<m$. 故由定理 2 可知，$\boldsymbol{\alpha}_1,\boldsymbol{\alpha}_2,\cdots,\boldsymbol{\alpha}_m$ 线性相关.

(3) 设 $\boldsymbol{A}=(\boldsymbol{\alpha}_1,\boldsymbol{\alpha}_2,\cdots,\boldsymbol{\alpha}_m),\boldsymbol{B}=(\boldsymbol{\alpha}_1,\boldsymbol{\alpha}_2,\cdots,\boldsymbol{\alpha}_m,\boldsymbol{\beta})$，有 $R(\boldsymbol{A})\leqslant R(\boldsymbol{B})$，因向量组 $\boldsymbol{A}$ 线性无关，故 $R(\boldsymbol{A})=m$. 而向量组 $\boldsymbol{B}$ 线性相关，故 $R(\boldsymbol{B})<m+1$. 所以 $m\leqslant R(\boldsymbol{B})<m+1$，即 $R(\boldsymbol{B})=m$. 由 $R(\boldsymbol{A})=R(\boldsymbol{B})=m$ 知，$\boldsymbol{AX}=\boldsymbol{B}$ 有唯一解，即 $\boldsymbol{B}$ 能由 $\boldsymbol{\alpha}_1,\boldsymbol{\alpha}_2,\cdots,\boldsymbol{\alpha}_m$ 线性表示，且表示式唯一.

**例 3**　设向量组 $\boldsymbol{\alpha}_1,\boldsymbol{\alpha}_2,\boldsymbol{\alpha}_3$ 线性相关，向量组 $\boldsymbol{\alpha}_2,\boldsymbol{\alpha}_3,\boldsymbol{\alpha}_4$ 线性无关.

证明：(1) $\boldsymbol{\alpha}_1$ 能由 $\boldsymbol{\alpha}_2,\boldsymbol{\alpha}_3$ 线性表示；

(2) $\boldsymbol{\alpha}_4$ 不能由 $\boldsymbol{\alpha}_1,\boldsymbol{\alpha}_2,\boldsymbol{\alpha}_3$ 线性表示.

**证**　(1) 因 $\boldsymbol{\alpha}_2,\boldsymbol{\alpha}_3,\boldsymbol{\alpha}_4$ 线性无关，由定理 3(1) 知 $\boldsymbol{\alpha}_2,\boldsymbol{\alpha}_3$ 线性无关，而 $\boldsymbol{\alpha}_1,\boldsymbol{\alpha}_2,\boldsymbol{\alpha}_3$ 线性相关，

由定理3(3)知,$\boldsymbol{\alpha}_1$ 能由 $\boldsymbol{\alpha}_2,\boldsymbol{\alpha}_3$ 线性表示.

(2) 用反证法.假设 $\boldsymbol{\alpha}_4$ 能由 $\boldsymbol{\alpha}_1,\boldsymbol{\alpha}_2,\boldsymbol{\alpha}_3$ 线性表示,而由(1)知,$\boldsymbol{\alpha}_1$ 能由 $\boldsymbol{\alpha}_2,\boldsymbol{\alpha}_3$ 线性表示,因此,$\boldsymbol{\alpha}_4$ 能由 $\boldsymbol{\alpha}_2,\boldsymbol{\alpha}_3$ 线性表示,这与 $\boldsymbol{\alpha}_2,\boldsymbol{\alpha}_3,\boldsymbol{\alpha}_4$ 线性无关矛盾,即得证.

## 习题 4.2

1. $\boldsymbol{\alpha}_1=(a_{11},a_{12},a_{13})^{\mathrm{T}},\boldsymbol{\alpha}_2=(0,a_{22},a_{23})^{\mathrm{T}},\boldsymbol{\alpha}_3=(0,0,a_{33})^{\mathrm{T}}$.讨论 $\boldsymbol{\alpha}_1,\boldsymbol{\alpha}_2,\boldsymbol{\alpha}_3$ 的线性相关性.

2. 判别下列向量组的线性相关性:

(1) $\boldsymbol{\alpha}_1=(1,0,-1)^{\mathrm{T}},\boldsymbol{\alpha}_2=(-2,2,0)^{\mathrm{T}},\boldsymbol{\alpha}_3=(3,-5,2)^{\mathrm{T}}$;

(2) $\boldsymbol{\alpha}_1=(1,1,3,1)^{\mathrm{T}},\boldsymbol{\alpha}_2=(3,-1,2,4)^{\mathrm{T}},\boldsymbol{\alpha}_3=(2,2,7,-1)^{\mathrm{T}}$;

(3) $\boldsymbol{\alpha}_1=(5,2,8),\boldsymbol{\alpha}_2=(2,1,2),\boldsymbol{\alpha}_3=(6,2,12)$;

(4) $\boldsymbol{\alpha}_1=(-1,3,1),\boldsymbol{\alpha}_2=(2,1,0),\boldsymbol{\alpha}_3=(1,4,1)$.

3. 问 $a$ 取何值时,下列向量组线性相关:

$\boldsymbol{\alpha}_1=(1,a,-1)^{\mathrm{T}},\boldsymbol{\alpha}_2=(a,1,1)^{\mathrm{T}},\boldsymbol{\alpha}_3=(1,-1,a)^{\mathrm{T}}$.

4. 设 $\boldsymbol{\beta}_1=2\boldsymbol{\alpha}_1-\boldsymbol{\alpha}_2,\boldsymbol{\beta}_2=\boldsymbol{\alpha}_1+\boldsymbol{\alpha}_2,\boldsymbol{\beta}_3=-\boldsymbol{\alpha}_1+3\boldsymbol{\alpha}_2$,验证 $\boldsymbol{\beta}_1,\boldsymbol{\beta}_2,\boldsymbol{\beta}_3$ 线性相关.



5. 如果向量组 $\boldsymbol{\alpha}_1,\boldsymbol{\alpha}_2,\cdots,\boldsymbol{\alpha}_s$ 线性无关,证明向量组 $\boldsymbol{\alpha}_1,\boldsymbol{\alpha}_1+\boldsymbol{\alpha}_2,\boldsymbol{\alpha}_1+\boldsymbol{\alpha}_2+\boldsymbol{\alpha}_3,\cdots,\boldsymbol{\alpha}_1+\boldsymbol{\alpha}_2+\cdots+\boldsymbol{\alpha}_s$ 线性无关.

## 4.3 向量组的秩

在讨论向量组的线性相关性时,矩阵的秩起了十分重要的作用,下面讨论向量组秩的问题.

**定义1** 设向量组 $\boldsymbol{A}$,从 $\boldsymbol{A}$ 中选出 $r$ 个向量 $\boldsymbol{\alpha}_1,\boldsymbol{\alpha}_2,\cdots,\boldsymbol{\alpha}_r$,满足

(i) 向量组 $\boldsymbol{A}_0:\boldsymbol{\alpha}_1,\boldsymbol{\alpha}_2,\cdots,\boldsymbol{\alpha}_r$ 线性无关;

(ii) 向量 $\boldsymbol{A}$ 中任意$(r+1)$个向量都线性相关.

那么称向量组 $\boldsymbol{A}_0$ 是向量组 $\boldsymbol{A}$ 的一个最大线性无关向量组(简称最大无关组),最大无关组所含向量的个数 $r$ 称为向量组 $\boldsymbol{A}$ 的秩,记为 $R(\boldsymbol{A})$.

只含零向量的向量组没有最大无关组,规定它的秩为0.显然,若 $\boldsymbol{A}$ 中的一个向量组 $\boldsymbol{\alpha}_1,\boldsymbol{\alpha}_2,\cdots,\boldsymbol{\alpha}_r$ 是 $\boldsymbol{A}$ 的最大无关组,那么 $r$ 已达最大可能值.例如,二维向量 $\boldsymbol{\alpha}_1=(0,1),\boldsymbol{\alpha}_2=(1,0),a_3=(1,1),\boldsymbol{\alpha}_4=(0,2)$,因为任意3个二维向量的向量组必线性相关,又 $\boldsymbol{\alpha}_1,\boldsymbol{\alpha}_2$ 线性无关,故 $\boldsymbol{\alpha}_1,\boldsymbol{\alpha}_2$ 是 $\boldsymbol{\alpha}_1,\boldsymbol{\alpha}_2,\boldsymbol{\alpha}_3,\boldsymbol{\alpha}_4$ 的一个最大无关组.同样 $\boldsymbol{\alpha}_2,\boldsymbol{\alpha}_3$ 也是一个最大无关组,向量组 $\boldsymbol{\alpha}_1,\boldsymbol{\alpha}_2,\boldsymbol{\alpha}_3,\boldsymbol{\alpha}_4$ 的秩为2.向量组的最大无关组不是唯一的.

**定理1** 如果 $\boldsymbol{\alpha}_1,\boldsymbol{\alpha}_2,\cdots,\boldsymbol{\alpha}_r$ 是向量组 $\boldsymbol{A}:\boldsymbol{\alpha}_1,\boldsymbol{\alpha}_2,\cdots,\boldsymbol{\alpha}_m(m\geqslant r)$的线性无关组,它是最大无

关组的充要条件是:$\boldsymbol{A}$ 中每一个向量均能由 $\boldsymbol{\alpha}_1,\boldsymbol{\alpha}_2,\cdots,\boldsymbol{\alpha}_r$ 线性表示.

**证**　必要性.若 $\boldsymbol{\alpha}_1,\boldsymbol{\alpha}_2,\cdots,\boldsymbol{\alpha}_r$ 是 $\boldsymbol{\alpha}_1,\boldsymbol{\alpha}_2,\cdots,\boldsymbol{\alpha}_m$ 的一个最大无关组,则由定义,当 $j>r$ 时,$\boldsymbol{\alpha}_1,\boldsymbol{\alpha}_2,\cdots,\boldsymbol{\alpha}_r,\boldsymbol{\alpha}_j$ 线性相关.由 4.2 节定理 3(3)可知,$\boldsymbol{\alpha}_j$ 能由 $\boldsymbol{\alpha}_1,\boldsymbol{\alpha}_2,\cdots,\boldsymbol{\alpha}_r$ 线性表示.因为 $\boldsymbol{\alpha}_1,\boldsymbol{\alpha}_2,\cdots,\boldsymbol{\alpha}_r$ 均能由向量组 $\boldsymbol{\alpha}_1,\boldsymbol{\alpha}_2,\cdots,\boldsymbol{\alpha}_r$ 线性表示,所以 $\boldsymbol{A}$ 中每个向量均能由 $\boldsymbol{\alpha}_1,\boldsymbol{\alpha}_2,\cdots,\boldsymbol{\alpha}_r$ 线性表示.

充分性.设 $\boldsymbol{\alpha}_1,\boldsymbol{\alpha}_2,\cdots,\boldsymbol{\alpha}_r$ 线性无关,且 $\boldsymbol{\alpha}_j(1\leqslant j\leqslant m)$ 均能由 $\boldsymbol{\alpha}_1,\boldsymbol{\alpha}_2,\cdots,\boldsymbol{\alpha}_r$ 线性表示,由 4.1 节定理 1 知,向量组 $\boldsymbol{\alpha}_1,\boldsymbol{\alpha}_2,\cdots,\boldsymbol{\alpha}_r,\boldsymbol{\alpha}_j(1\leqslant j\leqslant m)$ 线性相关,从而 $\boldsymbol{A}$ 中任何$(r+1)$个向量的部分组均线性相关,那么 $\boldsymbol{\alpha}_1,\boldsymbol{\alpha}_2,\cdots,\boldsymbol{\alpha}_r$ 是最大无关组.

**推论 1**　向量组与其最大无关组等价.

**推论 2**　等价的向量组有相同的秩.

我们把矩阵 $\boldsymbol{A}$ 的行向量组的秩称作矩阵 $\boldsymbol{A}$ 的行秩,矩阵 $\boldsymbol{A}$ 的列向量组的秩称为 $\boldsymbol{A}$ 的列秩.

**定理 2**　矩阵的秩等于它的行秩,也等于它的列秩.

**证**　设 $\boldsymbol{A}=(\boldsymbol{\alpha}_1,\boldsymbol{\alpha}_2,\cdots,\boldsymbol{\alpha}_m)$,$R(\boldsymbol{A})=r$,并设 $r$ 阶子式 $D_r\neq0$,根据 4.2 节定理 2,由 $D_r\neq0$ 知 $D_r$ 所在的 $r$ 列线性无关;又由 $\boldsymbol{A}$ 中所有$(r+1)$阶子式全为零,知 $\boldsymbol{A}$ 中的任意$(r+1)$个列向量都线性相关.因此 $D_r$ 所在的 $r$ 列是 $\boldsymbol{A}$ 的列向量组的一个最大无关组,所以列向量组的秩等于 $r$.同理,$\boldsymbol{A}$ 的行向量组的秩也等于 $R(\boldsymbol{A})$.

**推论**　矩阵行秩等于列秩.

一般地,向量组 $\boldsymbol{\alpha}_1,\boldsymbol{\alpha}_2,\cdots,\boldsymbol{\alpha}_m$ 的秩也记作 $R(\boldsymbol{\alpha}_1,\boldsymbol{\alpha}_2,\cdots,\boldsymbol{\alpha}_m)$,则 $R(\boldsymbol{\alpha}_1,\boldsymbol{\alpha}_2,\cdots,\boldsymbol{\alpha}_m)$ 可理解为向量组的秩,也可理解为矩阵的秩.

还可以证明:如果对矩阵 $\boldsymbol{A}$ 仅施以初等行变换化为 $\bar{\boldsymbol{A}}$,那么 $\bar{\boldsymbol{A}}$ 的列向量组与 $\boldsymbol{A}$ 的列向量组有相同的线性关系,即

(1) 若 $\boldsymbol{A}$ 的列向量组 $\boldsymbol{\alpha}_1,\boldsymbol{\alpha}_2,\cdots,\boldsymbol{\alpha}_n$ 中,部分组 $\boldsymbol{\alpha}_{j1},\boldsymbol{\alpha}_{j2},\cdots,\boldsymbol{\alpha}_{jr}$ 线性无关,则 $\bar{\boldsymbol{A}}$ 的列向量组 $\bar{\boldsymbol{\alpha}}_1,\bar{\boldsymbol{\alpha}}_2,\cdots,\bar{\boldsymbol{\alpha}}_n$ 中,对应的 $\bar{\boldsymbol{\alpha}}_{j1},\bar{\boldsymbol{\alpha}}_{j2},\cdots,\bar{\boldsymbol{\alpha}}_{jr}$ 也线性无关,反之亦然.

(2) 若 $\boldsymbol{A}$ 的列向量组 $\boldsymbol{\alpha}_1,\boldsymbol{\alpha}_2,\cdots,\boldsymbol{\alpha}_n$ 中,某向量 $\boldsymbol{\alpha}_j$ 可由其中 $\boldsymbol{\alpha}_{j1},\boldsymbol{\alpha}_{j2},\cdots,\boldsymbol{\alpha}_{jr}$ 线性表示,即 $a_j=k_1\boldsymbol{\alpha}_{j1}+k_2\boldsymbol{\alpha}_{j2}+\cdots+k_r\boldsymbol{\alpha}_{jr}$,则 $\bar{\boldsymbol{A}}$ 的列向量组 $\bar{\boldsymbol{\alpha}}_1,\bar{\boldsymbol{\alpha}}_2,\cdots,\bar{\boldsymbol{\alpha}}_n$ 中,对应的 $\bar{\boldsymbol{\alpha}}_j$ 也可由 $\bar{\boldsymbol{\alpha}}_{j1},\bar{\boldsymbol{\alpha}}_{j2},\cdots,\bar{\boldsymbol{\alpha}}_{jr}$ 线性表示,且 $\bar{\boldsymbol{\alpha}}_j=k_1\bar{\boldsymbol{\alpha}}_{j1}+k_2\bar{\boldsymbol{\alpha}}_{j2}+\cdots+k_r\bar{\boldsymbol{\alpha}}_{jr}$.

类似地,如果对矩阵 $\boldsymbol{A}$ 仅施以初等列变换化为 $\bar{\boldsymbol{A}}$,那么 $\bar{\boldsymbol{A}}$ 中的行向量组与 $\boldsymbol{A}$ 的行向量组间也有相同的线性关系(证明略).

**例 1**　设齐次线性方程组

$$\begin{cases}x_1+2x_2+x_3-2x_4=0,\\2x_1+3x_2-x_4=0,\\x_1-x_2-5x_3+7x_4=0\end{cases}$$

的全体解向量构成的向量组为 $\boldsymbol{S}$,求 $R_S$.

**解** 先解方程组，将系数矩阵 $\boldsymbol{A}$ 化为行最简形

$$\boldsymbol{A}=\begin{pmatrix}1&2&1&-2\\2&3&0&-1\\1&-1&-5&7\end{pmatrix}\xrightarrow[r_3-r_1]{r_2-2r_1}\begin{pmatrix}1&2&1&-2\\0&-1&-2&3\\0&-3&-6&9\end{pmatrix}\xrightarrow[r_2\times(-1)]{\substack{r_1+2r_2\\r_3-3r_2}}\begin{pmatrix}1&0&-3&4\\0&1&2&-3\\0&0&0&0\end{pmatrix},$$

得

$$\begin{cases}x_1=\quad 3x_3-4x_4,\\x_2=-2x_3+3x_4.\end{cases}$$

令 $x_3=c_1,x_4=c_2$，得

$$\begin{pmatrix}x_1\\x_2\\x_3\\x_4\end{pmatrix}=c_1\begin{pmatrix}3\\-2\\1\\0\end{pmatrix}+c_2\begin{pmatrix}-4\\3\\0\\1\end{pmatrix},$$

令

$$\boldsymbol{\xi}_1=\begin{pmatrix}3\\-2\\1\\0\end{pmatrix},\ \boldsymbol{\xi}_2=\begin{pmatrix}-4\\3\\0\\1\end{pmatrix},$$

则 $\boldsymbol{x}=c_1\boldsymbol{\xi}_1+c_2\boldsymbol{\xi}_2$，即

$$\boldsymbol{S}=\{\boldsymbol{x}=c_1\boldsymbol{\xi}_1+c_2\boldsymbol{\xi}_2\mid c_1,c_2\in\mathbf{R}\},$$

即 $\boldsymbol{S}$ 能由向量组 $\boldsymbol{\xi}_1,\boldsymbol{\xi}_2$ 线性表示，又 $\boldsymbol{\xi}_1,\boldsymbol{\xi}_2$ 线性无关（分量不成比例），由最大无关组的定义知 $\boldsymbol{\xi}_1,\boldsymbol{\xi}_2$ 是 $\boldsymbol{S}$ 的最大无关组，从而 $R_S=2$.

**例 2** 求向量组 $\boldsymbol{\alpha}_1=\begin{pmatrix}2\\4\\2\end{pmatrix},\boldsymbol{\alpha}_2=\begin{pmatrix}1\\1\\0\end{pmatrix},\boldsymbol{\alpha}_3=\begin{pmatrix}2\\3\\1\end{pmatrix},\boldsymbol{\alpha}_4=\begin{pmatrix}3\\5\\2\end{pmatrix}$ 的一个最大无关组，并把其余向量用该最大无关组表示.

**解** 对 $\boldsymbol{A}=(\boldsymbol{\alpha}_1,\boldsymbol{\alpha}_2,\boldsymbol{\alpha}_3,\boldsymbol{\alpha}_4)$ 施以初等行变换化为行最简形.

$$\boldsymbol{A}=\begin{pmatrix}2&1&2&3\\4&1&3&5\\2&0&1&2\end{pmatrix}\xrightarrow[r_3-r_1]{r_2-2r_1}\begin{pmatrix}2&1&2&3\\0&-1&-1&-1\\0&-1&-1&-1\end{pmatrix}$$

$$\xrightarrow[r_2\times(-1)]{r_3-r_2}\begin{pmatrix}2&1&2&3\\0&1&1&1\\0&0&0&0\end{pmatrix}\xrightarrow[r_1\times\frac{1}{2}]{r_1-r_2}\begin{pmatrix}1&0&\frac{1}{2}&1\\0&1&1&1\\0&0&0&0\end{pmatrix},$$

由最后一个矩阵可知，$\boldsymbol{\alpha}_1,\boldsymbol{\alpha}_2$ 为 $\boldsymbol{\alpha}_1,\boldsymbol{\alpha}_2,\boldsymbol{\alpha}_3,\boldsymbol{\alpha}_4$ 的一个最大无关组，且

$$\begin{cases}\boldsymbol{\alpha}_3=\frac{1}{2}\boldsymbol{\alpha}_1+\boldsymbol{\alpha}_2,\\\boldsymbol{\alpha}_4=\boldsymbol{\alpha}_1+\boldsymbol{\alpha}_2.\end{cases}$$

## 习题 4.3

1. 求下列向量组的秩：

(1) $\boldsymbol{\alpha}_1=(1,2,1)^{\mathrm{T}},\boldsymbol{\alpha}_2=(2,4,2)^{\mathrm{T}},\boldsymbol{\alpha}_3=(1,2,3)^{\mathrm{T}}$；

(2) $\boldsymbol{\alpha}_1=(2,1,3)^{\mathrm{T}},\boldsymbol{\alpha}_2=(4,2,6)^{\mathrm{T}},\boldsymbol{\alpha}_3=(-2,-1,-3)^{\mathrm{T}}$；

(3) $\boldsymbol{\alpha}_1=(1,2,3,4),\boldsymbol{\alpha}_2=(0,-1,2,3),\boldsymbol{\alpha}_3=(2,3,8,11),\boldsymbol{\alpha}_4=(2,3,6,8)$.

2. 求向量组 $\boldsymbol{\alpha}_1=(1,-1,2,3)^{\mathrm{T}},\boldsymbol{\alpha}_2=(0,2,5,8)^{\mathrm{T}},\boldsymbol{\alpha}_3=(2,2,0,-1)^{\mathrm{T}},\boldsymbol{\alpha}_4=(-1,7,-1,-2)^{\mathrm{T}}$ 的所有最大无关组.

3. 下列各题给定向量组 $\boldsymbol{\alpha}_1,\boldsymbol{\alpha}_2,\boldsymbol{\alpha}_3,\boldsymbol{\alpha}_4$，试证明 $\boldsymbol{\alpha}_1,\boldsymbol{\alpha}_2,\boldsymbol{\alpha}_3$ 是一个最大无关组，并将 $\boldsymbol{\alpha}_4$ 由 $\boldsymbol{\alpha}_1,\boldsymbol{\alpha}_2,\boldsymbol{\alpha}_3$ 线性表示.

(1) $\boldsymbol{\alpha}_1=(1,0,0,1)^{\mathrm{T}},\boldsymbol{\alpha}_2=(0,1,0,-1)^{\mathrm{T}},\boldsymbol{\alpha}_3=(0,0,1,-1)^{\mathrm{T}},\boldsymbol{\alpha}_4=(2,-1,3,0)^{\mathrm{T}}$；

(2) $\boldsymbol{\alpha}_1=(1,0,1,0,1)^{\mathrm{T}},\boldsymbol{\alpha}_2=(0,1,1,0,1)^{\mathrm{T}},\boldsymbol{\alpha}_3=(1,1,0,0,1)^{\mathrm{T}},\boldsymbol{\alpha}_4=(-3,-2,3,0,-1)^{\mathrm{T}}$.

4. 求下列各向量组的秩及一个最大无关组，并用最大无关组表示组中其他向量：

(1) $\boldsymbol{\alpha}_1=(3,2,1)^{\mathrm{T}},\boldsymbol{\alpha}_2=(-3,5,1)^{\mathrm{T}},\boldsymbol{\alpha}_3=(6,1,3)^{\mathrm{T}}$；

(2) $\boldsymbol{\alpha}_1=(1,1,3,1)^{\mathrm{T}},\boldsymbol{\alpha}_2=(-1,1,-1,3)^{\mathrm{T}},\boldsymbol{\alpha}_3=(5,-2,8,-9)^{\mathrm{T}},\boldsymbol{\alpha}_4=(-1,3,1,7)^{\mathrm{T}}$.



## 4.4　线性方程组解的结构

在第 3 章中，我们介绍了用矩阵的初等变换解线性方程组的方法，并给出了两个重要定理，即

(1) $n$ 个未知数的齐次线性方程组 $\boldsymbol{AX}=\boldsymbol{0}$ 有非零解的充分必要条件是系数矩阵的秩 $R(\boldsymbol{A})<n$.

(2) $n$ 个未知数的非齐次线性方程组 $\boldsymbol{AX}=\boldsymbol{b}$ 有解的充分必要条件是系数矩阵 $\boldsymbol{A}$ 的秩等于增广矩阵$\widetilde{\boldsymbol{B}}$的秩，且当 $R(\boldsymbol{A})=R(\widetilde{\boldsymbol{B}})=n$ 时，方程组有唯一解，当 $R(\boldsymbol{A})=R(\widetilde{\boldsymbol{B}})<n$ 时，方程组有无数多个解.

下面用向量组的线性相关性理论来讨论线性方程组解的问题.

### 4.4.1　齐次线性方程组解的结构

设有齐次线性方程组

$$\begin{cases}a_{11}x_1+a_{12}x_2+\cdots+a_{1n}x_n=0,\\ a_{21}x_1+a_{22}x_2+\cdots+a_{2n}x_n=0,\\ \cdots\cdots\cdots\cdots\\ a_{m1}x_1+a_{m2}x_2+\cdots+a_{mn}x_n=0,\end{cases}\tag{4-1}$$

记 $A=\begin{pmatrix} a_{11} & a_{12} & \cdots & a_{1n} \\ a_{21} & a_{22} & \cdots & a_{2n} \\ \vdots & \vdots & & \vdots \\ a_{m1} & a_{m2} & \cdots & a_{mn} \end{pmatrix}$，$x=\begin{pmatrix} x_1 \\ x_2 \\ \vdots \\ x_n \end{pmatrix}$，则方程组(4-1)可写成矩阵方程 $\boldsymbol{AX}=\boldsymbol{0}$.

若 $x_1=\xi_{11}, x_2=\xi_{21}, \cdots, x_n=\xi_{n1}$ 为方程组(4-1)的解，则称 $\boldsymbol{x}=\boldsymbol{\xi}=\begin{pmatrix} \xi_{11} \\ \xi_{21} \\ \vdots \\ \xi_{n1} \end{pmatrix}$ 为方程组(4-1)的解向量.

**性质 1** 如果 $\boldsymbol{\xi}_1, \boldsymbol{\xi}_2$ 是齐次线性方程组(4-1)的两个解，则 $\boldsymbol{\xi}_1+\boldsymbol{\xi}_2$ 也是它的解.

**证** 因为 $\boldsymbol{\xi}_1, \boldsymbol{\xi}_2$ 都是方程组(4-1)的解，因此 $\boldsymbol{A\xi}_1=\boldsymbol{0}, \boldsymbol{A\xi}_2=\boldsymbol{0}$. 又

$$\boldsymbol{A}(\boldsymbol{\xi}_1+\boldsymbol{\xi}_2)=\boldsymbol{A\xi}_1+\boldsymbol{A\xi}_2=\boldsymbol{0},$$

即 $\boldsymbol{\xi}_1+\boldsymbol{\xi}_2$ 也是方程组(4-1)的解.

**性质 2** 如果 $\boldsymbol{\xi}$ 是方程组(4-1)的解，$k$ 为实数，则 $k\boldsymbol{\xi}$ 也是方程组(4-1)的解.

**证** 因为 $\boldsymbol{\xi}$ 是方程组(4-1)的解，因此 $\boldsymbol{A\xi}=\boldsymbol{0}$，即 $\boldsymbol{A}(k\boldsymbol{\xi})=k\boldsymbol{A\xi}=\boldsymbol{0}$.

**性质 3** 如果 $\boldsymbol{\xi}_1, \boldsymbol{\xi}_2, \cdots, \boldsymbol{\xi}_m$ 都是方程组(4-1)的解，那么其线性组合 $k_1\boldsymbol{\xi}_1+k_2\boldsymbol{\xi}_2+\cdots+k_m\boldsymbol{\xi}_m$ 也是方程组(4-1)的解，其中 $k_1, k_2, \cdots, k_m$ 是任意常数.



由此可见，如果一个齐次线性方程组有非零解，那么它有无穷多解，我们把方程组(4-1)的全体解所组成的解的集合记为 $S$.

如果能求出 $S$ 的一个最大无关组 $\boldsymbol{S}_0: \boldsymbol{\xi}_1, \boldsymbol{\xi}_2, \cdots, \boldsymbol{\xi}_r$，那么(4-1)的任一解均可由这个最大无关组 $\boldsymbol{S}_0$ 线性表示，这样就能用 $\boldsymbol{\xi}_1, \boldsymbol{\xi}_2, \cdots, \boldsymbol{\xi}_r$ 的线性组合来表示方程组(4-1)的全部解.

**定义 1** 如果 $\boldsymbol{\xi}_1, \boldsymbol{\xi}_2, \cdots, \boldsymbol{\xi}_r$ 是齐次线性方程组(4-1)解集的一个最大无关组，称 $\boldsymbol{\xi}_1, \boldsymbol{\xi}_2, \cdots, \boldsymbol{\xi}_r$ 是方程组(4-1)的一个基础解系.

**定理 1** 如果齐次线性方程组(4-1)的系数矩阵 $\boldsymbol{A}$ 的秩 $R(\boldsymbol{A})=r$，当 $r<n$ 时，方程组的基础解系存在，且每个基础解系中恰好有$(n-r)$个解向量.

**证** 因为 $R(\boldsymbol{A})=r<n$，对方程组(4-1)的增广矩阵$\widetilde{\boldsymbol{B}}$施以初等行变换，可化为

$$\widetilde{\boldsymbol{B}} \to \begin{pmatrix} 1 & 0 & \cdots & 0 & k_{1r+1} & k_{1r+2} & \cdots & k_{1n} & 0 \\ 0 & 1 & \cdots & 0 & k_{2r+1} & k_{2r+2} & \cdots & k_{2n} & 0 \\ \vdots & \vdots & & \vdots & \vdots & \vdots & & \vdots & \\ 0 & 0 & \cdots & 1 & k_{rr+1} & k_{rr+2} & \cdots & k_{rn} & 0 \\ 0 & 0 & \cdots & 0 & 0 & 0 & \cdots & 0 & 0 \\ \vdots & \vdots & & \vdots & \vdots & \vdots & & \vdots & \\ 0 & 0 & \cdots & 0 & 0 & 0 & \cdots & 0 & 0 \end{pmatrix}$$

即方程组(4-1)与下面的方程组同解

$$\begin{cases} x_1=-k_{1r+1}x_{r+1}-k_{1r+2}x_{r+2}\cdots-k_{1n}x_n, \\ x_2=-k_{2r+1}x_{r+1}-k_{2r+2}x_{r+2}\cdots-k_{2n}x_n, \\ \cdots\cdots\cdots\cdots \\ x_r=-k_{rr+1}x_{r+1}-k_{rr+2}x_{r+2}\cdots-k_{rn}x_n. \end{cases}$$

其中 $x_{r+1},x_{r+2},\cdots,x_n$ 为自由未知量.

对$(n-r)$个自由未知量分别取 $\begin{pmatrix}1\\0\\0\\\vdots\\0\end{pmatrix},\begin{pmatrix}0\\1\\0\\\vdots\\0\end{pmatrix},\cdots,\begin{pmatrix}0\\0\\0\\\vdots\\1\end{pmatrix}$,

可得方程组(4-1)的$(n-r)$个解

$$\boldsymbol{\xi}_1=\begin{pmatrix}-k_{1r+1}\\-k_{2r+1}\\-k_{rr+1}\\1\\0\\\vdots\\0\end{pmatrix},\boldsymbol{\xi}_2=\begin{pmatrix}-k_{1r+2}\\-k_{2r+2}\\-k_{rr+2}\\0\\1\\\vdots\\0\end{pmatrix},\cdots,\boldsymbol{\xi}_{n-r}=\begin{pmatrix}-k_{1n}\\-k_{2n}\\-k_{rn}\\0\\0\\\vdots\\1\end{pmatrix}$$

下面证明 $\boldsymbol{\xi}_1,\boldsymbol{\xi}_2,\cdots,\boldsymbol{\xi}_{n-r}$ 就是方程组(4-1)的基础解系.

记

$$\boldsymbol{K}=(\boldsymbol{\xi}_1,\boldsymbol{\xi}_2,\cdots,\boldsymbol{\xi}_{n-r})=\begin{pmatrix}-k_{1r+1}&-k_{1r+2}&\cdots&-k_{1n}\\-k_{2r+1}&-k_{2r+2}&\cdots&-k_{2n}\\\vdots&\vdots&&\vdots\\-k_{rr+1}&-k_{rr+2}&\cdots&-k_{rn}\\1&0&\cdots&0\\0&1&\cdots&0\\\vdots&\vdots&&\vdots\\0&0&\cdots&1\end{pmatrix}_{n\times(n-r)},$$

其中有一个$(n-r)$阶子式 $\begin{vmatrix}1&0&\cdots&0\\0&1&\cdots&0\\\vdots&\vdots&&\vdots\\0&0&\cdots&1\end{vmatrix}=1\neq0$,故 $R(\boldsymbol{K})=n-r$,故 $\boldsymbol{\xi}_1,\boldsymbol{\xi}_2,\cdots,\boldsymbol{\xi}_{n-r}$ 线性无关.

再证明方程组(4-1)的任一解 $\boldsymbol{\xi}=\begin{pmatrix}d_1\\d_2\\\vdots\\d_n\end{pmatrix}$ 都能表示成 $\boldsymbol{\xi}_1,\boldsymbol{\xi}_2,\cdots,\boldsymbol{\xi}_{n-r}$ 的线性组合.

因为

$$\begin{cases}d_1=-k_{1r+1}d_{r+1}-k_{1r+2}d_{r+2}-\cdots-k_{1n}d_n,\\d_2=-k_{2r+1}d_{r+1}-k_{2r+2}d_{r+2}-\cdots-k_{2n}d_n,\\\cdots\cdots\cdots\cdots\\d_r=-k_{rr+1}d_{r+1}-k_{rr+2}d_{r+2}-\cdots-k_{rn}d_n,\end{cases}$$

所以

$$\boldsymbol{\xi}=\begin{pmatrix}d_1\\d_2\\\vdots\\d_n\end{pmatrix}=\begin{pmatrix}-k_{1r+1}d_{r+1}-k_{1r+2}d_{r+2}-\cdots-k_{1n}d_n\\-k_{2r+1}d_{r+1}-k_{2r+2}d_{r+2}-\cdots-k_{2n}d_n\\\vdots\\-k_{rr+1}d_{r+1}-k_{rr+2}d_{r+2}-\cdots-k_{rn}d_n\\d_{r+1}\\d_{r+2}\\\vdots\\d_n\end{pmatrix}$$

$$=d_{r+1}\begin{pmatrix}-k_{1r+1}\\-k_{2r+1}\\\vdots\\-k_{rr+1}\\1\\0\\\vdots\\0\end{pmatrix}+d_{r+2}\begin{pmatrix}-k_{1r+2}\\-k_{2r+2}\\\vdots\\-k_{rr+2}\\0\\1\\\vdots\\0\end{pmatrix}+\cdots+d_n\begin{pmatrix}-k_{1n}\\-k_{2n}\\\vdots\\-k_{rn}\\0\\0\\\vdots\\1\end{pmatrix}$$

$$=d_{r+1}\boldsymbol{\xi}_1+d_{r+2}\boldsymbol{\xi}_2+\cdots+d_n\boldsymbol{\xi}_{n-r},$$

所以 $\boldsymbol{\xi}_1,\boldsymbol{\xi}_2,\cdots,\boldsymbol{\xi}_{n-r}$ 是方程组(4-1)的一个基础解系.则方程组(4-1)的全部解为

$$\boldsymbol{\xi}=c_1\boldsymbol{\xi}_1+c_2\boldsymbol{\xi}_2+\cdots+c_{n-r}\boldsymbol{\xi}_{n-r}(c_1,c_2,\cdots,c_{n-r}\text{为任意常数}).$$

定理的证明过程给我们指出了求齐次线性方程组基础解系的方法.

由最大无关组的性质也可以知道,方程组(4-1)的任意$(n-r)$个线性无关的解都可构成它的基础解系,因而方程组(4-1)的基础解系并不是唯一的,它的通解的形式也不是唯一的.

**例 1**　求齐次线性方程组$\begin{cases} x_1+x_2-x_3+2x_4=0 \\ 2x_1+x_2-3x_4=0 \\ -2x_1-2x_3+10x_4=0 \end{cases}$的基础解系与通解.

**解**　对矩阵$\boldsymbol{A}=\begin{pmatrix} 1 & 1 & -1 & 2 \\ 2 & 1 & 0 & -3 \\ -2 & 0 & -2 & 10 \end{pmatrix}$施以初等行变换,有

$$\boldsymbol{A}\xrightarrow[r_3+2r_1]{r_2-2r_1}\begin{pmatrix} 1 & 1 & -1 & 2 \\ 0 & -1 & 2 & -7 \\ 0 & 2 & -4 & 14 \end{pmatrix}\xrightarrow{r_3+2r_2}\begin{pmatrix} 1 & 1 & -1 & 2 \\ 0 & -1 & 2 & -7 \\ 0 & 0 & 0 & 0 \end{pmatrix}\xrightarrow[r_2\times(-1)]{r_1+r_2}\begin{pmatrix} 1 & 0 & 1 & -5 \\ 0 & 1 & -2 & 7 \\ 0 & 0 & 0 & 0 \end{pmatrix},$$

即原方程组与下面方程组$\begin{cases} x_1=-x_3+5x_4 \\ x_2=2x_3-7x_4 \end{cases}$同解. 分别令自由未知量$\begin{pmatrix} x_3 \\ x_4 \end{pmatrix}=\begin{pmatrix} 1 \\ 0 \end{pmatrix},\begin{pmatrix} 0 \\ 1 \end{pmatrix}$,得方程组的解为$\boldsymbol{\xi}_1=\begin{pmatrix} -1 \\ 2 \\ 1 \\ 0 \end{pmatrix}$,$\boldsymbol{\xi}_2=\begin{pmatrix} 5 \\ -7 \\ 0 \\ 1 \end{pmatrix}$,$\boldsymbol{\xi}_1$,$\boldsymbol{\xi}_2$ 就是方程组的一个基础解系.

方程组的通解为

$$\boldsymbol{x}=c_1\boldsymbol{\xi}_1+c_2\boldsymbol{\xi}_2=c_1\begin{pmatrix} -1 \\ 2 \\ 1 \\ 0 \end{pmatrix}+c_2\begin{pmatrix} 5 \\ -7 \\ 0 \\ 1 \end{pmatrix}.$$

**例 2**　设矩阵$\boldsymbol{A}=(\boldsymbol{a}_{ij})_{m\times n}$,$\boldsymbol{B}=(\boldsymbol{b}_{ij})_{n\times s}$且$\boldsymbol{AB}=\boldsymbol{0}$,$R(\boldsymbol{A})=r$,试证:$R(\boldsymbol{B})\leqslant n-r$.

**证**　设$\boldsymbol{B}=(\boldsymbol{\beta}_1,\boldsymbol{\beta}_2,\cdots,\boldsymbol{\beta}_s)$,其中$\boldsymbol{\beta}_j=(b_{1j},b_{2j},\cdots,b_{nj})^{\mathrm{T}}$,$j=1,2,\cdots,s$,则

$$\boldsymbol{AB}=\boldsymbol{A}(\boldsymbol{\beta}_1,\boldsymbol{\beta}_2,\cdots,\boldsymbol{\beta}_s)=(\boldsymbol{A\beta}_1,\boldsymbol{A\beta}_2,\cdots,\boldsymbol{A\beta}_s).$$

由$\boldsymbol{AB}=\boldsymbol{0}$可得

$$\boldsymbol{A\beta}_j=\boldsymbol{0}(j=1,2,\cdots,s),$$

对于齐次线性方程组$\boldsymbol{Ax}=\boldsymbol{0}$,其中$\boldsymbol{x}=(x_1,x_2,\cdots,x_n)^{\mathrm{T}}$,显然$\boldsymbol{\beta}_1,\boldsymbol{\beta}_2,\cdots,\boldsymbol{\beta}_s$都是$\boldsymbol{Ax}=\boldsymbol{0}$的解向量. 因为$R(\boldsymbol{A})=r$,所以$\boldsymbol{Ax}=\boldsymbol{0}$的任一基础解系所含向量个数为$n-r$,由此

$$R(\boldsymbol{B})=R(\boldsymbol{\beta}_1,\boldsymbol{\beta}_2,\cdots,\boldsymbol{\beta}_s)\leqslant n-r.$$

本例还可叙述为:若$\boldsymbol{AB}=\boldsymbol{0}$,则$R(\boldsymbol{A})+R(\boldsymbol{B})\leqslant n$.

### 4.4.2　非齐次线性方程组解的结构

设有非齐次线性方程组

$$\begin{cases} a_{11}x_1+a_{12}x_2+\cdots+a_{1n}x_n=b_1, \\ a_{21}x_1+a_{22}x_2+\cdots+a_{2n}x_n=b_2, \\ \cdots\cdots\cdots\cdots \\ a_{m1}x_1+a_{m2}x_2+\cdots+a_{mn}x_n=b_m, \end{cases} \tag{4-2}$$

可写作矩阵方程 $\boldsymbol{AX}=\boldsymbol{b}$.

取 $\boldsymbol{b}=\boldsymbol{0}$,得到的齐次线性方程组 $\boldsymbol{AX}=\boldsymbol{0}$ 称为非齐次线性方程组(4-2)的导出组,也称为非齐次线性方程组(4-2)对应的齐次线性方程组.

**性质 4** 若 $\boldsymbol{y}$ 是非齐次线性方程组(4-2)的解,$\boldsymbol{\xi}$ 是其导出组的解,则 $\boldsymbol{y}+\boldsymbol{\xi}$ 是方程组(4-2)的解.

**证** 因为 $\boldsymbol{y}$ 是方程组(4-2)的解,所以

$$\boldsymbol{Ay}=\boldsymbol{b},$$

又 $\boldsymbol{\xi}$ 是方程组(4-2)的导出组的解,所以

$$\boldsymbol{A\xi}=\boldsymbol{0},$$

$$\boldsymbol{A}(\boldsymbol{y}+\boldsymbol{\xi})=\boldsymbol{Ay}+\boldsymbol{A\xi}=\boldsymbol{b}+0=\boldsymbol{b},$$

所以 $\boldsymbol{y}+\boldsymbol{\xi}$ 是非齐次线性方程组(4-2)的解.

**性质 5** 若 $\boldsymbol{y}_1,\boldsymbol{y}_2$ 是非齐次线性方程组(4-2)的两个解,则 $\boldsymbol{y}_2-\boldsymbol{y}_1$ 是其导出组的解.

**证** 由于 $\boldsymbol{y}_1,\boldsymbol{y}_2$ 是方程组(4-2)的解,则 $\boldsymbol{Ay}_1=\boldsymbol{b}$,$\boldsymbol{Ay}_2=\boldsymbol{b}$,所以

$$\boldsymbol{A}(\boldsymbol{y}_2-\boldsymbol{y}_1)=\boldsymbol{Ay}_2-\boldsymbol{Ay}_1=\boldsymbol{b}-\boldsymbol{b}=\boldsymbol{0},$$

即 $\boldsymbol{y}_2-\boldsymbol{y}_1$ 是方程组(4-2)的导出组的解.

**定理 2** 若 $\boldsymbol{y}^*$ 是非齐次线性方程组(4-2)的一个特解,则非齐次线性方程组(4-2)的任一解 $\boldsymbol{x}$ 可表示为

$$\boldsymbol{x}=\boldsymbol{\xi}+\boldsymbol{y}^*. \tag{4-3}$$

其中 $\boldsymbol{\xi}$ 为方程组(4-2)的导出组的解.

**证** 方程组(4-2)的解 $\boldsymbol{x}$ 可表示为 $\boldsymbol{x}=\boldsymbol{y}^*+(\boldsymbol{x}-\boldsymbol{y}^*)$. 令 $\boldsymbol{\xi}=\boldsymbol{x}-\boldsymbol{y}^*$,由性质 5 知 $\boldsymbol{\xi}$ 是其导出组的解,而且 $\boldsymbol{x}=\boldsymbol{\xi}+\boldsymbol{y}^*$.

由定理 2 可知非齐次线性方程组(4-2)的任一解都能表示成式(4-3)的形式. 当 $\boldsymbol{\xi}$ 取遍方程组 $\boldsymbol{Ax}=\boldsymbol{0}$ 的所有解时,式(4-3)就给出了方程组 $\boldsymbol{Ax}=\boldsymbol{b}$ 的所有解. 若 $\boldsymbol{\xi}_1,\boldsymbol{\xi}_2,\cdots,\boldsymbol{\xi}_{n-r}$ 是方程组(4-2)的导出组 $\boldsymbol{Ax}=\boldsymbol{0}$ 的一个基础解系,则方程组(4-2)的通解为

$$\boldsymbol{x}=k_1\boldsymbol{\xi}_1+k_2\boldsymbol{\xi}_2+\cdots+k_{n-r}\boldsymbol{\xi}_{n-r}+\boldsymbol{y}^*. \tag{4-4}$$

**例 3** 求解线性方程组 $\begin{cases} x_1+x_2-x_3+2x_4=3, \\ 2x_1+x_2-3x_4=1, \\ -2x_1-2x_3+10x_4=4. \end{cases}$

**解** 要求方程组的通解,只要求方程组的一个特解及其导出组的基础解系,再写成通解(4-4)的形式就可以了. 对方程组的增广矩阵 $\widetilde{\boldsymbol{B}}=(\boldsymbol{A},\boldsymbol{b})$ 作初等行变换

$$\widetilde{\boldsymbol{B}}=(\boldsymbol{A},\boldsymbol{b})=\begin{pmatrix}1&1&-1&2&3\\2&1&0&-3&1\\-2&0&-2&10&4\end{pmatrix}\xrightarrow[r_3+2r_1]{r_2-2r_1}\begin{pmatrix}1&1&-1&2&3\\0&-1&2&-7&-5\\0&2&-4&14&10\end{pmatrix}$$

$$\xrightarrow{r_3+2r_2}\begin{pmatrix}1&1&-1&2&3\\0&-1&2&-7&-5\\0&0&0&0&0\end{pmatrix}\xrightarrow[r_2\times(-1)]{r_1+r_2}\begin{pmatrix}1&0&1&-5&-2\\0&1&-2&7&5\\0&0&0&0&0\end{pmatrix},$$

即方程组与下列方程组

$$\begin{cases}x_1=-x_3+5x_4-2,\\x_2=\ 2x_3-7x_4+5,\end{cases}\tag{4-5}$$

同解. 则可得方程组$\begin{pmatrix}x_3\\x_4\end{pmatrix}=\begin{pmatrix}0\\0\end{pmatrix}$的特解

$$\boldsymbol{y}^*=\begin{pmatrix}-2\\5\\0\\0\end{pmatrix}.$$

由方程组(4-5)知导出组与

$$\begin{cases}x_1=-x_3+5x_4,\\x_2=2x_3-7x_4\end{cases}\tag{4-6}$$

同解.

令$\begin{pmatrix}x_3\\x_4\end{pmatrix}=\begin{pmatrix}1\\0\end{pmatrix},\begin{pmatrix}0\\1\end{pmatrix}$,得方程组导出组的基础解系

$$\boldsymbol{\xi}_1=\begin{pmatrix}-1\\2\\1\\0\end{pmatrix},\ \boldsymbol{\xi}_2=\begin{pmatrix}5\\-7\\0\\1\end{pmatrix},$$

所以方程组的通解

$$\boldsymbol{x}=k_1\boldsymbol{\xi}_1+k_2\boldsymbol{\xi}_2+\boldsymbol{y}^*$$

$$=k_1\begin{pmatrix}-1\\2\\1\\0\end{pmatrix}+k_2\begin{pmatrix}5\\-7\\0\\1\end{pmatrix}+\begin{pmatrix}-2\\5\\0\\0\end{pmatrix}.$$

**例 4**　$a,b$ 取何值时,下面方程组有解? 在有解时求出方程组的全部解.

$$\begin{cases} x_1+x_2+x_3+x_4=0, \\ x_2+2x_3+2x_4=1, \\ -x_2+(a-3)x_3-2x_4=b, \\ 3x_1+2x_2+x_3+ax_4=-1. \end{cases}$$

**解** 先用初等行变换将方程组的增广矩阵 $\widetilde{\boldsymbol{B}}=(\boldsymbol{A},\boldsymbol{b})$ 化为阶梯形矩阵

$$\widetilde{\boldsymbol{B}}=(\boldsymbol{A},\boldsymbol{b})=\begin{pmatrix}1&1&1&1&0\\0&1&2&2&1\\0&-1&a-3&-2&b\\3&2&1&a&-1\end{pmatrix}\xrightarrow[r_3+r_2]{r_4-3r_1}\begin{pmatrix}1&1&1&1&0\\0&1&2&2&1\\0&0&a-1&0&b+1\\0&-1&-2&a-3&-1\end{pmatrix}$$

$$\xrightarrow{r_4+r_2}\begin{pmatrix}1&1&1&1&0\\0&1&2&2&1\\0&0&a-1&0&b+1\\0&0&0&a-1&0\end{pmatrix}.$$

(1) 当 $a\neq1$ 时，由于 $\boldsymbol{A}$ 与 $(\boldsymbol{A},\boldsymbol{b})$ 的秩都是 4，方程组未知数个数也是 4，故方程组有唯一解.

当 $a\neq1$ 时，增广矩阵可进一步化为

$$\begin{pmatrix}1&0&0&0&-1+\dfrac{b+1}{a-1}\\0&1&0&0&1-\dfrac{2(b+1)}{a-1}\\0&0&1&0&\dfrac{b+1}{a-1}\\0&0&0&1&0\end{pmatrix},$$

所以当 $a\neq1$ 时，方程组有唯一解

$$\boldsymbol{x}=(x_1,x_2,x_3,x_4)^{\mathrm{T}}=\left(-1+\frac{b+1}{a-1},1-\frac{2(b+1)}{a-1},\frac{b+1}{a-1},0\right)^{\mathrm{T}}.$$

(2) 当 $a=1$，$R(\boldsymbol{A})=2$，此时 $b\neq-1$，则 $R(\widetilde{\boldsymbol{B}})=R(\boldsymbol{A},\boldsymbol{b})=3$，故当 $a=1,b\neq-1$ 时，$R(A)\neq R(A,B)$ 方程组无解.

(3) 当 $a=1,b=-1$ 时

$$(\boldsymbol{A},\boldsymbol{b})\to\begin{pmatrix}1&1&1&1&0\\0&1&2&2&1\\0&0&0&0&0\\0&0&0&0&0\end{pmatrix}\xrightarrow{r_1-r_2}\begin{pmatrix}1&0&-1&-1&-1\\0&1&2&2&1\\0&0&0&0&0\\0&0&0&0&0\end{pmatrix},$$

显然，$R(\boldsymbol{A})=R(\boldsymbol{A},\boldsymbol{B})=2<4$，方程组有无穷多解.

这时方程组与$\begin{cases}x_1=x_3+x_4-1\\x_2=-2x_3-2x_4+1\end{cases}$同解.

令$\begin{pmatrix}x_3\\x_4\end{pmatrix}=\begin{pmatrix}0\\0\end{pmatrix}$,得方程组的特解

$$\boldsymbol{y}^*=\begin{pmatrix}-1\\1\\0\\0\end{pmatrix},$$

在$\begin{cases}x_1=x_3+x_4,\\x_2=-2x_3-2x_4\end{cases}$中,令$\begin{pmatrix}x_3\\x_4\end{pmatrix}=\begin{pmatrix}1\\0\end{pmatrix},\begin{pmatrix}0\\1\end{pmatrix}$可得方程组导出组的基础解系

$$\boldsymbol{\xi}_1=\begin{pmatrix}1\\-2\\1\\0\end{pmatrix},\ \boldsymbol{\xi}_2=\begin{pmatrix}1\\-2\\0\\1\end{pmatrix},$$

所以当 $a=1,b=-1$ 时,方程组的通解为

$$\boldsymbol{x}=k_1\boldsymbol{\xi}_1+k_2\boldsymbol{\xi}_2+\boldsymbol{y}^*=k_1\begin{pmatrix}1\\-2\\1\\0\end{pmatrix}+k_2\begin{pmatrix}1\\-2\\0\\1\end{pmatrix}+\begin{pmatrix}-1\\1\\0\\0\end{pmatrix}.$$

本题也可令$\begin{cases}x_1=x_3+x_4-1,\\x_2=-2x_3-2x_4+1\end{cases}$中 $x_3=k_1,x_4=k_2$ 直接得出方程组的通解为

$$\boldsymbol{x}=\begin{pmatrix}x_1\\x_2\\x_3\\x_4\end{pmatrix}=\begin{pmatrix}k_1+k_2-1\\-2k_1-2k_2+1\\k_1\\k_2\end{pmatrix}=k_1\begin{pmatrix}1\\-2\\1\\0\end{pmatrix}+k_2\begin{pmatrix}1\\-2\\0\\1\end{pmatrix}+\begin{pmatrix}-1\\1\\0\\0\end{pmatrix}.$$

## 习题 4.4

1. 设 $\boldsymbol{a}_1,\boldsymbol{a}_2$ 是 $\boldsymbol{AX}=\boldsymbol{0}$ 的基础解系,问 $\boldsymbol{a}_1+\boldsymbol{a}_2,2\boldsymbol{a}_1-\boldsymbol{a}_2$ 是不是它的基础解系?

2. 求下列齐次方程组的一个基础解系:

(1) $\begin{cases}x_1+2x_2+3x_3=0,\\2x_1+5x_2+3x_3=0,\\x_1+8x_3=0,\end{cases}$　(2) $\begin{cases}x_1-2x_2+4x_3-7x_4=0,\\2x_1+x_2-2x_3+x_4=0,\\3x_1-x_2+2x_3-4x_4=0.\end{cases}$

3. 设 $\boldsymbol{\alpha}_1,\boldsymbol{\alpha}_2,\cdots,\boldsymbol{\alpha}_t$ 是齐次线性方程组 $\boldsymbol{AX}=\boldsymbol{0}$ 的 $t$ 个线性无关的解向量,而向量 $\boldsymbol{\beta}$ 不是

$\boldsymbol{AX}=\boldsymbol{0}$的解，证明：$\boldsymbol{\beta}+\boldsymbol{\alpha}_1,\boldsymbol{\beta}+\boldsymbol{\alpha}_2,\cdots,\boldsymbol{\beta}+\boldsymbol{\alpha}_t$ 线性无关.

4. 求下列线性方程组的全部解，并用对应导出组的基础解系表示：

(1) $\begin{cases}3x_1+4x_2+x_3+2x_4=3,\\6x_1+8x_2+2x_3+5x_4=7,\\9x_1+12x_2+3x_3+10x_4=13,\end{cases}$ (2) $\begin{cases}2x_1-x_2+4x_3-3x_4=-4,\\x_1+x_3-x_4=-3,\\3x_1+x_2+x_3=1,\\7x_1+7x_3-3x_4=3.\end{cases}$

5. 求一个齐次线性方程组，设它的基础解系为 $\boldsymbol{\xi}_1=(0,1,2,3)^{\mathrm{T}},\boldsymbol{\xi}_2=(3,2,1,0)^{\mathrm{T}}$.

6. 设线性方程组

$$\begin{cases}\lambda x_1+x_2+x_3=\lambda-3,\\x_1+\lambda x_2+x_3=-2,\\x_1+x_2+\lambda x_3=-2.\end{cases}$$

讨论 $\lambda$ 取何值时，方程组无解？有唯一解？有无穷多解？在方程组有无穷多解时，用导出组的基础解系表示其全部解.

## 4.5 向量空间



我们知道，平面上任意两个向量的和在这个平面内，平面上任意一个向量的数量乘积也在这个平面内，这就引出了线性代数中一个重要的概念——向量空间.

**定义 1** 设 $V$ 是由 $n$ 维向量组成的集合，如果 $V$ 关于向量的线性运算满足：

(i) 对于 $V$ 中任意两个向量 $\boldsymbol{\alpha}_1,\boldsymbol{\alpha}_2$，和向量 $\boldsymbol{\alpha}_1+\boldsymbol{\alpha}_2$ 也是 $V$ 中向量(也称为 $V$ 关于向量的加法运算封闭)；

(ii) 对于 $V$ 中任意向量 $\boldsymbol{\alpha}$ 及任意常数 $k$，$k\boldsymbol{\alpha}$ 也是 $V$ 中的向量(也称为 $V$ 关于向量数乘运算封闭).

则称 $V$ 是一个向量空间.

**例 1** 3 维向量的全体 $\mathbf{R}^3$ 是一个向量空间，因为任意两个 3 维向量之和仍是 3 维向量，数 $\lambda$ 乘 3 维向量也仍然是 3 维向量.

类似地，$n$ 维向量的全体 $\mathbf{R}^n$ 也是一个向量空间.

**例 2** 集合

$$V=\{\boldsymbol{x}=(0,x_2,\cdots,x_n)^{\mathrm{T}}\mid x_2,x_3,\cdots,x_n\in\mathbf{R}\}$$

是一个向量空间，因为若 $\boldsymbol{\alpha}=(0,a_2,a_3,\cdots,a_n)^{\mathrm{T}}\in V,\boldsymbol{\beta}=(0,b_2,b_3,\cdots,b_n)^{\mathrm{T}}\in V$，则 $\boldsymbol{\alpha}+\boldsymbol{\beta}=(0,a_2+b_2,\cdots,a_n+b_n)^{\mathrm{T}}\in V,\lambda\boldsymbol{\alpha}=(0,\lambda a_2,\cdots,\lambda a_n)^{\mathrm{T}}\in V$.

**例 3** 集合

$$V=\{\boldsymbol{x}=(1,x_2,\cdots,x_n)^{\mathrm{T}}\mid x_2,x_3,\cdots x_n\in R\}$$

不是向量空间，因为若 $\boldsymbol{\alpha}=(1,a_2,\cdots,a_n)^{\mathrm{T}}\in V,\boldsymbol{\beta}=(1,b_2,\cdots,b_n)^{\mathrm{T}}\in V,\boldsymbol{\alpha}+\boldsymbol{\beta}=(2,a_2+b_2,\cdots,$

$a_n+b_n)^{\mathrm{T}}\notin V$，$2\boldsymbol{\alpha}=(2,2a_2,\cdots,2a_n)\notin V$.

**例 4**　齐次线性方程组 $\boldsymbol{AX}=\boldsymbol{0}$的解集 $S=\{\boldsymbol{x}\mid \boldsymbol{Ax}=\boldsymbol{0}\}$是一个向量空间(解空间).

因为由齐次线性方程组解的性质 1 和性质 2 知其解关于向量的加法、数乘运算封闭.

**例 5**　设 $\boldsymbol{\alpha}_1,\boldsymbol{\alpha}_2$ 是两个已知的 $n$ 维向量，集合

$$L=\{x_1\boldsymbol{\alpha}_1+x_2\boldsymbol{\alpha}_2\mid \boldsymbol{\alpha}_1,\boldsymbol{\alpha}_2\in\mathbf{R}\}$$

则 $L$ 是一个向量空间.

因为 $\boldsymbol{\alpha}=x_1\boldsymbol{\alpha}_1+x_2\boldsymbol{\alpha}_2$，$\boldsymbol{\beta}=y_1\boldsymbol{\alpha}_1+y_2\boldsymbol{\alpha}_2$，则 $\boldsymbol{\alpha}+\boldsymbol{\beta}=(x_1+y_1)\boldsymbol{\alpha}_1+(x_2+y_2)\boldsymbol{\alpha}_2\in L$，$\lambda\boldsymbol{\alpha}=(\lambda x_1)\boldsymbol{\alpha}_1+(\lambda x_2)\boldsymbol{\alpha}_2\in L$，称 $L$ 为由 $\boldsymbol{\alpha}_1,\boldsymbol{\alpha}_2$ 生成的向量空间.

一般地，如果 $\boldsymbol{\alpha}_1,\boldsymbol{\alpha}_2,\cdots,\boldsymbol{\alpha}_r$ 为 $r$ 个 $n$ 维向量.

$$L=\{k_1\boldsymbol{\alpha}_1+k_2\boldsymbol{\alpha}_2+\cdots+k_r\boldsymbol{\alpha}_r\mid k_i\in R,i=1,2,\cdots,r\},$$

称 $L$ 是由 $\boldsymbol{\alpha}_1,\boldsymbol{\alpha}_2,\cdots,\boldsymbol{\alpha}_r$ 生成的向量空间.

**定义 2**　设 $V$ 为向量空间，如果 $r$ 个向量 $\boldsymbol{\alpha}_1,\boldsymbol{\alpha}_2,\cdots,\boldsymbol{\alpha}_r\in V$ 满足：

(i) $\boldsymbol{\alpha}_1,\boldsymbol{\alpha}_2,\cdots,\boldsymbol{\alpha}_r$ 线性无关；

(ii) $V$ 中任一向量都可由 $\boldsymbol{\alpha}_1,\boldsymbol{\alpha}_2,\cdots,\boldsymbol{\alpha}_r$ 线性表示.

那么向量组 $\boldsymbol{\alpha}_1,\boldsymbol{\alpha}_2,\cdots,\boldsymbol{\alpha}_r$ 称为向量空间的一个基. $r$ 称为向量空间 $V$ 的维数，$V$ 称为 $r$ 维向量空间.

如果向量空间 $V$ 没有基，那么 $V$ 的维数为 0，0 维向量空间只有零向量.

若把向量空间 $V$ 看作向量组，则由最大无关组的定义，$V$ 的基就是向量组的最大无关组，$V$ 的维数就是向量组的秩. 如向量空间 $\mathbf{R}^3$ 的一组基为 $\boldsymbol{e}_1=(1,0,0)^{\mathrm{T}}$，$\boldsymbol{e}_2=(0,1,0)^{\mathrm{T}}$，$\boldsymbol{e}_3=(0,0,1)^{\mathrm{T}}$，它的维数是 3，称为 3 维向量空间. 向量空间 $\mathbf{R}^n$ 的维数是 $n$，称为 $n$ 维向量空间. 单位坐标向量组 $\boldsymbol{e}_1=(1,0,0,\cdots,0)^{\mathrm{T}}$，$\boldsymbol{e}_2=(0,1,0,\cdots,0)^T$，$\cdots$，$\boldsymbol{e}_n=(0,0,0,\cdots,1)^T$ 称为向量空间 $\mathbf{R}^n$ 的自然基.

值得注意的是，$n$ 维向量构成的集合 $V$ 若是一个向量空间，$V$ 的维数并不一定是 $n$. 如前面例 2 中的 $V=\{\boldsymbol{x}=(0,x_2,\cdots,x_n)^{\mathrm{T}}\mid x_2,x_3,\cdots,x_n\in\mathbf{R}\}$，它是一个向量空间，它的一个基可取为 $\boldsymbol{e}_2=(0,1,0,0)^{\mathrm{T}}$，$\cdots$，$\boldsymbol{e}_n=(0,\cdots,0,1)^{\mathrm{T}}$，并由此可知 $V$ 是$(n-1)$维向量空间.

由向量组 $\boldsymbol{\alpha}_1,\boldsymbol{\alpha}_2,\cdots,\boldsymbol{\alpha}_m$ 生成的向量空间为

$$L=\{\boldsymbol{x}=k_1\boldsymbol{\alpha}_1+k_2\boldsymbol{\alpha}_2+\cdots+k_m\boldsymbol{\alpha}_m\mid k_i\in\mathbf{R},i=1,2,\cdots,m\}.$$

由于 $L$ 与向量组 $\boldsymbol{\alpha}_1,\boldsymbol{\alpha}_2,\cdots,\boldsymbol{\alpha}_m$ 等价，所以 $\boldsymbol{\alpha}_1,\boldsymbol{\alpha}_2,\cdots,\boldsymbol{\alpha}_m$ 的最大无关组就是 $L$ 的一个基，向量组 $\boldsymbol{\alpha}_1,\boldsymbol{\alpha}_2,\cdots,\boldsymbol{\alpha}_m$ 的秩就是 $L$ 的维数.

若 $\boldsymbol{\alpha}_1,\boldsymbol{\alpha}_2,\cdots,\boldsymbol{\alpha}_r$ 是向量空间 $V$ 的一个基，则 $V$ 可表示为

$$V=\{\boldsymbol{x}=\lambda_1\boldsymbol{\alpha}_1+\lambda_2\boldsymbol{\alpha}_2+\cdots+\lambda_r\boldsymbol{\alpha}_r\mid \lambda_i\in\mathbf{R},i=1,2,\cdots,r\},$$

即 $V$ 是由基生成的向量空间，这就是 $V$ 的构造.

**定义 3**　如果向量空间 $V$ 中取定一个基 $\boldsymbol{\alpha}_1,\boldsymbol{\alpha}_2,\cdots,\boldsymbol{\alpha}_r$，那么 $V$ 中任一向量 $\boldsymbol{x}$ 可唯一表示为 $\boldsymbol{x}=\lambda_1\boldsymbol{\alpha}_1+\lambda_2\boldsymbol{\alpha}_2+\cdots+\lambda_r\boldsymbol{\alpha}_r$，数 $\lambda_1,\lambda_2,\cdots,\lambda_r$ 称为向量 $\boldsymbol{x}$ 在基 $\boldsymbol{\alpha}_1,\boldsymbol{\alpha}_2,\cdots,\boldsymbol{\alpha}_r$ 中的坐标.

特别地，在 $n$ 维向量空间 $\mathbf{R}^n$ 中取自然基 $\boldsymbol{e}_1,\boldsymbol{e}_2,\cdots,\boldsymbol{e}_n$ 为基，则以 $x_1,x_2,\cdots,x_n$ 为分量的向量 $\boldsymbol{x}$ 可表示为

$$\boldsymbol{x}=\begin{pmatrix}x_1\\x_2\\\vdots\\x_n\end{pmatrix}=x_1\boldsymbol{e}_1+x_2\boldsymbol{e}_2+\cdots+x_n\boldsymbol{e}_n,$$

可见，向量在基 $\boldsymbol{e}_1,\boldsymbol{e}_2,\cdots,\boldsymbol{e}_n$ 中的坐标就是该向量的分量. 因此 $\boldsymbol{e}_1,\boldsymbol{e}_2,\cdots,\boldsymbol{e}_n$ 叫做 $\mathbf{R}^n$ 中的自然基.

**例 6** 证明向量组 $\boldsymbol{\alpha}_1=(1,1,0)^{\mathrm{T}},\boldsymbol{\alpha}_2=(1,0,1)^{\mathrm{T}},\boldsymbol{\alpha}_3=(0,1,1)^{\mathrm{T}}$ 是 $\mathbf{R}^3$ 的一个基，并求向量 $\boldsymbol{\alpha}=(2,3,3)^{\mathrm{T}}$ 在此基中的坐标.

**解法一** 要证 $\boldsymbol{\alpha}_1,\boldsymbol{\alpha}_2,\boldsymbol{\alpha}_3$ 是 $\mathbf{R}^3$ 的一个基，只要证 $\boldsymbol{\alpha}_1,\boldsymbol{\alpha}_2,\boldsymbol{\alpha}_3$ 线性无关即可，即只要证 $\boldsymbol{A}\sim\boldsymbol{E}$.

设 $\boldsymbol{\alpha}=x_1\boldsymbol{\alpha}_1+x_2\boldsymbol{\alpha}_2+x_3\boldsymbol{\alpha}_3=(\boldsymbol{\alpha}_1,\boldsymbol{\alpha}_2,\boldsymbol{\alpha}_3)\begin{pmatrix}x_1\\x_2\\x_3\end{pmatrix}$，记作 $\boldsymbol{\alpha}=\boldsymbol{AX}$.

对矩阵 $(\boldsymbol{A},\boldsymbol{\alpha})$ 施行初等行变换，若 $\boldsymbol{A}$ 能变成 $\boldsymbol{E}$，则 $\boldsymbol{\alpha}_1,\boldsymbol{\alpha}_2,\boldsymbol{\alpha}_3$ 为 $\mathbf{R}^3$ 的一个基，且当 $\boldsymbol{A}$ 变为 $\boldsymbol{E}$ 时，$\boldsymbol{\alpha}$ 变成 $\boldsymbol{X}=\boldsymbol{A}^{-1}\boldsymbol{\alpha}$.



$$(\boldsymbol{A},\boldsymbol{\alpha})=\begin{pmatrix}1&1&0&2\\1&0&1&3\\0&1&1&3\end{pmatrix}\xrightarrow{r_2-r_1}\begin{pmatrix}1&1&0&2\\0&-1&1&1\\0&1&1&3\end{pmatrix}\xrightarrow[r_2\times(-1)]{r_3+r_2}\begin{pmatrix}1&1&0&2\\0&1&-1&-1\\0&0&2&4\end{pmatrix}$$

$$\xrightarrow[r_3\times\frac{1}{2}]{r_1-r_2}\begin{pmatrix}1&0&1&3\\0&1&-1&-1\\0&0&1&2\end{pmatrix}\xrightarrow[r_1-r_3]{r_2+r_3}\begin{pmatrix}1&0&0&1\\0&1&0&1\\0&0&1&2\end{pmatrix},$$

所以 $\boldsymbol{\alpha}_1,\boldsymbol{\alpha}_2,\boldsymbol{\alpha}_3$ 为 $\mathbf{R}^3$ 的一个基，$\boldsymbol{\alpha}$ 在 $\boldsymbol{\alpha}_1,\boldsymbol{\alpha}_2,\boldsymbol{\alpha}_3$ 中的坐标为(1,1,2).

**解法二** 因为 $\boldsymbol{A}=(\boldsymbol{\alpha}_1,\boldsymbol{\alpha}_2,\boldsymbol{\alpha}_3)$ 的行列式

$$|\boldsymbol{A}|=\begin{vmatrix}1&1&0\\1&0&1\\0&1&1\end{vmatrix}=-2\neq0.$$

所以 $\boldsymbol{\alpha}_1,\boldsymbol{\alpha}_2,\boldsymbol{\alpha}_3$ 线性无关，所以 $\boldsymbol{\alpha}_1,\boldsymbol{\alpha}_2,\boldsymbol{\alpha}_3$ 为 $\mathbf{R}^3$ 的一个基.

若设 $\boldsymbol{\alpha}=x_1\boldsymbol{\alpha}_1+x_2\boldsymbol{\alpha}_2+x_3\boldsymbol{\alpha}_3$，则

$$\begin{pmatrix}2\\3\\3\end{pmatrix}=x_1\begin{pmatrix}1\\1\\0\end{pmatrix}+x_2\begin{pmatrix}1\\0\\1\end{pmatrix}+x_3\begin{pmatrix}0\\1\\1\end{pmatrix},$$

即

$$\begin{cases} x_1+x_2=2, \\ x_1+x_3=3, \\ x_2+x_3=3, \end{cases}$$

解之得

$$\begin{cases} x_1=1, \\ x_2=1, \\ x_3=2, \end{cases}$$

所以 $\boldsymbol{\alpha}$ 在 $\boldsymbol{\alpha}_1,\boldsymbol{\alpha}_2,\boldsymbol{\alpha}_3$ 中的坐标为(1,1,2).

**解法三**　将 $\boldsymbol{A}=(\boldsymbol{\alpha}_1,\boldsymbol{\alpha}_2,\boldsymbol{\alpha}_3)$作初等行变换化为行阶梯形

$$\boldsymbol{A}\sim\begin{pmatrix}1 & 1 & 0\\ 0 & -1 & 1\\ 0 & 0 & 2\end{pmatrix},$$

则 $R(A)=3$.

所以 $\boldsymbol{\alpha}_1,\boldsymbol{\alpha}_2,\boldsymbol{\alpha}_3$ 线性无关,因而 $\boldsymbol{\alpha}_1,\boldsymbol{\alpha}_2,\boldsymbol{\alpha}_3$ 为 $\mathbf{R}^3$ 的一个基.

又设 $\boldsymbol{e}_1=(1,0,0)^{\mathrm{T}},\boldsymbol{e}_2=(0,1,0)^{\mathrm{T}},\boldsymbol{e}_3=(0,0,1)^{\mathrm{T}}$,则

$$\boldsymbol{\alpha}=\begin{pmatrix}2\\3\\3\end{pmatrix}=2\boldsymbol{e}_1+3\boldsymbol{e}_2+3\boldsymbol{e}_3=(\boldsymbol{e}_1,\boldsymbol{e}_2,\boldsymbol{e}_3)\begin{pmatrix}2\\3\\3\end{pmatrix},$$

又设 $\boldsymbol{\alpha}=\begin{pmatrix}2\\3\\3\end{pmatrix}=x_1\boldsymbol{\alpha}_1+x_2\boldsymbol{\alpha}_2+x_3\boldsymbol{\alpha}_3=(\boldsymbol{\alpha}_1,\boldsymbol{\alpha}_2,\boldsymbol{\alpha}_3)\begin{pmatrix}x_1\\x_2\\x_3\end{pmatrix}$,所以

$$(\boldsymbol{e}_1,\boldsymbol{e}_2,\boldsymbol{e}_3)\begin{pmatrix}2\\3\\3\end{pmatrix}=(\boldsymbol{\alpha}_1,\boldsymbol{\alpha}_2,\boldsymbol{\alpha}_3)\begin{pmatrix}x_1\\x_2\\x_3\end{pmatrix}=\boldsymbol{AX},$$

所以 $\boldsymbol{X}=\boldsymbol{A}^{-1}\boldsymbol{E\alpha}=\boldsymbol{A}^{-1}\boldsymbol{\alpha}=\begin{pmatrix}1\\1\\2\end{pmatrix}$.

## 习题 4.5

1. 证明:三维行向量空间 $\mathbf{R}^3$ 中的向量集 $V=\{(x,y,z)\mid x+y+z=0\}$是向量空间,并求出它的维数和一个基.

2. 已知 $\boldsymbol{\alpha}_1=(1,2,3)^{\mathrm{T}},\boldsymbol{\alpha}_2=(-4,5,6)^{\mathrm{T}},\boldsymbol{\alpha}_3=(7,-8,9)^{\mathrm{T}}$,

证明:$\boldsymbol{\alpha}_1,\boldsymbol{\alpha}_2,\boldsymbol{\alpha}_3$ 是 $\mathbf{R}^3$ 的一个基,并求 $\boldsymbol{\alpha}=(5,-12,3)$在这个基中的坐标.

3. 试证：由 $\boldsymbol{\alpha}_1=(0,1,1)^{\mathrm{T}}$，$\boldsymbol{\alpha}_2=(1,0,1)^{\mathrm{T}}$，$\boldsymbol{\alpha}_3=(1,1,0)^{\mathrm{T}}$ 所生成的向量空间就是 $\mathbf{R}^3$.

4. 证明：向量空间 $V$ 的任何两个基所含向量个数相同.

## 本章小结

1. 知识结构图

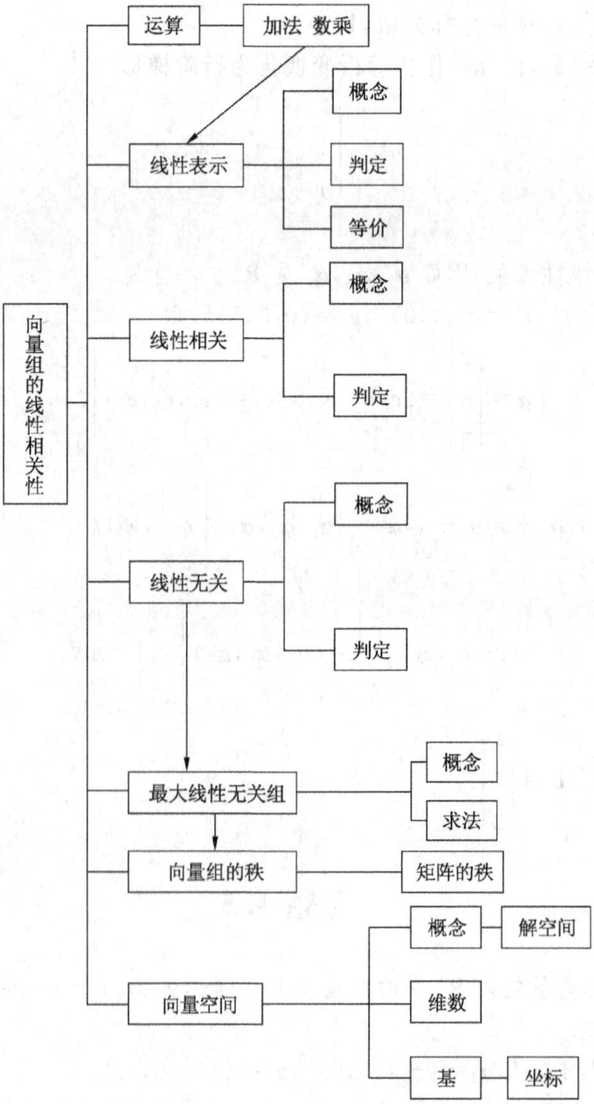

2. 学习要求

(1) 理解 $n$ 维向量、向量的线性组合与线性表示的概念.

(2) 理解向量组线性相关、线性无关的概念,掌握向量组线性相关、线性无关的有关性质及判别法.

(3) 理解向量组的最大无关组和向量组秩的概念,会求向量组的最大无关组及秩.

(4) 理解向量组等价的概念,理解矩阵的秩与其行(列)向量组的秩之间的关系.

(5) 了解 $n$ 维向量空间,基、维数、坐标等概念.

3. 复习思考题

(1) 将下列各题中的向量 $\boldsymbol{\beta}$ 表示为其他向量的线性组合:

① $\boldsymbol{\beta}=(1,2,1,1)^{\mathrm{T}}$, $\boldsymbol{\alpha}_1=(1,1,1,1)^{\mathrm{T}}$, $\boldsymbol{\alpha}_2=(1,1,-1,-1)^{\mathrm{T}}$, $\boldsymbol{\alpha}_3=(1,-1,1,-1)^{\mathrm{T}}$, $\boldsymbol{\alpha}_4=(1,-1,-1,1)^{\mathrm{T}}$;

② $\boldsymbol{\beta}=(0,0,0,1)^{\mathrm{T}}$, $\boldsymbol{\alpha}_1=(1,1,0,1)^{\mathrm{T}}$, $\boldsymbol{\alpha}_2=(2,1,3,1)^{\mathrm{T}}$, $\boldsymbol{\alpha}_3=(1,1,0,0)^{\mathrm{T}}$, $\boldsymbol{\alpha}_4=(0,1,-1,-1)^{\mathrm{T}}$.

(2) 设向量 $\boldsymbol{\alpha}_1=(1,4,0,2)^{\mathrm{T}}$, $\boldsymbol{\alpha}_2=(2,7,1,3)^{\mathrm{T}}$, $\boldsymbol{\alpha}_3=(0,1,-1,a)^{\mathrm{T}}$, $\boldsymbol{\beta}=(3,10,b,4)^{\mathrm{T}}$:

① 当 $a,b$ 取何值时,$\boldsymbol{\beta}$ 不能由 $\boldsymbol{\alpha}_1,\boldsymbol{\alpha}_2,\boldsymbol{\alpha}_3$ 线性表示?

② 当 $a,b$ 取何值时,$\boldsymbol{\beta}$ 可由 $\boldsymbol{\alpha}_1,\boldsymbol{\alpha}_2,\boldsymbol{\alpha}_3$ 线性表示,并求出相应的表示式.

(3) 已知向量组 $\boldsymbol{A}$:$\boldsymbol{\alpha}_1=(0,1,1)^{\mathrm{T}}$, $\boldsymbol{\alpha}_2=(1,1,0)^{\mathrm{T}}$,

向量组 $\boldsymbol{B}$:$\boldsymbol{\beta}_1=(-1,0,1)^{\mathrm{T}}$, $\boldsymbol{\beta}_2=(1,2,1)^{\mathrm{T}}$, $\boldsymbol{\beta}_3=(3,2,-1)^{\mathrm{T}}$.

证明:向量组 $\boldsymbol{A}$ 与向量组 $\boldsymbol{B}$ 等价.

(4) 判定下列向量组是否线性相关:

① $\boldsymbol{\alpha}_1=(1,1,0)$, $\boldsymbol{\alpha}_2=(0,1,1)$, $\boldsymbol{\alpha}_3=(1,0,1)$;

② $\boldsymbol{\alpha}_1=(2,3,0)$, $\boldsymbol{\alpha}_2=(-1,4,0)$, $\boldsymbol{\alpha}_3=(0,0,2)$.

(5) 求出 $\boldsymbol{\alpha}_1=(2,2,4,a)$, $\boldsymbol{\alpha}_2=(-1,0,2,b)$, $\boldsymbol{\alpha}_3=(3,2,2,c)$, $\boldsymbol{\alpha}_4=(1,6,7,d)$线性相关的充分必要条件.

(6) 已知向量组 $\boldsymbol{\alpha}_1=(k,2,1)^{\mathrm{T}}$, $\boldsymbol{\alpha}_2=(2,k,0)^{\mathrm{T}}$, $\boldsymbol{\alpha}_3=(1,-1,1)^{\mathrm{T}}$,试求 $k$ 为何值时,向量组 $\boldsymbol{\alpha}_1,\boldsymbol{\alpha}_2,\boldsymbol{\alpha}_3$ 线性相关? 线性无关?

(7) 设 $\boldsymbol{\alpha}_1=(6,a+1,3)^{\mathrm{T}}$, $\boldsymbol{\alpha}_2=(a,2,-2)^{\mathrm{T}}$, $\boldsymbol{\alpha}_3=(a,1,0)^{\mathrm{T}}$, $\boldsymbol{\alpha}_4=(0,1,a)^{\mathrm{T}}$,问:

① $a$ 为何值时,$\boldsymbol{\alpha}_1,\boldsymbol{\alpha}_2$ 线性相关? 线性无关?

② $a$ 为何值时,$\boldsymbol{\alpha}_1,\boldsymbol{\alpha}_2,\boldsymbol{\alpha}_3$ 线性相关? 线性无关?

③ $a$ 为何值时,$\boldsymbol{\alpha}_1,\boldsymbol{\alpha}_2,\boldsymbol{\alpha}_3,\boldsymbol{\alpha}_4$ 线性相关? 线性无关?

(8) 求下列各向量组的秩及一个最大无关组,并用最大无关组表示组中其他向量:

① $\boldsymbol{\alpha}_1=(1,1,-2,1)^{\mathrm{T}}$, $\boldsymbol{\alpha}_2=(0,-1,3,4)^{\mathrm{T}}$, $\boldsymbol{\alpha}_3=(5,2,1,3)^{\mathrm{T}}$;

② $\boldsymbol{\alpha}_1=(1,1,2,3)^{\mathrm{T}}$, $\boldsymbol{\alpha}_2=(1,-1,1,1)^{\mathrm{T}}$, $\boldsymbol{\alpha}_3=(1,3,3,5)^{\mathrm{T}}$, $\boldsymbol{\alpha}_4=(4,-2,5,6)^{\mathrm{T}}$, $\boldsymbol{\alpha}_5=(-3,-1,-5,-7)^{\mathrm{T}}$.

(9) 设向量组$(a,3,1)^T,(2,b,3)^T,(1,2,1)^T,(2,3,1)^T$的秩为2,求$a,b$.

(10) 求下列齐次方程组的一个基础解系:

① $\begin{cases} x_1+x_2+x_3+x_4=0, \\ 2x_1+3x_2+x_3+x_4=0, \\ 2x_1+x_2-x_3=0, \\ x_1+x_2-x_3+2x_4=0, \end{cases}$ ② $\begin{cases} 3x_1+2x_2+x_3+3x_4+5x_5=0, \\ 6x_1+4x_2+3x_3+5x_4+7x_5=0, \\ 9x_1+6x_2+5x_3+7x_4+9x_5=0, \\ 3x_1+2x_2+4x_4+8x_5=0. \end{cases}$

(11) 求下列线性方程组的全部解,并用对应导出组的基础解系表示.

① $\begin{cases} x_1-5x_2+2x_3-3x_4=11, \\ 5x_1+3x_2+6x_3-x_4=-1, \\ 2x_1+4x_2+2x_3+x_4=-6, \end{cases}$ ② $\begin{cases} x_1+x_2+x_3+x_4+x_5=7, \\ 3x_1+2x_2+x_3+x_4-3x_5=-2, \\ x_2+2x_3+2x_4+6x_5=23, \\ 5x_1+4x_2-3x_3+3x_4-x_5=12. \end{cases}$

(12) $a,b$取何值时,下列方程组有唯一解,无解,无穷多解?在有无穷多解时,求出其通解:

$$\begin{cases} ax_1+x_2+x_3=4, \\ x_1+bx_2+x_3=3, \\ x_1+2bx_2+x_3=4. \end{cases}$$



(13) 设线性方程组$\begin{cases} x_1+x_2+x_3=0 \\ x_1+2x_2+ax_3=0 \\ x_1+4x_2+a^2x_3=0 \end{cases}$与方程组$x_1+2x_2+x_3=a-1$有公共解,求$a$的值及所有公共解.

(14) 证明:$\boldsymbol{\alpha}_1=(1,1,0),\boldsymbol{\alpha}_2=(0,0,2),\boldsymbol{\alpha}_3=(0,3,2)$为$\mathbf{R}^3$的基,并求$\boldsymbol{\beta}=(5,9,-2)$在此基下的坐标.

(15) 设$\boldsymbol{\alpha}_1,\boldsymbol{\alpha}_2,\cdots,\boldsymbol{\alpha}_n$是$n$维列向量空间$\mathbf{R}^n$的一个基,$\boldsymbol{A}$是任意一个$n$阶可逆矩阵,证明:$n$维列向量$\boldsymbol{A}\boldsymbol{\alpha}_1,\boldsymbol{A}\boldsymbol{\alpha}_2,\cdots,\boldsymbol{A}\boldsymbol{\alpha}_n$一定是$\mathbf{R}^n$的基.

# 第 5 章　相似矩阵与二次型

凯利(Arthur Cayley,1821—1895),英国数学家,矩阵论的创立者.他给出了方阵的特征方程和特征根(特征值)的一些结论.

他首创代数不变式的符号表示法,给代数形式以几何解释,然后再用代数观点去研究几何学.他第一次引入 $n$ 维空间概念,详细讨论了四维空间的性质,为复数理论提供佐证,并为射影几何开辟了道路.他还首先引入矩阵概念以化简记号,规定了矩阵的符号及名称,讨论矩阵性质,得到凯利-哈密顿定理,因而成为矩阵理论的先驱.在剑桥,获数学荣誉会考一等第一名,并获得 Smith 奖.



## 5.1　方阵的特征值与特征向量

在工程技术及物理科学的许多问题中,存在找矩阵方程 $\boldsymbol{AX}=\lambda\boldsymbol{X}$ 的非零解这类问题.又如工程技术中振动问题和稳定性问题,常可归结为求一个方阵的特征值和特征向量问题.数学中有关方阵的对角化和二次型分类等问题,也都要用到特征值的理论.

### 5.1.1　方阵 A 的特征值与特征向量

**定义 1**　设方阵 $\boldsymbol{A}=(a_{ij})_{n\times n}$,若存在数 $\lambda$ 及 $n$ 维列向量 $\boldsymbol{X}\neq\boldsymbol{0}$,使得

$$\boldsymbol{AX}=\lambda\boldsymbol{X},$$

则称数 $\lambda$ 是 $\boldsymbol{A}$ 的一个特征值,$\boldsymbol{X}\neq\boldsymbol{0}$ 称为 $\boldsymbol{A}$ 的特征值 $\lambda$ 对应的特征向量.

**注**　特征值问题是针对方阵而言,特征向量必须是非零向量;特征向量既依赖于矩阵 $\boldsymbol{A}$,又依赖于特征值 $\lambda$.

$\boldsymbol{AX}=\lambda\boldsymbol{X}$ 也可以写成 $(\boldsymbol{A}-\lambda\boldsymbol{E})\boldsymbol{X}=\boldsymbol{0}$ 或 $(\lambda\boldsymbol{E}-\boldsymbol{A})\boldsymbol{X}=0$,这是 $n$ 个未知数 $n$ 个方程的齐次线性方程组.

**定义 2** 称 $f(\lambda)=|\lambda\boldsymbol{E}-\boldsymbol{A}|=\begin{vmatrix}\lambda-a_{11} & -a_{12} & \cdots & -a_{1n}\\ -a_{21} & \lambda-a_{22} & \cdots & -a_{2n}\\ \vdots & \vdots & & \vdots\\ -a_{n1} & -a_{n2} & \cdots & \lambda-a_{nn}\end{vmatrix}$

$$=\lambda^n+a_1\lambda^{n-1}+\cdots+a_{n-1}\lambda+a_n$$
$$=(\lambda-\lambda_1)(\lambda-\lambda_2)\cdots(\lambda-\lambda_n)$$

为 $\boldsymbol{A}$ 的特征多项式,其中 $n$ 个根 $\lambda_1,\lambda_2,\cdots,\lambda_n$ 为 $\boldsymbol{A}$ 的 $n$ 个特征值(包括重根,复根),$\lambda\boldsymbol{E}-\boldsymbol{A}$ 称为 $\boldsymbol{A}$ 的特征矩阵.

由上所述可知特征矩阵、特征值、特征向量之间有关系如下:

**定理 1** $\boldsymbol{X}_1,\boldsymbol{X}_2,\cdots,\boldsymbol{X}_n$ 为 $\boldsymbol{A}$ 的属于 $\lambda_1,\lambda_2,\cdots,\lambda_n$ 的特征向量的充分必要条件是齐次方程组 $(\lambda_i\boldsymbol{E}-\boldsymbol{A})\boldsymbol{X}=\boldsymbol{0}$ 有非零解.

根据上述定理可得到求 $n$ 阶矩阵 $\boldsymbol{A}$ 的特征值、特征向量的一般步骤为:

(1)由特征多项式 $|\lambda\boldsymbol{E}-\boldsymbol{A}|=0$,求出特征值 $\lambda_1,\lambda_2,\cdots,\lambda_n$;

(2)对每一个 $\lambda_i$,由齐次方程组 $(\lambda_i\boldsymbol{E}-\boldsymbol{A})\boldsymbol{X}=\boldsymbol{0}$,解得的非零解集就是 $\lambda_i$ 对应的特征向量.



**例 1** 求 $\boldsymbol{A}=\begin{pmatrix}3 & -1\\ -1 & 3\end{pmatrix}$ 的特征值及特征向量.

**解** $\boldsymbol{A}$ 的特征多项式为 $|\lambda\boldsymbol{E}-\boldsymbol{A}|=\begin{vmatrix}\lambda-3 & 1\\ 1 & \lambda-3\end{vmatrix}=(\lambda-3)^2-1$

$$=8-6\lambda+\lambda^2=(4-\lambda)(2-\lambda).$$

所以 $\boldsymbol{A}$ 的特征值为 $\lambda_1=2,\lambda_2=4$.

当 $\lambda_1=2$ 时,对应的特征向量应满足

$$\begin{pmatrix}2-3 & 1\\ 1 & 2-3\end{pmatrix}\begin{pmatrix}x_1\\ x_2\end{pmatrix}=\begin{pmatrix}0\\ 0\end{pmatrix},\ 即\begin{cases}x_1-x_2=0,\\ -x_1+x_2=0.\end{cases}$$

解得 $x_1=x_2$,得基础解系 $\boldsymbol{X}_1=\begin{pmatrix}1\\ 1\end{pmatrix}$,所以 $\lambda_1=2$ 对应的全部特征向量取为 $k_1\boldsymbol{X}_1\neq\boldsymbol{0}$.

当 $\lambda_2=4$ 时,

$$\begin{pmatrix}3-4 & -1\\ -1 & 3-4\end{pmatrix}\begin{pmatrix}x_1\\ x_2\end{pmatrix}=\begin{pmatrix}0\\ 0\end{pmatrix},\ 即\begin{pmatrix}-1 & -1\\ -1 & -1\end{pmatrix}\begin{pmatrix}x_1\\ x_2\end{pmatrix}=\begin{pmatrix}0\\ 0\end{pmatrix},$$

得基础解系 $\boldsymbol{X}_2=\begin{pmatrix}-1\\ 1\end{pmatrix}$,所以 $\lambda_1=4$ 对应的全部特征向量取为 $k_2\boldsymbol{X}_2\neq\boldsymbol{0}$.

### 5.1.2 特征值与特征向量的性质

矩阵的特征向量总是相对于矩阵的特征值而言,一个特征值具有的特征向量可以不唯

一,但一个特征向量不能属于不同的特征值.

1. 特征值的性质

设 $\boldsymbol{A}=(a_{ij})_{n\times n}$ 的 $n$ 个特征值为 $\lambda_1,\lambda_2,\cdots,\lambda_n$,则

(1) $|\boldsymbol{A}|=\lambda_1\lambda_2\cdots\lambda_n=\prod\limits_{i=1}^{n}\lambda_i$;

(2) $a_{11}+a_{22}+\cdots+a_{nn}=\lambda_1+\lambda_2+\cdots+\lambda_n$. ($\mathrm{tr}(\boldsymbol{A})=\sum\limits_{i=1}^{n}a_{ii}=\sum\limits_{i=1}^{n}\lambda_i$, $\mathrm{tr}(\boldsymbol{A})$ 称为 $\boldsymbol{A}$ 的迹)

由(1)可知:$\boldsymbol{A}$ 可逆$\Leftrightarrow|\boldsymbol{A}|\neq0\Leftrightarrow\boldsymbol{A}$ 的 $n$ 个特征值非零.

2. 特征向量的性质

(1) 设 $\boldsymbol{A}$ 的特征值 $\lambda_0$ 对应的特征向量为 $\boldsymbol{X}_1$, $\boldsymbol{X}_2$,则其非零的线性组合 $k_1\boldsymbol{X}_1+k_2\boldsymbol{X}_2$ 仍为 $\lambda_0$ 的特征向量.

(2) $\boldsymbol{A}$ 的不同特征值对应的特征向量是线性无关的.

(3) 设 $\boldsymbol{A}$ 的两不同特征值 $\lambda_1\neq\lambda_2$,又设 $\lambda_1$ 的无关特征向量为 $\boldsymbol{X}_1,\boldsymbol{X}_2,\cdots,\boldsymbol{X}_r$,$\lambda_2$ 的无关特征向量为 $\boldsymbol{Y}_1,\boldsymbol{Y}_2,\cdots,\boldsymbol{Y}_s$,则 $\boldsymbol{X}_1,\boldsymbol{X}_2,\cdots,\boldsymbol{X}_r,\boldsymbol{Y}_1,\boldsymbol{Y}_2,\cdots,\boldsymbol{Y}_s$ 线性无关.

**例 2**　$\boldsymbol{A}=\begin{pmatrix}0&0&1\\a&1&0\\1&0&b\end{pmatrix}$,若 $\boldsymbol{X}=\begin{pmatrix}1\\2\\2\end{pmatrix}$ 是 $\boldsymbol{A}$ 的一个特征向量,求 $a,b$ 及 $\boldsymbol{X}$ 对应的特征值 $\lambda$.

**解**　由 $\boldsymbol{AX}=\lambda\boldsymbol{X}$ 可知

$$\begin{pmatrix}0&0&1\\a&1&0\\1&0&b\end{pmatrix}\begin{pmatrix}1\\2\\2\end{pmatrix}=\lambda\begin{pmatrix}1\\2\\2\end{pmatrix},$$

则 $\lambda=2,a=2,b=\dfrac{3}{2}$.

**例 3**　设 $\lambda$ 是矩阵 $\boldsymbol{A}$ 的一个特征值,对应的特征向量为 $\boldsymbol{X}$,证明如下结论:

(1) $k\lambda$ 是 $k\boldsymbol{A}$ 的一个特征值.

(2) $\lambda^2$ 是 $\boldsymbol{A}^2$ 的一个特征值.

**证**　(1) 因为 $\lambda$ 是矩阵 $\boldsymbol{A}$ 的一个特征值,$\boldsymbol{AX}=\lambda\boldsymbol{X}$,则 $(kA)\boldsymbol{X}=(k\lambda)\boldsymbol{X}$,所以 $k\lambda$ 是 $k\boldsymbol{A}$ 的一个特征值.

(2) 因为 $\boldsymbol{A}^2\boldsymbol{X}=\boldsymbol{A}(\boldsymbol{AX})=\boldsymbol{A}(\lambda\boldsymbol{X})=\lambda(\boldsymbol{AX})=\lambda^2\boldsymbol{X}$,所以 $\lambda^2$ 是 $\boldsymbol{A}^2$ 的一个特征值.

## 习题 5.1

1. 设 $\lambda$ 为矩阵 $\boldsymbol{A}$ 的特征值,且 $\lambda\neq0$,试证 $\dfrac{|\boldsymbol{A}|}{\lambda}$ 为 $\boldsymbol{A}^*$ 的特征值.

2. 设 $A=\begin{pmatrix}1&2&3\\-1&x&2\\0&0&1\end{pmatrix}$,已知 $A$ 的特征值为 2,1,3,则 $x$ 是多少?

3. 设 $\lambda_1,\lambda_2$ 都为 $n$ 阶矩阵 $A$ 的特征值($\lambda_1\neq\lambda_2$),且 $x_1,x_2$ 分别为对应于 $\lambda_1,\lambda_2$ 的特征向量,则当满足什么条件时,$x=k_1x_1+k_2x_2$ 必为 $A$ 的特征向量?

4. 已知矩阵 $\begin{pmatrix}22&30\\-12&x\end{pmatrix}$,有一个特征向量 $\begin{pmatrix}-5\\3\end{pmatrix}$,则 $x$ 是多少?

5. 设矩阵 $A=\begin{pmatrix}-2&1&1\\0&2&0\\-4&1&3\end{pmatrix}$,求 $A$ 的特征值及特征向量.

## 5.2 矩阵的相似和对角化

上节介绍了求一个方阵的特征值和特征向量的方法,但并不知道计算它们有什么用.该如何理解特征值和特征向量呢?

### 5.2.1 两矩阵相似



**定义 1** 设 $A,B$ 为 $n$ 阶方阵,若有可逆阵 $P$,使得 $P^{-1}AP=B$,称 $A$ 与 $B$ 相似,记为 $A\sim B$,矩阵 $P$ 称为相似变换阵.

例如:设 $A=\begin{pmatrix}2&-1&0\\1&1&0\\0&2&-2\end{pmatrix}$,$P=\begin{pmatrix}1&1&0\\1&0&1\\1&-1&1\end{pmatrix}$,则 $P^{-1}=\begin{pmatrix}1&-1&1\\0&1&-1\\-1&2&-1\end{pmatrix}$,则有

$$P^{-1}AP=\begin{pmatrix}-1&3&-2\\2&-1&1\\3&-2&3\end{pmatrix}=B,$$

说明 $A\sim B$.

相似矩阵有如下性质:

若 $P^{-1}AP=B$,则

(1) 反身性:$A\sim A$;

(2) 对称性:若 $A\sim B$,则也有 $B\sim A$;

(3) 传递性:若 $A\sim B$,$B\sim C$,则有 $A\sim C$;

(4) $|A|=|B|$;

(5) $A$ 与 $B$ 的特征值相同,即 $|\lambda E-A|=|\lambda E-B|$.(相似矩阵的特征多项式相同)

性质 5 说明,一个矩阵 $A$ 经过相似变换($A\rightarrow B=P^{-1}AP$),则 $A$ 的特征值不变.

(6) $\mathrm{tr}(\boldsymbol{A})=\mathrm{tr}(\boldsymbol{B})$(迹相等).

**注**　特征值相同的两矩阵不一定相似.

**例 1**　方阵 $\boldsymbol{A}$ 与 $\boldsymbol{B}$ 相似,即 $\boldsymbol{P}^{-1}\boldsymbol{A}\boldsymbol{P}=\boldsymbol{B}$,$\boldsymbol{X}_0$ 是 $\boldsymbol{A}$ 的特征值 $\lambda_0$ 对应的特征向量,证明 $\boldsymbol{P}^{-1}\boldsymbol{X}_0$ 是 $\boldsymbol{B}$ 对应于 $\lambda_0$ 的特征向量.

**证**　因为 $\boldsymbol{A}\boldsymbol{X}_0=\lambda_0\boldsymbol{X}_0$,$\boldsymbol{P}^{-1}\boldsymbol{A}\boldsymbol{X}_0=\lambda_0\boldsymbol{P}^{-1}\boldsymbol{X}_0=\boldsymbol{B}\boldsymbol{P}^{-1}\boldsymbol{X}_0$,所以 $\boldsymbol{P}^{-1}\boldsymbol{X}_0$ 是 $\boldsymbol{B}$ 对应于 $\lambda_0$ 的特征向量.

**例 2**　设 $\boldsymbol{A}=\begin{pmatrix}1&0&0\\2&4&y\\3&2&x\end{pmatrix}$ 与 $\boldsymbol{B}=\begin{pmatrix}1&0&0\\0&2&0\\0&0&3\end{pmatrix}$ 相似,求 $x,y$.

**解**　因为 $\mathrm{tr}(\boldsymbol{B})=6$,由性质(6)知 $x=1$;由性质(4)知 $y=-1$.

### 5.2.2　方阵 A 对角化问题

讨论一个 $n$ 阶矩阵相似的问题,希望相似的矩阵有最简单的形式——对角矩阵,即是 $n$ 阶矩阵相似于一个对角矩阵的问题.$n$ 阶矩阵 $\boldsymbol{A}$ 若能相似于一个对角阵,称 $\boldsymbol{A}$ 可以对角化.

**定义 2**　$\boldsymbol{A}$ 为 $n$ 阶方阵,若存在可逆阵 $\boldsymbol{P}$,使得

$$\boldsymbol{P}^{-1}\boldsymbol{A}\boldsymbol{P}=\begin{pmatrix}\lambda_1&&&\\&\lambda_2&&\\&&\ddots&\\&&&\lambda_n\end{pmatrix},$$

称 $\boldsymbol{A}$ 可相似于对角阵,或 $\boldsymbol{A}$ 可对角化.记 $\boldsymbol{P}^{-1}\boldsymbol{A}\boldsymbol{P}=\mathrm{diag}(\lambda_1,\lambda_2,\cdots,\lambda_n)$ 或 $\Lambda$.

**定理 1**　$n$ 阶方阵 $\boldsymbol{A}$ 相似于对角矩阵的充要条件是 $\boldsymbol{A}$ 具有 $n$ 个线性无关的特征向量.若 $\boldsymbol{A}$ 可对角化,即

$$\boldsymbol{P}^{-1}\boldsymbol{A}\boldsymbol{P}=\begin{pmatrix}\lambda_1&&&\\&\lambda_2&&\\&&\ddots&\\&&&\lambda_n\end{pmatrix}.$$

其中对角线上的 $\lambda_i$ 是 $\boldsymbol{A}$ 的 $n$ 个特征值,矩阵 $\boldsymbol{P}$ 的 $n$ 个列 $\boldsymbol{P}=(\boldsymbol{X}_1,\boldsymbol{X}_2,\cdots,\boldsymbol{X}_n)$ 是对应于 $\boldsymbol{A}$ 的 $n$ 个特征值的线性无关的特征向量.

由此,$\boldsymbol{A}$ 对角化问题转化为求特征值与特征向量的问题.

**推论 1**　若 $n$ 阶方阵 $\boldsymbol{A}$ 有 $n$ 个相异的特征值,则 $\boldsymbol{A}$ 可对角化.

**推论 2**　若方阵 $\boldsymbol{A}$ 的每一个 $k_i$ 重特征值有 $k_i$ 个线性无关的特征向量,则 $\boldsymbol{A}$ 可对角化.

**例 3**　下面矩阵 $\boldsymbol{A}$ 必相似于对角阵

$$A=\begin{pmatrix} a_1 & 1 & 1 & 0 \\ & a_2 & 2 & 2 \\ & & a_3 & 3 \\ & & & a_4 \end{pmatrix}(a_1,a_2,a_3,a_4\text{ 互异}).$$

**例 4** 设矩阵

$$A=\begin{pmatrix} 3 & 2 & -2 \\ -k & -1 & k \\ 4 & 2 & -3 \end{pmatrix}$$

当 $k$ 取何值时，$A$ 相似于对角矩阵？在 $A$ 可对角化时，求可逆矩阵 $P$，使 $P^{-1}AP$ 成对角矩阵.

**解** 先求 $A$ 的特征值. 由

$$|\lambda E-A|=\begin{vmatrix} \lambda-3 & -2 & 2 \\ k & \lambda+1 & -k \\ -4 & -2 & \lambda+3 \end{vmatrix} \xlongequal{c_3+c_1} \begin{vmatrix} \lambda-1 & -2 & 2 \\ 0 & \lambda+1 & -k \\ \lambda-1 & -2 & \lambda+3 \end{vmatrix}$$

$$=(\lambda-1)\begin{vmatrix} 1 & -2 & 2 \\ 0 & \lambda+1 & -k \\ 1 & -2 & \lambda+3 \end{vmatrix} \xlongequal{-r_1+r_3} (\lambda-1)\begin{vmatrix} 1 & -2 & 2 \\ 0 & \lambda+1 & -k \\ 0 & 0 & \lambda+1 \end{vmatrix}$$

$$=(\lambda+1)^2(\lambda-1)=0,$$



得 $A$ 的全部特征值为 $\lambda_1=\lambda_2=-1,\lambda_3=1$. $A$ 只有一个重特征值 $-1$，故由定理 1 的推论可知，$A$ 可对角化 $\Leftrightarrow$ 属于 2 重特征值 $-1$ 的线性无关特征向量正好有 2 个 $\Leftrightarrow$ 齐次线性方程组 $(-I-A)X=0$ 的基础解系含 2 个解向量 $\Leftrightarrow 3-\mathrm{tr}(-E-A)=2 \Leftrightarrow \mathrm{tr}(-E-A)=1$，而矩阵

$$(-E-A)=\begin{pmatrix} -4 & -2 & 2 \\ k & 0 & -k \\ -4 & -2 & 2 \end{pmatrix}\rightarrow\begin{pmatrix} -4 & -2 & 2 \\ k & 0 & -k \\ 0 & 0 & 0 \end{pmatrix}$$

的秩为 1（当且仅当 $k=0$），故当且仅当 $k=0$ 时 $A$ 可对角化.

当 $k=0$ 时，矩阵 $A=\begin{pmatrix} 3 & 2 & -2 \\ 0 & -1 & 0 \\ 4 & 2 & -3 \end{pmatrix}$. 计算可得 $A$ 的对应于特征值 $\lambda_1=\lambda_2=-1$ 的线性无关特征向量可取为

$$\xi_1=(1,-2,0)^{\mathrm{T}},\ \xi_2=(1,0,2)^{T},$$

对应于 $\lambda_3=1$ 的特征值的特征向量可取为 $\xi_3=(1,0,1)^{\mathrm{T}}$.

故所求的可逆矩阵可取为

$$P=(\xi_1,\xi_2,\xi_3)=\begin{pmatrix} 1 & 1 & 1 \\ -2 & 0 & 0 \\ 0 & 2 & 1 \end{pmatrix},$$

它使得 $P^{-1}AP=\mathrm{diag}(-1,-1,1)$..

## 习题 5.2

1. 求 $A=\begin{pmatrix}2&-2&0\\-2&1&-2\\0&-2&0\end{pmatrix}$ 的特征值及对应的特征向量.

2. 设 $A=\begin{pmatrix}0&10&6\\1&-3&-3\\-2&10&8\end{pmatrix}$，求可逆阵 $P$，使得 $P^{-1}AP$ 为对角阵.

3. 设 $A=\begin{pmatrix}3&4&0&0\\4&-3&0&0\\0&0&1&1\\0&0&0&1\end{pmatrix}$，求 $A^n$.

4. 若三阶方阵 $A$ 的特征值为 $\lambda_1=6,\lambda_2=\lambda_3=3$，其对应的特征向量为 $\alpha_1=(1,1,1)^T$，$\alpha_2=(-1,0,1)^T$，$\alpha_3=(1,-2,1)^T$，求 $A$，$|A^5|$.

5. 设 $A=\begin{pmatrix}1&a&1\\a&1&b\\1&b&1\end{pmatrix}$ 与 $B=\begin{pmatrix}0&0&0\\0&1&0\\0&0&2\end{pmatrix}$ 相似，求：

(1) $a,b$ 的值；(2) 求可逆阵 $P$，使得 $P^{-1}AP=B$.

6. 已知 $\alpha=\begin{pmatrix}1\\1\\-1\end{pmatrix}$ 是 $A=\begin{pmatrix}2&-1&2\\5&a&3\\-1&b&-2\end{pmatrix}$ 的一个特征向量.

(1) 试确定参数 $a,b$ 及特征向量 $\alpha$ 所对应的特征值；

(2) 问 $A$ 能否相似于对角阵？说明理由.

## 5.3　二次型的标准形

二次型就是二次齐次多项式，它起源于几何学中二次曲线方程和二次曲面方程化为标准形问题的研究.

### 5.3.1　二次型及其对应的矩阵

在解析几何中，通过适当的坐标变换，把非标准曲线 $ax^2+bxy+cy^2=1$ 化为标准曲线 $a'x'^2+b'y'^2=1$，我们就可以识别圆锥曲线及它的特征（焦点、中心、轴）；通过适当坐标变换，把非标准曲面 $ax^2+by^2+cz^2+dxy+exz+fyz=1$ 化为标准曲面 $a'x'^2+b'y'^2+c'z'^2=1$，可以方便研究其几何性质.

上述标准曲线或曲面是一个二次齐次多项式，从代数观点看，可用一个可逆线性变换化简一个二次齐次多项式，使它仅含新变量的平方项.

**定义 1** $n$ 个变量 $x_1, x_2, \cdots, x_n$ 的二次齐次多项式，称为 $n$ 元二次型，一般表示为

$$\begin{aligned} f(x_1,\cdots,x_n) &= \sum_{i=1}^{n}\sum_{j=1}^{n} a_{ij}x_iy_j \\ &= a_{11}x_1^2+a_{12}x_1x_2+\cdots+a_{1n}x_1x_n \\ &\quad +a_{21}x_2x_1+a_{22}x_2^2+\cdots+a_{2n}x_2x_n \\ &\quad +\cdots \\ &\quad +a_{n1}x_nx_1+a_{n2}x_nx_2+\cdots+a_{nn}x_n^2 \\ &= (x_1, x_2, \cdots, x_n)\begin{pmatrix} a_{11} & a_{12} & \cdots & a_{1n} \\ a_{21} & a_{22} & \cdots & a_{2n} \\ \vdots & \vdots & & \vdots \\ a_{n1} & a_{n2} & \cdots & a_{nn} \end{pmatrix}\begin{pmatrix} x_1 \\ x_2 \\ \vdots \\ x_n \end{pmatrix} \\ &= \boldsymbol{X}^{\mathrm{T}}\boldsymbol{A}\boldsymbol{X}.\text{（其中 } a_{ij}=a_{ji}\text{，即 } \boldsymbol{A} \text{ 为对称阵）} \end{aligned}$$

称 $f=\boldsymbol{X}^{\mathrm{T}}\boldsymbol{A}\boldsymbol{X}$ 为对称矩阵 $\boldsymbol{A}$ 的二次型，$\boldsymbol{A}$ 为二次型 $f$ 对应的矩阵，对称矩阵 $\boldsymbol{A}$ 的秩称为二次型 $f$ 的秩.



**例 1** 求下列二次型对应的矩阵：

(1) $f(x_1,x_2)=x_1^2+3x_1x_2+x_2^2$；

(2) $f(x,y,z)=3x^2+2xy+\sqrt{2}xz-y^2-4yz+5z^2$.

**解** (1) 因为 $f(x_1,x_1)=x_1^2+3x_1x_2+x_2^2=x_1^2+\frac{3}{2}x_1x_2+\frac{3}{2}x_1x_2+x_2^2$，所以其对应矩阵为

$$\boldsymbol{A}=\begin{pmatrix} 1 & \frac{3}{2} \\ \frac{3}{2} & 1 \end{pmatrix}.$$

(2) 因为 $f(x,y,z)=3x^2+2xy+\sqrt{2}xz-y^2-4yz+5z^2$

$$=3x^2+xy+\frac{\sqrt{2}}{2}xz+xy-y^2+xy+\frac{\sqrt{2}}{2}xz-2yz+5z^2,$$

所以相应的实对称阵为 $\begin{pmatrix} 3 & 1 & \frac{\sqrt{2}}{2} \\ 1 & -1 & -2 \\ \frac{\sqrt{2}}{2} & -2 & 5 \end{pmatrix}$.

根据定义，易知 $f(x_1,x_2,x_3,x_4)=x_1^2+x_2^2+x_3^2-x_4^2$，相应的实对称阵是一个对角阵

$$\boldsymbol{A}=\begin{pmatrix}1&0&0&0\\0&1&0&0\\0&0&1&0\\0&0&0&-1\end{pmatrix}.$$

对于 $f(x_1,x_2,x_3,x_4)=x_1x_2+2x_1x_3-4x_1x_4+3x_2x_4$，其相应的对称阵为

$$\boldsymbol{A}=\begin{pmatrix}0&1/2&1&-2\\1/2&0&0&3/2\\1&0&0&0\\-2&3/2&0&0\end{pmatrix}.$$

### 5.3.2　一般线性变换化二次型为标准形

只含平方项的二次型 $f(x_1,x_2,\cdots,x_n)=d_1x_1^2+d_2x_2^2+\cdots+d_rx_r^2(r\leqslant n)$，称为二次型的标准形.

化标准形的过程就是通过变量的线性变换化简一个二次齐次多项式，使它只含有平方项，在许多理论问题或实际问题中常会遇到.

设 $\begin{cases}x_1=p_{11}y_1+p_{12}y_2+\cdots+p_{1n}y_n,\\x_2=p_{21}y_1+p_{22}y_2+\cdots+p_{2n}y_n,\\\cdots\cdots\cdots\cdots\\x_n=p_{n1}y_1+p_{n2}y_2+\cdots+p_{nn}y_n,\end{cases}$ 记为 $\boldsymbol{X}=\boldsymbol{PY}$. 其中 $\boldsymbol{P}$ 为可逆方阵，称 $\boldsymbol{X}=\boldsymbol{PY}$ 为可逆线性变换.

**定义 2**　对于 $n$ 阶方阵 $\boldsymbol{A},\boldsymbol{B}$，若存在可逆阵 $\boldsymbol{P}$，使得 $\boldsymbol{P}^{\mathrm{T}}\boldsymbol{AP}=\boldsymbol{B}$，称 $\boldsymbol{A}$ 合同于 $\boldsymbol{B}$，或 $\boldsymbol{A}$ 与 $\boldsymbol{B}$ 合同，$\boldsymbol{X}=\boldsymbol{PY}$ 称为合同变换.

假定有适当可逆线性变换 $\boldsymbol{X}=\boldsymbol{PY}$，可把二次型 $f$ 化为标准形，则

$$f=\boldsymbol{X}^{\mathrm{T}}\boldsymbol{AX}\xlongequal{\boldsymbol{X}=\boldsymbol{PY}}\boldsymbol{Y}^{\mathrm{T}}\boldsymbol{P}^{\mathrm{T}}\boldsymbol{APY}=d_1y_1^2+d_2y_2^2+\cdots+d_ry_r^2(r\leqslant n)$$

$$=(y_1,y_2,\cdots,y_n)\begin{pmatrix}d_1&&&&&\\&\ddots&&&&\\&&d_r&&&\\&&&0&&\\&&&&\ddots&\\&&&&&0\end{pmatrix}\begin{pmatrix}y_1\\y_2\\\vdots\\y_n\end{pmatrix}$$

$$=\boldsymbol{Y}^{\mathrm{T}}\begin{pmatrix} d_1 & & & & & \\ & \ddots & & & & \\ & & d_r & & & \\ & & & 0 & & \\ & & & & \ddots & \\ & & & & & 0 \end{pmatrix}\boldsymbol{Y}$$

等价于 $\boldsymbol{P}^{\mathrm{T}}\boldsymbol{AP}$ 为对角形 $\begin{pmatrix} d_1 & & & & & \\ & \ddots & & & & \\ & & d_r & & & \\ & & & 0 & & \\ & & & & \ddots & \\ & & & & & 0 \end{pmatrix}$.

**定理 1** 秩为 $r$ 实二次型 $f=\boldsymbol{X}^{\mathrm{T}}\boldsymbol{AX}(\boldsymbol{A}^{\mathrm{T}}=\boldsymbol{A})$，存在可逆线性变换 $\boldsymbol{X}=\boldsymbol{PY}$（或合同变换），使 $f$ 化为标准形

$$f=\boldsymbol{X}^{\mathrm{T}}\boldsymbol{AX}=d_1y_1^2+d_2y_2^2+\cdots+d_ry_r^2.\ (r\leqslant n,d_i\neq 0)$$

**推论** 任给 $n$ 元二次型 $f=\boldsymbol{X}^{\mathrm{T}}\boldsymbol{AX}(\boldsymbol{A}^{\mathrm{T}}=\boldsymbol{A})$，总有可逆变换使 $f$ 为规范型.



**证** 因为 $\boldsymbol{P}^{\mathrm{T}}\boldsymbol{AP}=\begin{pmatrix} d_1 & & & & & \\ & \ddots & & & & \\ & & d_r & & & \\ & & & 0 & & \\ & & & & \ddots & \\ & & & & & 0 \end{pmatrix}$，令 $\boldsymbol{Z}=\begin{pmatrix} z_1 \\ z_2 \\ \vdots \\ z_n \end{pmatrix}$，再用一个可逆线性变换 $\boldsymbol{Y}=\boldsymbol{QZ}$，

根据定理 1 有

$$f\xlongequal{\boldsymbol{X}=\boldsymbol{PY}}X^{\mathrm{T}}AX\xlongequal{\boldsymbol{Y}=\boldsymbol{QZ}}z_1^2+\cdots+z_p^2-z_{p+1}^2-\cdots-z_r^2.\text{（规范型）}$$

称 $f=\boldsymbol{X}^{\mathrm{T}}\boldsymbol{AX}$ 的标准形中正平方项个数为二次型的正惯性指数，称负平方项个数为二次型的负惯性指数.

因此，在合同变换下不改变矩阵的对称性，也不改变矩阵的秩.

**例 2** 已知 $f(x_1,x_2,x_3)=x_1^2+5x_2^2+5x_3^2+2x_1x_2-4x_1x_3$，用配方法求可逆线性变换并化其二次型为标准形.

**解**
$$\begin{aligned} f(x_1,x_2,x_3)&=x_1^2+5x_2^2+5x_3^2+2x_1x_2-4x_1x_3\\ &=x_1^2+2x_1(x_2-2x_3)+(x_2-2x_3)^2-(x_2-2x_3)^2+5x_2^2+5x_3^2\\ &=(x_1+x_2-2x_3)^2+4x_2^2+4x_2x_3+x_3^2\\ &=(x_1+x_2-2x_3)^2+(2x_2+x_3)^2, \end{aligned}$$

取可逆线性变换$\begin{cases} y_1 = x_1 + x_2 - 2x_3, \\ y_2 = \quad\ \ 2x_2 + \ x_3, \\ y_3 = \qquad\qquad\ \ x_3, \end{cases}$可化二次型为标准形 $y_1^2 + y_2^2$.

**注**　线性变换不唯一，$f$ 的标准形也不一定唯一，但 $f$ 的标准形中正平方项个数唯一，负平方项个数唯一.

## 习题 5.3

1. 用合同变换化下列二次型为标准形，并写出相应的可逆矩阵：

(1) $f(x_1,x_2,x_3)=x_1^2+2x_2^2+2x_1x_2-2x_2x_3$;

(2) $f(x_1,x_2,x_3)=x_1^2+5x_1x_2-4x_2x_3$;

(3) $f(x_1,x_2,x_3)=x_1^2-x_3^2+2x_1x_2+2x_2x_3$;

(4) $f(x_1,x_2,x_3)=x_1x_2+x_1x_3+x_2x_3$.

2. 求下列二次型对应的矩阵：

(1) $f(x_1, x_2, x_3)=x_1^2+3x_2^2-2x_3^2$;

(2) $f(x_1, x_2, x_3)=x_1^2+3x_2^2-2x_1x_3+5x_2x_3$;

(3) $f(x_1, x_2, x_3, x_4)=x_1^2+x_2^2+x_3^2+x_4^2+x_1x_2+x_2x_3+x_3x_4$;

(4) $f(x_1, x_2, x_3)=x_1x_2+x_1x_3+x_2x_3$.

3. 用配方法求可逆线性变换化二次型为标准形：

(1) $f(x_1, x_2, x_3)=x_1^2+2x_2^2+5x_3^2+2x_1x_2+6x_2x_3+2x_1x_3$;

(2) $f(x_1, x_2, x_3)=x_1x_2+4x_1x_3+x_2x_3$.

# 5.4　正交变换化二次型为标准形

用正交变换化二次型为标准形，可以保持几何形状不变. 利用二次型可以把任何一个方阵 JORDAN 标准化，对研究矩阵是非常有用的，因此讨论化二次型为标准形的问题就成为工程数学中的一个很重要的内容.

## 5.4.1　向量的内积、长度、正交性

前面了解了向量的线性运算，方阵的相似对角化和二次型的化简的问题，对其进一步的研究和应用将涉及到向量的内积、长度及正交等重要知识，例如把一个无关组变换为一个标准正交组，下面先介绍这些知识.

设 $\boldsymbol{\alpha}=(x_1, x_2,\cdots, x_n)^{\mathrm{T}}$, $\boldsymbol{\beta}=(y_1, y_2, \cdots, y_n)^{\mathrm{T}}\in V$,

(1) 向量内积

**定义 1** $(\boldsymbol{\alpha},\boldsymbol{\beta})=x_1y_1+x_2y_2+\cdots+x_ny_n=\boldsymbol{\alpha}^{\mathrm{T}}\boldsymbol{\beta}=\boldsymbol{\beta}^{\mathrm{T}}\boldsymbol{\alpha}$，称数$(\boldsymbol{\alpha},\boldsymbol{\beta})$为向量$\boldsymbol{\alpha},\boldsymbol{\beta}$的内积(实向量空间内积).

内积性质：① $(\boldsymbol{\alpha},\boldsymbol{\beta})=(\boldsymbol{\beta},\boldsymbol{\alpha})$；

② $(\boldsymbol{\alpha}_1+\boldsymbol{\alpha}_2,\boldsymbol{\beta})=(\boldsymbol{\alpha}_1,\boldsymbol{\beta})+(\boldsymbol{\alpha}_2,\boldsymbol{\beta})$；

③ $(k\boldsymbol{\alpha},\boldsymbol{\beta})=k(\boldsymbol{\alpha},\boldsymbol{\beta})$；

④ $(\boldsymbol{\alpha},\boldsymbol{\alpha})\geqslant 0$，当$(\boldsymbol{\alpha},\boldsymbol{\alpha})=0$，则$\boldsymbol{\alpha}=\boldsymbol{0}$.

其运算将运用在向量组间正交化过程中.

(2) 向量的长度

**定义 2** $\|\boldsymbol{\alpha}\|=\sqrt{(\boldsymbol{\alpha},\boldsymbol{\alpha})}=\sqrt{x_1^2+x_2^2+\cdots+x_n^2}$称为$\boldsymbol{\alpha}$的长度.当$\|\boldsymbol{\alpha}\|=1$时，称长度为1的$\boldsymbol{\alpha}$为单位向量.

一般：$\boldsymbol{e}=\dfrac{\boldsymbol{\alpha}}{\|\boldsymbol{\alpha}\|}$就是$\boldsymbol{\alpha}$的单位向量；$\cos\theta=\dfrac{(\boldsymbol{\alpha},\boldsymbol{\beta})}{\|\boldsymbol{\alpha}\|\,\|\boldsymbol{\beta}\|}$，称$\theta$为$\boldsymbol{\alpha},\boldsymbol{\beta}$的夹角.

其运算将运用在向量组间正交化过程中的单位化.

(3) 向量的正交性

**定义 3** 设向量$\boldsymbol{\alpha},\boldsymbol{\beta}$，若$(\boldsymbol{\alpha},\boldsymbol{\beta})=0$，称$\boldsymbol{\alpha}$与$\boldsymbol{\beta}$正交，记为$\boldsymbol{\alpha}\perp\boldsymbol{\beta}$.

若向量组$\boldsymbol{\alpha}_1,\boldsymbol{\alpha}_2,\cdots,\boldsymbol{\alpha}_r$两两正交，称此向量组为正交组；又若它们都是单位向量，则称此向量组为标准(规范)正交组.



$$(\boldsymbol{\alpha}_i,\boldsymbol{\alpha}_j)=\begin{cases}1, & i=j,\\ 0, & i\neq j.\end{cases}\quad(i,j=1,2,\cdots,r)$$

要把一个无关组变换为一个标准正交组，可以采用Schmidt(施密特)正交化来实现.

**例 1** 设$\boldsymbol{\alpha}_1=\begin{pmatrix}1\\2\\-1\end{pmatrix}$，$\boldsymbol{\alpha}_2=\begin{pmatrix}-1\\3\\1\end{pmatrix}$，$\boldsymbol{\alpha}_3=\begin{pmatrix}4\\-1\\0\end{pmatrix}$，试用施密特正交化把这组向量规范正交化.

**解** 取
$$\boldsymbol{b}_1=\boldsymbol{\alpha}_1,$$

$$\boldsymbol{b}_2=\boldsymbol{\alpha}_2-\frac{(\boldsymbol{\alpha}_2,\boldsymbol{b}_1)}{\|\boldsymbol{b}_1\|^2}\boldsymbol{b}_1=\begin{pmatrix}-1\\3\\1\end{pmatrix}-\frac{4}{6}\begin{pmatrix}1\\2\\-1\end{pmatrix}=\frac{5}{3}\begin{pmatrix}-1\\1\\1\end{pmatrix},$$

$$\boldsymbol{b}_3=\boldsymbol{\alpha}_3-\frac{(\boldsymbol{\alpha}_3,\boldsymbol{b}_1)}{\|\boldsymbol{b}_1\|^2}\boldsymbol{b}_1-\frac{(\boldsymbol{\alpha}_3,\boldsymbol{b}_2)}{\|\boldsymbol{b}_2\|^2}\boldsymbol{b}_2=2\begin{pmatrix}1\\0\\1\end{pmatrix}.$$

再把它们单位化，取

$$\boldsymbol{e}_1=\frac{1}{\sqrt{6}}\begin{pmatrix}1\\2\\-1\end{pmatrix},\boldsymbol{e}_2=\frac{1}{\sqrt{3}}\begin{pmatrix}-1\\1\\1\end{pmatrix},\boldsymbol{e}_3=\frac{1}{\sqrt{2}}\begin{pmatrix}1\\0\\1\end{pmatrix}.$$

即为所求.

### 5.4.2　正交矩阵的的定义及其判定

正交矩阵作为一类特殊且常用的矩阵，在矩阵论中占有重要地位，且应用非常广泛，因此对正交矩阵的探讨具有十分重要的意义.

**定义 4**　$n$ 阶实矩阵 $\boldsymbol{A}$，若满足 $\boldsymbol{A}^{\mathrm{T}}\boldsymbol{A}=\boldsymbol{E}$，则称 $\boldsymbol{A}$ 为正交矩阵.

**性质 1**　$\boldsymbol{A}$ 为正交矩阵 $\Leftrightarrow \boldsymbol{A}^{\mathrm{T}}=\boldsymbol{A}^{-1}$.

**性质 2**　$\boldsymbol{A}$ 为正交矩阵 $\Leftrightarrow \boldsymbol{\alpha}_i^{\mathrm{T}}\boldsymbol{\alpha}_j=\begin{cases}1, i=j,\\ 0, i\neq j,\end{cases} i,j=1,2,\cdots,n$. $\boldsymbol{\alpha}_i$ 为 $\boldsymbol{A}$ 的列向量，即列正交.

**性质 3**　$\boldsymbol{A}$ 为正交矩阵 $\Leftrightarrow \boldsymbol{\beta}_i\boldsymbol{\beta}_j^{\mathrm{T}}=\begin{cases}1, i=j,\\ 0, i\neq j,\end{cases} i=j=1,2,\cdots n$. $\boldsymbol{\beta}_i$ 为 $\boldsymbol{A}$ 的行向量，即行正交.

**例 2**　若 $\boldsymbol{A}$ 为正交矩阵，则 $\det(\boldsymbol{A})=1$，或 $-1$.

**解**　对 $\boldsymbol{A}^{\mathrm{T}}\boldsymbol{A}=\boldsymbol{E}$ 两边同取行列式，可得.

**例 3**　下列矩阵哪个是正交阵?

$$\boldsymbol{A}=\frac{1}{3}\begin{pmatrix}1 & 2 & 2\\ 2 & 1 & -2\\ -2 & 2 & -1\end{pmatrix};\ \boldsymbol{B}=\begin{pmatrix}2 & 0 & 0\\ 0 & 1 & 1\\ 0 & 1 & -1\end{pmatrix}.$$

**解**　因为 $\boldsymbol{A}^{\mathrm{T}}\boldsymbol{A}=\boldsymbol{E}$，$\boldsymbol{B}^{\mathrm{T}}\boldsymbol{B}\neq\boldsymbol{E}$，所以 $\boldsymbol{A}$ 是正交矩阵，$\boldsymbol{B}$ 不是正交矩阵.

### 5.4.3　正交变换化二次型为标准形

经过正交变换后的线段长度、夹角不变，曲面的形状，大小不变. 正交变换与特征值有什么关系呢? 在处理许多问题时，常常希望通过变量的线性变换来简化有关二次型. 请看下面的主轴定理.

**定理 1**　对于任意一个给定的实二次型 $f=\boldsymbol{X}^{\mathrm{T}}\boldsymbol{A}\boldsymbol{X}$，存在正交变换 $\boldsymbol{X}=\boldsymbol{C}\boldsymbol{Y}$，使 $f$ 化为标准形 $f=\lambda_1y_1^2+\lambda_2y_2^2+\cdots+\lambda_ny_n^2$，等价于：实对称矩阵 $\boldsymbol{A}$，存在正交阵 $\boldsymbol{C}$，使

$$\boldsymbol{C}^{-1}\boldsymbol{A}\boldsymbol{C}=\boldsymbol{C}^{\mathrm{T}}\boldsymbol{A}\boldsymbol{C}=\begin{pmatrix}\lambda_1 & & \\ & \ddots & \\ & & \lambda_n\end{pmatrix}.$$

其中 $\lambda_1,\lambda_2,\cdots,\lambda_n$ 为 $\boldsymbol{A}$ 的 $n$ 个特征值，$\boldsymbol{C}$ 的 $n$ 个列 $\boldsymbol{C}=(\boldsymbol{\varepsilon}_1,\boldsymbol{\varepsilon}_2,\cdots,\boldsymbol{\varepsilon}_n)$ 是对应于特征值 $\lambda_1,\lambda_2,\cdots,\lambda_n$ 的 $n$ 个标准正交的特征向量.

由此可见把二次型化标准形问题转化为求 $\boldsymbol{A}$ 的特征问题.

实对称阵有如下性质：

① 实对称矩阵的 $n$ 个特征值皆为实数.

② 实对称阵不同特征值对应的特征向量是正交的.

③ 实对称阵必可相似于对角阵.

我们给出化二次型为标准形的一般步骤：

第一步：求出实对称阵 $\boldsymbol{A}$.

第二步：求出二次型对应的矩阵 $\boldsymbol{A}$ 的特征值 $\lambda_1,\lambda_2,\cdots,\lambda_n$.

第三步：由 $(\lambda_i\boldsymbol{E}-\boldsymbol{A})\boldsymbol{X}=0$ 解出 $\lambda_i$ 的特征向量.

① 对 $k_i$ 重根 $\lambda_i$ 若能求出 $k_i$ 个正交特征向量，则只要进行单位化；

② 若 $k_i$ 重根 $\lambda_i$ 的 $k_i$ 个特征向量不正交，则先用 Schmidt 正交化，再单位化.

第四步：把已求得的 $n$ 个标准正交特征向量排成正交阵：$\boldsymbol{C}=(\boldsymbol{C}_1,\boldsymbol{C}_2,\cdots,\boldsymbol{C}_n)$，即有 $\boldsymbol{X}=\boldsymbol{CY}$，使 $f(X)=\lambda_1y_1^2+\lambda_2y_2^2+\cdots+\lambda_ny_n^2$.

**例 4** 求一个正交变换，化二次型 $f=x_1^2+4x_2^2+4x_3^2-4x_1x_2+4x_1x_3-8x_2x_3$ 为标准型.

**解** $\boldsymbol{A}=\begin{pmatrix}1&-2&2\\-2&4&-4\\2&-4&4\end{pmatrix}$，

$$|\lambda\boldsymbol{E}-\boldsymbol{A}|=\begin{vmatrix}\lambda-1&2&-2\\2&\lambda-4&4\\-2&4&\lambda-4\end{vmatrix}\xlongequal{r_2+r_3}-\lambda\begin{vmatrix}\lambda-1&-2&2\\0&1&1\\2&-4&4-\lambda\end{vmatrix}$$

$$\xlongequal{c_3-c_2}(-\lambda)\begin{vmatrix}1-\lambda&-2&4\\0&1&0\\2&-4&8-\lambda\end{vmatrix}=-\lambda^2(\lambda-9)=0,$$

解得 $\lambda_1=0$(二重根)，$\lambda_2=9$.

对于 $\lambda_1=0$(二重根)，

$$(\lambda_1\boldsymbol{E}-\boldsymbol{A})=\begin{pmatrix}-1&2&-2\\2&-4&4\\-2&4&-4\end{pmatrix}\sim\begin{pmatrix}1&-2&2\\0&0&0\\0&0&0\end{pmatrix},$$

$$\begin{cases}x_1=2x_2-2x_3,\\x_2=\ \ x_2\qquad ,\\x_3=\qquad\ \ x_3.\end{cases}$$

$$\boldsymbol{\xi}_1=\begin{pmatrix}2\\1\\0\end{pmatrix},\ \boldsymbol{\xi}_2=\begin{pmatrix}-2\\0\\1\end{pmatrix},$$

令 $\boldsymbol{\alpha}_1=\begin{pmatrix}2\\1\\0\end{pmatrix}=\boldsymbol{\xi}_1$，$\boldsymbol{\alpha}_2=\boldsymbol{\xi}_1-c\boldsymbol{\alpha}_1$，使 $(\boldsymbol{\alpha}_2,\boldsymbol{\alpha}_1)=0$，

$$c=\frac{(\boldsymbol{\xi}_2,\boldsymbol{\alpha}_1)}{(\boldsymbol{\alpha}_1,\boldsymbol{\alpha}_1)}=-\frac{4}{5},$$

$$\boldsymbol{\alpha}_2=\begin{pmatrix}-2\\0\\1\end{pmatrix}+\frac{4}{5}\begin{pmatrix}2\\1\\0\end{pmatrix}=\begin{pmatrix}-\frac{2}{5}\\\frac{4}{5}\\1\end{pmatrix},$$

$$\boldsymbol{p}_1=\frac{\boldsymbol{\alpha}_1}{\|\boldsymbol{\alpha}_1\|}=\begin{pmatrix}\frac{2}{\sqrt5}\\\frac{1}{\sqrt5}\\0\end{pmatrix},\boldsymbol{p}_2=\frac{\boldsymbol{\alpha}_2}{\|\boldsymbol{\alpha}_2\|}=\begin{pmatrix}-\frac{2}{3\sqrt5}\\\frac{4}{3\sqrt5}\\\frac{1}{3\sqrt5}\end{pmatrix}.$$

对于 $\lambda_2=9$，

$$(\lambda_2\boldsymbol{E}-\boldsymbol{A})=\begin{pmatrix}8&2&-2\\2&5&4\\-2&4&5\end{pmatrix}\xrightarrow[r_2-4r_1]{\substack{r_1\leftrightarrow r_2\\r_3+r_1}}\begin{pmatrix}2&5&4\\0&9&9\\0&-9&-9\end{pmatrix}\xrightarrow[r_1-5r_2]{\substack{r_3+r_2\\r_2\times\left(\frac{1}{9}\right)}}\begin{pmatrix}2&0&-1\\0&1&1\\0&0&0\end{pmatrix}$$

$$\xrightarrow[r_2-r_1]{r_1\times(-1)}\begin{pmatrix}2&0&1\\-2&1&0\\0&0&0\end{pmatrix},$$

$$\begin{cases}x_1=x_1,\\x_2=2x_1,\\x_3=-2x_1,\end{cases}\quad\boldsymbol{\xi}=\begin{pmatrix}1\\2\\-2\end{pmatrix},\boldsymbol{p}_3=\begin{pmatrix}\frac{1}{3}\\\frac{2}{3}\\-\frac{2}{3}\end{pmatrix},$$

取 $\boldsymbol{P}=(\boldsymbol{p}_1,\boldsymbol{p}_2,\boldsymbol{p}_3)$.

当 $x=\boldsymbol{P}y$ 时，$f=9y_3^2$.

## 习题 5.4

1. 判断下列矩阵是否为正交阵：

$$\boldsymbol{A}_1=\begin{pmatrix}\cos\theta&-\sin\theta\\\sin\theta&\cos\theta\end{pmatrix},\ \boldsymbol{A}_2=\begin{pmatrix}1&0&0\\0&0&1\\0&1&0\end{pmatrix},\boldsymbol{A}_3=\begin{pmatrix}-1/\sqrt2&1/\sqrt6&1/\sqrt3\\1/\sqrt2&1/\sqrt6&1/\sqrt3\\0&2/\sqrt6&-1/\sqrt3\end{pmatrix}.$$

2. 已知 $A=\begin{pmatrix}1 & 3\\3 & 1\end{pmatrix}$，求正交阵 $C$，使 $C^{-1}AC=\Lambda$ 对角阵.

3. 求正交变换 $X=CY$，使二次型化为标准形：

$$f(x_1, x_2, x_3)=2x_1x_2+2x_2x_3-2x_1x_3.$$

4. 求正交变换 $X=CY$，使下面曲面化为标准曲面：

$$2x_1^2+x_2^2-4x_1x_2-4x_2x_3=1.$$

## 5.5 二次型正定性

二次型的标准形显然不是唯一的，只是标准形中所含项数是确定的. 本节研究二次齐次函数恒正值或恒负值的问题. 惯性定理反映到几何上，就是经过可逆的线性变换把二次曲线方程化成标准方程. 方程的系数与所作的线性变换有关；而曲线的类型（是椭圆型、双曲线型等）是不会因为所作的线性变换的不同而改变的.

### 5.5.1 惯性定理

**定理 1** 秩为 $r$ 的实二次型 $f=X^{\mathrm{T}}AX$ 经可逆线性变换化为标准形（规范形），则标准形中正（负）平方项数一定.



$$f=X^{\mathrm{T}}AX=y_1^2+y_2^2+\cdots+y_p^2-y_{p+1}^2-\cdots-y_r^2.$$

$p$ = 正惯性指数，$r-p$ = 负惯性指数.

这个定理称为惯性定理，这里不予证明.

科学技术上常用的 $n$ 元二次型可做如下分类：

$$f \xlongequal{\forall X\neq 0} X^{\mathrm{T}}AX \xLeftrightarrow{X=PY}$$

① $y_1^2+y_2^2+\cdots+y_n^2>0$，（正定）

② $y_1^2+\cdots+y_r^2\geqslant 0$，$r<n$，（半正定）

③ $-y_1^2-y_2^2-\cdots-y_n^2<0$，（负定）

④ $-y_1^2-\cdots-y_r^2\leqslant 0$，$r<n$，（半负定）

⑤ $y_1^2+\cdots+y_p^2-y_{p+1}^2\cdots-y_r^2$，$1<p<r\leqslant n$.（不定）

### 5.5.2 二次型正（负）定的判别

在实二次型中，正定二次型具有重要的地位，本节介绍它的定义和常用的几个判别方法.

**定义 1** $\forall X\neq 0$，恒有 $f=X^{\mathrm{T}}AX>0$，称 $f$ 正定，$A$ 正定. 若恒有 $f=X^{\mathrm{T}}AX<0$，则称 $f$ 负定，$A$ 负定.

**例 1**　(1) $f_1=x_1^2+2x_1x_2+3x_2^2+x_3^2 \xlongequal{\text{配方法}} (x_1+x_2)^2+2x_2^2+x_3^2=y_1^2+2y_2^2+y_3^2$，$\forall \boldsymbol{X}_{3\times 1}\neq 0$，$f_1>0$，故 $f$ 正定.

(2) 实二次型 $f(x_1,x_2,x_3)=x_1^2+2x_2^2+3x_3^2$ 显然为正定二次型，而 $g(x_1,x_2,x_3)=x_1^2+2x_2^2-5x_3^2$ 和 $h(x_1,x_2,x_3)=x_1^2+2x_2^2$ 就不是正定二次型，因为 $g(0,0,1)=-5<0$，$h(0,0,1)=0$.

(3) $f_2=-x_1^2+2x_1x_2-2x_2^2-x_3^2 \xlongequal{\text{配方法}} -(x_1-x_2)^2-x_2^2-x_3^2$

$$=-y_1^2-y_2^2-y_3^2<0\ (\forall \boldsymbol{X}_{3\times 1}\neq 0),$$

故 $f_2$ 是负定的.

根据定义 1，可得以下两个结论：

(1) 标准形实二次型 $f(x_1,x_2,\cdots,x_n)=k_1x_1^2+k_2x_2^2+\cdots+k_nx_n^2$ 正定的充要条件是 $k_i>0$ $(i=1,2,\cdots,n)$.

**证**　充分性. 由于 $k_1,k_2,\cdots,k_n>0$，故对于任意 $\boldsymbol{X}=(x_1,x_2,\cdots,x_n)^{\mathrm{T}}\neq 0$，必有

$$f(x_1,x_2,\cdots,x_n)=k_1x_1^2+k_22x_2^2+\cdots+k_nx_n^2>0,$$

故 $f$ 为正定二次型.

必要性. 由于 $f$ 为正定二次型，故对非零向量 $\boldsymbol{\varepsilon}_i=(0,\cdots,0,1,0,\cdots,0)^{\mathrm{T}}$，有

$$f(0,\cdots,0,1,0,\cdots,0)=k_i>0(i=1,2,\cdots,n).$$

(2) 实二次型 $f(x_1,x_2,\cdots,x_n)=\boldsymbol{X}^{\mathrm{T}}\boldsymbol{AX}$ 经可逆线性交换后其正定性不变.

**证**　设 $f$ 为正定二次型，在可逆线性变换 $\boldsymbol{X}=\boldsymbol{CY}$ 后变为

$$f(x_1,x_2,\cdots,x_n)=\boldsymbol{X}^{\mathrm{T}}\boldsymbol{AX}=\boldsymbol{Y}^{\mathrm{T}}(\boldsymbol{C}^{\mathrm{T}}\boldsymbol{AC})\boldsymbol{Y}=\boldsymbol{Y}^{\mathrm{T}}\boldsymbol{BY}=g(y_1,y_2,\cdots,y_n).$$

对于任意非零向量 $\boldsymbol{Y}=(y_1,y_2,\cdots,y_n)^{\mathrm{T}}$，由于 $\boldsymbol{C}$ 可逆，从而对应的 $\boldsymbol{X}=\boldsymbol{CY}$ 是非零向量(反证，若 $\boldsymbol{X}=\boldsymbol{0}$，则 $\boldsymbol{CY}=\boldsymbol{0}$，从而 $\boldsymbol{C}^{-1}\boldsymbol{CY}=\boldsymbol{Y}=\boldsymbol{0}$，矛盾). 根据 $f$ 是正定的，从而

$$g(y_1,y_2,\cdots,y_n)=\boldsymbol{Y}^{\mathrm{T}}\boldsymbol{BY}=\boldsymbol{X}^{\mathrm{T}}\boldsymbol{AX}=f(x_1,x_2,\cdots,x_n)>0,$$

即 $g(y_1,y_2,\cdots,y_n)$ 是正定二次型.

根据以上两个结论可以得到判别二次型是否正定的几个等价条件：

**定理 2**　实二次型 $f=\boldsymbol{X}^{\mathrm{T}}\boldsymbol{AX}$. 正定的充分必要条件是 $f$ 正惯性指数为 $n$.

**定理 3**　对称矩阵 $\boldsymbol{A}$ 为正定矩阵的充分必要条件是 $\boldsymbol{A}$ 的各阶顺序主子式全大于零，即 $\boldsymbol{A}$ 的 $n$ 个特征值全大于零.

**定理 4**　对称矩阵 $\boldsymbol{A}$ 为正定矩阵的充分必要条件是 $\boldsymbol{A}$ 的 $n$ 个顺序主子式全大于零.

$\boldsymbol{A}$ 的左上角的 $k$ 阶子式称为 $k$ 阶顺序主子式.

**推论**　$\boldsymbol{A}$ 正定，则 $|\boldsymbol{A}|>0$；反之 $|\boldsymbol{A}|>0$，不一定 $\boldsymbol{A}$ 正定.

**例 2**　判断下列二次型是否正定：

$$f(x_1,x_2,x_3)=5x_1^2+6x_2^2+4x_3^2-4x_1x_2-4x_2x_3.$$

**解**　二次型 $f$ 的矩阵为

$$A=\begin{pmatrix} 5 & -2 & 0 \\ -2 & 6 & -2 \\ 0 & -2 & 4 \end{pmatrix}$$

$A$ 的各阶主子式为

$$A_1=5>0,$$

$$A_2=\begin{vmatrix} 5 & -2 \\ -2 & 6 \end{vmatrix}=26>0,$$

$$A_3=|A|=\begin{vmatrix} 5 & -2 & 0 \\ -2 & 6 & -2 \\ 0 & -2 & 4 \end{vmatrix}=84>0,$$

根据定理 3，$f$ 是正定的.

## 习题 5.5

1. 判断二次型 $f(x_1,x_2,x_3)=x_1^2+2x_2^2+3x_3^2-2x_1x_2-2x_2x_3$ 的正定性.

2. 已知二次型 $f(x_1,x_2,x_3)=6x_1^2+4x_2^2+2x_3^2+8tx_1x_2+4x_1x_3$ 是正定的，试求 $t$ 值.



3. 判断二次型 $f(x,y,z)=-5x^2-6y^2-4z^2+4xy+4xz$ 的正定性.

4. 设 $A$ 是实对称矩阵，$B$ 是正定矩阵，证明：存在可逆实矩阵 $C$，使得 $C^TAC$ 和 $C^TBC$ 均为对角阵.

5. 求下列实二次型的秩与符号差：

(1) $f(x_1,x_2,x_3)=-5x_1^2-6x_2^2-4x_3^2+4x_1x_2+4x_1x_3$；

(2) $f(x_1,x_2,x_3,x_4)=x_1+5x_1x_2-3x_2x_3$；

(3) $f(x_1,x_2,x_3,x_4)=x_1x_2+x_2x_3+x_3x_4$；

(4) $f(x_1,x_2,x_3,x_4)=x_1^2-2x_1x_2+2x_1x_3-2x_1x_4+x_2^2+2x_2x_3-4x_2x_4+x_3^2-2x_4^2$.

# 本章小结

1. 本章知识结构图

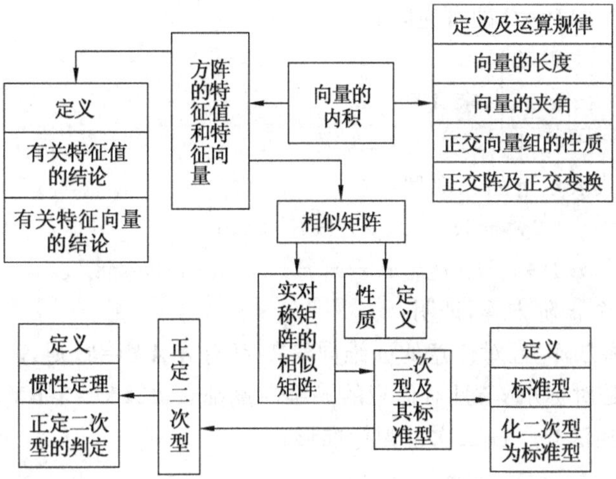


2. 学习要求

(1) 理解特征值与特征向量的概念,掌握求矩阵的特征值与特征向量的方法;了解特征值与特征向量的若干性质.

(2) 理解相似概念及性质;理解相似对角化的条件,掌握判别一个矩阵是否相似于对角矩阵的方法.

(3) 了解二次型定义,会求二次型的矩阵,秩与惯性指数;会用配方法求一个可逆线性变换,化二次型为标准形.

(4) 了解正交变换定义及性质;了解内积、正交化等知识,掌握 Schmidt(施密特)正交化;掌握用正交变换化二次型为标准形方法.

(5) 了解二次型正(负)定的定义;掌握判别二次型正定的一些方法,特别要掌握用定义及顺序主子式进行判别的方法.

3. 复习思考题

(1) 求正交阵 $\boldsymbol{P}$,使 $\boldsymbol{P}^{-1}\boldsymbol{AP}$ 为对角阵,其中 $\boldsymbol{A}=\begin{pmatrix} a & b \\ b & a \end{pmatrix}$.

(2) 设三阶矩阵 $\boldsymbol{A}$ 的特征值为 $-1,2,5$,矩阵 $\boldsymbol{B}=3\boldsymbol{A}-\boldsymbol{A}^2$,求:

① $\boldsymbol{B}$ 的特征值;

② $\boldsymbol{B}$ 可否对角化,若可对角化求出与 $B$ 相似的对角阵;

③ $|\boldsymbol{B}|$，$|\boldsymbol{A}-3\boldsymbol{E}|$.

(3) 已知矩阵 $\boldsymbol{A}=\begin{pmatrix}1 & -1 & 1\\ 2 & 4 & -2\\ -3 & -3 & 5\end{pmatrix}$ 与 $\boldsymbol{B}=\begin{pmatrix}2 & & \\ & 2 & \\ & & y\end{pmatrix}$ 相似，求：

① $y$；

② 一个满足 $\boldsymbol{P}^{-1}\boldsymbol{A}\boldsymbol{P}=\boldsymbol{B}$ 的可逆阵 $\boldsymbol{P}$.

(4) 设 $\boldsymbol{A}=\begin{pmatrix}5 & -3 & 2\\ 6 & -4 & 4\\ 4 & -4 & 5\end{pmatrix}$，求 $\boldsymbol{A}^{100}$.

(5) 用矩阵形式表示下列二次型：

① $f(x,y,z)=x^2+2y^2+3z^2+2xy+4xz+6yz$；

② $f(x_1,x_2,x_3,x_4)=x_1^2+3x_2^2-x_3^2+x_1x_2-2x_1x_3+3x_2x_3$.

(6) 设 $\boldsymbol{A}$ 是一个 $n$ 阶方阵，证明：

① 若 $\boldsymbol{A}$ 为对称方阵，且对任意的 $n$ 维向量 $\boldsymbol{X}$ 都有 $\boldsymbol{X}'\boldsymbol{A}\boldsymbol{X}=\boldsymbol{0}$，则 $\boldsymbol{A}=\boldsymbol{0}$；

② 若 $\boldsymbol{A}$、$\boldsymbol{B}$ 都是对称矩阵，且对任意的 $n$ 维向量都有 $\boldsymbol{X}'\boldsymbol{A}\boldsymbol{X}=\boldsymbol{X}'\boldsymbol{B}\boldsymbol{X}$，则 $\boldsymbol{A}=\boldsymbol{B}$.

(7) 用正交变换法化下面二次型为标准形：

① $f(x_1,x_2,x_3)=2x_1^2+x_2^2+2x_3^2-4x_1x_3$；

② $f(x_1,x_2,x_3)=x_1^2+4x_2^2+x_3^2-4x_1x_2-8x_1x_3-4x_2x_3$.

(8) 用可逆线性变换化下列二次型为标准形：

① $f(x_1,x_2,x_3)=x_1^2+2x_1x_2+2x_2^2+4x_2x_3+4x_3^2$；

② $f(x_1,x_2,x_3)=2x_1x_2+2x_1x_3-6x_2x_3$.

(9) 判别下列二次型的正定性：

① $f(x_1,x_2,x_3)=5x_1^2+x_2^2+5x_3^2+4x_1x_2-8x_1x_3-4x_2x_3$；

② $f(x_1,x_2,x_3)=-2x_1^2-6x_2^2-4x_3^2+2x_1x_2+2x_1x_3$.

(10) 证明：实对称矩阵 $\boldsymbol{A}$ 正定的充分必要条件是存在可逆矩阵 $\boldsymbol{C}$，使 $\boldsymbol{A}=\boldsymbol{C}^{\mathrm{T}}\boldsymbol{C}$.

(11) 设 $\boldsymbol{A}$ 是 $n$ 阶正定矩阵，试证明 $|\boldsymbol{A}+\boldsymbol{E}|>1$.

# 第 6 章　随机事件及其概率

布莱瑟·帕斯卡(Blaise Pascal，1623—1662)，法国数学家、物理学家、哲学家、散文家. 16 岁时发现著名的帕斯卡六边形定理：内接于一个二次曲线的六边形的三对边的交点共线. 他在研究二项式系数性质时，写成《算术三角形》并向巴黎科学院提交，后收入他的全集，于 1665 年发表. 其中给出的二项式系数展开被后人称为“帕斯卡三角形”，实际它已在约 1100 年由中国的贾宪所知. 在与费马(Pierrede Fermat)的通信中讨论赌金分配问题，对早期概率论的发展颇有影响；他还制作了水银气压计(1646)，写了液体平衡、空气的重量和密度等方向的论文(1651—1654). 自 1655 年隐居修道院，写下《思想录》(1658)等经典著作.



如果有人问你明天会不会下雨，你会怎么回答？抛掷一枚 6 面的骰子，你能提前知道哪一面向上吗？如果你买了一张彩票，你认为自己中奖的可能性有多大？生活中的这类现象，在事件发生之前不能预知确定的结果，这种现象我们称之为随机现象(或偶然现象)，与之对应的另一种现象是必然现象(或确定现象). 概率论与数理统计就是从数量化的角度研究现实世界中的一类不确定现象(随机现象)及其规律性的一门应用数学学科. 20 世纪以来，它已广泛应用于工业、国防、国民经济及工程技术等各个领域.

## 6.1　随机事件

### 6.1.1　随机现象

在自然界和人类社会中普遍存在两类现象：一类是在一定条件下必然出现的现象，称为确定性现象. 例如：异性电荷相互吸引，同性电荷相互排斥；天下雨了，地湿了. 另一类则是在一定条件下我们事先无法确定预知其结果的现象，称为随机现象. 例如：在相同条件下，抛掷一枚硬币，无法事先预知将出现正面还是反面.

从亚里士多德时代开始，哲学家们就已经开始认识到随机性在生活中的作用，但直到

20 世纪初，人们才开始认识到随机现象亦可以通过数量化方法进行研究.

概率论就是以数量化方法研究随机现象及其规律性的一门数学学科.

### 6.1.2 随机试验

随机现象的结果事先不能预知，然而人们发现，同一随机现象大量重复出现时，某种可能的结果出现的频率具有稳定性，从而表明随机现象也有其固有的规律性. 我们把这种随机现象在大量重复出现时所表现出的量的规律性称为随机现象的统计规律.

要对随机现象的统计规律进行研究，就需要对随机现象进行重复观察，我们把对随机现象的观察称为试验. 例如：观察某射手对同一目标所进行的射击；抛掷一枚硬币三次，观察出现正面的次数；记录某市 110 电话一昼夜的呼叫次数等，这些均为试验.

上述试验具有以下特征：

(1) 可重复性：试验可以在相同条件下重复进行；

(2) 可观察性：每次试验的可能结果不止一个，并且能事先明确试验所有的可能结果；

(3) 不确定性：每次试验出现的结果事先不能准确预知，但可以肯定会出现上述所有可能的结果中的一个.

在概率论中，将具有上述三个特征的试验称为随机试验.



### 6.1.3 样本空间

尽管一个随机试验将要出现的结果是不确定的，但其所有可能的结果却是明确的，我们把随机试验的每一种可能的结果称为一个样本点，它们的全体称为样本空间，记为 $S$(或 $\Omega$). 例如：在抛掷一枚硬币观察其出现正面或反面的试验中，有两个样本点：正面、反面，样本空间为 $S=\{$正、反$\}$；观察某电话交换台在一天内接收到的呼叫次数，其样本点可有无穷多个，则样本空间 $S=\{0,1,2,3,\cdots\}$；在一批灯泡中，任意抽取一个，测试其寿命，其样本点也有无穷多个(且不可数)：$t(0\leqslant t<\infty)$小时，则样本空间可简记为：$S=\{t\mid 0\leqslant t<\infty\}$.

### 6.1.4 随机事件

在随机试验中，人们除了关心试验的结果本身，往往还关心试验的结果是否具备某一指定的可观察的特征. 在概率论中，把具有某一可观察特征的随机试验的结果称为事件.

事件有三类：

(1) 随机事件：在试验中可能发生，也可能不发生的事件. 通常用字母 $A,B,C$ 等表示. 例如，在抛掷一枚骰子的试验中，用 $A$ 表示“点数为奇数”这一事件，则 $A$ 是一个随机事件.

(2) 必然事件：在每次试验中必然发生的事件，用字母 $S$(或 $\Omega$)表示. 例如：在上述试验中，“点数小于 7”是一个必然事件.

(3) 不可能事件：在任何一次试验中，都不可能发生的事件，用空集符号 $\varnothing$ 表示. 例如，在上述试验中,“点数为 8”是一个不可能事件.

### 6.1.5　事件的集合表示

样本空间 $S$ 是随机试验的所有可能的结果(样本点)的集合,每个样本点是该集合的一个元素.一个事件是由具有该事件所要求的特征的那些可能结果所构成的,所以一个事件是对应于 $S$ 中具有相应特征的样本点所构成的集合,它是 $S$ 的一个子集.于是,任何一个事件都可以用 $S$ 的一个子集来表示.

若事件 $A$ 发生,即指属于该事件的某个样本点在随机试验中出现.

例如:在抛掷骰子的试验中,样本空间为 $S=\{1,2,3,4,5,6\}$,于是事件 $A$:“点数为 5”可表示为 $A=\{5\}$;事件 $B$:“点数小于 5”可表示为 $B=\{1,2,3,4\}$.

称仅含一个样本点的事件为基本事件;含有两个和两个以上样本点的事件称为复合事件.

**注**　样本空间 $S$ 作为事件是必然事件,空集 $\varnothing$ 作为事件是不可能事件.

### 6.1.6　事件的关系与运算

事件是样本空间的一个子集,所以事件之间的关系与运算可按照集合之间的关系与运算来处理.下面给出这些关系与运算在概率论中的提法和含义.

(1) 若 $A\subset B$,则称事件 $B$ 包含事件 $A$,或事件 $A$ 包含于事件 $B$.其含义是:若事件 $A$ 发生必然导致事件 $B$ 发生.显然 $\varnothing\subset A\subset B$.

(2) 若事件 $A=B$,则称事件 $A$ 与事件 $B$ 相等.其含义是:若事件 $A$ 发生必然导致事件 $B$ 发生,且事件 $B$ 发生必然导致事件 $A$ 发生.即 $A\subset B$,且 $B\subset A$.

(3) 事件 $A\cup B$ 称为事件 $A$ 与事件 $B$ 的和(或并).其含义是:当且仅当事件 $A,B$ 中至少有一个发生时,事件 $A\cup B$ 发生.$A\cup B$ 有时也记为 $A+B$.

类似地,称 $\bigcup\limits_{i=1}^{n}A_i$ 为 $n$ 个事件 $A_1,A_2,\cdots,A_n$ 的和事件,称 $\bigcup\limits_{n=1}^{\infty}A_i$ 为可数个事件 $A_1,A_2,\cdots,A_n,\cdots$ 的和事件.

(4) 事件 $A\cap B$ 称为事件 $A$ 与事件 $B$ 的积(或交).其含义是:当且仅当事件 $A,B$ 都发生时,事件 $A\cap B$ 发生.事件 $A\cap B$ 也记为 $AB$.

类似地,称 $\bigcap\limits_{i=1}^{n}A_i$ 为 $n$ 个事件 $A_1,A_2,\cdots,A_n$ 的积事件,称 $\bigcap\limits_{i=1}^{\infty}A_i$ 为可数个事件 $A_1,A_2,\cdots,A_n,\cdots$ 的积事件.

(5) 事件 $A-B$ 称为事件 $A$ 与事件 $B$ 的差.其含义是:当且仅当事件 $A$ 发生,且事件 $B$ 不发生时,事件 $A-B$ 发生.

例如,抛掷骰子的试验中,记事件 $A$:“点数为奇数”,事件 $B$:“点数小于 5”,则 $A\cup B=\{1,2,3,4,5\}$;$A\cap B=\{1,3\}$;$A-B=\{5\}$.

(6) 若 $A\cap B=\varnothing$ 称事件 $A$ 与事件 $B$ 互不相容，或称互斥. 其含义是：事件 $A,B$ 不能同时发生.

例如，两个基本事件是两两互不相容的.

(7) 若 $A\cup B=S$，且 $A\cap B=\varnothing$，则称事件 $A$ 与事件 $B$ 互为对立事件. 其含义是：对每次试验，事件 $A,B$ 有且仅有一个发生. 事件 $A$ 的对立事件记为 $\overline{A}$.

**注** 两个互为对立的事件一定是互斥事件，互斥事件不一定是对立事件；互斥的概念适用于多个事件，但是对立事件的概念只适用于两个事件.

事件的关系与运算可以用维恩图如图 6-1 表示如下：

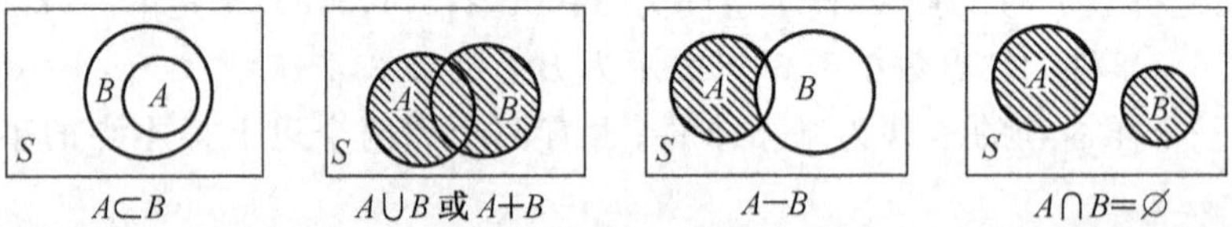


**图 6-1 维恩图**

由图可知，事件的运算满足如下基本关系：

① $A\overline{A}=\varnothing$；$A\cup\overline{A}=S$；$\overline{A}=S-A$.

② 若 $A\subset B$，则 $A\cup B=B$，$AB=A$.



③ $A-B=A\overline{B}=A-AB$；$A\cup B=A\cup(B-A)$.

(8) 完备事件组.

设 $A_1,A_2\cdots,A_n,\cdots$ 是有限或可数个事件，若其满足：

① $A_i\cap A_j=\varnothing$，$(i\neq j,i,j=1,2\cdots)$；

② $\bigcup\limits_{i=1}^{\infty}A_i=S$.

则称 $A_1,A_2,\cdots,A_n,\cdots$ 是一个完备事件组，也称 $A_1,A_2,\cdots,A_n,\cdots$ 是样本空间 $S$ 的一个划分. 显然，$\overline{A}$ 与 $A$ 构成一个完备事件组.

## 6.1.7 事件的运算规律

由集合运算律，易给出事件的运算律，设 $A,B,C$ 为同一随机试验 $E$ 中的事件，则有：

(1) 交换律：$A\cup B=B\cup A$，$A\cap B=B\cap A$；

(2) 结合律：$(A\cup B)\cup C=A\cup(B\cup C)$，$(A\cap B)\cap C=A\cap(B\cap C)$；

(3) 分配律：$(A\cup B)\cap C=(A\cap C)\cup(B\cap C)$，$(A\cap B)\cup C=(A\cup C)\cap(B\cup C)$；

(4) 自反律：$\overline{\overline{A}}=A$；

(5) 对偶律：$\overline{A\cup B}=\overline{A}\cap\overline{B}$，$\overline{A\cap B}=\overline{A}\cup\overline{B}$.

**注** 上述各运算律可推广到有限个或可数个事件的情形.

**例 1** 甲、乙、丙三人各射一次靶，记 $A$：“甲中靶”，$B$：“乙中靶”，$C$：“丙中靶”，则可用上述三个事件的运算来分别表示下列各事件：

(1)“甲未中靶”：$\overline{A}$；

(2)“甲中靶而乙未中靶”：$A\overline{B}$；

(3)“三人中只有丙未中靶”：$AB\overline{C}$；

(4)“三人中恰好有一人中靶”：$A\overline{B}\,\overline{C}\cup\overline{A}B\overline{C}\cup\overline{A}\,\overline{B}C$；

(5)“三人中至少有一人中靶”：$A\cup B\cup C$ 或$\overline{\overline{A}\,\overline{B}\,\overline{C}}$；

(6)“三人中至少有一人未中靶”：$\overline{A}\cup\overline{B}\cup\overline{C}$ 或$\overline{ABC}$；

(7)“三人中恰好有两人中靶”：$AB\overline{C}\cup A\overline{B}C\cup\overline{A}BC$；

(8)“三人中至少有两人中靶”：$AB\cup AC\cup BC$；

(9)“三人均未中靶”：$\overline{A}\,\overline{B}\,\overline{C}$；

(10)“三人中至多一人中靶”：$A\overline{B}\,\overline{C}\cup\overline{A}B\overline{C}\cup\overline{A}\,\overline{B}C\cup\overline{A}\,\overline{B}\,\overline{C}$；

(11)“三人中至多两人中靶”：$\overline{A}\cup\overline{B}\cup\overline{C}$ 或$\overline{ABC}$.

**注**　用其他事件的运算来表示一个事件，方法往往不唯一，如上例中的(6)和(11)实际上是同一事件，特别在解决具体问题时，往往要根据需要选择一种恰当的表示方法.

## 习题 6.1

1. 试说明随机试验应具有的三个特点.

2. 将一枚均匀的硬币抛两次，事件 $A,B,C$ 分别表示“第一次出现正面”，“两次出现同一面”，“至少有一次出现正面”. 试写出样本空间及事件 $A,B,C$ 中的样本点.

3. 判断下列哪个成立，哪个不成立，并说明理由：

(1) 若 $A\subset B$，则 $\overline{B}\subset\overline{A}$；(2) $(A\cup B)-B=A$.

4. 两个事件互不相容与两个事件对立有何区别？举例说明.

5. 设 $A,B$ 为两个事件，若 $AB=\overline{A}\cap\overline{B}$，问 $A$ 和 $B$ 有什么关系？

# 6.2　随机事件的概率

对于一个随机事件 $A$，在一次随机试验中，它是否会发生，事先并不确定. 但我们会问，在一次试验中，事件 $A$ 发生的可能性有多大？并希望找到一个合适的数来表征事件 $A$ 在一次试验中发生的可能性大小. 为此，本节首先引入频率的概念，它描述了事件发生的频繁程度，进而引出表征事件在一次试验中发生的可能性大小——概率.

### 6.2.1　频率及其性质

**定义 1**　若在相同条件下进行 $n$ 次试验，其中事件 $A$ 发生的次数为 $r_n(A)$，则称

$f_n(A)=\frac{r_n(A)}{n}$为事件 $A$ 发生的频率.

易见,频率具有下述基本性质:

(1) $0\leqslant f_n(A)\leqslant 1$;

(2) $f_n(S)=1$;

(3) 设 $A_1,A_2,\cdots,A_m$ 是两两互不相容的事件,则

$$f_n(A_1\cup A_2\cup\cdots\cup A_m)=f_n(A_1)+f_n(A_2)+\cdots+f_n(A_m).$$

根据上述定义,频率反映了一个随机事件在大量重复试验中发生的频繁程度.例如,抛掷一枚均匀的硬币时,在一次试验中虽然不能肯定是否会出现正面,但大量重复试验时,出现正面和反面的次数却大致相等,即出现正、反面的次数占总试验次数的比例大致为 0.5,并且随着试验次数的增加,这一比例更加的趋于 0.5.这似乎表明,频率的稳定值与事件发生的可能性大小(概率)之间的内在联系.

**例 1** 圆周率 $\pi=3.141\,592\,6\cdots$是一个无限不循环小数,我国数学家祖冲之第一次把它计算到小数点后七位,这个记录保持了 1 000 多年,以后不断有人把它算得更精确.1873 年,英国学者沈克士公布了一个 $\pi$ 的数值,该数值在小数点后一共有 707 位之多.但几十年后,曼彻斯特的费林生对它产生了怀疑,他统计了 $\pi$ 的 608 位小数,得到了表 6-1 中的结果.



**表 6-1**

| 数字 | 0 | 1 | 2 | 3 | 4 | 5 | 6 | 7 | 8 | 9 |
|---|---|---|---|---|---|---|---|---|---|---|
| 出现次数 | 60 | 62 | 67 | 68 | 64 | 56 | 62 | 44 | 58 | 67 |

因为 $\pi$ 是一个无限不循环小数,所以,理论上每个数字出现的次数应近似相等,或它们出现的频率应该都接近于 0.1.但 7 出现的频率过小,这就是费林产生怀疑的原因.

**例 2** 检查某工厂一批产品质量,从中分别抽取 10 件,20 件,50 件,100 件,150 件,200 件,300 件进行检查,检查的结果及次品出现的频率见表 6-2.

**表 6-2**

| 抽取产品总件数 $n$ | 10 | 20 | 50 | 100 | 150 | 200 | 300 |
|---|---|---|---|---|---|---|---|
| 次品数 $\mu$ | 0 | 1 | 3 | 5 | 7 | 11 | 16 |
| 次品频率 $\mu/n$ | 0 | 0.050 | 0.060 | 0.050 | 0.047 | 0.055 | 0.053 |

由表 6-2 可以看出,在抽出的 $n$ 件产品中,次品数 $\mu$ 随着 $n$ 的不同而取不同的值,但次品频率 $\mu/n$ 仅在 0.05 附近有微小的变化.这里 0.05 就是次品频率的稳定值.

实际观察中,通过大量重复的试验得到随机事件的频率稳定于某个数值的例子还有很多,它们均表明这样一个事实:当试验次数增大时,事件 $A$ 发生的频率 $f_n(A)$总是稳定在一个确定的常数 $p$ 附近,而且偏差随着试验次数的增大而越来越小.频率的这种性质在概率论

中成为频率的稳定性.频率的稳定性的事实说明了刻画随机事件 $A$ 发生的可能性大小——概率的客观存在性.

**定义 2**　在相同条件下重复 $n$ 次试验,若事件 $A$ 发生的频率 $f_n(A)=\dfrac{r_n(A)}{n}$ 随着试验次数 $n$ 的增大而稳定在某个常数 $p(0\leqslant p\leqslant 1)$ 附近摆动,则称 $p$ 为事件 $A$ 的概率,记为 $P(A)$.

上述定义称为随机事件概率的统计定义.根据这一定义,在实际应用时,往往可用试验次数足够大时的频率来估计概率的大小,且随着试验次数的增加,估计的精度会越来越高.

**例 3**　从某鱼池中取 100 条鱼,做上记号后再放入该鱼池中.现从该池中任意捉 40 条鱼,发现其中 2 条有记号,则池内大约有多少条鱼?

**解**　设池内有 $n$ 条鱼,则从池中捉到一条有记号的鱼的概率为 $100/n$,它近似于捉到有记号的鱼的频率 $2/40$,即 $100/n\approx 2/40$,解得 $n\approx 2\,000$.故池内大约有 2 000 条鱼.

### 6.2.2　概率的公理化定义

任何一个数学概念都是对现实世界的抽象,这种抽象使得其具有广泛的适用性.概率的频率解释为概率提供了经验基础,但是不能作为一个严格的数学定义,从概率论有关问题的研究算起,经过近三个世纪的漫长探索历程,人们才真正完整地解决了概率的严格数学定义.1933 年,苏联著名的数学家柯尔莫哥洛夫,在他的《概率论的基础概念》一书中给出了现在已被广泛接受的概率公理化体系,第一次将概率论建立在严密的逻辑基础上.



**定义 3**　设 $E$ 是随机试验,$S$ 是它的样本空间,对 $E$ 的每一个事件 $A$ 赋予一个实数,记为 $P(A)$,若 $P(A)$ 满足下列三个条件:

(1) 非负性:对每一个事件 $A$,有 $P(A)\geqslant 0$;

(2) 完备性:$P(S)=1$;

(3) 可列可加性:设 $A_1,A_2,\cdots$ 是两两互不相容的事件,则有

$$P\left(\bigcup_{i=1}^{\infty}A_i\right)=\sum_{i=1}^{\infty}P(A_i).$$

则称 $P(A)$ 为事件 $A$ 的概率.

### 6.2.3　概率的性质

由概率的公理化定义,可推出概率的一些重要性质.

**性质 1**　$P(\varnothing)=0$.

**证**　令 $A_n=\varnothing(n=1,2,\cdots)$,则 $\bigcup\limits_{n=1}^{\infty}A_n=\varnothing$,且 $A_iA_j=\varnothing(i\neq j,i,j=1,2,\cdots)$.

由概率的可列可加性得

$$P(\varnothing)=P\left(\bigcup_{n=1}^{\infty}A_n\right)=\sum_{n=1}^{\infty}P(A_n)=\sum_{n=1}^{\infty}P(\varnothing).$$

由概率的非负性,知 $P(\varnothing)\geqslant 0$. 故由上式可知 $P(\varnothing)=0$.

**注** 不可能事件概率为 0,但反之不然.

**性质 2(有限可加性)** 设 $A_1,A_2,\cdots,A_n$ 是两两互不相容的事件,则有

$$P(A_1\cup A_2\cup\cdots\cup A_n)=P(A_1)+P(A_2)+\cdots+P(A_n).$$

**证** 令 $A_{n+1}=A_{n+2}=\cdots=\varnothing$,即有

$$A_iA_j=\varnothing\ (i\neq j,i,j=1,2,\cdots)$$

$$P(A_1\cup A_2\cup\cdots\cup A_n)=P(\bigcup_{k=1}^{\infty}A_k)=\sum_{k=1}^{\infty}P(A_k)=\sum_{k=1}^{\infty}P(A_k)+\sum_{k=n+1}^{\infty}P(A_k)$$

$$=\sum_{k=1}^{n}P(A_k)+0=P(A_1)+P(A_2)+\cdots+P(A_n).$$

**性质 3** $P(\overline{A})=1-P(A)$.

**证** 因 $A\cup\overline{A}=S$,且 $A\overline{A}=\varnothing$,由性质 2,得

$$1=P(S)=P(A\cup\overline{A})=P(A)+P(\overline{A}).$$

因此 $P(\overline{A})=1-P(A)$.

**性质 4** $P(A-B)=P(A)-P(AB)$;特别地,若 $B\subset A$,则

(1) $P(A-B)=P(A)-P(B)$;

(2) $P(A)\geqslant P(B)$.



**证** 因 $A=(A-B)\cup AB$,且 $(A-B)(AB)=\varnothing$,再由概率的有限可加性,可得 $P(A)=P(A-B)+P(AB)$,所以 $P(A-B)=P(A)-P(AB)$.

特别地,若 $B\subset A$,则

$$P(A)=P(A-B)+P(AB)=P(A-B)+P(B),$$

又由概率的非负性,$P(A-B)\geqslant 0$,有 $P(A)\geqslant P(B)$.

**性质 5** 对任一事件 $A$,$P(A)\leqslant 1$.

**证** 因 $A\subset S$,由性质 4 得 $P(A)\leqslant P(S)=1$.

**性质 6** 对任意两个事件 $A,B$,有

$$P(A\cup B)=P(A)+P(B)-P(AB).$$

**证** 因 $A\cup B=A\cup(B-AB)$,且 $A(B-AB)=\varnothing$,$AB\subset B$,故有

$$P(A\cup B)=P(A)+P(B-AB)=P(A)+P(B)-P(AB).$$

**注** 性质 6 可推广到任意 $n$ 个事件的并的情形,如 $n=3$ 时,有

$$P(A\cup B\cup C)=P(A)+P(B)+P(C)-P(AB)-P(BC)-P(AC)+P(ABC).$$

**例 4** 已知 $P(\overline{A})=0.5$,$P(\overline{A}B)=0.2$,$P(B)=0.4$,求:

(1) $P(AB)$;(2) $P(A-B)$;(3) $P(A\cup B)$;(4) $P(\overline{A}\overline{B})$.

**解** (1) 因为 $AB+\overline{A}B=B$,且 $AB$ 与 $\overline{A}B$ 是不相容的,故有

$$P(AB)=P(B)-P(\overline{A}B),$$

于是，$P(AB)=P(B)-P(\bar{A}B)=0.4-0.2=0.2$；

(2) $P(A)=1-P(\bar{A})=1-0.5=0.5$，$P(A-B)=P(A)-P(AB)=0.5-0.2=0.3$；

(3) $P(A\cup B)=P(A)+P(B)-P(AB)=0.5+0.4-0.2=0.7$；

(4) $P(\bar{A}\bar{B})=P(\overline{A\cup B})=1-P(A\cup B)=1-0.7=0.3$.

## 习题 6.2

1. 设 $P(A)=0.1$，$P(A\cup B)=0.3$，且 $A$ 与 $B$ 互不相容，求 $P(B)$.
2. 设事件 $A,B,C$ 两两互不相容，$P(A)=0.2$，$P(B)=0.3$，$P(C)=0.4$，求 $P[(A\cup B)-C]$.
3. 设 $P(A)=\frac{1}{3}$，$P(B)=\frac{1}{4}$，$P(A\cup B)=\frac{1}{2}$，求 $P(\bar{A}\cup B)$.

# 6.3　古典概型

本节讨论两类比较简单的随机试验，随机试验中每个样本点的出现是等可能的情形.

**引例**　一个纸筒中装有 10 个大小和形状完全相同的球，将球编号为 1～10(如图 6-2 所示). 把球搅匀，蒙上眼睛从中任取一球. 因为抽取时这些球被抽到的可能性是完全平等的，所以我们没有理由认为这 10 个球中的某一个会比另一个更容易抽到，也就是说，这 10 个球中的任一个被抽到的可能性均为 1/10.

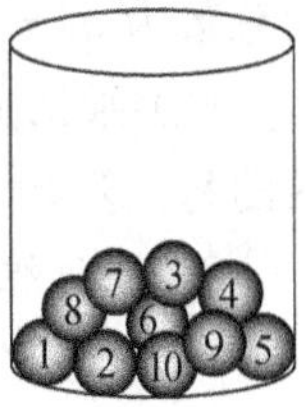

图 6-2

设 $i$ 表示取到 $i$ 号球，$i=1,2,\cdots,10$，则该试验的样本空间 $S=\{1,2,\cdots,10\}$，且每个样本点(基本事件)$\{i\}(i=1,2,\cdots,10)$出现的可能性相同.

这样一类随机试验是一类最简单的概率模型，它曾经是概率论发展初期的主要研究对象.

## 6.3.1　古典概率

称具有下列两个特征的随机试验模型为古典概型：

(1) 随机试验只有有限个可能的结果；

(2) 每一个结果发生的可能性大小相同.

因而，古典概型又称为等可能概型. 在概率论的产生和发展过程中，它是最早的研究对象，而且在实际应用中也是最常用的一种概率模型. 它在数学上可表述为：

(1) 试验的样本空间有限，记 $S=\{\omega_1,\omega_2,\cdots,\omega_n\}$；

(2) 每一基本事件的概率相同，记 $A_i=\{\omega_i\}(i=1,2,\cdots,n)$，即

$$P(A_1)=P(A_2)=\cdots=P(A_n).$$

由概率的公理化定义,知

$$1=P(S)=P(\bigcup_{i=1}^{n}A_i)=\sum_{i=1}^{n}P(A_i)=nP(A_i),$$

于是

$$P(A_i)=\frac{1}{n},\ i=1,2,\cdots,n.$$

在古典概型的假设下,我们来推导事件概率的计算公式.设事件 $A$ 包含其样本空间 $S$ 中 $k$ 个基本事件,即 $A=A_{i_1}\cup A_{i_2}\cup\cdots\cup A_{i_k}$,则事件 $A$ 发生的概率

$$P(A)=P(\bigcup_{j=1}^{k}A_{i_j})=\sum_{j=1}^{k}P(A_{i_j})=\frac{k}{n}=\frac{A\text{ 包含的基本事件数}}{S\text{ 中基本事件的总数}},$$

称此概率为古典概率.这种确定概率的方法称为古典方法,这就把求古典概率的问题转化为对基本事件的计数问题.

### 6.3.2 计算古典概率的方法——排列与组合

1. 基本计数原理

(1) 加法原理　设完成一件事有 $m$ 种方式,第 $i$ 种方式有 $n_i$ 种方法,则完成该件事的方法总数为 $n_1+\cdots+n_m$.

(2) 乘法原理　设完成一件事有 $m$ 个步骤,其中第 $i$ 步有 $n_i$ 种方法,必须通过 $m$ 个步骤的每一步骤才能完成该件事,则完成该件事的方法总数为 $n_1\times n_2\times\cdots\times n_m$.



2. 排列组合方法

(1) 排列公式

从 $n$ 个不同元素中任取 $k$ 个($1\leqslant k\leqslant n$)的不同排列总数为

$$\mathrm{P}_n^k=\frac{n!}{(n-k)!}=n(n-1)(n-2)\cdots(n-k+1).$$

$k=n$ 时称其为全排列

$$\mathrm{P}_n^n=\mathrm{P}_n=n(n-1)(n-2)\cdots2\cdot1=n!.$$

(2) 组合公式

从 $n$ 个不同元素中任取 $k$ 个($1\leqslant k\leqslant n$)的不同组合总数为

$$\mathrm{C}_n^k=\frac{\mathrm{P}_n^k}{k!}=\frac{n!}{(n-k)!\ k!},$$

$\mathrm{C}_n^k$ 有时记作 $\binom{n}{k}$,称为组合系数.

$$\mathrm{P}_n^k=\mathrm{C}_n^k\cdot k!.$$

**例 1**　掷一颗匀称骰子,设 $A$ 表示所掷结果为"四点或五点",$B$ 表示所掷结果为"偶数点".求 $P(A)$和 $P(B)$.

**解**　设 $A_1=\{1\},A_2=\{2\},\cdots,A_6=\{6\}$分别表示所掷结果为"一点","两点",…,"六

点”，则样本空间 $\Omega=\{1,2,3,4,5,6\}$，$A_1,A_2,\cdots,A_6$ 是所有不同的基本事件，且它们发生的概率相同，于是

$$P(A_1)=P(A_2)\cdots=P(A_6)=\frac{1}{6}.$$

由 $A=A_4\cup A_5=\{4,5\}$，$B=A_2\cup A_4\cup A_6=\{2,4,6\}$，得

$$P(A)=\frac{2}{6}=\frac{1}{3},P(B)=\frac{3}{6}=\frac{1}{2}.$$

**例2**　一个袋子中装有10个大小相同的球，其中3个黑球，7个白球，求：

(1) 从袋子中任取一球，这个球是黑球的概率；

(2) 从袋子中任取两球，刚好一个白球、一个黑球的概率及两个球全是黑球的概率.

**解**　(1) 10个球中任取一个，共有 $C_{10}^1$ 种取法；10个球中有3个黑球，取到黑球的取法有 $C_3^1=3$ 种，从而根据古典概率计算，事件 $A$：“取到的球为黑球”的概率为

$$P(A)=\frac{C_3^1}{C_{10}^1}=\frac{3}{10}.$$

(2) 10个球中任取两球的取法有 $C_{10}^2$ 种，其中刚好一个白球、一个黑球的取法有 $C_3^1C_7^1$ 种，记 $B$ 为事件“刚好取到一个白球、一个黑球”，$C$ 为事件“两个球均为黑球”，则

$$P(B)=\frac{C_3^1C_7^1}{C_{10}^2}=\frac{21}{45}=\frac{7}{15},\ P(C)=\frac{C_3^2}{C_{10}^2}=\frac{3}{45}=\frac{1}{15}.$$



**例3**　将3个球随机放入4个杯子中，问杯子中的球的个数最多为1,2,3的事件. 我们认为球是可以区分的，于是，放球过程的所有可能结果数为 $n=4^3$.

(1) $A$ 所含的基本事件数，即从4个杯子中任选3个杯子，每个杯子放入一个球，杯子的选法有 $C_4^3$ 种，球的放法有3!种，故

$$P(A)=\frac{C_4^3 3!}{4^3}=\frac{3}{8}.$$

(2) $C$ 所含的基本事件数：由于杯子中最多球数是3，即3个球放在同一个杯子中，共有4种放法，故

$$P(C)=\frac{4}{4^3}=\frac{1}{16}.$$

(3) 由于三个球放在4个杯子中的各种可能放法为事件

$$A\cup B\cup C.$$

显然 $A\cup B\cup C=S$，且 $A,B,C$ 互不相容，故

$$P(B)=1-P(A)-P(C)=\frac{9}{16}.$$

**注**　在用排列组合公式计算古典概率时必须注意，样本空间 $S$ 和事件 $A$ 所包含的基本事件数的多少与问题是排列还是组合有关，不重复计数，也不要遗漏.

**例 4** 货架上有外观相同的商品 15 件，其中 12 件来自产地甲，3 件来自产地乙. 现从 15 件商品中随机地抽取 2 件，求这两件商品来自同一产地的概率.

**解** 从 15 件商品中取出 2 件商品，共有 $C_{15}^2$ 种取法，且每种取法都是等可能的，每一种取法是一个基本事件，于是，基本事件总数

$$n=C_{15}^2=\frac{15\times 14}{2\times 1}=105.$$

同理，事件 $A_1=\{2$ 件商品来自产地甲$\}$包含基本事件数

$$k_1=C_{12}^2=\frac{12\times 11}{2\times 1}=66.$$

事件 $A_2=\{2$ 件商品来自产地乙$\}$包含基本事件数

$$k_2=C_3^2=3.$$

而事件 $A_2=\{2$ 件商品来自同一产地$\}=A_1\cup A_2$，且 $A_1$ 与 $A_2$ 互斥，所以事件 $A$ 包含基本事件数 $k=k_1+k_2=69$. 于是，所求概率

$$P(A)=\frac{k}{n}=\frac{69}{105}=\frac{23}{35}.$$

## 习题 6.3

1. 袋中装有 5 个白球，3 个黑球，从中一次任取 2 个：

(1) 求取到的 2 个球颜色不同的概率；

(2) 求取到的 2 个球中有黑球的概率.

2. 10 把钥匙中，有 3 把能把门打开，今任取 2 把，求能打开门的概率.

3. 一副扑克牌有 52 张，不放回抽样，每次一张，连续抽 4 张，求 4 张花色各异的概率.

4. 从 0,1,2,3,4,5,6,7,8,9 中任取三个不同的数字，求下列事件的概率：

$A_1=\{$三个数字中不含 0 与 5$\}$；$A_2=\{$三个数字中不含 0 或 5$\}$.

## 6.4 条件概率

### 6.4.1 条件概率的概念

先由一个简单的例子引入条件概率的概念.

**引例** 一批同型号的产品由甲、乙两厂生产，产品结构如表 6-3：

表 6-3

| 数量＼厂别<br>等级 | 甲厂 | 乙厂 | 合计 |
|---|---|---|---|
| 合格品 | 475 | 644 | 1 119 |
| 次品 | 25 | 56 | 81 |
| 合计 | 500 | 700 | 1 200 |

从这批产品中随意地取一件，则这件产品为次品的概率为

$$\frac{81}{1\ 200}=6.75\%.$$

现在假设被告知取出的产品是甲厂生产的，那么这件产品为次品的概率又是多大呢？回答这一问题并不困难，当我们被告知取出的产品是甲厂生产的时候，我们不能肯定的只是该件产品是甲厂生产的 500 件中的哪一件. 由于 500 件中有 25 件次品，自然我们可从中得出，在已知取出的产品是甲厂生产的条件下，它是次品的概率为 $\frac{25}{500}=5\%$. 记“取出的产品是甲厂生产的”这一事件为 $A$，“取出的产品为次品”这一事件为 $B$.

在事件 $A$ 发生的条件下，求事件 $B$ 发生的概率，这就是条件概率，记作 $P(B|A)$.

在本例中，我们注意到：

$$P(B|A)=\frac{25}{500}=\frac{25/1\ 200}{500/1\ 200}=\frac{P(AB)}{P(A)}.$$

事实上，容易验证，对一般的古典概型，只要 $P(A)>0$，总有

$$P(B|A)=\frac{P(AB)}{P(A)}.$$

由这些共性得到启发，我们在一般的概率模型中可引入条件概率的数学定义.

### 6.4.2　条件概率的定义

**定义 1**　设 $A,B$ 是两个事件，且 $P(A)>0$，则称

$$P(B|A)=\frac{P(AB)}{P(A)} \tag{6-1}$$

为在事件 $A$ 发生的条件下，事件 $B$ 的条件概率. 相应地，把 $P(B)$称为无条件概率.

**注**　$P(B)$表示 $B$ 发生这个随机事件的概率，而 $P(B|A)$表示在 $A$ 发生的条件下，事件 $B$ 发生的条件概率. 计算 $P(B)$时，是在整个样本空间 $S$ 上考察 $B$ 发生的概率，而计算 $P(B|A)$时，实际上是仅局限于在 $A$ 事件发生的范围考察 $B$ 事件发生的概率. 一般地，$P(B|A)\neq P(B)$.

因条件概率是概率，故条件概率也具有下列性质：

设 $A$ 是一事件，且 $P(A)>0$，则

(1) 对任一事件 $B$，$0\leqslant P(B|A)\leqslant 1$；

(2) $P(S|A)=1$；

(3) 设 $A_1,\cdots,A_n$ 两两互不相容，则

$$P(A_1\cup\cdots\cup A_n|A)=P(A_1|A)+\cdots+P(A_n|A).$$

此外，前面所证概率的性质都适用于条件概率.

**例 1** 一袋中装有 10 个球，其中 3 个黑球，7 个白球，先后两次从袋中各取一球(不放回).

(1) 已知第一次取出的是黑球，求第二次取出的仍是黑球的概率；

(2) 已知第二次取出的是黑球，求第一次取出的也是黑球的概率.

**解** 记 $A_i$ 为事件"第 $i$ 次取到的是黑球"$(i=1,2)$.

(1) 在已知 $A_1$ 发生，即第一次取到的是黑球的条件下，第二次取球就在剩下的 2 个黑球、7 个白球共 9 个球中任取一个. 根据古典概率计算，取到黑球的概率为$\frac{2}{9}$，即有

$$P(A_2|A_1)=\frac{2}{9}.$$



(2) 在已知 $A_2$ 发生，即第二次取到的是黑球的条件下，求第一次取到黑球的概率. 由于第一次取球发生在第二次取球之前，故问题不像(1)那么直观. 我们可按定义计算 $P(A_1|A_2)$.

由 $P(A_1A_2)=\frac{C_3^2}{C_{10}^2}=\frac{1}{15}$，$P(A_2)=\frac{3}{10}$，可得

$$P(A_1|A_2)=\frac{P(A_1A_2)}{P(A_2)}=\frac{2}{9}.$$

**注** ① 用维恩图表示式(6-1)，如图 6-3 所示. 若事件 $A$ 已发生，则为使 $B$ 也发生，试验结果必须是既在 $A$ 中又在 $B$ 中的样本点，即此点必属于 $AB$. 因已知 $A$ 已发生，故 $A$ 成为计算条件概率 $P(B|A)$ 的新的样本空间.

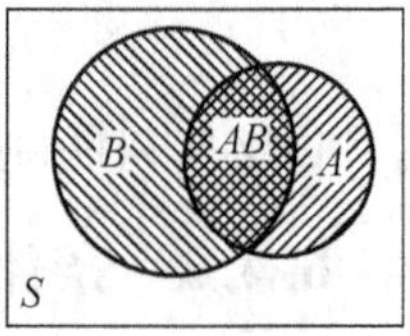


**图 6-3**

② 计算条件概率有两种方法：

(a) 在样本空间 $S$ 中，先求事件 $P(AB)$ 和 $P(A)$，再按定义计算 $P(B|A)$；

(b) 在缩减的样本空间 $A$ 中求事件 $B$ 的概率，即可得到 $P(B|A)$.

**例 2** 袋中有 5 个球，其中 3 个红球、2 个白球. 现从袋中不放回地连续取 2 个，已知第一次取到红球，求第二次取到白球的概率. 设 $A$ 表示"第一次取到红球"，$B$ 表示"第二次取到白球"，求 $P(B|A)$.

**解法一** 缩减样本空间 $A$ 中的样本点数，即第一次取到红球的取法有 $C_3^1C_4^1$ 种. 其中，

第二次取到白球的取法有 $C_3^1C_2^1$ 种，所以

$$P(B|A)=\frac{C_3^1C_2^1}{C_3^1C_4^1}=\frac{1}{2}.$$

也可以直接计算，因为第一次取走了 1 个红球，袋中只剩下 4 个球，其中有 2 个白球，再从中任取 1 个，取到白球的概率为$\frac{2}{4}$，所以

$$P(B|A)=\frac{2}{4}=\frac{1}{2}.$$

**解法二**　在 5 个球中不放回连取 2 个球的取法有 $P_5^2$ 种. 其中，第一次取到红球的取法有 $C_3^1C_4^1$ 种，第一次取到红球第二次取到白球的取法有 $C_3^1C_2^1$ 种，所以

$$P(A)=\frac{C_3^1C_4^1}{P_5^2}=\frac{3}{5},\ P(AB)=\frac{C_3^1C_2^1}{P_5^2}=\frac{3}{10}.$$

由定义得

$$P(B|A)=\frac{P(AB)}{P(A)}=\frac{\frac{3}{10}}{\frac{3}{5}}=\frac{1}{2}.$$

### 6.4.3　乘法公式

由条件概率的定义立即得到

$$P(AB)=P(A)P(B|A)\quad (P(A)>0).\tag{6-2}$$

注意到 $AB=BA$，由 $A$、$B$ 的对称性可得到

$$P(AB)=P(B)P(A|B)\quad (P(B)>0).\tag{6-3}$$

式(6-2)和式(6-3)都称为乘法公式，利用它们可计算两个事件同时发生的概率.

**例 3**　一袋中装 10 个球，其中 3 个黑球、7 个白球，先后两次从中任意各取一球(不放回)，求两次取到的均为黑球的概率.

**分析**　这一概率，我们曾用古典概型方法计算过，这里我们使用乘法公式来计算. 在本例中，问题本身提供了两步完成一个试验的结构，这恰恰与乘法公式的形式相适应，合理地利用问题本身的结构来使用乘法公式往往是使问题得到简化的关键.

**解**　设 $A_i$ 表示事件“第 $i$ 次取到的是黑球”($i=1,2$)，则 $A_1A_2$ 表示事件“两次取到的均为黑球”. 由题设，知

$$P(A_1)=\frac{3}{10},\quad P(A_2|A_1)=\frac{2}{9}.$$

于是根据乘法公式，有

$$P(A_1A_2)=P(A_1)P(A_2|A_1)=\frac{3}{10}\times\frac{2}{9}=\frac{1}{15}.$$

**注** 乘法公式(6-2)和公式(6-3)可以推广到有限个事件积的概率情形：

设 $A_1,A_2,\cdots,A_n$ 为 $n$ 个事件，且 $P(A_1A_2\cdots A_{n-1})>0$，则

$$P(A_1A_2\cdots A_n)=P(A_1)P(A_2|A_1)P(A_3|A_1A_2)\cdots P(A_n|A_1A_2\cdots A_{n-1}).\tag{6-4}$$

**例 4** 一批灯泡共 100 只，其中 10 只是次品，其余为正品. 做不放回抽取，每次取一只，求第三次才取到正品的概率.

**解** 设 $A_i=\{$第 $i$ 次取到正品$\}(i=1,2,3)$，$A=\{$第三次才取到正品$\}$，则

$$A=\overline{A}_1\overline{A}_2A_3,$$

于是 $P(A)=P(\overline{A}_1\overline{A}_2A_3)=P(\overline{A_1})P(\overline{A_2}|\overline{A_1})P(A_3|\overline{A}_1\overline{A}_2)$

$$=\frac{10}{100}\times\frac{9}{99}\times\frac{90}{98}\approx 0.008\,3.$$

所以第三次才取到正品的概率约为 0.008 3.

### 6.4.4 全概率公式

全概率公式是概率论中的一个基本公式，它将计算一个复杂的概率问题转化为在不同情况或不同原因下发生的简单事件的概率的求和问题.

**定理 1** 设 $A_1,A_2,\cdots,A_n,\cdots$ 是一个完备事件组，且 $P(A_i)>0$，$i=1,2,\cdots$，则对任一事件 $B$，有

$$P(B)=P(A_1)P(B|A_1)+\cdots+P(A_n)P(B|A_n)+\cdots\tag{6-5}$$

**证**

$$P(B)=P(B\cap S)=P(B\cap(\bigcup_i A_i))=P(\bigcup_i(B\cap A_i))$$
$$=\sum_i P(B\cap A_i)=\sum_i P(A_i)P(B\mid A_i).$$

**注** 公式(6-5)指出，在复杂情况下不易直接计算 $P(B)$ 时，可根据情况构造一组完备事件$\{A_i\}$，使事件 $B$ 发生的概率是各事件 $A_i(i=1,2,\cdots)$发生的条件下事件 $B$ 发生的概率的总和. 直观示意图如图 6-4 所示.

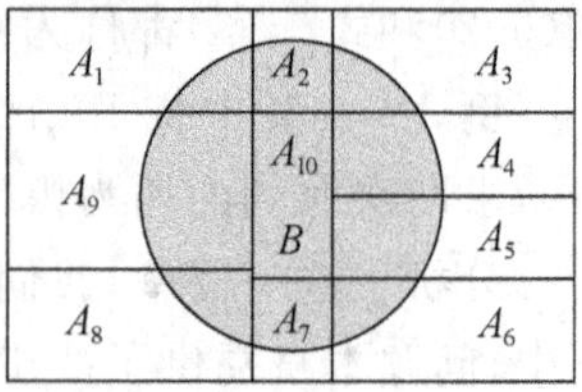


图 6-4

特别地，若取 $n=2$，并将 $A_1$ 记为 $A$，则 $A_2$ 就是 $\overline{A}$. 于是，可得

$$P(B)=P(A)P(B|A)+P(\overline{A})P(B|\overline{A}).$$

**例 5** 人们为了解一支股票未来一定时期内的价格变化，往往会去分析影响股票价格的基本因素，比如利率的变化. 现假设人们经分析估计利率下调的概率为 60%，利率不变的概率为 40%. 根据经验，人们估计，在利率下调的情况下，该支股票价格上涨的概率为 80%，而在利率不变的情况下，其价格上涨的概率为 40%，求该支股票将上涨的概率.

**解** 记 $A$ 为事件“利率下调”，那么 $\overline{A}$ 即为“利率不变”，记 $B$ 为事件“股票价格上涨”. 据

题设知

$$P(A)=60\%,\ P(\bar{A})=40\%,$$
$$P(B|A)=80\%,\ P(B|\bar{A})=40\%,$$

于是

$$P(B)=P(AB)+P(\bar{A}B)=P(A)P(B|A)+P(\bar{A})P(B|\bar{A})$$
$$=60\%\times80\%+40\%\times40\%=64\%.$$

**例 6**　有三个罐子，1 号装有 2 红 1 黑共 3 个球，2 号装有 3 红 1 黑共 4 个球，3 号装有 2 红 2 黑共 4 个球，如图 6-5 所示．某人从中随机取一罐，再从该罐中任意取出一球，求取得红球的概率．

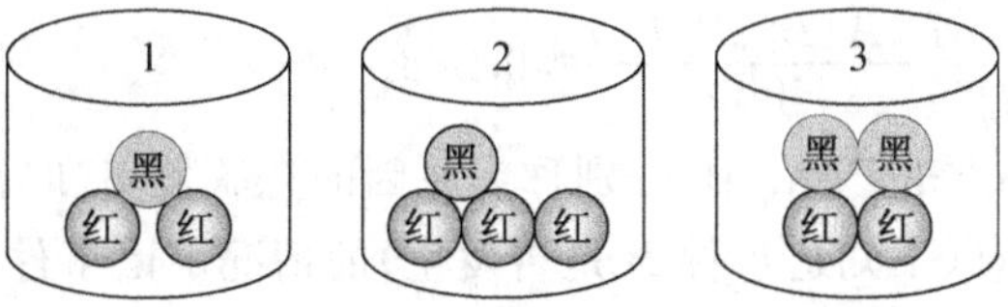


**图 6-5**

**解**　记 $B_i=\{$球取自 $i$ 号罐$\}(i=1,2,3)$，$A=\{$取得红球$\}$．

因为 $A$ 发生总是伴随着 $B_1,B_2,B_3$ 之一同时发生，所以 $B_1,B_2,B_3$ 是样本空间的一个划分．

由全概率公式，得

$$P(A)=\sum_{i=1}^{3}P(B_i)\,P(A|B_i).$$

依题意得

$$P(A|B_1)=\frac{2}{3},\ P(A|B_2)=\frac{3}{4},\ P(A|B_3)=\frac{1}{2},$$
$$P(B_1)=P(B_2)=P(B_3)=\frac{1}{3}.$$

代入数据计算得

$$P(A)\approx0.639.$$

现在如果我们取出的一个球是红球，那么红球是从第一个罐中取出的概率是多少呢？下面介绍的贝叶斯公式将给出这个问题的解答．

## 6.4.5　贝叶斯公式

利用全概率公式，可通过综合分析一事件发生的不同原因或情况及其可能性来求得该事件发生的概率．下面给出的贝叶斯公式则考虑与之完全相反的问题，即一事件已经发生，要考察引发该事件发生的各种原因或情况的可能性的大小．

**定理 2** 设 $A_1,A_2,\cdots,A_n,\cdots$是一个完备事件组，则对任一事件 $B$，$P(B)>0$，有

$$P(A_i \mid B)=\frac{P(A_iB)}{P(B)}=\frac{P(A_i)P(B \mid A_i)}{\sum\limits_j P(A_j)P(B \mid A_j)}(i=1,2,\cdots), \tag{6-6}$$

上述公式称为贝叶斯公式.

由条件概率的定义及全概率公式即可得证.

**例 7** 对于例 6，若取出的一球是红球，试求该红球是从第一个罐中取出的概率.

**解** 仍然用例 6 的记号. 要求 $P(B_1|A)$，由贝叶斯公式知

$$P(B_1|A)=\frac{P(A|B_1)P(B_1)}{P(A|B_1)P(B_1)+P(A|B_2)P(B_2)+P(A|B_3)P(B_3)}$$

$$=\frac{P(A|B_1)P(B_1)}{P(A)}\approx 0.348.$$

在式(6-6)中，$P(A_i)$和 $P(A_i|B)$分别称为原因的先验概率和后验概率. $P(A_i)(i=1,2,\cdots)$是在没有进一步信息(不知道事件 $B$ 是否发生)的情况下诸事件发生的概率. 在获得新的信息(知道 $B$ 发生)后，人们对诸事件发生的概率 $P(A_i|B)$就有了新的估计. 贝叶斯公式从数量上刻画了这种变化.

由医生给病人看病这个事例我们来解释一下先验概率和后验概率. 若 $A_1,A_2,\cdots,A_n$ 是病人可能患的不同种类的疾病，在看病前先诊断这些疾病相关的指标(如：验血，量体温，等等). 若病人的某些指标偏离正常值(即 $B$ 发生)，则该病人患了什么病?



从概率论的角度来看，若 $P(A_i|B)$大，则病人患 $A_i$ 病的可能性也较大. 通过贝叶斯公式就可以看出，人们通常喜欢找老医生看病，主要是老医生经验丰富，过去的经验能帮助医生做出较为准确的诊断，就能更好地为病人治病，而经验越丰富先验概率就越高，贝叶斯公式正是利用了先验概率. 也正因为如此，此类方法受到人们的普遍重视，并称之为“贝叶斯方法”.

## 习题 6.4

1. 已知 $P(A)=\frac{1}{4}$，$P(B|A)=\frac{1}{3}$，$P(A|B)=2$，求 $P(A\cup B)$.

2. 假设一批产品中一、二、三等品各占 60%，30%，10%，从中任取一件，结果不是三等品，求取到一等品的概率.

3. 设 10 件产品有 4 件不合格品，从中任取 2 件，已知取到的 2 件产品中，有 1 件是不合格品，求另一件是不合格品的概率.

4. 用 3 个机床加工同一个零件，零件由各机床加工的概率分别为 0.5，0.3，0.2，各机床加工零件为合格品的概率分别等于 0.94，0.9，0.95. 求全部合格品的概率.

## 6.5　事件的独立性

一般情况下，$P(B)\neq P(B|A)$，亦即事件 $A,B$ 中某个事件发生对另一个事件发生的概率是有影响的. 但在许多实际问题中，常会遇到两个事件中任何一个事件发生都不会对另一个事件发生的概率产生影响. 此时，$P(B)=P(B|A)$，故乘法公式可以写成

$$P(AB)=P(A)P(B|A)=P(A)P(B).$$

由此引出了事件间的相互独立问题.

### 6.5.1　两个事件的独立性

**定义 1**　若事件 $A,B$ 满足

$$P(AB)=P(A)P(B),$$

则称 $A,B$ 独立，或称 $A,B$ 相互独立.

**注**　两事件互不相容与相互独立是完全不同的两个概念，它们分别从两个不同的角度表述了两事件间的某种联系. 互不相容是表述在一次随机试验中两事件不能同时发生，而相互独立是表述在一次随机试验中一事件是否发生且互无影响. 此外，当 $P(A)>0,P(B)>0$，$A,B$ 相互独立与 $A,B$ 互不相容不能同时成立. 进一步还可证明：若 $A$ 与 $B$ 既独立，又互斥，则 $A$ 与 $B$ 至少有一个是零概率事件.



**定理 1**　设 $A,B$ 是两事件，若 $A,B$ 相互独立，且 $P(B)>0$，则 $P(A|B)=P(A)$，反之亦然.

**证**　由条件概率和独立性的定义可得.

**定理 2**　设事件 $A,B$ 相互独立，则事件 $A$ 与 $\bar{B}$，$\bar{A}$ 与 $B$，$\bar{A}$ 与 $\bar{B}$ 也相互独立.

**证**　由 $A=A(B\cup\bar{B})=AB\cup A\bar{B}$，得

$$P(A)=P(AB\cup A\bar{B})=P(AB)+P(A\bar{B})=P(A)P(B)+P(A\bar{B}),$$

$$P(A\bar{B})=P(A)[1-P(B)]=P(A)P(\bar{B}).$$

故 $A$ 与 $\bar{B}$ 相互独立. 由此易推得 $\bar{A}$ 与 $B$，$\bar{A}$ 与 $\bar{B}$ 相互独立.

**例 1**　从一副不含大小王的扑克牌中任取一张，记 $A=\{$抽到 $K\}$，$B=\{$抽到的牌是黑色的$\}$，则事件 $A,B$ 是否独立？

**解法一**　利用定义判断. 由

$$P(A)=\frac{4}{52}=\frac{1}{13},\ P(B)=\frac{26}{52}=\frac{1}{2},\ P(AB)=\frac{2}{52}=\frac{1}{26},$$

得到 $P(AB)=P(A)P(B)$，故事件 $A,B$ 独立.

**解法二**　利用条件概率判断. 由

$$P(A)=\frac{1}{13},\ P(A|B)=\frac{2}{26}=\frac{1}{13},$$

得到 $P(A)=P(A|B)$，故事件 $A,B$ 独立.

**注** 由例 1 可见，判断事件的独立性，可利用定义或通过计算条件概率来判断，但在实际应用中，常根据问题的实际意义去判断两事件是否独立.

例如，甲、乙两人向同一目标射击，记事件 $A=\{$甲命中$\}$，$B=\{$乙命中$\}$，因“甲命中”并不影响“乙命中”的概率，故 $A,B$ 独立.

又如，一批产品共 $n$ 件，从中抽取 2 件，设事件 $A_i=\{$第 $i$ 件是合格品$\}(i=1,2)$，若抽取是有放回的，则 $A_1$ 与 $A_2$ 独立，因为第二次抽取的结果不受第一次抽取结果的影响；若抽取是无放回的，则 $A_1$ 与 $A_2$ 不独立.

### 6.5.2 有限个事件的独立性

**定义 2** 设 $A,B,C$ 为三个事件，若满足等式

$$\begin{cases}P(AB)=P(A)P(B),\\P(AC)=P(A)P(C),\\P(BC)=P(B)P(C),\\P(ABC)=P(A)P(B)P(C),\end{cases}$$

则称事件 $A,B,C$ 相互独立.



对 $n$ 个事件的独立性，可类似地定义：

设 $A_1,A_2,\cdots,A_n$ 是 $n(n>1)$ 个事件，若对任意 $k(1<k\leqslant n)$ 个事件，$A_{i_1},A_{i_2},\cdots,A_{i_k}$ $(1\leqslant i_1<i_2<\cdots<i_k\leqslant n)$ 均满足等式

$$P(A_{i_1}A_{i_2}\cdots A_{i_k})=P(A_{i_1})P(A_{i_2})\cdots P(A_{i_k}),\tag{6-7}$$

则称 $A_1,A_2,\cdots,A_n$ 相互独立.

**注** 式(6-7)包含的等式总数为

$$C_n^2+C_n^3+\cdots+C_n^n=(1+1)^n-C_n^1-C_n^0=2^n-n-1.$$

**定义 3** 设 $A_1,A_2,\cdots,A_n$ 是 $n$ 个事件，若其中任意 2 个事件均相互独立，则称 $A_1,A_2,\cdots,A_n$ 两两独立.

多个相互独立事件具有如下性质：

**性质 1** $A_1,A_2,\cdots,A_n(n\geqslant 2)$ 相互独立，则其中任意 $k(1<k\leqslant n)$ 个事件也相互独立.

**性质 2** 若 $n$ 个事件 $A_1,A_2,\cdots,A_n(n\geqslant 2)$ 相互独立，$A_1,A_2,\cdots,A_n$ 中任意 $m(1\leqslant m\leqslant n)$ 个事件换成它们的对立事件，所得的 $n$ 个事件仍相互独立.

**例 2** 加工某一零件共需经过四道工序，设第一、二、三、四道工序的次品率分别是 2%，3%，5%，3%，假定各道工序是互不影响的，求加工出来的零件的次品率.

**解** 设 $A_1,A_2,A_3,A_4$ 分别为四道工序发生次品的事件，$D$ 为加工出来的零件为次品的事件，则 $\overline{D}$ 为产品合格的事件，故有

$$\overline{D}=\overline{A}_1\overline{A}_2\overline{A}_3\overline{A}_4.$$

$$P(\overline{D})=P(\overline{A_1})P(\overline{A_2})P(\overline{A_3})P(\overline{A_4})$$
$$=(1-2\%)(1-3\%)(1-5\%)(1-3\%)=87.597\,79\%\approx 87.60\%,$$
$$P(D)=1-P(\overline{D})=1-87.60\%=12.40\%.$$

**例 3**　甲、乙两人进行乒乓球比赛，每局甲胜的概率为 $p(p\geqslant\frac{1}{2})$. 则对甲而言，采用三局两胜制有利，还是采用五局三胜制有利？设各局胜负相互独立

**解**　采用三局两胜制，甲最终获胜，其胜局的情况是："甲甲"或"乙甲甲"或"甲乙甲". 而这三种结局互不相容，于是，由事件独立性得，甲最终获胜的概率为
$$P_1=p^2+2p^2(1-p).$$

采用五局三胜制，甲最终获胜，至少需要比赛 3 局(可能赛 3 局，也可能赛 4 局或 5 局)，且在最后一局必须是甲胜，而前面甲需胜两局. 例如，共赛 4 局，则甲胜局情况是："甲乙甲甲""乙甲甲甲""甲甲乙甲"，且这三种结局互不相容. 由事件独立性得，在五局三胜制下甲最终获胜的概率为
$$P_2=p^3+C_3^2\,p^3(1-p)+C_4^2\,p^3(1-p)^2,$$
而
$$P_2-P_1=p^2(6p^3-15p^2+12p-3)=3p^2(1-p)^2(2p-1).$$

当 $p>\frac{1}{2}$ 时，$P_2>P_1$；当 $p=\frac{1}{2}$ 时，$P_2=P_1$. 故当 $p>\frac{1}{2}$ 时，对甲来说采用五局三胜制较为有利；当 $p=\frac{1}{2}$ 时，两种赛制下，甲、乙最终获胜的概率是相同的，都是 50%.



### 6.5.3　伯努利概型

如果随机试验只有两种可能的结果：事件 $A$ 发生或事件 $A$ 不发生，则称这样的试验为伯努利(Bernoulli)试验. 记
$$P(A)=p,\ P(\overline{A})=1-p=q\ (0<p<1,p+q=1).$$

将伯努利试验在相同条件下独立地重复进行 $n$ 次，称这一串重复的独立试验为 $n$ 重伯努利试验，或简称为伯努利概型.

**注**　$n$ 重伯努利试验是一种很重要的数学模型，在实际问题中具有广泛的应用，其特点是：事件 $A$ 在每次试验中发生的概率均为 $p$，且不受其他各次试验中 $A$ 是否发生的影响.

**定理 3(伯努利定理)**　设在一次试验中，事件 $A$ 发生的概率为 $p(0<p<1)$，则在 $n$ 重伯努利试验中，事件 $A$ 恰好发生 $k$ 次的概率为
$$P_n(k)=C_n^kp^k(1-p)^{n-k}\quad(k=0,1,\cdots,n).$$

**推论 1**　设在一次试验中，事件 $A$ 发生的概率为 $p(0<p<1)$，则在伯努利试验序列中，事件 $A$ 在第 $k$ 次试验中才首次发生的概率为
$$p(1-p)^{k-1}(k=0,1,\cdots,n).$$

注意到"事件 $A$ 在第 $k$ 次试验中才首次发生"等价于在前 $k$ 次试验组成的 $k$ 重伯努利试

验中“事件 $A$ 在 $k-1$ 次试验中均不发生而在第 $k$ 次试验中发生”，再由伯努利定理即可推得.

**例 4** 一个医生知道某种疾病患者自然痊愈率为 0.25，为试验一种新药是否有效，把它给 10 个病人服用，且规定若 10 个病人中至少有 4 个被治好则认为这种药有效，反之则认为无效. 求：

(1) 新药有效，且把痊愈率提高到 0.35，但通过试验却被否定的概率；

(2) 新药完全无效，但通过试验却被认为有效的概率.

**分析** 将 10 个病人服此药视为 10 次重复试验，在每次试验中，只有两种可能结果：此人痊愈或不痊愈，而且 10 人的痊愈与否彼此独立(如是传染病，也是隔离治疗的). 这样，本问题便可利用伯努利概型解决.

**解** (1) 设 $A$=“通过试验新药被否定”，则由题意，当且仅当事件“10 人至多只有 3 人痊愈”发生时 $A$ 发生. 依题意，新药有效，痊愈率 0.35，从而

$$
\begin{aligned}
P(A) &= \sum_{k=0}^{3} C_{10}^{k}(0.35)^k(1-0.35)^{10-k} \\
&= 0.65^{10}+10\times 0.35\times 0.65^9+45\times 0.35^2\times 0.65^8+120\times 0.35^3\times 0.65^7 \\
&\approx 0.513\,8.
\end{aligned}
$$



(2) 设 $B$=“通过试验判断新药有效”，则当且仅当事件“10 人至少有 4 人痊愈”发生时 $B$ 发生. 依题意，新药无效，这时痊愈率等于自然率 0.25，从而

$$
P(B) = \sum_{k=4}^{10} C_{10}^{k}\, 0.25^k(1-0.25)^{10-k} = 1-\sum_{k=0}^{3} C_{10}^{k}\times\left(\frac{1}{4}\right)^k\times\left(\frac{3}{4}\right)^{10-k} \approx 0.224.
$$

## 习题 6.5

1. 设每次试验成功率为 $p(0<p<1)$，进行重复试验，求直到第十次试验时才取得四次成功的概率.

2. 甲、乙两人射击，甲击中的概率为 0.8，乙击中的概率为 0.7，两人同时射击，并假定中靶与否相互独立，求：

(1) 两人都中靶的概率；(2) 都不中靶的概率；(3) 甲不中，乙中的概率.

3. 甲、乙、丙三人独立地向同一飞机射击，设击中的概率分别是 0.4，0.5，0.7，若只有一人击中，则飞机被击落的概率为 0.2；若有两人击中，则飞机被击落的概率为 0.6；若三人都击中，则飞机一定被击落. 求飞机被击落的概率.

# 本章小结

1. 知识结构图

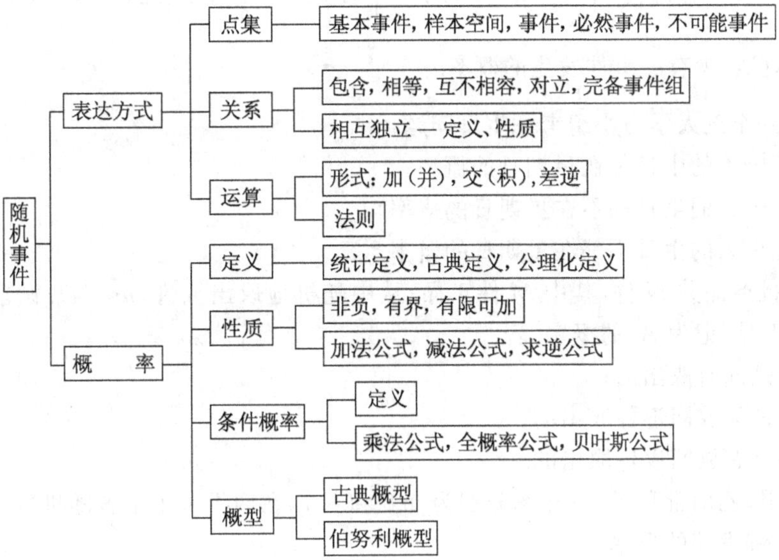


2. 学习要求

(1) 理解试验、随机试验概念，理解随机试验的特点.

(2) 理解样本空间、样本点的概念；理解随机事件、必然事件和不可能事件的概念，并会判断这些事件.

(3) 了解概率的公理化定义并理解概率的性质.

(4) 理解古典概型，并掌握计算事件的概率.

(5) 理解条件概率的定义，掌握用乘法公式解决较为简单的问题.

(6) 熟练运用全概率公式和贝叶斯公式.

(7) 会判断两个事件的独立性；并掌握较为简单的计算.

3. 复习思考题

(1) 设 $A,B,C$ 为三个事件，试用 $A,B,C$ 的运算关系式表示下列事件：

① $A$ 发生，$B,C$ 都不发生；

② $A$ 与 $B$ 发生，$C$ 不发生；

③ $A,B,C$ 都发生；

④ $A,B,C$ 至少有一个发生；

⑤ $A,B,C$ 都不发生；

⑥ $A,B,C$ 不都发生；

⑦ $A,B,C$ 至多有两个发生；

⑧ $A,B,C$ 至少有两个发生.

(2) 设 $A,B,C$ 为三事件，$P(A)=P(B)=\frac{1}{4}$，$P(C)=\frac{1}{3}$ 且 $P(AB)=P(BC)=0$，$P(AC)=\frac{1}{12}$，求 $A,B,C$ 至少有一事件发生的概率.

(3) 对一个五人学习小组考虑生日问题：

① 求五个人的生日都在星期日的概率；

② 求五个人的生日都不在星期日的概率；

③ 求五个人的生日不都在星期日的概率.

(4) 一批产品共 $N$ 件，其中 $M$ 件正品. 从中随机地取出 $n$ 件($n<N$). 试求其中恰有 $m$ 件($m\leqslant M$)正品(记为 $A$)的概率. 若：

① $n$ 件是同时取出的；

② $n$ 件是无放回逐件取出的；

③ $n$ 件是有放回逐件取出的.



(5) 有甲、乙两批种子，发芽率分别为 0.8 和 0.7，在两批种子中各随机取一粒，求：

① 两粒都发芽的概率；

② 至少有一粒发芽的概率；

③ 恰有一粒发芽的概率.

(6) 某地某天下雪的概率为 0.3，下雨的概率为 0.5，既下雪又下雨的概率为 0.1，求：

① 在下雨条件下下雪的概率；

② 这一天下雨或下雪的概率.

(7) 已知 5% 的男人和 0.25% 的女人是色盲，现随机挑选一人，此人恰为色盲，求此人是男人的概率(假设男人和女人各占人数的一半).

(8) 在一个盒中装有 15 个乒乓球，其中有 9 个新球，在第一次比赛中任意取出 3 个球，比赛后放回原盒中；第二次比赛同样任意取出 3 个球，求第二次取出的 3 个球均为新球的概率.

(9) 某保险公司把被保险人分为三类："谨慎的""一般的""冒失的". 统计资料表明，上述三种人在一年内发生事故的概率依次为 0.05，0.15 和 0.30；如果"谨慎的"被保险人占 20%，"一般的"占 50%，"冒失的"占 30%，现知某被保险人在一年内出了事故，则他是"谨慎的"的概率是多少？

(10) 证明：若 $P(A|B)=P(A|\bar{B})$，则 $A,B$ 相互独立.

# 第 7 章　一维随机变量及其分布

皮埃尔·德·费马(Pierre de Fermat,1601－1665),法国律师和业余数学家.他在数学上的成就不比职业数学家差,他似乎对数论最有兴趣,亦对现代微积分的建立有所贡献,被誉为“业余数学家之王”. 17 世纪,法国的帕斯卡和费马研究了意大利帕乔里的著作《摘要》,建立了通信联系,从而建立了概率学的基础.一般概率空间的概念,是人们对于概念的直观想法的彻底公理化.从纯数学观点看,有限概率空间似乎显得平淡无奇,但一旦引入了随机变量和数学期望时,它们就成为神奇的世界了,费马的贡献便在于此.



在随机试验中,人们除了对特定事件发生的概率感兴趣外,往往还关心某个与随机试验的结果相关联的变量,由于这一变量的取值依赖于随机试验的结果,因而被称为随机变量.与普通的变量不同,对于随机变量,人们无法事先预知其确切取值,但可以研究其取值的统计规律性.本章将介绍两类随机变量(离散型随机变量和连续性随机变量)及描述随机变量和其函数的统计规律性的分布.

## 7.1　随机变量

### 7.1.1　随机变量概念的引入

为全面研究随机试验结果,揭示随机现象的统计规律性,需将随机试验的结果数量化,即把随机试验的结果与实数对应起来.

(1) 在有些随机试验中,试验的结果本身就由数量来表示.

例如,在抛掷一颗骰子,观察其出现的点数的试验中,试验的结果就可分别由 1,2,3,4,5,6 来表示.

(2) 在另一些随机试验中,试验结果看起来与数量无关,但可以指定一个数量来表示.

例如,在抛掷一枚硬币观察其出现正面或反面的试验中,若规定“出现正面”对应数 1,“出现反面”对应数－1,则该试验的每一种可能结果,都有唯一确定的实数与之对应.

上述例子表明，随机试验的结果都可用一个实数来表示，这个实数随着试验结果的不同而变化，因而，它是样本点的函数，这个函数就是我们要引入的随机变量.

### 7.1.2 随机变量的定义

**定义 1** 设随机试验的样本空间为 $S$，称定义在样本空间 $S$ 上的实值单值函数 $X=X(\omega)$ 为随机变量.

随机变量 $X$ 的取值由样本点 $\omega$ 决定. 反之，使 $X$ 取某一特定值 $a$ 的那些样本点的全体构成样本空间 $S$ 的一个子集，即

$$A=\{\omega \mid X(\omega)=a\}\subset S,$$

它是一个事件，当且仅当 $A$ 发生时才有 $\{X=a\}$. 为简单起见，今后将事件 $A=\{\omega \mid X(\omega)=a\}$，记为 $\{X=a\}$.

随机变量通常用大写字母 $X,Y,Z$ 或者希腊字母 $\xi,\eta$ 等表示，而表示随机变量所取的值时，一般采用小写字母 $x,y,z$ 等.

随机变量与高等数学中函数比较：

(1) 它们都是实值函数，但随机变量在试验前只知道它可能的取值范围，而不能预先肯定它将取哪个值；

(2) 因试验结果的出现具有一定的概率，故随机变量取每个值和每个确定范围内的值也有一定的概率.



**例 1** 在抛掷一枚硬币进行打赌时，若规定出现正面时抛掷者赢 1 元钱，出现反面时输 1 元钱，则其样本空间为

$$S=\{\text{正面},\text{反面}\},$$

记赢钱数为随机变量 $X$，则 $X$ 作为样本空间 $S$ 的实值函数定义为

$$X(\omega)=\begin{cases}1, & \omega=\text{正面},\\ -1, & \omega=\text{反面}.\end{cases}$$

**例 2** 在将一枚硬币抛掷三次，观察正面 H，反面 T 出现情况的试验中，其样本空间

$$S=\{HHH,HHT,HTH,THH,HTT,THT,TTH,TTT\}$$

记每次试验出现正面 H 的总次数为随机变量 $X$，则 $X$ 作为样本空间 $S$ 上的函数定义为

| $\omega$ | HHH | HHT | HTH | THH | HTT | THT | TTH | TTT |
|---|---|---|---|---|---|---|---|---|
| $X$ | 3 | 2 | 2 | 2 | 1 | 1 | 1 | 0 |

易见，使 $X$ 取值为 2 的样本点构成的子集为

$$A=\{HHT,HTH,THH\},$$

故

$$P\{X=2\}=P(A)=\frac{3}{8}.$$

类似地，有

$$P\{X\leqslant 1\}=P\{\mathrm{HTT},\mathrm{THT},\mathrm{TTH},\mathrm{TTT}\}=\frac{4}{8}=\frac{1}{2}.$$

**例 3**　在测试灯泡寿命的试验中，每一个灯泡的实际使用寿命可能是$[0,\infty)$中任何一个实数，若用 $X$ 表示灯泡的寿命(小时)，则 $X$ 是定义在样本空间 $S=\{t|t\geqslant 0\}$上的函数，即 $X=X(t)=t$，是随机变量.

### 7.1.3　引入随机变量的意义

随机变量的引入，使随机试验中的各种事件可通过随机变量的关系式表达出来.

例如，某城市的 120 急救电话每小时收到呼叫的次数 $X$ 是一个随机变量.

事件{收到不少于 20 次呼叫}可表示为$\{X\geqslant 20\}$；

事件{恰好收到 10 次呼叫}可表示为$\{X=10\}$.

由此可见，随机事件这个概念实际上是包含在随机变量这个更广的概念内. 也可以说，随机事件是以静态的观点来研究随机现象的，而随机变量则以动态的观点来研究.

随机变量概念的产生是概率论发展史上的重大事件. 引入随机变量后，对随机现象统计规律的研究，就由对事件概率的研究转化为对随机变量及其取值规律的研究，使人们可利用数学分析的方法对随机试验的结果进行广泛而深入的研究.



随机变量因其取值方式不同，通常分为离散型和非离散型两类. 而非离散型随机变量中最重要的是连续型随机变量. 今后，我们主要讨论离散型随机变量和连续型随机变量.

## 习题 7.1

1. 随机变量的特征是什么?

2. 盒中装有大小相同的 10 个球，编号为 0,1,2,3,4,5,6,7,8,9，从中任取 1 个，观察号码“小于 5”“等于 5”“大于 5”的情况. 试定义一个随机变量来表达上述随机试验结果，并写出该随机变量取到每一个特定值的概率.

## 7.2　离散型随机变量及其概率分布

### 7.2.1　离散型随机变量及其概率分布

设 $X$ 是一个随机变量，如果它全部可能的取值只有有限个或可数无穷个，则称 $X$ 为一个离散型随机变量.

设 $x_1,x_2,\cdots$是随机变量 $X$ 的所有可能取值，对每个取值 $x_i$，$\{X=x_i\}$是其样本空间 $S$

上的一个事件,为描述随机变量 $X$,还需知道这些事件发生的可能性(概率).

**定义 1** 设离散型随机变量 $X$ 的所有可能取值 $x_i(i=1,2,\cdots)$,则

$$P\{X=x_i\}=p_i(i=1,2,\cdots),$$

称为 $X$ 的概率分布或分布律,也称概率函数.

常用下表形式来表示 $X$ 的概率分布:

| $X$ | $x_1$ | $x_2$ | $\cdots$ | $x_n$ | $\cdots$ |
|---|---|---|---|---|---|
| $p_i$ | $p_1$ | $p_2$ | $\cdots$ | $p_n$ | $\cdots$ |

由概率的定义,$p_i(i=1,2,\cdots)$必然满足:

(1) $p_i\geqslant 0, i=1,2,\cdots$;  (2) $\sum_i p_i=1$.

**例 1** 某篮球运动员投中篮圈的概率是 0.9,求他两次独立投篮投中次数 $X$ 的概率分布.

**解** $X$ 可取值为 0,1,2,记 $A_i=\{$第 $i$ 次投中篮圈$\}, i=1,2$,则

$$P(A_1)=P(A_2)=0.9,$$

$$P\{X=0\}=P(\overline{A_1}\,\overline{A_2})=P(\overline{A_1})P(\overline{A_2})=0.1\times 0.1=0.01,$$

$$P\{X=1\}=P(A_1\overline{A_2}\cup\overline{A_1}A_2)$$

$$=P(A_1\overline{A_2})+P(\overline{A_1}A_2)=0.9\times 0.1+0.1\times 0.9=0.18,$$

$$P\{X=2\}=P(A_1A_2)=P(A_1)P(A_2)=0.9\times 0.9=0.81,$$

且 $$P\{X=0\}+P\{X=1\}+P\{X=2\}=1,$$

于是,$X$ 的概率分布可表示为

| $X$ | 0 | 1 | 2 |
|---|---|---|---|
| $p_i$ | 0.01 | 0.18 | 0.81 |

若已知一个离散型随机变量 $X$ 的概率分布可表示为

| $X$ | $x_1$ | $x_2$ | $\cdots$ | $x_n$ | $\cdots$ |
|---|---|---|---|---|---|
| $p_i$ | $p_1$ | $p_2$ | $\cdots$ | $p_n$ | $\cdots$ |

则可以求得 $X$ 所生成的任何事件的概率,特别地,

$$P\{a\leqslant X\leqslant b\}=P\{\bigcup_{a\leqslant x_i\leqslant b}\{X=x_i\}\}=\sum_{a\leqslant x_i\leqslant b}p_i.$$

例如,设 $X$ 的概率分布由例 1 给出,则

$$P\{X<2\}=P\{X=0\}+P\{X=1\}=0.01+0.18=0.19,$$

$$P\{-2\leqslant X\leqslant 6\}=P\{X=0\}+P\{X=1\}+P\{X=2\}=1.$$

## 7.2.2　常用离散分布

1. 两点分布

**定义 2**　若一个随机变量 $X$ 只有两个可能取值，且其分布为

$$P\{X=x_1\}=p,\ P\{X=x_2\}=1-p\ (0<p<1),$$

则称 $X$ 服从 $x_1, x_2$ 处参数 $p$ 的两点分布.

特别地，若 $X$ 服从 $x_1=1, x_2=0$ 处参数为 $p$ 的两点分布，即

| $X$ | 0 | 1 |
|---|---|---|
| $p_i$ | $q$ | $p$ |

则称 $X$ 服从参数为 $p$ 的 0－1 分布，其中 $q=1-p$.

显然有：(1) $0<p, q<1$；(2) $p+q=1$.

对于一个随机试验，若它的样本空间只包含两个元素，即

$$S=\{\omega_1, \omega_2\},$$

则总能在 $S$ 中定义一个服从 0－1 分布的随机变量

$$X=X(\omega)=\begin{cases}0, \omega=\omega_1, \\ 1, \omega=\omega_2\end{cases}$$

来描述这个随机试验结果. 例如，抛掷硬币试验，检查产品的质量是否合格，某工厂的电力消耗是否超过负荷等.

**例 2**　200 件产品中，有 196 件是正品，4 件是次品，今从中随机地抽取一件，若规定

$$X=\begin{cases}1, \text{取到正品}, \\ 0, \text{取到次品},\end{cases}$$

则

$$P\{X=1\}=\frac{196}{200}=0.98,$$

$$P\{X=0\}=\frac{4}{200}=0.02.$$

于是，$X$ 服从参数为 0.98 的两点分布.

2. 二项分布

在 $n$ 重伯努利试验中，设每次试验时事件 $A$ 发生的概率为 $p$，用 $X$ 表示 $n$ 重伯努利试验中事件 $A$ 发生的次数，则 $X$ 的可能取值为 $0,1,\cdots,n$，且对每一个 $k(0\leqslant k\leqslant n)$，事件 $\{X=k\}$ 即为"$n$ 次试验中事件 $A$ 恰好发生 $k$ 次"，根据伯努利概型，有

$$P\{X=k\}=C_n^k p^k(1-p)^{n-k},\ k=0,1,\cdots,n. \tag{7-1}$$

**定义 3**　若一个随机变量 $X$ 的概率分布由式(7-1)给出，则称 $X$ 服从参数为 $n, p$ 的二

项分布,记为 $X\sim b(n,p)$(或 $B(n,p)$).

显然:(1) $P\{X=k\}\geqslant 0$;(2) $\sum\limits_{k=0}^{n}P\{X=k\}=1$.

**注** 当 $n=1$ 时,式(7-1)变为

$$P\{X=k\}=p^k(1-p)^{1-k}(k=0,1),$$

此时,随机变量 $X$ 即服从 0−1 分布.

在图 7-1 和图 7-2 中,我们分别给出了当 $n=10,p=0.7$ 和 $n=13,p=0.5$ 时二项分布的图形.

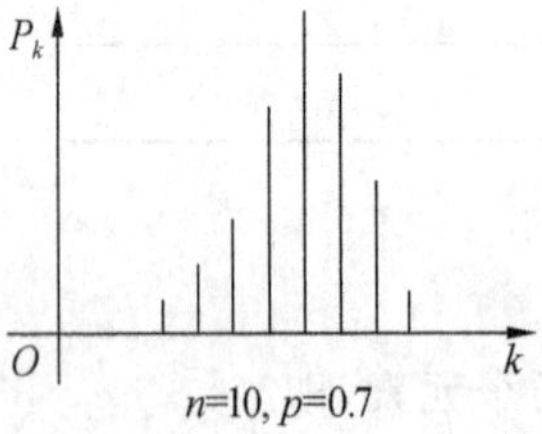


**图 7-1**

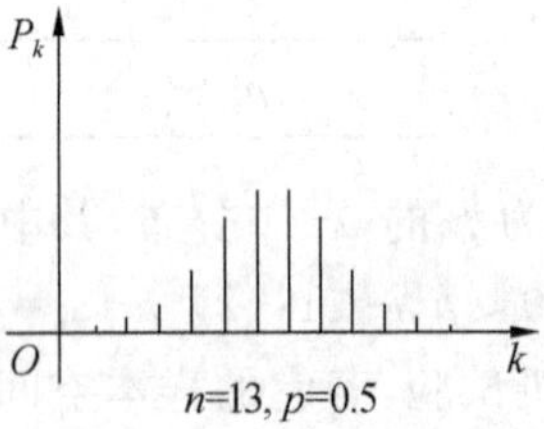


**图 7-2**

从图中可看出:对于固定的 $n$ 和 $p$,当 $k$ 增加时,概率 $P\{X=k\}$ 先是随之增加直至达到最大值,随后单调减少. 可以证明,一般的二项分布的图形也具有这一性质,且



(1) 当 $(n+1)p$ 不为整数时,二项概率 $P\{X=k\}$ 在 $k=[(n+1)p]$ 时达到最大值;

(2) 当 $(n+1)p$ 为整数时,二项概率 $P\{X=k\}$ 在 $k=(n+1)p$ 和 $k=(n+1)p-1$ 时达到最大值.

**注** $[x]$为不超过 $x$ 的最大整数.

**例 3** 已知 100 个产品中有 5 个次品,现从中有放回地取 3 次,每次任取 1 个,求所取的 3 个中恰有 2 个次品的概率.

**解** 因为这是有放回地取 3 次,因此,这 3 次试验的条件完全相同且独立,它是伯努利试验. 依题意,每次试验取到次品的概率为 0.05. 设 $X$ 为所取的 3 个产品中的次品数,则 $X\sim b(3,0.05)$,于是,所求概率为 $P\{X=2\}=C_3^2(0.05)^2\times(0.95)=0.007\ 125$.

**注** 若将本例中的"有放回"改为"无放回",那么各次试验条件就不同了,所以不再是伯努利概型,此时,只能用古典概型求解

$$P\{X=2\}=\frac{C_{95}^1\ C_5^2}{C_{100}^3}\approx 0.005\ 88.$$

**例 4** 某人进行射击,设每次射击的命中率为 0.02,独立射击 400 次,试求至少击中两次的概率.

**解** 将一次射击看成是一次试验,设击中的次数为 $X$,则 $X\sim b(400,0.02)$. $X$ 的分布律为

$$P\{X=k\}=C_{400}^k(0.02)^k(0.98)^{400-k}(k=0,1,\cdots,400)$$

于是，所求概率为

$$
\begin{aligned}
P\{X\geqslant 2\}&=1-P\{X=0\}-P\{X=1\}\\
&=1-(0.98)^{400}-400\times(0.02)\times(0.98)^{399}\approx 0.997\,2.
\end{aligned}
$$

**注**　二项分布 $b(n,p)$ 和两点分布 $b(1,p)$ 还有一层密切关系. 仍设一个试验只有两次结果：$A$ 和 $\overline{A}$，且 $P(A)=p$. 现将试验独立进行 $n$ 次，即 $X$ 为 $n$ 次试验中结果 $A$ 出现的次数，则 $X\sim b(n,p)$. 若记 $X_i$ 为第 $i$ 次试验中结果 $A$ 出现的次数，即

$$
X_i=\begin{cases}1, & \text{第 } i \text{ 次试验中结果出现,}\\ 0, & \text{第 } i \text{ 次试验中结果不出现}\end{cases}\quad(i=1,2,\cdots,n),
$$

则 $X_i\sim b(1,p)$，并且 $X_1,X_2,\cdots,X_n$ 相互独立. 根据 $X$ 和 $X_1,X_2,\cdots X_n$ 的定义，自然有

$$
X=X_1+X_2+\cdots+X_n.
$$

3. 泊松分布

**定义 4**　若一个随机变量 $X$ 的概率分布为

$$
P\{X=k\}=\mathrm{e}^{-\lambda}\frac{\lambda^k}{k!}\ (\lambda>0,k=0,1,2,\cdots),
$$

则称 $X$ 服从参数为 $\lambda$ 的泊松分布，记为 $X\sim P(\lambda)$（或 $X\sim\pi(\lambda)$）.

显然：(1) $P\{X=k\}\geqslant 0(k=0,1,2,\cdots)$；

(2) $\displaystyle\sum_{k=0}^{\infty}P\{X=k\}=\sum_{k=0}^{\infty}\mathrm{e}^{-\lambda}\frac{\lambda^k}{k!}=\mathrm{e}^{-\lambda}\sum_{k=0}^{\infty}\frac{\lambda^k}{k!}=\mathrm{e}^{-\lambda}\mathrm{e}^{\lambda}=1.$



泊松分布的图形特征如图 7-3 所示.

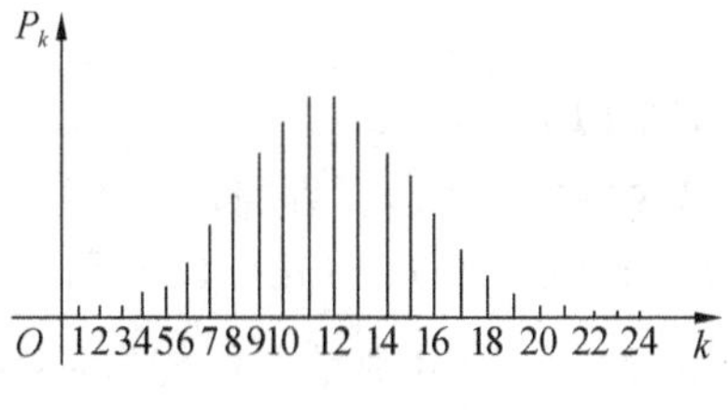


图 7-3

**注**　历史上，泊松分布是作为二项分布的近似，于 1837 年由法国数学家泊松引入的. 泊松分布是概率论中最重要的分布之一，实际问题中许多随机现象都服从或近似服从泊松分布. 泊松分布的概率值可查附表 2.

## 习题 7.2

1. 设随机变量 $X$ 分布律为 $P\{X=k\}=\dfrac{k}{15}(k=1,2,3,4,5)$，试求：

(1) $P\left\{\frac{1}{2}<X<\frac{5}{2}\right\}$;(2) $P\{1<X<3\}$.

2. 设随机变量 $X$ 服从泊松分布,且 $P(X=1)=P(X=2)$,求 $P(X=4)$.

## 7.3 随机变量的分布函数

当我们要描述一个随机变量时,不仅要说明它能取哪些值,而且还要指出它取这些值的概率.只有这样,才能真正完整地刻画一个随机变量.为此,我们引入随机变量分布函数的概念.

### 7.3.1 随机变量的分布函数

**定义 1** 设 $X$ 是一个随机变量,称

$$F(x)=P\{X\leqslant x\}\ (-\infty<x<+\infty) \tag{7-2}$$

为 $X$ 的分布函数.有时记作 $X\sim F(x)$ 或 $F_X(x)$.

**注** ① 若将 $X$ 看作数轴上随机点的坐标,则分布函数 $F(x)$ 的值就表示 $X$ 落在区间 $(-\infty,x]$ 内的概率,因而 $0\leqslant F(x)\leqslant 1$;

② 对任意实数 $x_1,x_2(x_1<x_2)$,随机点落在区间 $(x_1,x_2]$ 内的概率

$$P\{x_1<X\leqslant x_2\}=P\{X\leqslant x_2\}-P\{X\leqslant x_1\}=F(x_2)-F(x_1);$$

③ 随机变量的分布函数是一个普通的函数,它完整地描述了随机变量的统计规律性.通过它,人们就可以利用高等数学中的方法来全面研究随机变量.



分布函数的性质:

(1) 单调非减.若 $x_1<x_2$,则 $F(x_1)\leqslant F(x_2)$.

事实上,由事件"$X\leqslant x_2$"包含事件"$X\leqslant x_1$"即得.

(2) $F(-\infty)=\lim\limits_{x\to-\infty}F(x)=0$,$F(+\infty)=\lim\limits_{x\to+\infty}F(x)=1$.

事实上,由事件 $X\leqslant-\infty$ 和 $X\leqslant+\infty$ 分别是不可能事件和必然事件即得.

(3) 右连续性.即 $\lim\limits_{x\to x_0^+}F(x)=F(x_0)$.

**注** 若一个函数具有上述性质,则它一定是某个随机变量的分布函数.

**例 1** 等可能的在数轴上的有界区间 $[a,b]$ 上投点,记 $X$ 为落点的位置(数轴上的坐标),求随机变量 $X$ 的分布函数.

**解** 当 $x<a$ 时,$\{X\leqslant x\}$ 是不可能事件,于是

$$F(x)=P\{X\leqslant x\}=0;$$

当 $a\leqslant x<b$,由于 $\{X\leqslant x\}=\{a\leqslant X\leqslant x\}$,且 $[a,x]\subset[a,b]$,由几何概率得

$$F(x)=P\{X\leqslant x\}=P\{a\leqslant X\leqslant x\}=\frac{x-a}{b-a};$$

当 $x \geqslant b$ 时，由于 $\{X \leqslant x\} = \{a \leqslant X \leqslant b\}$，于是

$$F(x) = P\{X \leqslant x\} = P\{a \leqslant X \leqslant b\} = \frac{b-a}{b-a} = 1,$$

综上可得 $X$ 的分布函数为

$$F(x) = \begin{cases} 0, & x < a, \\ \dfrac{x-a}{b-a}, & a \leqslant x < b, \\ 1, & x \geqslant b. \end{cases}$$

### 7.3.2　离散型随机变量的分布函数

设离散型随机变量 $X$ 的概率分布为

| $X$ | $x_1$ | $x_2$ | … | $x_n$ | … |
|---|---|---|---|---|---|
| $p_i$ | $p_1$ | $p_2$ | … | $p_n$ | … |

则 $X$ 的分布函数为

$$F(x) = P\{X \leqslant x\} = \sum_{x_i \leqslant x} P\{X = x_i\} = \sum_{x_i \leqslant x} p_i \tag{7-3}$$

即：

当 $x < x_1$ 时，$F(x) = 0$；

当 $x_1 \leqslant x < x_2$ 时，$F(x) = p_1$；

当 $x_2 \leqslant x < x_3$ 时，$F(x) = p_1 + p_2$；

……

当 $x_{n-1} \leqslant x < x_n$ 时，$F(x) = p_1 + p_2 + \cdots + p_{n-1}$.

如图 7-4 所示，$F(x)$ 是一个阶梯形函数，它在 $x = x_i (i = 1, 2, \cdots)$ 处有跳跃，跳跃度恰为随机变量 $X$ 在 $x = x_i$ 点的概率 $p_i = P\{X = x_i\}$.

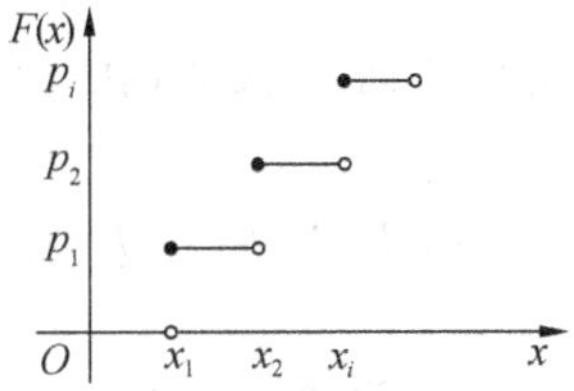


图 7-4

反之，若一个随机变量 $X$ 的分布函数为阶梯型函数，则 $X$ 一定是一个离散型随机变量，其概率分布亦由 $F(x)$ 唯一确定.

**例 2** 设随机变量 $X$ 的分布律为

| $X$ | 0 | 1 | 2 |
|---|---|---|---|
| $p_i$ | $\frac{1}{3}$ | $\frac{1}{6}$ | $\frac{1}{2}$ |

求 $F(x)$.

**解** 当 $x<0$ 时,由 $\{X\leqslant x\}=\varnothing$ 得,$F(x)=P\{X\leqslant x\}=0$;

当 $0\leqslant x<1$ 时,$F(x)=P\{X\leqslant x\}=P\{X=0\}=\frac{1}{3}$;

当 $1\leqslant x<2$ 时,$F(x)=P\{X=0\}+P\{X=1\}=\frac{1}{3}+\frac{1}{6}=\frac{1}{2}$;

当 $x\geqslant 2$ 时,$F(x)=P\{X=0\}+P\{X=1\}+P\{X=2\}=1$.

所以

$$F(x)=\begin{cases}0, & x<0,\\ \frac{1}{3}, & 0\leqslant x<1,\\ \frac{1}{2}, & 1\leqslant x<2,\\ 1, & x\geqslant 2.\end{cases}$$



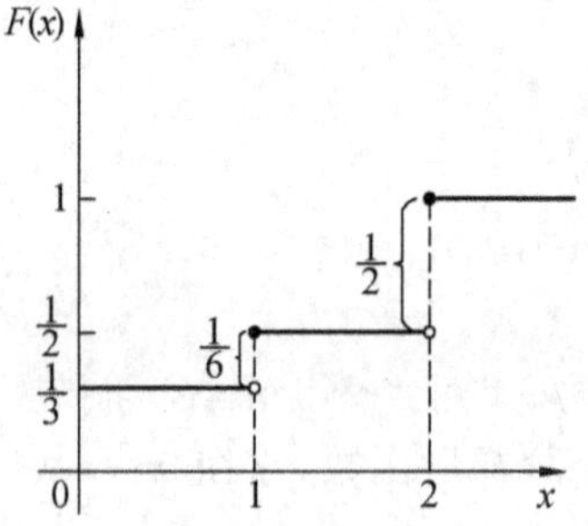


图 7-5

从图 7-5 不难看出,$F(x)$ 的图形是阶梯状的,在 $x=0,1,2$ 处有跳跃,其跳跃度分别等于

$$P\{X=0\},\ P\{X=1\},\ P\{X=2\}.$$

## 习题 7.3

1. $F(x)=\begin{cases}0, & x<-2,\\ 0.4, & -2\leqslant x<0,\\ 1, & x\geqslant 0\end{cases}$ 是随机变量 $X$ 的分布函数,则 $X$ 是(　　)

2. 设

$$F(x)=\begin{cases}0, & x<0,\\ \dfrac{x}{2}, & 0\leqslant x<1,\\ 1, & x\geqslant 1,\end{cases}$$

问 $F(x)$是否为随机变量的分布函数?

3. 设离散型随机变量 $X$ 的分布函数为

$$F(x)=\begin{cases}0, & x<-1,\\ 0.4, & -1\leqslant x<1,\\ 0.8, & 1\leqslant x<3,\\ 1, & x\geqslant 3,\end{cases}$$

试求:

(1) $X$ 的分布律;(2) $P\{X<2\mid X\neq 1\}$.

## 7.4　连续型随机变量及其概率密度



### 7.4.1　连续型随机变量及其概率密度

**定义 1**　如果对随机变量 $X$ 的分布函数 $F(x)$,存在非负可积函数 $f(x)$,使得对于任意实数 $x$,有

$$F(x)=P\{X\leqslant x\}=\int_{-\infty}^{x} f(t)\,\mathrm{d}t, \tag{7-4}$$

则称 $X$ 为连续型随机变量,$f(x)$为 $X$ 的概率密度函数,简称为概率密度或密度函数.

**注**　连续型随机变量 $X$ 的所有可能取值充满一个区间,对这种类型的随机变量,不能像离散型随机变量那样,以指定它取每个值时的概率的方式去给出其概率分布,而是采用给出上面的“概率密度函数”的方式.概率密度的含义类似于物理中的线密度,即把单位质量按密度函数给定的值分布于$(-\infty,+\infty)$.对于离散的情形,是只把单位质量分布到了有限个或者可数个点处.

显然概率密度具有下列性质:

(1) $f(x)\geqslant 0$;

(2) $\displaystyle\int_{-\infty}^{+\infty} f(x)\,\mathrm{d}x=1$.

**注**　上述性质有明显的几何意义(如图 7-6 所示).

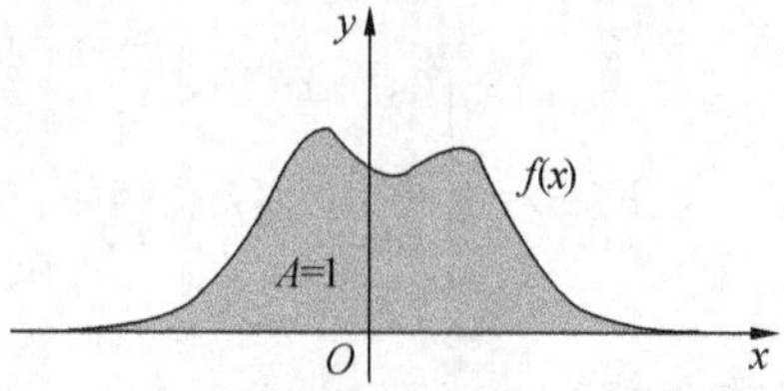


图 7-6

反之,可证一个函数若满足上述性质,则该函数一定可以作为某连续型随机变量的概率密度函数.

连续型随机变量分布函数的性质:

(1) 对一个连续型随机变量 $X$,若已知其密度函数 $f(x)$,则根据定义,可求得其分布函数 $F(x)$(如图 7-7 所示),同时,还可求得 $X$ 的取值落在任意区间$(a,b]$上的概率(如图 7-8 所示):

$$P\{a<X<b\}=F(b)-F(a)=\int_a^b f(x)\mathrm{d}x.$$



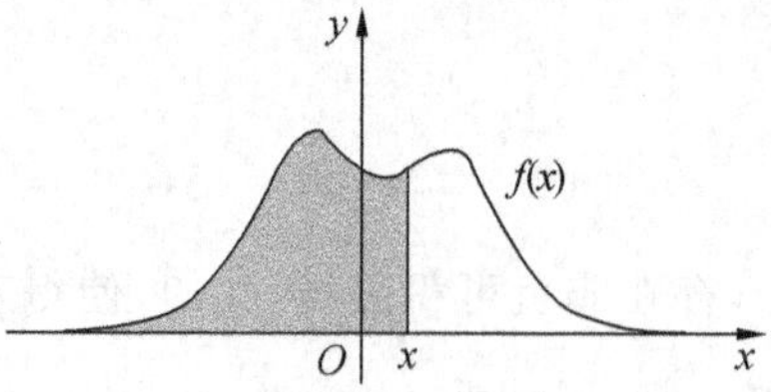


图 7-7

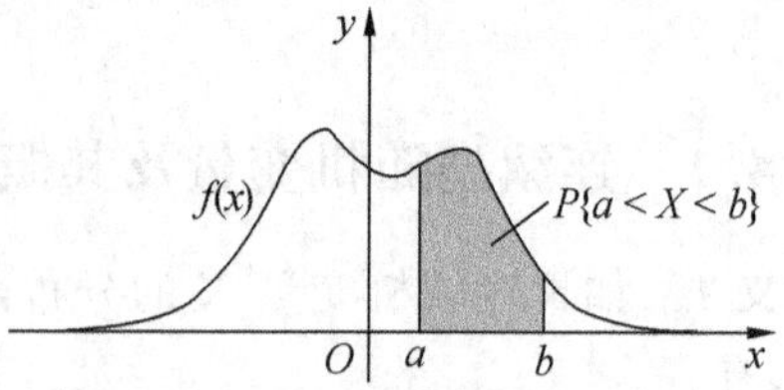


图 7-8

(2) 连续型随机变量 $X$ 取任一指定值 $a(a\in\mathbf{R})$的概率为 0. 因为

$$P\{X=a\}=\lim_{\Delta x\to 0^+}P\{a-\Delta x<X\leqslant a\}=\lim_{\Delta x\to 0^+}\int_{a-\Delta x}^{a}f(x)\mathrm{d}x=0,$$

故对连续型随机变量 $X$,有

$$P\{a<X\leqslant b\}=P\{a\leqslant X<b\}=P\{a\leqslant X\leqslant b\}=P\{a<X<b\} \tag{7-5}$$

**注** 连续型随机变量 $X$ 取任意值 $a$ 的概率为 0. 此性质与离散型随机变量是不同的,而且此性质也说明概率为零的事件不一定是不可能事件.

(3) 若 $f(x)$在点 $x$ 处连续,则

$$F'(x)=f(x). \tag{7-6}$$

事实上,由定义和积分上限函数的导数公式即得. 另由式(7-5),得

$$f(x)=\lim_{\Delta x\to 0^+}\frac{F(x+\Delta x)-F(x)}{\Delta x}=\lim_{\Delta x\to 0^+}\frac{P\{x<X\leqslant x+\Delta x\}}{\Delta x}. \tag{7-7}$$

可将上式理解为:$X$ 在点 $x$ 处的密度 $f(x)$恰好是 $X$ 落在区间$(x,x+\Delta x]$上的概率与区间长度 $\Delta x$ 之比的极限(比较线密度的定义). 由式(7-7),若不计高阶无穷小,则有

$$P=\{x<X\leqslant x+\Delta x\}\approx f(x)\Delta x \tag{7-8}$$

即 $X$ 落在小区间 $(x,x+\Delta x]$ 上的概率近似等于 $f(x)\Delta x$.

**例 1**　设随机变量 $X$ 的分布函数为

$$F(x)=\begin{cases}0, & x\leqslant 0,\\ x^2, & 0<x<1,\\ 1, & x\geqslant 1.\end{cases}$$

求：(1) $P\{0.3<X<0.7\}$；(2) $X$ 的密度函数.

**解**　由性质(2)和性质(3)，有

(1) $P\{0.3<X<0.7\}=F(0.7)-F(0.3)=0.7^2-0.3^2=0.4$.

(2) $X$ 的密度函数为

$$f(x)=F'(x)=\begin{cases}0, & x\leqslant 0,\\ 2x, & 0<x<1,\\ 0, & x\geqslant 1,\end{cases}$$

$$=\begin{cases}2x, & 0<x<1,\\ 0, & \text{其他}.\end{cases}$$

### 7.4.2　常用连续型分布

1. 均匀分布

**定义 2**　若连续型随机变量 $X$ 的概率密度为

$$f(x)=\begin{cases}\dfrac{1}{(b-a)}, & a<x<b,\\ 0, & \text{其他}.\end{cases} \tag{7-9}$$

则称 $X$ 在区间 $(a,b)$ 上服从均匀分布，记为 $X\sim U(a,b)$.

显然：(1) $f(x)\geqslant 0$；(2) $\int_{-\infty}^{+\infty}f(x)\mathrm{d}x=1$.

**注**　在区间 $(a,b)$ 上服从均匀分布的随机变量 $X$，其取值落在 $(a,b)$ 中任意等长度的子区间内的概率是相同的，且与子区间的长度成正比. 事实上，任取子区间 $(c,c+l)\subset(a,b)$，有

$$P\{c<X\leqslant c+l\}=\int_c^{c+l}f(x)\mathrm{d}x=\int_c^{c+l}\frac{1}{b-a}\mathrm{d}x=\frac{l}{b-a}.$$

则 $X$ 的分布函数为

$$F(x)=\begin{cases}0, & x<a,\\ \dfrac{(x-a)}{(b-a)}, & a\leqslant x<b,\\ 1, & x\geqslant b.\end{cases}$$

**例 2**　某公共汽车站从上午 7 时起，每 15 分钟来一班车，即 7:00，7:15，7:30，7:45 等时

刻有汽车到达此站，如果乘客到达此站的时间 $X$ 是 7:00 到 7:30 之间的均匀随机变量，试求他候车的时间少于 5 分钟的概率.

**解** 以 7:00 为起点 0，以分为单位，依题意，$X \sim U(0,30)$，

$$f(x)=\begin{cases}\dfrac{1}{30}, & 0<x<30,\\ 0, & \text{其他},\end{cases}$$

为使候车时间少于 5 分钟，乘客必须在 7:10 到 7:15 之间，或在 7:25 到 7:30 之间到达车站，故所求概率为

$$P\{10<X<15\}+P\{25<X<30\}=\int_{10}^{15}\frac{1}{30}\mathrm{d}x+\int_{25}^{30}\frac{1}{30}\mathrm{d}x=\frac{1}{3},$$

即乘客候车时间少于 5 分钟的概率为 $\dfrac{1}{3}$.

2. 指数分布

**定义 3** 若随机变量 $X$ 的概率密度为

$$f(x)=\begin{cases}\lambda \mathrm{e}^{-\lambda x}, & x>0,\\ 0, & \text{其他}\end{cases}$$

其中，常数 $\lambda>0$，则称 $X$ 服从参数为 $\lambda$ 的指数分布，简记为 $X \sim E(\lambda)$.



显然：(1) $f(x)\geqslant 0$；(2) $\int_{-\infty}^{+\infty} f(x)\mathrm{d}x=1$.

$f(x)$ 的几何图形如图 7-9 所示.

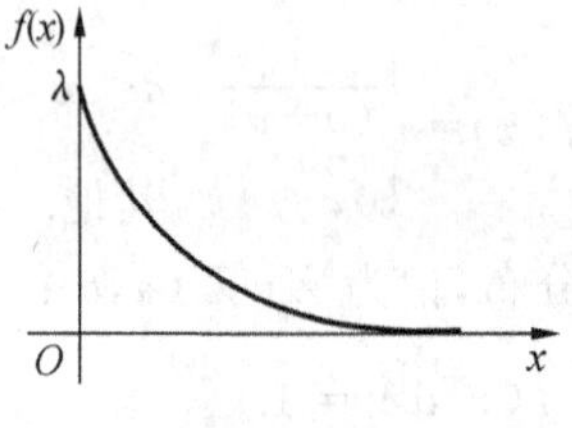


**图 7-9**

若 $X$ 服从参数为 $\lambda$ 的指数分布，易求出其分布函数

$$F(x)=\begin{cases}1-\mathrm{e}^{-\lambda x}, & x>0,\\ 0, & \text{其他},\end{cases} \text{其中常数 } \lambda>0. \tag{7-10}$$

**例 3** 某元件的寿命 $X$ 服从指数分布，已知其参数 $\lambda=\dfrac{1}{1\,000}$，求 3 个这样的元件使用 1 000小时至少已有一个损坏的概率.

**解** 由题设知，$X$ 的分布函数

$$F(x)=\begin{cases}1-\mathrm{e}^{-\frac{x}{1000}}, & x\geqslant 0,\\ 0, & x<0,\end{cases}$$

由此得到

$$P\{X>1\ 000\}=1-P\{X\leqslant 1\ 000\}=1-F(1\ 000)=\mathrm{e}^{-1},$$

各元件的寿命是否超过 1 000 小时是独立的，用 $Y$ 表示 3 个元件中使用 1 000 小时损坏的元件数，则 $Y\sim b(3,1-\mathrm{e}^{-1})$. 所求概率为

$$P\{Y\geqslant 1\}=1-P\{Y=0\}=1-C_3^0(1-\mathrm{e}^{-1})^0(\mathrm{e}^{-1})^3=1-\mathrm{e}^{-3}.$$

3. 正态分布

**定义 4**　若随机变量 $X$ 的概率密度为

$$f(x)=\frac{1}{\sqrt{2\pi}\sigma}\mathrm{e}^{-\frac{(x-\mu)^2}{2\sigma^2}}\quad(-\infty<x<+\infty),\tag{7-11}$$

则称 $X$ 服从参数为 $\mu$ 和 $\sigma^2$ 的正态分布，记为 $X\sim N(\mu,\sigma^2)$. 其中 $\mu$ 和 $\sigma(\sigma>0)$ 都是常数.

显然：

(1) $f(x)>0$；

(2) $\int_{-\infty}^{+\infty}f(x)\mathrm{d}x=\int_{-\infty}^{+\infty}\frac{1}{\sqrt{2\pi}\sigma}\mathrm{e}^{-\frac{(x-\mu)^2}{2\sigma^2}}\mathrm{d}x\xlongequal{t=\frac{x-\mu}{\sigma}}\frac{1}{\sqrt{2\pi}}\int_{-\infty}^{+\infty}\mathrm{e}^{-\frac{t^2}{2}}\mathrm{d}t=1.$

其中利用了泊松积分 $\int_{-\infty}^{+\infty}\mathrm{e}^{-t^2}\mathrm{d}t=\sqrt{\pi}$.

一般来说，一个随机变量如果受到许多随机因素的影响，而其中每一个因素都不起主导作用(作用微小)，则它服从正态分布，这是正态分布在实践中得以广泛应用的原因. 例如，产品的质量指标，元件的尺寸，某地区成年男子的身高、体重，测量误差，射击目标的水平或垂直偏差，信号噪声，农作物的产量等，都服从或近似服从正态分布.

正态分布的图形特征：

(1) 密度曲线关于 $x=\mu$ 对称(如图 7-10 所示)；

(2) 曲线在 $x=\mu$ 时达到最大值 $f(x)=\frac{1}{\sqrt{2\pi}\sigma}$；

(3) 曲线在 $x=\mu\pm\sigma$ 处有拐点且以 $x$ 轴为渐近线；

(4) $\mu$ 确定了曲线的位置，$\sigma$ 确定了曲线中峰的陡峭程度(如图 7-11 所示).

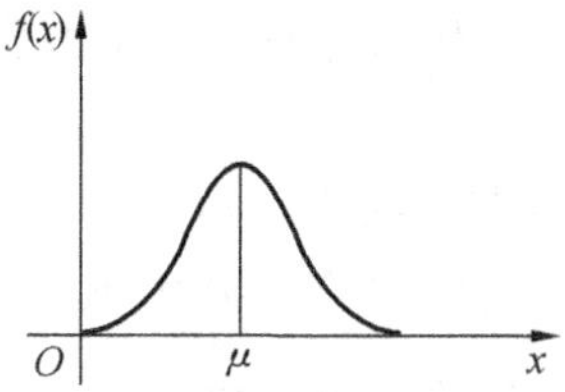


**图 7-10**

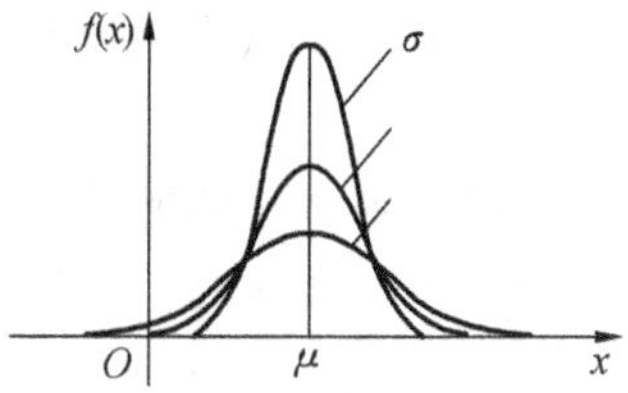


**图 7-11**

若 $X\sim N(\mu,\sigma^2)$，则 $X$ 的分布函数为

$$F(x)=\frac{1}{\sqrt{2\pi}\sigma}\int_{-\infty}^{x}\mathrm{e}^{-\frac{(t-\mu)^2}{2\sigma^2}}\mathrm{d}t \quad (-\infty<x<+\infty). \tag{7-12}$$

正态分布当 $\mu=0,\sigma=1$ 时称为标准正态分布，此时其密度函数和分布函数常用 $\varphi(x)$ 和 $\Phi(x)$ 表示(如图 7-12 和图 7-13 所示).

$$\varphi(x)=\frac{1}{\sqrt{2\pi}}\mathrm{e}^{-\frac{x^2}{2}},\qquad \Phi(x)=\frac{1}{\sqrt{2\pi}}\int_{-\infty}^{x}\mathrm{e}^{-\frac{t^2}{2}}\mathrm{d}t.$$

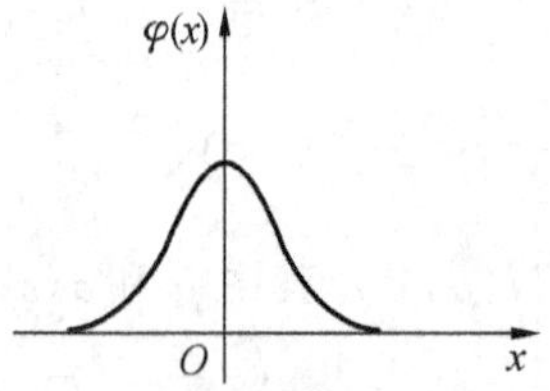


图 7-12

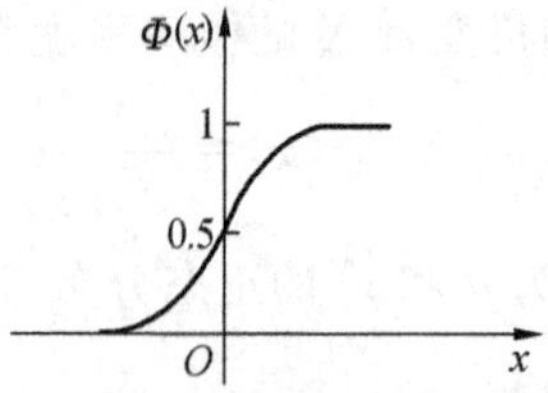


图 7-13

标准正态分布的重要性在于，任何一个一般的正态分布都可以通过线性变换转化为标准正态分布.

**定理 1** 设 $X\sim N(\mu,\sigma^2)$，则 $Y=\dfrac{X-\mu}{\sigma}\sim N(0,1)$.



**证** $Y=\dfrac{X-\mu}{\sigma}$的分布函数为

$$P\{Y\leqslant x\}=P\left\{\frac{X-\mu}{\sigma}\leqslant x\right\}=P\{X\leqslant \mu+\sigma x\}=\int_{-\infty}^{\mu+\sigma x}\frac{1}{\sqrt{2\pi}\sigma}\mathrm{e}^{-\frac{(t-\mu)^2}{2\sigma^2}}\mathrm{d}t$$

$$\xlongequal{u=\frac{t-\mu}{\sigma}}\frac{1}{\sqrt{2\pi}}\int_{-\infty}^{x}\mathrm{e}^{-\frac{u^2}{2}}\mathrm{d}u=\Phi(x)$$

所以 $$Y=\frac{X-\mu}{\sigma}\sim N(0,1).$$

对标准正态分布的分布函数 $\Phi(x)$，人们利用近似计算方法求出其近似值，并编制了标准正态分布表(见附表 3)供使用时查找.

标准正态分布表的使用：

(1) 表中给出了 $x>0$ 时 $\Phi(x)$ 的数值. 当 $x<0$ 时，利用正态分布密度函数的对称性，易见有 $\Phi(x)=1-\Phi(-x)$.

(2) 若 $X\sim N(0,1)$，则由连续型随机变量分布函数的性质(2)，有

$$P\{a<X\leqslant b\}=P\{a\leqslant X\leqslant b\}=P\{a\leqslant X<b\}=P\{a<X<b\}=\Phi(b)-\Phi(a).$$

(3) 若 $X\sim N(\mu,\sigma^2)$，则 $Y=\dfrac{X-\mu}{\sigma}\sim N(0,1)$，故 $X$ 的分布函数

$$F(x)=P(X\leqslant x)=P\left\{\frac{X-\mu}{\sigma}\leqslant\frac{x-\mu}{\sigma}\right\}=\Phi\left(\frac{x-\mu}{\sigma}\right),$$

$$P\{a<X\leqslant b\}=P\left\{\frac{a-\mu}{\sigma}<Y\leqslant\frac{b-\mu}{\sigma}\right\}=\Phi\left(\frac{b-\mu}{\sigma}\right)-\Phi\left(\frac{a-\mu}{\sigma}\right).$$

**例 4**　设 $X\sim N(1,4)$，求 $F(5)$，$P\{0<X\leqslant 1.6\}$，$P\{|X-1|\leqslant 2\}$.

**解**　这里 $\mu=1,\sigma=2$，故

$$F(5)=P\{X\leqslant 5\}=P\left\{\frac{X-1}{2}\leqslant\frac{5-1}{2}\right\}=\Phi\left(\frac{5-1}{2}\right)=\Phi(2)\xlongequal{\text{查表得}}0.977\,2;$$

$$\begin{aligned}P\{0<X\leqslant 1.6\}&=\Phi\left(\frac{1.6-1}{2}\right)-\Phi\left(\frac{0-1}{2}\right)=\Phi(0.3)-\Phi(-0.5)=0.617\,9-[1-\Phi(0.5)]\\&=0.617\,9-(1-0.691\,5)=0.309\,4;\end{aligned}$$

$$P\{|X-1|\leqslant 2\}=P\{-1\leqslant X\leqslant 3\}=P\left\{-1\leqslant\frac{X-1}{2}\leqslant 1\right\}=2\Phi(1)-1=0.682\,6.$$

**例 5**　假设某地区成年男性的身高(单位:厘米)$X\sim N(170,7.69^2)$，求该地区成年男性的身高超过 175 厘米的概率.

**解**　根据假设 $X\sim N(170,7.69^2)$，则 $\{X>175\}$ 表示该地区成年男性的身高超过 175 厘米，可得

$$\begin{aligned}P\{X>175\}&=P\{175<X<+\infty\}=1-P\{X\leqslant 175\}\\&=1-\Phi\left(\frac{175-170}{7.69}\right)\approx 1-\Phi(0.65)\\&=1-0.742\,2=0.257\,8.\end{aligned}$$

即该地区成年男性身高超过 175 厘米的概率为 0.257 8.

**例 6**　已知某台机器生产的螺栓长度 $X$(单位:厘米)服从参数 $\mu=10.05,\sigma=0.06$ 的正态分布.规定螺栓长度在 $10.05\pm 0.12$ 内为合格品，试求螺栓为合格品的概率.

**解**　根据假设 $X\sim N(10.05,0.06^2)$，记 $a=10.05-0.12,b=10.05+0.12$，则 $\{a\leqslant X\leqslant b\}$ 表示螺栓为合格品.于是

$$\begin{aligned}P\{a\leqslant X\leqslant b\}&=\Phi\left(\frac{b-\mu}{\sigma}\right)-\Phi\left(\frac{a-\mu}{\sigma}\right)=\Phi(2)-\Phi(-2)=\Phi(2)-[1-\Phi(2)]\\&=2\Phi(2)-1=2\times 0.977\,2-1=0.954\,4,\end{aligned}$$

即螺栓为合格品的概率等于 0.954 4.

**注**　设 $X\sim N(\mu,\sigma^2)$，则

(1) $P\{\mu-\sigma<X\leqslant\mu+\sigma\}=P\left\{-1<\frac{X-\mu}{\sigma}\leqslant 1\right\}=\Phi(1)-\Phi(-1)=2\Phi(1)-1=0.682\,6$；

(2) $P\{\mu-2\sigma<X\leqslant\mu+2\sigma\}=\Phi(2)-\Phi(-2)=0.954\,4$；

(3) $P\{\mu-3\sigma<X\leqslant\mu+3\sigma\}=\Phi(3)-\Phi(-3)=0.997\,4$.

如图 7-14 所示，尽管正态随机变量 $X$ 的取值范围是 $(-\infty,+\infty)$，但它的值几乎全部集中在区间 $(\mu-3\sigma,\mu+3\sigma)$ 内，超过这个范围的可能性仅占不到 0.3%，这在统计学上称为 $3\sigma$ 准则(三倍标准差原则).

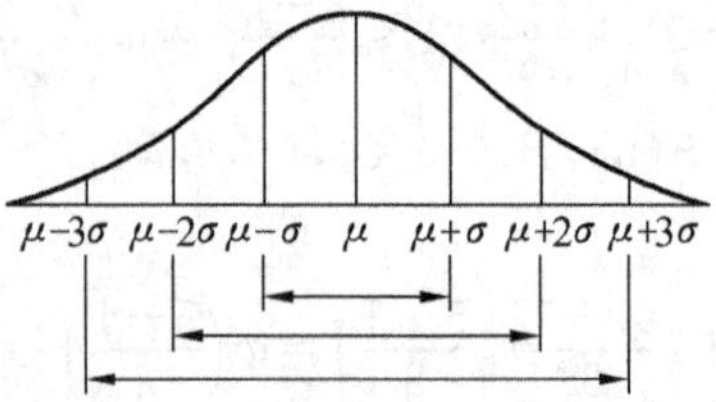


图 7-14

正态分布是概率论中最重要的分布，在应用及理论研究中占有头等重要的地位，它与二项分布及泊松分布是概率论中最重要的三种分布，我们判断一个分布重要性的标准是：

(1) 在实际工作中经常碰到；

(2) 在理论研究中重要，有较好的性质；

(3) 用它能导出许多重要的分布.

随着课程学习的深入和众多案例的探讨，我们会发现这三种分布都满足这些要求.

## 习题 7.4



1. 设随机变量 $X$ 的概率密度为 $f(x)=\frac{1}{2\sqrt{\pi}}e^{-\frac{(x+3)^2}{4}}(-\infty<x<+\infty)$，则 $Y=(\qquad)\sim N(0,1)$.

2. 已知 $X$ 的概率密度函数为

$$f(x)=\begin{cases}2x, & 0<x<1,\\ 0, & \text{其他},\end{cases}$$

求 $P\{X<0.5\}$；$P\{X=0.5\}$.

3. 设随机变量 $X$ 服从[1,5]上的均匀分布. 如果(1) $x_1<1<x_2<5$；(2) $1<x_1<5<x_2$，试分别求 $P\{x_1<X<x_2\}$.

## 7.5 随机变量函数的分布

### 7.5.1 随机变量函数

在讨论正态分布与标准正态分布的关系时，已知有结论：若随机变量 $X\sim N(\mu,\sigma^2)$，则随机变量

$$Y=\frac{X-\mu}{\sigma}\sim N(0,1).$$

这里，$Y$ 是随机变量 $X$ 的函数，对 $X$ 的每一个取值，$Y$ 有唯一确定的取值与之对应. 由于 $X$ 是随机变量，其取值事先不确定，因而 $Y$ 的取值也随之不确定，即 $Y$ 也是随机变量.

**定义 1**　若存在一个函数 $g(x)$，使得随机变量 $X,Y$ 满足

$$Y=g(X)$$

则称随机变量 $Y$ 是随机变量 $X$ 的函数.

**注**　在概率论中，我们主要研究的是随机变量函数的随机特征，即从自变量 $X$ 的统计规律性出发研究因变量 $Y$ 的统计规律性.

### 7.5.2　离散型随机变量函数的分布

设离散型随机变量 $X$ 的概率分布为

$$P\{X=x_i\}=p_i(i=1,2,\cdots),$$

易见，$X$ 的函数 $Y=g(X)$ 显然还是离散型随机变量.

如何由 $X$ 的概率分布出发导出 $Y$ 的概率分布？其一般方法是：先根据自变量 $X$ 的所有可能取值确定因变量 $Y$ 的所有可能取值，然后通过 $Y$ 的每一个可能取值 $y_i(i=1,2,\cdots)$ 来确定 $Y$ 的概率分布. 假设 $C_i=\{x_j \mid g(x_j)=y_i\}$，于是

$$\{Y=y_i\}=\{g(x_j)=y_i\}=\{X\in C_i\},$$

$$P\{Y=y_i\}=P\{X\in C_i\}=\sum_{x_j\in C_i}P\{X=x_j\}, \tag{7-13}$$

从而求得 $Y$ 的概率分布.

上述过程表明：$Y$ 的概率分布完全由 $X$ 的概率分布所确定.

**例 1**　设随机变量 $X$ 具有以下分布律，试求 $Y=(X-1)^2$ 的分布律.

| $X$ | $-1$ | 0 | 1 | 2 |
|---|---|---|---|---|
| $p_i$ | 0.2 | 0.3 | 0.1 | 0.4 |

**解**　$Y$ 所有可能的取值为 0，1，4，由

$$P\{Y=0\}=P\{(X-1)^2=0\}=P\{X=1\}=0.1,$$

$$P\{Y=1\}=P\{X=0\}+P\{X=2\}=0.7,$$

$$P\{Y=4\}=P\{X=-1\}=0.2,$$

即得 $Y$ 的分布律为

| $Y$ | 0 | 1 | 4 |
|---|---|---|---|
| $p_i$ | 0.1 | 0.7 | 0.2 |

### 7.5.3　连续型随机变量函数的分布

一般地，连续型随机变量的函数不一定是连续型随机变量，但我们主要讨论连续型随机

变量的函数还是连续型随机变量的情形. 此时,我们不仅希望求出随机变量函数的分布函数,而且还希望求出其概率密度函数.

设已知 $X$ 的分布函数 $F_X(x)$ 或概率密度函数 $f_X(x)$,则随机变量函数 $Y=g(X)$ 的分布函数可按如下方法求得

$$F_Y(y)=P\{Y\leqslant y\}=P\{g(X)\leqslant y\}=P\{X\in C_y\}, \tag{7-14}$$

其中,$C_y=\{x|g(x)\leqslant y\}$. 而 $P\{X\in C_y\}$ 常常可由 $X$ 的分布函数 $F_X(x)$ 来表示或用其概率密度函数 $f_X(x)$ 的积分来表示

$$F_Y(y)=P\{X\in C_y\}=\int_{C_y} f_X(x)\mathrm{d}x. \tag{7-15}$$

进而可通过 $Y$ 的分布函数 $F_Y(y)$,求出 $Y$ 的密度函数.

**例 2** 设随机变量 $X\sim N(0,1)$,$Y=\mathrm{e}^X$,求 $Y$ 的概率密度函数.

**解** 设 $F_Y(y)$,$f_Y(y)$ 分别是随机变量 $Y$ 的分布函数和概率密度函数,则当 $y\leqslant 0$ 时,有

$$F_Y(y)=P\{Y\leqslant y\}=P\{\mathrm{e}^X\leqslant y\}=P\{\varnothing\}=0.$$

当 $y>0$ 时,因为 $g(x)=\mathrm{e}^x$ 是 $x$ 的严格单调增函数,所以有

$$\{\mathrm{e}^X\leqslant y\}=\{X\leqslant \ln y\},$$

因而



$$F_Y(y)=P\{Y\leqslant y\}=P\{\mathrm{e}^X\leqslant y\}=P\{X\leqslant \ln y\}=\frac{1}{\sqrt{2\pi}}\int_{-\infty}^{\ln y}\mathrm{e}^{-\frac{x^2}{2}}\mathrm{d}x,$$

再由 $f_Y(y)=F'_Y(y)$,得

$$f_Y(y)=\begin{cases}\dfrac{1}{\sqrt{2\pi}y}\mathrm{e}^{-\frac{(\ln y)^2}{2}}, & y>0,\\ 0, & y\leqslant 0.\end{cases}$$

通常称上式中的 $Y$ 服从对数正态分布,它也是一种常用的寿命分布.

**例 3** 设 $X$ 的概率密度函数为 $f_X(x)=\begin{cases}\dfrac{x}{8}, & 0<x<4,\\ 0, & 其他,\end{cases}$ 求 $Y=2X+8$ 的概率密度.

**解** 设 $Y$ 的分布函数 $F_Y(y)$,则

$$F_Y(y)=P\{Y\leqslant y\}=P\{2X+8\leqslant y\}=P\left\{X\leqslant\frac{y-8}{2}\right\}=F_X\left(\frac{y-8}{2}\right),$$

于是,$Y$ 的密度函数

$$f_Y(y)=\frac{\mathrm{d}F_Y(y)}{\mathrm{d}y}=f_X\left(\frac{y-8}{2}\right)\times\frac{1}{2}.$$

注意到 $0<x<4$,即 $8<y<16$ 时,$f_X\left(\dfrac{y-8}{2}\right)\neq 0$. 此时 $f_X\left(\dfrac{y-8}{2}\right)=\dfrac{y-8}{16}$.

故 $$f_Y(y)=\begin{cases}\dfrac{y-8}{32}, & 8<y<16,\\ 0, & \text{其他}.\end{cases}$$

对所有的单调函数 $g(x)$，下面的定理提供了计算 $Y=g(X)$ 的概率密度的一种简单方法.

**定理 1**　设随机变量 $X$ 具有密度函数 $f_X(x)$，$x\in(-\infty,+\infty)$，又设 $y=g(x)$ 处处可导且恒有 $g'(x)>0$(或恒有 $g'(x)<0$)，则 $Y=g(X)$ 是一个连续型随机变量，其概率密度为

$$f_Y(y)=\begin{cases}f_X[h(y)]\,|h'(y)|, & \alpha<y<\beta,\\ 0, & \text{其他}.\end{cases}\tag{7-16}$$

其中 $x=h(y)$ 是 $y=g(x)$ 的反函数，且 $\alpha=\min(g(-\infty),g(+\infty))$，$\beta=\max(g(-\infty),g(+\infty))$.

**注**　若 $f(x)$ 在有限区间 $[a,b]$ 以外等于零，则只需假设在 $[a,b]$ 上恒有 $g'(x)>0$(或恒有 $g'(x)<0$)，此时 $\alpha=\min(g(a),g(b))$，$\beta=\max(g(a),g(b))$.

**例 4**　设随机变量 $X\sim N(\mu,\sigma^2)$，试证明 $X$ 的线性函数

$$Y=aX+b\ (a\neq 0)$$

也服从正态分布.

**证**　$X$ 的概率密度为

$$f_X(x)=\frac{1}{\sqrt{2\pi}\sigma}e^{-\frac{(x-\mu)^2}{2\sigma^2}},-\infty<x<+\infty.$$

由 $y=g(x)=ax+b$，解得

$$x=h(y)=\frac{y-b}{a},$$

且 $$h'(y)=\frac{1}{a}.$$

由定理 1 得 $Y=aX+b$ 的概率密度为

$$f_Y(y)=\frac{1}{|a|}f_X\left(\frac{y-b}{a}\right)=\frac{1}{|a|}\frac{1}{\sqrt{2\pi}\sigma}e^{-\frac{\left(\frac{y-b}{a}-\mu\right)^2}{2\sigma^2}}$$

$$=\frac{1}{|a|\sigma\sqrt{2\pi}}e^{-\frac{[y-(b+a\mu)]^2}{2(a\sigma)^2}},-\infty<y<+\infty.$$

即有 $Y=aX+b\sim N(a\mu+b,(a\sigma)^2)$.

特别地，若在本例中取 $a=\dfrac{1}{\sigma}$，$b=-\dfrac{\mu}{\sigma}$，则得 $Y=\dfrac{X-\mu}{\sigma}\sim N(0,1)$.

## 习题 7.5

1. 设 $X$ 的分布律为 $P\{X=k\}=\frac{1}{2^k},k=1,2,\cdots$，求 $Y=\frac{\pi}{2}X$ 的分布律.

2. 设随机变量 $X$ 服从 $[a,b]$ 上的均匀分布，令 $Y=cX+d(c\neq 0)$，试求随机变量 $Y$ 的密度函数.

3. 设随机变量 $X$ 服从 $[0,1]$ 上的均匀分布，求随机变量 $Y=e^x$ 的概率密度 $f_y(y)$.

## 本章小结

1. 知识结构图

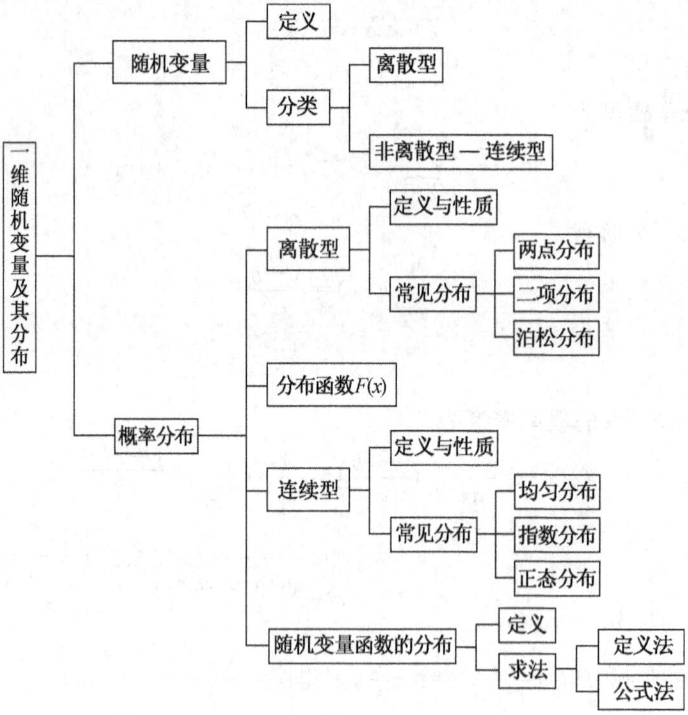


2. 学习要求

(1) 理解随机变量的定义.

(2) 理解离散型随机变量的定义、分布列；理解两点分布和二项分布.

(3) 理解随机变量分布函数的定义及其性质；掌握离散型随机变量的分布函数计算.

(4) 理解连续型变量的概念；掌握均匀分布、指数分布和正态分布的密度函数和分布函数并掌握较为简单的计算.

(5) 会计算随机变量函数的分布函数.

3. 复习思考题

(1) 一袋中有 5 只乒乓球，编号为 1,2,3,4,5，在其中同时取 3 只，以 $X$ 表示取出的 3 只球中的最大号码，写出随机变量 $X$ 的分布律.

(2) 设在 15 只同类型零件中有 2 只为次品，在其中取 3 次，每次任取 1 只，做不放回抽样，以 $X$ 表示取出的次品个数，求：

① $X$ 的分布律；

② $X$ 的分布函数并作图；

③ $P\left\{X\leqslant\frac{1}{2}\right\}, P\left\{1<X\leqslant\frac{3}{2}\right\}, P\left\{1\leqslant X\leqslant\frac{3}{2}\right\}, P\{1<X<2\}$.

(3) 射手向目标独立地进行了 3 次射击，每次击中率为 0.8，求 3 次射击中击中目标的次数的分布律及分布函数，并求 3 次射击中至少击中 2 次的概率.

(4) 甲、乙两人投篮，投中的概率分别为 0.6，0.7，今各投 3 次，求：

① 两人投中次数相等的概率；

② 甲比乙投中次数多的概率.

(5) 设某种仪器内装有三只同样的电子管，电子管使用寿命 $X$ 的密度函数为

$$f(x)=\begin{cases}\dfrac{100}{x^2}, & x\geqslant 100,\\ 0, & x<100.\end{cases}$$

求：① 在开始 150 小时内没有电子管损坏的概率；

② 在这段时间内有一只电子管损坏的概率；

③ $F(x)$.

(6) 设随机变量 $X$ 在 $[2,5]$ 上服从均匀分布. 现对 $X$ 进行三次独立观测，求至少有两次的观测值大于 3 的概率.

(7) 某人乘汽车去火车站乘火车，有两条路可走：第一条路程较短但交通拥挤，所需时间 $X$ 服从 $N(40,10^2)$；第二条路程较长，但阻塞少，所需时间 $X$ 服从 $N(50,4^2)$.

① 若动身时离火车开车只有 1 小时，则走哪条路能乘上火车的把握大些？

② 若离火车开车时间只有 45 分钟，则走哪条路赶上火车把握大些？

(8) 设 $X\sim N(3,2^2)$，

① 求 $P\{2<X\leqslant 5\}, P\{4<X\leqslant 10\}, P\{|X|>2\}, P\{X>3\}$；

② 确定 $c$ 使 $P\{X>c\}=P\{X\leqslant c\}$.

(9) 设随机变量 $X$ 分布函数为

$$F(x)=\begin{cases}A+Be^{-\lambda x}, & x\geqslant 0,\\ 0, & x<0,\end{cases}(\lambda>0)$$

① 求常数 $A,B$;

② 求 $P\{X\leqslant 2\},P\{X>3\}$;

③ 求概率密度函数 $f(x)$.

(10) 设随机变量 $X$ 的分布律为

| $X$ | $-2$ | $-1$ | $0$ | $1$ | $3$ |
|---|---|---|---|---|---|
| $P_k$ | $\frac{1}{5}$ | $\frac{1}{6}$ | $\frac{1}{5}$ | $\frac{1}{15}$ | $\frac{11}{30}$ |

求 $Y=X^2$ 的分布律.

(11) 设随机变量 $X\sim U(0,1)$,试求 $Z=-2\ln X$ 的分布函数及密度函数.

(12) 设随机变量 $X$ 的密度函数为

$$f(x)=\begin{cases}\frac{2x}{\pi^2}, & 0<x<\pi,\\ 0, & 其他.\end{cases}$$

试求 $Y=\sin X$ 的密度函数.

# 第 8 章　多维随机变量及其分布

西莫恩·德尼·泊松(Siméon Denis,1781－1840),法国数学家.1781 年 6 月生于法国皮蒂维耶,1840 年 4 月卒于法国索镇.1798 年入巴黎综合工科学校深造,其数学才能受到拉格朗日和拉普拉斯的注意,毕业时因优秀的毕业论文而被指定为讲师,1806 年任该校教授.1809 年任巴黎理学院力学教授.1812 年当选为巴黎科学院院士.

泊松的科学生涯开始于研究微分方程及其在摆的运动和声学理论中的应用.他工作的特色是应用数学方法研究各类力学和物理问题,并由此得到数学上的发现.他主张概率方法的普遍适用性,得到了概率论中著名的泊松分布.他一生共发表 300 多篇论著,最著名的著作有《力学教程》(二卷,1811,1833)和《判断的概率研究》(1837).



在很多随机现象中，只用一个随机变量来描述往往不够，而是会涉及多个随机变量.如炮弹命中点的位置要用一对随机变量(横坐标与纵坐标)来描述，正弦交流电压要用振幅、频率和相位三个随机变量来描述等.要研究这些随机变量之间的联系，就应当同时考虑若干个随机变量,即多维随机变量及其取值规律——多维分布.本章将介绍有关这方面的内容，为简明起见，主要介绍二维情形，有关内容可以类推到多于二维的情形.

## 8.1　二维随机变量

### 8.1.1　二维随机变量的分布函数

设 $E$ 是一个随机试验，它的样本空间是 $S$. 设 $X$,$Y$ 是定义在 $S$ 上的随机变量，则由它们构成的一个向量$(X, Y)$称为二维随机向量或二维随机变量.

一般地,$(X, Y)$的性质不仅与 $X$,$Y$ 有关，而且还依赖于 $X$,$Y$ 的相互关系，因此必须把$(X, Y)$作为一个整体来研究.

首先引入$(X, Y)$的分布函数的概念.

**定义 1** 设$(X, Y)$为二维随机变量，对于任意实数$x, y$，二元函数

$$F(x, y)=P\{(X\leqslant x)\cap(Y\leqslant y)\}=P\{X\leqslant x, Y\leqslant y\}$$

称为二维随机变量$(X, Y)$的分布函数，或称为随机变量$X$和$Y$的联合分布函数.

分布函数$F(x, y)$表示事件$(X\leqslant x)$与事件$(Y\leqslant y)$同时发生的概率. 若把$(X, Y)$看成平面上具有随机坐标$(X, Y)$的点，则分布函数$F(x, y)$在$(x, y)$处的函数值就是随机点$(X, Y)$落在平面上的以$(x, y)$为顶点且位于该点左下方的无限矩形内的概率.

由上面的几何解释，容易得到随机点$(X, Y)$落在矩形区域$\{x_1<X\leqslant x_2, y_1<Y\leqslant y_2\}$的概率为

$$P\{x_1<X\leqslant x_2, y_1<Y\leqslant y_2\}=F(x_2, y_2)-F(x_2, y_1)-F(x_1, y_2)+F(x_1, y_1).$$

与二元函数类似，二元分布函数$F(x, y)$也具有如下一些性质：

(1) $F(x, y)$是变量$x$和$y$的单调不减函数，即

当$x_1<x_2$时，$F(x_1, y)\leqslant F(x_2, y)$；当$y_1<y_2$时，$F(x, y_1)\leqslant F(x, y_2)$.

(2) $0\leqslant F(x, y)\leqslant 1$，且$F(-\infty, y)=0$，$F(x, -\infty)=0$，$F(-\infty, -\infty)=0$，$F(+\infty, +\infty)=1$.

(3) $F(x, y)$关于$x$和$y$都是右连续的，即

$$F(x+0, y)=F(x, y),\ F(x, y+0)=F(x, y).$$

(4) 对任意的$(x_1, y_1)$、$(x_2, y_2)$，$x_1<x_2$，$y_1<y_2$，有

$$F(x_2, y_2)-F(x_2, y_1)-F(x_1, y_2)+F(x_1, y_1)\geqslant 0.$$



**注** 二元分布函数具有性质(1)～(4)，其逆也成立.(2)中$0\leqslant F(x, y)\leqslant 1$可省去.即若二元实值函数$F(x, y)(x\in \mathrm{R}, y\in \mathrm{R})$满足(1)～(4)，则$F(x, y)$必是某＝维随机变量$(X, Y)$的分布函数.

### 8.1.2 二维离散型随机变量

若二维随机变量$(X, Y)$的所有可能取的值是有限对或可列无限多对，则称$(X, Y)$是二维离散型随机变量.

设二维离散型随机变量$(X, Y)$所有可能取的值为$(x_i, y_j)$ $(i, j=1, 2, 3, \cdots)$.

记

$$P\{X=x_i, Y=y_j\}=p_{ij}(i, j=1, 2, 3, \cdots),$$

则由概率定义有$p_{ij}\geqslant 0$，$\sum_{i=1}^{\infty}\sum_{j=1}^{\infty}p_{ij}=1$.

我们称$P\{X=x_i, Y=y_j\}=p_{ij}(i, j=1, 2, 3, \cdots)$为二维离散型随机变量$(X, Y)$的分布律(概率分布)或随机变量$X$和$Y$的联合分布律，$(X, Y)$的分布律也可用表格表示. 其分布函数为

$$F(x,y)=\sum_{x_i\leqslant x}\sum_{y_j\leqslant y}P\{X=x_i,Y=y_j\}=\sum_{x_i\leqslant x}\sum_{y_j\leqslant y}p_{ij},$$

这里 $\sum\limits_{x_i \leqslant x} \sum\limits_{y_j \leqslant y}$ 表示对一切 $x_i \leqslant x$，$y_j \leqslant y$ 的那些指标 $i,j$ 求和.

**例 1**　一个口袋中有三个球，依次标有 1,2,2，从中任取一个，不放回袋中，再任取一个. 设每次取球时，各球被取到的可能性相等，以 $X,Y$ 分别记第一次和第二次取到的球上标有的数字，求 $X,Y$ 的联合分布律与分布函数.

**解**　$(X, Y)$的可能取值为$(1, 2)$,$(2, 1)$,$(2, 2)$,则

$$P\{X=1, Y=2\}=P\{X=1\}P\{Y=2 \mid X=1\}=\frac{1}{3}\times\frac{2}{2}=\frac{1}{3},$$

同理，有

$$P\{X=2, Y=1\}=\frac{1}{3}, \ P\{X=2, Y=2\}=\frac{1}{3},$$

即$(X, Y)$的分布函数如下：

当 $x<1$，或 $y<1$ 时，$F(x, y)=0$；

当 $1\leqslant x<2$，$1\leqslant y<2$ 时，$F(x, y)=0$；

当 $1\leqslant x<2$，$y\geqslant 2$ 时，$F(x, y)=P\{X=1,Y=2\}=\frac{1}{3}$；

当 $x\geqslant 2$，$1\leqslant y<2$ 时，$F(x, y)=P\{X=2,Y=1\}=\frac{1}{3}$；

当 $x\geqslant 2$，$y\geqslant 2$ 时，$F(x, y)=1$.

所以，$(X, Y)$的分布函数为

$$F(x,y)=\begin{cases} 0, & x<1 \text{ 或 } y<1 \text{ 或} \begin{cases} 1\leqslant x<2, \\ 1\leqslant y<2, \end{cases} \\ \frac{1}{3}, & \begin{cases} 1\leqslant x<2, \\ y\geqslant 2 \end{cases} \text{或} \begin{cases} x\geqslant 2, \\ 1\leqslant y<2, \end{cases} \\ 1, & x>2, y>2. \end{cases}$$

### 8.1.3　二维连续型随机变量

设二维随机变量$(X, Y)$的分布函数为 $F(x, y)$，若存在非负函数 $f(x, y)$，使对任意的 $x,y$ 有

$$F(x,y)=\int_{-\infty}^{y}\int_{-\infty}^{x} f(u,v)\,\mathrm{d}u\mathrm{d}v,$$

则称$(X, Y)$为连续型的二维随机变量，$f(x, y)$称为二维连续型随机变量$(X, Y)$的概率密度，或称随机变量 $X,Y$ 的联合概率密度.

概率密度 $f(x, y)$具有以下性质：

(1) $f(x, y)\geqslant 0$；

(2) $\int_{-\infty}^{+\infty}\int_{-\infty}^{+\infty} f(x,y)\mathrm{d}x\mathrm{d}y = F(+\infty,+\infty)=1$；

(3) 若 $f(x,y)$在点$(x,y)$处连续，则有$\dfrac{\partial^2 F(x,y)}{\partial x\partial y}=f(x,y)$；

(4) 设 $G$ 是 $xOy$ 平面上的一个区域，则点$(X,Y)$落在 $G$ 内的概率为

$$P\{(X,Y)\in G\}=\iint_G f(x,y)\mathrm{d}x\mathrm{d}y.$$

**例 2** 设二维连续型随机变量$(X,Y)$的概率密度为

$$f(x,y)=\begin{cases}2A\mathrm{e}^{-(x+y)}, & x>0,y>0,\\ 0, & \text{其他},\end{cases}$$

求：(1) 系数 $A$；(2) 分布函数 $F(x,y)$；(3) 概率 $P\{(X,Y)\in D\}$，其中 $D$：$x\geqslant 0$，$y\geqslant 0$，$x+y\leqslant 1$.

**解** (1) 由$\int_{-\infty}^{+\infty}\int_{-\infty}^{+\infty} f(x,y)\mathrm{d}x\mathrm{d}y=1$，得 $A=\dfrac{1}{2}$；

(2) $$F(x,y)=\int_{-\infty}^{y}\int_{-\infty}^{x}\mathrm{e}^{-(u+v)}\mathrm{d}u\mathrm{d}v=\begin{cases}\int_0^y\int_0^x \mathrm{e}^{-(u+v)}\mathrm{d}u\mathrm{d}v, & x>0,y>0,\\ 0, & \text{其他},\end{cases}$$

$$=\begin{cases}(1-\mathrm{e}^{-x})(1-\mathrm{e}^{-y}), & x>0,y>0,\\ 0, & \text{其他}.\end{cases}$$

(3) $$P\{(X,Y)\}=\iint_D f(x,y)\mathrm{d}x\mathrm{d}y=\int_0^1\mathrm{d}x\int_0^{1-x}\mathrm{e}^{-u}\mathrm{e}^{-v}\mathrm{d}u\mathrm{d}v=1-\frac{2}{\mathrm{e}}.$$

**例 3** 设二维连续型随机变量$(X,Y)$的概率密度为

$$f(x,y)=\begin{cases}x^2+\dfrac{xy}{3}, & 0\leqslant x\leqslant 1, 0\leqslant y\leqslant 2,\\ 0, & \text{其他}\end{cases}$$

求 $P\{Y\geqslant X\}$.

**解** $$P\{Y\geqslant X\}=\iint_{y\leqslant x} f(x,y)\mathrm{d}x\mathrm{d}y=\int_0^1\mathrm{d}x\int_x^2\left(x^2+\frac{xy}{3}\right)\mathrm{d}y=\frac{17}{24}.$$

以上关于二维随机变量的讨论，不难推广到 $n(n>2)$维随机变量的情形. 一般地，设 $E$ 是一个随机试验，它的样本空间为 $S$，设 $X_1,X_2,\cdots,X_n$ 是定义在 $S$ 上的随机变量，则由它们构成的一个 $n$ 维向量$(X_1,X_2,\cdots,X_n)$称为 $n$ 维随机向量或 $n$ 维随机变量.

对任意 $n$ 个实数 $x_1,x_2,\cdots,x_n$，$n$ 元函数 $F(x_1,x_2,\cdots,x_n)=P\{X_1\leqslant x_1,X_2\leqslant x_2,\cdots,X_n\leqslant x_n\}$称为 $n$ 维随机变量$(X_1,X_2,\cdots,X_n)$的分布函数或随机变量$(X_1,X_2,\cdots,X_n)$的联合分布函数，它具有与二元分布函数类似的性质.

## 习题 8.1

1. 设二维随机变量$(X,Y)$的联合分布函数为

$$F(x,y)=\begin{cases} A\arctan x\cdot\arctan y, & x>0,y>0, \\ 0, & \text{其他} \end{cases}$$

求常数 $A$.

2. 若二维随机变量$(X,Y)$的联合概率分布为

| $X \backslash Y$ | $-1$ | $0$ | $1$ |
|---|---|---|---|
| 1 | 0.1 | 0.2 | 0.1 |
| 2 | 0.1 | 0 | 0.1 |
| 3 | 0.2 | 0.2 | 0 |

求随机变量 $X+Y$ 的概率分布.

3. 若随机变量 $X$ 服从 $p=0.6$ 的 0—1 分布，$Y\sim B(2,0.5)$，且 $X$ 与 $Y$ 相互独立，求二维随机变量$(X,Y)$的联合概率分布及概率 $P(X<Y)$.

4. 设二维随机变量$(X,Y)$的联合密度函数

$$f(x,y)=\begin{cases} k(6-x-y), & 0<x<2,2<y<4, \\ 0, & \text{其他}. \end{cases}$$

求(1) 常数 $k$；(2) $P(x\leqslant 1,y\leqslant 3)$；(3) $P(X+Y\leqslant 4)$.

## 8.2　边缘分布

设$(X, Y)$是二维随机变量，其分布函数为 $F(x, y)$，事件$\{X\leqslant x\}$即为$\{X\leqslant x, Y<+\infty\}$，从而由$(X, Y)$的分布函数可得 $X$ 的分布函数，记为 $F_X(x)$

$$F_X(x)=P\{X\leqslant x\}=P\{X\leqslant x, Y<+\infty\}=F(x,+\infty)=\lim_{y\to+\infty}F(x,y),$$

我们称 $F_X(x)$为关于 $X$ 的边缘分布函数. 类似的可定义关于 $Y$ 的边缘分布函数为

$$F_Y(y)=P\{Y\leqslant y\}=P\{X<+\infty, Y\leqslant y\}=F(+\infty, y)=\lim_{x\to+\infty}F(x,y).$$

### 8.2.1　离散型

设$(X, Y)$为二维离散型随机变量，其分布律为 $P\{X=x_i, Y=y_j\}=p_{ij}$ $(i, j=1, 2, 3, \cdots)$，则

$$F_X(x)=F(x,+\infty)=\sum_{x_i\leqslant x}\sum_{j=1}^{\infty}p_{ij},F_Y(y)=F(+\infty,y)=\sum_{y_j\leqslant y}\sum_{i=1}^{\infty}p_{ij},$$

从而 $X$ 与 $Y$ 的分布律分别为

$$P\{X=x_i\}=\sum_{j=1}^{\infty}p_{ij},\ i=1,2,\cdots,\ P\{Y=y_j\}=\sum_{i=1}^{\infty}p_{ij},\ j=1,2,\cdots$$

记 $$p_{i\cdot}=P\{X=x_i\}=\sum_{j=1}^{\infty}p_{ij},\ i=1,2,\cdots,$$

$$p_{\cdot j}=P\{Y=y_j\}=\sum_{i=1}^{\infty}p_{ij},\ j=1,2,\cdots$$

分别称 $p_{i\cdot}$ 和 $p_{\cdot j}$ 为 $(X,Y)$ 关于 $X$ 与 $Y$ 的边缘分布律.

**注** ① 边缘分布律具有一维分布律的一般性质；

② 联合分布律唯一决定边缘分布律，反之不然.

### 8.2.2 连续型

设二维连续型随机变量 $(X,Y)$ 的概率密度为 $f(x,y)$，由

$$F_X(x)=F(x,+\infty)=\int_{-\infty}^{x}\left[\int_{-\infty}^{+\infty}f(u,y)\mathrm{d}y\right]\mathrm{d}u,$$

$$F_Y(y)=F(+\infty,y)=\int_{-\infty}^{y}\left[\int_{-\infty}^{+\infty}f(x,v)\mathrm{d}x\right]\mathrm{d}v,$$



可知 $X$ 与 $Y$ 都是连续型随机变量. 它们的概率密度分别为

$$f_X(x)=\int_{-\infty}^{+\infty}f(x,y)\mathrm{d}y,\ f_Y(y)=\int_{-\infty}^{+\infty}f(x,y)\mathrm{d}x,$$

称 $f_X(x)$ 与 $f_Y(y)$ 分别为 $(X,Y)$ 关于 $X$ 与 $Y$ 的边缘概率密度.

**例 1** 设 $D$ 是平面上的有界区域，其面积为 $A$，若二维随机变量 $(X,Y)$ 的概率密度为

$$f(x,y)=\begin{cases}\dfrac{1}{A}, & (x,y)\in D,\\ 0, & \text{其他}\end{cases}$$

则称 $(X,Y)$ 在 $D$ 上服从均匀分布. 现 $(X,Y)$ 在以原点为中心、1 为半径的圆域上服从均匀分布，求边缘概率密度.

**解** 由 $\int_{-\infty}^{+\infty}\int_{-\infty}^{+\infty}f(x,y)\mathrm{d}x\mathrm{d}y=1$，得 $A=\pi$.

当 $|x|<1$ 时，$f_X(x)=\int_{-\infty}^{+\infty}f(x,y)\mathrm{d}y=\int_{-\sqrt{1-x^2}}^{\sqrt{1-x^2}}\frac{1}{\pi}\mathrm{d}y=\frac{2}{\pi}\sqrt{1-x^2}$；

当 $|x|\geqslant 1$ 时，$f_X(x)=0$，即

$$f_X(x)=\begin{cases}\dfrac{2}{\pi}\sqrt{1-x^2}, & |x|<1,\\ 0, & |x|\geqslant 1;\end{cases}$$

同理可得

$$f_Y(y)=\begin{cases}\dfrac{2}{\pi}\sqrt{1-y^2}, & |y|<1,\\ 0, & |y|\geqslant 1.\end{cases}$$

## 习题 8.2

1. 设随机变量$(X,Y)$的联合分布律如表：

| $X \backslash Y$ | $-1$ | $0$ |
|---|---|---|
| 1 | $\frac{1}{4}$ | $\frac{1}{4}$ |
| 2 | $\frac{1}{6}$ | $a$ |

求：(1) $a$ 值；

(2) $(X,Y)$的联合分布函数 $F(x,y)$；

(3) $(X,Y)$关于 $X,Y$ 的边缘分布函数 $F_X(x)$和 $F_Y(y)$.

2. 设随机变量$(X,Y)$的概率密度为

$$f(x,y)=\begin{cases}kx^2y, & x^2\leqslant y\leqslant 1,\\ 0, & 其他.\end{cases}$$

求：(1) 常数 $k$；(2) $X$ 与 $Y$ 的边缘密度函数.

3. 在一箱子中装有 12 只开关，其中 2 只次品，在其中取两次，每次任取一只，考虑两种实验：(1) 放回抽样；(2) 不放回抽样.我们定义随机变量 $X,Y$ 如下：

$$X=\begin{cases}0, & 若第一次出的是正品,\\ 1, & 若第一次出的是次品,\end{cases}\quad Y=\begin{cases}0, & 若第二次出的是正品,\\ 1, & 若第二次出的是次品.\end{cases}$$

试分别就(1)，(2)两种情况写出 $X$ 和 $Y$ 的联合分布律和边缘分布律.

4. 设二维随机变量$(X,Y)$的概率密度为

$$f(x,y)=\begin{cases}Ae^{-(x+2y)}, & x>0,y>0,\\ 0, & 其他.\end{cases}$$

求：(1)系数 $A$；(2)$X,Y$ 的边缘密度函数.

5. 设连续型二维随机变量$(X,Y)$的概率密度为

$$f(x,y)=\begin{cases}C(1-x)y, & 0\leqslant x\leqslant 1,0\leqslant y\leqslant x,\\ 0, & 其他\end{cases}$$

(1) 试确定常数 $C$；(2) 求$(X,Y)$的边缘概率密度.

## 8.3 相互独立的随机变量

我们知道，两事件 $A$,$B$ 相互独立的充要条件是 $P(AB)=P(A)P(B)$. 由此我们引进随机变量相互独立的定义.

**定义 1** 设 $F(x,y)$ 及 $F_X(x)$,$F_Y(y)$ 分别是二维随机变量 $(X,Y)$ 的分布函数及边缘分布函数，若对于所有的 $x$,$y$，有

$$P\{X\leqslant x,\ Y\leqslant y\}=P\{X\leqslant x\}\ P\{Y\leqslant y\},$$

即
$$F(x,y)=F_X(x)F_Y(y),$$

则称随机变量 $X$ 和 $Y$ 是相互独立的.

可见，在随机变量 $X$ 和 $Y$ 相互独立的情况下，由关于 $X$ 和 $Y$ 的边缘分布函数就可得到唯一确定的 $(X,Y)$ 的联合分布函数，而且还可推得

$P\{Y\leqslant y\mid X=x\}=F_Y(y)=P\{Y\leqslant y\}$.（证明过程略）

这就是说在 $X$ 和 $Y$ 相互独立的情况下条件分布与边缘分布相同，即条件分布化成了无条件分布.



### 8.3.1 离散型

设二维离散型随机变量 $(X,Y)$ 的联合分布律为

$$P\{X=x_i,\ Y=y_j\}=p_{ij}\quad (i,\ j=1,\ 2,\ 3,\ \cdots),$$

$(X,Y)$ 关于 $X$ 和关于 $Y$ 的边缘分布律分别为

$$p_{i\cdot}=P\{X=x_i\}=\sum_{j=1}^{\infty}p_{ij},(i=1,\ 2,\ \cdots),$$

$$p_{\cdot j}=P\{Y=y_j\}=\sum_{i=1}^{\infty}p_{ij},\ (j=1,\ 2,\ \cdots).$$

则 $X$ 和 $Y$ 相互独立的充要条件是

$$P\{X=x_i,\ Y=y_j\}=P\{X=x_i\}\ P\{Y=y_j\}，即\ p_{ij}=p_{i\cdot}\,p_{\cdot j}.$$

### 8.3.2 连续型

设二维连续型随机变量 $(X,Y)$ 的联合概率密度为 $f(x,y)$，关于 $X$ 和 $Y$ 的边缘概率密度为 $f_X(x)$ 和 $f_Y(y)$，则 $X$ 和 $Y$ 相互独立的充要条件是 $f(x,y)=f_X(x)\ f_Y(y)$ 几乎处处成立.

**例 1** 若 $(X,Y)$ 的联合概率密度为

$$f(x,y)=\begin{cases}\mathrm{e}^{-(x+y)}, & x\geqslant 0,y\geqslant 0,\\ 0, & 其他,\end{cases}$$

**证明**　$X$ 和 $Y$ 相互独立.

**证**　显然 $f_X(x)=\begin{cases}e^{-x}, & x\geqslant 0,\\ 0, & 其他,\end{cases}$ $f_Y(y)=\begin{cases}e^{-y}, & y\geqslant 0,\\ 0, & 其他,\end{cases}$ 故有 $f(x,y)=f_X(x)f_Y(y)$. 从而 $X$ 和 $Y$ 相互独立.

**例 2**　设 $X$ 与 $Y$ 是两个相互独立的随机变量，$X$ 在 $[0,0.2]$ 上服从均匀分布，$Y$ 的概率密度为

$$f_Y(x)=\begin{cases}5e^{-5y}, & y\geqslant 0,\\ 0, & 其他.\end{cases}$$

试求：(1) $X$ 与 $Y$ 的联合概率密度；(2) $P\{Y\leqslant X\}$.

**解**　(1) 由已知条件，得 $f_X(x)=\begin{cases}5, & 0\leqslant x\leqslant 0.2,\\ 0, & 其他,\end{cases}$ 从而得 $X$ 与 $Y$ 的联合概率密度为

$$f(x,y)=\begin{cases}25e^{-5y}, & 0\leqslant x\leqslant 0.2, y\geqslant 0,\\ 0, & 其他;\end{cases}$$

(2) $P\{Y\leqslant X\}=P\{Y-X\leqslant 0\}=\iint\limits_{x-y\geqslant 0} f(x,y)\mathrm{d}x\mathrm{d}y$.

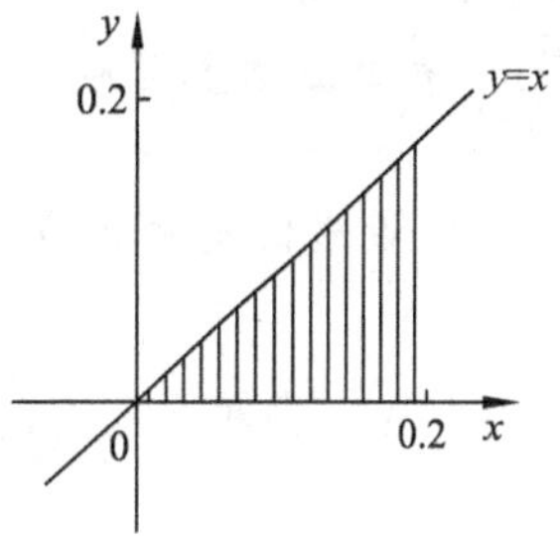


积分区域如图，化成二次积分后得

$$P\{Y\leqslant X\}=\int_0^{0.2}\left[\int_0^x f(x,y)\mathrm{d}y\right]\mathrm{d}x=e^{-1}\approx 0.3679.$$

以上关于二维随机变量的一些概念，很容易推广到 $n$ 维随机变量的情形.

设 $n$ 维随机变量 $(X_1, X_2, \cdots, X_n)$ 的联合分布函数为 $F(x_1, x_2, \cdots, x_n)$，若存在非负函数 $f(x_1, x_2, \cdots, x_n)$，使得对于任意实数 $x_1, x_2, \cdots, x_n$，有

$$F(x_1, x_2, \cdots, x_n)=\int_{-\infty}^{x_n}\int_{-\infty}^{x_{n-1}}\cdots\int_{-\infty}^{x_1} f(x_1, x_2, \cdots, x_n)\mathrm{d}x_1\mathrm{d}x_2\cdots\mathrm{d}x_n,$$

则称 $f(x_1, x_2, \cdots, x_n)$ 为 $n$ 维随机变量 $(X_1, X_2, \cdots, X_n)$ 的联合概率密度.

称 $F_{X_1}(x_1)=F(x_1,+\infty,\cdots,+\infty)$，$F_{X_1,X_2}(x_1,x_2)=F(x_1,x_2,+\infty,\cdots,+\infty)$，$\cdots$ 为关于 $X_1$，$(X_1, X_2)$，$\cdots$ 的边缘分布函数，$f_{X_1}(x_1)=\int_{-\infty}^{+\infty}\int_{-\infty}^{+\infty}\cdots\int_{-\infty}^{+\infty} f(x_1,x_2,\cdots,x_n)\mathrm{d}x_2\mathrm{d}x_3\cdots\mathrm{d}x_n$，$f_{X_1,X_2}(x_1,x_2)=\int_{-\infty}^{+\infty}\int_{-\infty}^{+\infty}\cdots\int_{-\infty}^{+\infty} f(x_1,x_2,\cdots,x_n)\mathrm{d}x_3\mathrm{d}x_4\cdots\mathrm{d}x_n$，$\cdots$ 为关于 $X_1$，$(X_1, X_2)$，$\cdots$ 的边缘概率密度.

若对于所有的 $x_1, x_2, \cdots, x_n$，有 $F(x_1, x_2, \cdots, x_n)=F_{X_1}(x_1)F_{X_2}(x_2)\cdots F_{X_n}(x_n)$，则称 $X_1, X_2, \cdots, X_n$ 是相互独立的，对离散型及连续型随机变量，也有类似的结论.

若对于所有的 $x_1, x_2, \cdots, x_m$；$y_1, y_2, \cdots, y_n$，有

$$F(x_1, x_2, \cdots, x_m; y_1, y_2, \cdots, y_n)=F_1(x_1, x_2, \cdots, x_m)F_2(y_1, y_2, \cdots, y_n),$$

其中 $F_1$,$F_2$ 和 $F$ 依次为$(X_1, X_2, \cdots, X_m)$,$(Y_1, Y_2, \cdots, Y_n)$和$(X_1, X_2, \cdots, X_m; Y_1, Y_2, \cdots, Y_n)$的分布函数，则称随机变量$(X_1, X_2, \cdots, X_m)$和$(Y_1, Y_2, \cdots, Y_n)$是相互独立的.

**定理 1** 设随机变量$(X_1, X_2, \cdots, X_m)$和$(Y_1, Y_2, \cdots, Y_n)$相互独立，则 $X_i(i=1, 2, \cdots, m)$与 $Y_j(j=1, 2, \cdots, n)$相互独立. 又若 $h$、$g$ 是连续函数，则 $h(X_1, X_2, \cdots, X_m)$和 $g(Y_1, Y_2, \cdots, Y_n)$也相互独立.

## 习题 8.3

1. 设随机变量 $X$ 与 $Y$ 服从 $N(0,1)$分布，且 $X$ 与 $Y$ 相互独立，求$(X,Y)$的联合概率密度函数.

2. 设$(X,Y)$的概率密度为

$$f(x,y)=\begin{cases} x\mathrm{e}^{-(x+y)}, & x>0, y>0, \\ 0, & \text{其他}. \end{cases}$$

问:$X$ 和 $Y$ 是否相互独立?

3. 设随机变量 $X,Y$ 同分布，$X$ 的密度函数为 $f(x)=\begin{cases} \dfrac{3}{8}x^2, & 0<x<2, \\ 0, & \text{其他}, \end{cases}$ 设 $A=\{X>a\}$ 与 $B=\{Y>a\}$ 相互独立，且 $P(A\cup B)=\dfrac{3}{4}$，求 $a$.



## 本章小结

1. 知识结构图

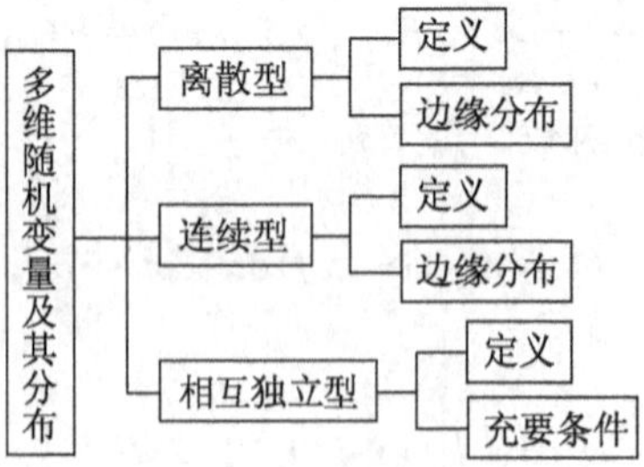


2. 学习要求

(1) 了解多维随机变量的概念，理解二维随机变量的联合分布函数、联合分布律、联合概率密度函数的概念和性质，并会利用联合概率分布计算有关事件的概率.

(2) 理解二维随机变量的边缘分布，并会利用联合分布求边缘分布.

(3) 理解随机变量的独立性概念，并会判断两个随机变量是否相互独立.

3. 复习思考题

(1) 设随机变量 $X$ 在 1,2,3,4 中随机取值，随机变量 $Y$ 在 1 到 $X$ 中随机取整数值，则二维随机变量 $(X,Y)$ 的联合概率分布列与两个边缘分布列分别为________________；________________；________________. 概率 $P(X=Y)=$____________.

(2) 若二维随机变量 $(X,Y)$ 的联合概率分布为

| X \ Y | −1 | 0 | 1 |
|---|---|---|---|
| −1 | 0.08 | $a$ | 0.12 |
| 1 | 0.12 | $b$ | 0.18 |

，且 $X$ 与 $Y$ 相互独立，则 $a=$________；$b=$________.

(3) 设区域 $D$：$|x|\leqslant 1$，$|y|\leqslant 1$，二维随机变量 $(X,Y)$ 在 $D$ 上服从均匀分布，则它的联合密度函数 $f(x,y)=$________________；$P(|X|+|Y|\leqslant 1)=$________________.

(4) 设 $(X,Y)$ 是二维相互独立的随机变量，且 $X\sim U(0,4)$，$Y\sim E(5)$，则概率 $P(X\geqslant 2,Y\leqslant 1)=$________________.

(5) 设 $X$ 与 $Y$ 是相互独立的随机变量，$X\sim U(0,1)$，$Y\sim E(2)$. 写出二维随机变量 $(X,Y)$ 的联合密度函数 $f(x,y)$，并求 $t$ 的二次方程 $t^2+2Xt+Y^2=0$ 有实根的概率.

(6) 若二维随机变量 $(X,Y)$ 的联合概率密度为 $f(x,y)=\begin{cases} kx, & 0\leqslant x\leqslant 1, |y|\leqslant x, \\ 0, & \text{其他}. \end{cases}$

① 求 $k$ 值；② 求两个边缘概率密度 $f_X(x)$ 及 $f_Y(y)$；③ 讨论随机变量 $X$ 与 $Y$ 的相互独立性；④ 求概率 $P(X\leqslant 0.5)$ 及 $P(X+Y\geqslant 1)$.

(7) 若随机变量 $X$ 的概率密度为 $f_X(x)=\begin{cases} 2x, & 0<x<1, \\ 0, & \text{其他}, \end{cases}$ 求随机变量 $Y=1-X$ 及 $Z=X^2$ 的概率密度函数 $f_Y(y)$ 及 $f_Z(z)$.

(8) 设二维随机变量 $(X,Y)$ 的概率密度为 $f(x,y)=\begin{cases} Cx^2y, & 0<y<x<1, \\ 0, & \text{其他}, \end{cases}$

① 确定常数 $C$；② 求 $X,Y$ 的边缘密度，并判断 $X$ 与 $Y$ 是否相互独立；

③ $P\left(\dfrac{Y}{2}<X<1, 0<Y<1\right)$.

# 第9章　随机变量的数字特征

赫尔曼·阿曼杜斯·施瓦茨(Hermann Amandus Schwarz，1843—1921)，德国数学家.生于普鲁士西里西亚黑姆斯多夫.大学初期攻读化学，后在魏尔斯特拉斯等人的建议下改攻读数学.施瓦茨在哈雷、哥廷根和柏林工作，范围涉及函数论、微分几何和变分学.以他为名的有柯西-施瓦茨不等式、施瓦茨导数、施瓦茨-克里斯托费尔映射、施瓦茨反射原理和施瓦茨引理.

本章将介绍如何用确定的数值来刻画随机变量的统计特征(称为数字特征)，主要有：用于刻画取值的平均位置或集中位置的数学期望；用于刻画取值分散程度的方差；用于刻画两个随机变量之间内在相关性的相关系数及矩等.



在介绍了以上数字特征概念的基础上，本章进而介绍常见分布的数字特征，求随机变量函数的数学期望的常用公式及期望、方差和相关系数的性质，本章还将简单介绍极限理论及切比雪夫不等式.

## 9.1　数学期望

### 9.1.1　数学期望的概念

对于随机变量，时常要考虑它的平均取值.先来看一个例子：经过长期观察积累，某射手在每次射击中命中的环数 $X$ 服从如下分布

| $X$ | 0 | 5 | 6 | 7 | 8 | 9 | 10 |
|---|---|---|---|---|---|---|---|
| $P(X=x_i)$ | 0 | 0.05 | 0.05 | 0.1 | 0.1 | 0.2 | 0.5 |

(其中 0 表示脱靶)

一种很自然的考虑是：假定该射击手进行了 100 次射击，那么，约有 5 次命中 5 环，5 次命中 6 环，10 次命中 7 环，10 次命中 8 环，20 次命中 9 环，50 次命中 10 环.那么在一次射击中，该射手平均命中的环数为

$$\frac{1}{100}(10\times50+9\times20+8\times10+7\times10+6\times5+5\times5+0\times0)=8.85(\text{环})$$

它是 $X$ 的可能取值与对应概率的乘积之和.

**定义 1**　设 $X$ 为一离散型随机变量,其分布列为 $P(X=x_i)=p_i,(i=1,2,\cdots)$,若级数 $\sum_{i=1}^{\infty}x_ip_i$ 绝对收敛,则称此级数为 $X$ 的数学期望,简称期望或均值,记为 $EX$,即

$$EX=\sum_{i=1}^{\infty}x_ip_i, \tag{9-1}$$

否则,称 $X$ 的数学期望不存在.

在定义 1 中,要求 $\sum_{i=1}^{\infty}x_ip_i$ 绝对收敛是必需的,因为 $X$ 的数学期望是一确定的量,不受 $x_ip_i$ 在级数中的排列次序的影响,这在数学上就要求级数绝对收敛. 因此,如果随机变量 $X$ 的取值只有有限个,那么 $X$ 的数学期望是一定存在的,但如果随机变量 $X$ 的取值有可数个,那么 $X$ 的数学期望是可能不存在的. $X$ 的数学期望就是数 $x_i$ 以概率 $p_i$ 为权的加权平均.

**定义 2**　设 $X$ 为一连续型随机变量,其概率密度函数是 $f(x)$,当 $\int_{-\infty}^{+\infty}|x|f(x)\mathrm{d}x<+\infty$ 时,则称

$$EX=\int_{-\infty}^{+\infty}xf(x)\mathrm{d}x \tag{9-2}$$



为 $X$ 的数学期望,否则称 $X$ 的数学期望不存在.

### 9.1.2　常见分布的数学期望

1. 两点分布(0—1 分布)

设 $X\sim B(1,p)$,即 $P(X=0)=q,P(X=1)=p,0<p<1,p+q=1$. 由式(9-1),有

$$EX=0\cdot q+1\cdot p=p.$$

2. 二项分布

设 $X\sim B(n,p)$,即 $P(X=i)=C_n^ip^iq^{n-i}$, $i=0,1,2,\cdots,n,0<p<1,p+q=1$. 按式(9-1),有

$$EX=\sum_{i=0}^{n}i\cdot p(X=i)=\sum_{i=0}^{n}i\cdot C_n^ip^iq^{n-i}=\sum_{i=1}^{n}\frac{np\cdot(n-1)!}{(i-1)![(n-1)-(i-1)]!}p^iq^{[(n-1)-(i-1)]}$$
$$=np(p+q)^{n-1}=np.$$

3. 泊松分布

设 $X\sim P(\lambda)$,即 $P(X=i)=\frac{\lambda^i}{i!}e^{-\lambda},i=0,1,2,\cdots,\lambda>0$. 由式(9-1),有

$$EX=\sum_{i=0}^{\infty}i\cdot\frac{\lambda^i}{i!}e^{-\lambda}=e^{-\lambda}\sum_{i=1}^{\infty}\frac{\lambda^i}{(i-1)!}=\lambda e^{-\lambda}\sum_{i=1}^{\infty}\frac{\lambda^{i-1}}{(i-1)!}=\lambda e^{-\lambda}\cdot e^{\lambda}=\lambda.$$

由此说明,泊松分布的参数 $\lambda$ 就是服从泊松分布的随机变量的均值. 另外,如果从两点

分布、二项分布、泊松分布的联系来看，就更容易解释以上各数学期望之间的联系.

4. 均匀分布

设 $X\sim U[a,b]$，即 $X$ 的密度函数为 $f(x)=\begin{cases}\dfrac{1}{b-a}, & a<x<b,\\ 0, & 其他.\end{cases}$ 按式(9-2)，有

$$EX=\int_{-\infty}^{+\infty}xf(x)\mathrm{d}x=\int_a^b x\cdot\frac{1}{b-a}\mathrm{d}x=\frac{a+b}{2},$$

它恰好是区间$[a,b]$的中点，这与均值意义相符.

5. 指数分布

设 $X\sim E(\lambda)$，即 $X$ 的密度函数为 $f(x)=\begin{cases}\lambda \mathrm{e}^{-\lambda x}, & x>0,\\ 0, & x\leqslant 0.\end{cases}$ 按式(9-2)，有

$$EX=\int_{-\infty}^{+\infty}xf(x)\mathrm{d}x=\int_0^{+\infty}x\lambda\mathrm{e}^{-\lambda x}\mathrm{d}x=\int_0^{+\infty}(-x)\mathrm{d}\mathrm{e}^{-\lambda x}=\frac{1}{\lambda}.$$

6. 正态分布

设 $X\sim N(\mu,\sigma^2)$，即 $X$ 的密度函数为 $f(x)=\dfrac{1}{\sqrt{2\pi}\sigma}\mathrm{e}^{-\frac{(x-\mu)^2}{2\sigma^2}}$，$-\infty<x<+\infty$，$\sigma>0$. 按式(9-2)，有



$$EX=\frac{1}{\sqrt{2\pi}\sigma}\int_{-\infty}^{+\infty}x\mathrm{e}^{-\frac{(x-\mu)^2}{2\sigma^2}}\mathrm{d}x \xlongequal{u=\frac{x-\mu}{\sigma}} \frac{1}{\sqrt{2\pi}}\int_{-\infty}^{+\infty}(\mu+u\sigma)\mathrm{e}^{-\frac{u^2}{2}}\mathrm{d}u=\mu,$$

这说明正态分布的参数 $\mu$ 是正态随机变量的均值.

### 9.1.3 数学期望的性质

**定理 1** 数学期望具有下列性质：

(1) $E(c)=c$;

(2) $E(cX)=cE(X)$;

(3) $E(X+Y)=EX+EY$;

(4) 设 $X$、$Y$ 相互独立，则 $E(X\cdot Y)=EX\cdot EY$.

上面各式中的 $c$ 为常数，所提及的数学期望都存在，证明可以从定义出发直接验证. 根据定理 1，运用归纳法，易得如下推论.

**推论 1** $E(c_1X_1+c_2X_2+\cdots c_nX_n+b)=c_1EX_1+c_2EX_2+\cdots+c_nEX_n+b$，其中 $c_1,c_2,\cdots,c_n,b$ 均是常数，特别地有

$$E(X_1+X_2+\cdots+X_n)=EX_1+EX_2+\cdots+EX_n.$$

**推论 2** 若 $X_1,X_2,\cdots,X_n$ 相互独立，则

$$E(X_1\cdot X_2\cdot\cdots\cdot X_n)=EX_1\cdot EX_2\cdot\cdots\cdot EX_n.$$

数学期望的性质有助于简化数学期望的计算.

关于随机变量函数的期望,这里只介绍两个重要公式而不加证明.

1. 如果 $X$ 是一离散型随机变量,概率分布律为 $P(X=x_k)=p_k,(k=1,2,\cdots)$,那么它的函数 $Y=f(X)$ 的数学期望 $E[f(X)]$ 可按下面公式计算

$$EY=E[f(X)]=\sum_k f(x_k)p_k. \tag{9-3}$$

2. 如果 $X$ 是连续型随机变量,概率密度函数为 $f(x)$,那么 $Y=\varphi(X)$ 的期望可按下面公式计算

$$EY=E[\varphi(X)]=\int_{-\infty}^{+\infty}\varphi(x)f(x)\mathrm{d}x. \tag{9-4}$$

以上两个公式说明,当求 $EY$ 时,只要知道 $X$ 的分布即可,不用先求 $Y$ 的分布.上述两个公式还可以推广到多维随机变量的情形,在此从略.

**例 1**　设 $X$ 的分布列为

| $X$ | 1 | 2 | 3 |
|---|---|---|---|
| $P$ | 0.1 | 0.7 | 0.2 |

求:(1) $Y=\dfrac{1}{X}$;(2) $Y=X^2+2$ 的数学期望.

**解**　按公式(9-3),得

(1) $EY=E(\dfrac{1}{X})=1\times0.1+\dfrac{1}{2}\times0.7+\dfrac{1}{3}\times0.2\approx0.52$.

(2) $EY=E(X^2+2)=(1^2+2)\times0.1+(2^2+2)\times0.7+(3^2+2)\times0.2=6.7$.

**例 2**　掷 20 个骰子,求这 20 个骰子出现的点数之和的数学期望.

**解**　设 $X_i$ 为第 $i$ 个骰子出现的点数,$i=1,2,\cdots,20$,那么 20 个骰子点数之和 $X$ 就等于

$$X=X_1+X_2+\cdots+X_{20}.$$

易知,$X_i$ 有相同的分布 $P(X_i=k)=\dfrac{1}{6}$,$k=1,2,3,4,5,6$,所以

$$EX_i=\frac{1}{6}(1+2+3+4+5+6)=\frac{21}{6},i=1,2,\cdots,20.$$

于是

$$EX=EX_1+EX_2+\cdots+EX_{20}=20\times\frac{21}{6}=70.$$

本例将随机变量 $X$ 分解成若干个随机变量之和,利用随机变量和的期望公式,把 $EX$ 的计算转化为求若干个随机变量的期望,使 $EX$ 的计算大为简化.这种处理方法具有一定的普遍性.

**例 3**　已知 $X\sim \bigcup[0,2\pi]$,求 $E(\sin X)$.

**解** $X$ 的密度函数为 $f(x)=\begin{cases}\dfrac{1}{2\pi}, & 0\leqslant x\leqslant 2\pi,\\ 0, & 其他.\end{cases}$

按公式(9-4),有

$$E(\sin X)=\int_{-\infty}^{+\infty}\sin x\cdot f(x)\mathrm{d}x=\frac{1}{2\pi}\int_0^{2\pi}\sin x\mathrm{d}x=0.$$

**例 4** 假定国际市场上每年对我国某种出口商品需求量 $X$ 是随机变量(单位:吨),它服从[2 000, 4 000]上的均匀分布.如果售出一吨,可获利 3 万元,而积压一吨,需支付保管费及其他各种损失费用 1 万元,那么应怎样决策才能使收益最大?

**解** 设每年生产该种商品 $t$ 吨,$2\,000\leqslant t\leqslant 4\,000$,收益 $Y$ 万元,则

$$Y=f(X)=\begin{cases}3t, & X\geqslant t,\\ 3X-(t-X), & X<t,\end{cases}$$

即

$$Y=f(X)=\begin{cases}3t, & X\geqslant t,\\ 4X-t, & X<t.\end{cases}$$

又 $X$ 服从[2 000, 4 000]上的均匀分布,所以 $X$ 的密度函数为

$$\varphi(x)=\begin{cases}\dfrac{1}{2\,000}, & 2\,000\leqslant x\leqslant 4\,000,\\ 0, & 其他.\end{cases}$$



按公式(9-4),有

$$EY=E[f(X)]=\int_{-\infty}^{+\infty}f(x)\varphi(x)\mathrm{d}x=\frac{1}{2\,000}\int_{2\,000}^{t}(4x-t)\mathrm{d}x+\frac{1}{2\,000}\int_t^{4\,000}3t\mathrm{d}x$$
$$=\frac{1}{1\,000}(-t^2+7\,000t-4\,000\,000).$$

设 $g(t)=\dfrac{1}{1\,000}(-t^2+7\,000t-4\,000\,000)$,于是令

$$g'(t)=\frac{1}{1\,000}(-2t+7\,000)=0,$$

解得 $t=3\,500$.

又 $g''(x)=-\dfrac{1}{500}<0$,故 $t=3\,500$ 为最大值点.

即每年生产该种商品 3 500 吨时收益最大,这时可望获利 $g(3\,500)=8\,250$(万元).

## 习题 9.1

1. 有 3 只球,4 只盒子,盒子的编号为 1,2,3,4,将球逐个独立、随机地放入 4 只盒子中.

设 $X$ 为在其中至少有一只球的盒子的最小号码(例如 $X=3$ 表示第 1 号，第 2 号盒子是空的，第 3 号盒子至少有一只球)，求 $E(X)$.

2. 设在某一规定的时间间段里，其电气设备用于最大负荷的时间 $X$(以分钟计)是一个连续型随机变量. 其概率密度为

$$f(x)=\begin{cases}\dfrac{1}{(1\,500)^2}x, & 0\leqslant x\leqslant 1\,500,\\ \dfrac{-1}{(1\,500)^2}(x-3\,000), & 1\,500<x\leqslant 3\,000,\\ 0, & \text{其他},\end{cases}$$

求 $E(X)$.

3. 设 $(X,Y)$ 的分布律为

| $Y$ \ $X$ | 1 | 2 | 3 |
|---|---|---|---|
| −1 | 0.2 | 0.1 | 0 |
| 0 | 0.1 | 0 | 0.3 |
| 1 | 0.1 | 0.1 | 0.1 |

(1) 求 $E(X)$，$E(Y)$；

(2) 设 $Z=\dfrac{Y}{X}$，求 $E(Z)$；

(3) 设 $Z=(X-Y)^2$，求 $E(Z)$.

4. 设随机变量 $X$ 的概率密度为

$$f(x)=\begin{cases}e^{-x}, & x>0,\\ 0, & x\leqslant 0.\end{cases}$$

求：(1) $Y=2X$ 的数学期望；(2) $Y=e^{-2X}$ 的数学期望.

5. 设随机变量 $X_1$，$X_2$ 的概率密度分别为

$$f_1(x)=\begin{cases}2e^{-2x}, & x>0,\\ 0, & x\leqslant 0,\end{cases}\quad f_2(x)=\begin{cases}4e^{-4x}, & x>0,\\ 0, & x\leqslant 0.\end{cases}$$

求：(1) $E(X_1+X_2)$，$E(2X_1-3X_2^2)$；(2) 设 $X_1$，$X_2$ 相互独立，求 $E(X_1X_2)$.

## 9.2　方　差

### 9.2.1　方差的概念

数学期望反映了随机变量取值的平均水平，但是对于随机变量，仅考虑这一个数字特征

一般还是不够的,还需要了解它对于期望值的偏离程度.为此,可以考虑绝对误差$|X-EX|$,由于这个量仍是一个随机变量,具有不确定性,我们可以取它的期望值.用这个量来刻画偏离程度显然是最合理的,但是它不便于计算.为了避开这个困难,我们另选一个同样可以反映偏离程度的量$(X-EX)^2$,由此,引入下面定义.

**定义 1** 设 $X$ 为一随机变量,若 $E(X-EX)^2$ 存在,则称 $E(X-EX)^2$ 为 $X$ 的方差,记为 $DX$,即

$$DX=E(X-EX)^2,$$

而称$\sqrt{DX}$为 $X$ 的标准差或均方差.

由定义 1 可知,若 $X$ 是离散型随机变量,其分布列为 $P(X=x_i)=p_i, i=1,2,\cdots$,则

$$DX=\sum_{i=1}^{\infty}(x_i-EX)^2 p_i.$$

若 $X$ 是连续型随机变量,其密度函数为 $f(x)$,则

$$DX=\int_{-\infty}^{+\infty}(x-EX)^2 f(x)\mathrm{d}x.$$

由方差定义及数学期望的性质可推导出方差的计算公式

$$DX=E(X^2)-(EX)^2. \tag{9-5}$$



事实上,有

$$\begin{aligned}DX&=E(X-EX)^2=E[X^2-2X\cdot EX+(EX)^2]\\&=E(X^2)-2EX\cdot EX+(EX)^2=E(X^2)-(EX)^2.\end{aligned}$$

### 9.2.2 常见分布的方差

1. 两点分布(0—1 分布)

已知 $EX=p$,而 $E(X^2)=0^2\cdot q+1^2\cdot p=p$,于是

$$DX=p-p^2=p(1-p)=pq.$$

2. 二项分布

已知 $EX=np$,又

$$\begin{aligned}E(X^2)&=\sum_{i=0}^{n}i^2\mathrm{C}_n^i p^i q^{n-i}=\sum_{i=0}^{n}[i(i-1)+i]\mathrm{C}_n^i p^i q^{n-i}\\&=\sum_{i=0}^{n}i(i-1)\mathrm{C}_n^i p^i q^{n-1}+\sum_{i=0}^{n}i\mathrm{C}_n^i p^i q^{n-i}\\&=\sum_{i=0}^{n}i(i-1)\frac{n!}{i!(n-i)!}p^i q^{n-i}+np\\&=\sum_{i=2}^{n}\frac{n(n-1)\cdot(n-2)!}{(i-2)!(n-i)!}p^2\cdot p^{i-2}\cdot q^{n-i}+np\end{aligned}$$

$$= n(n-1)p^2 \sum_{i=2}^{n} \frac{(n-2)!}{(i-2)![(n-2)-(i-2)]!} p^{i-2} q^{(n-2)-(i-2)} + np$$

$$= n(n-1)p^2(p+q)^{n-2} + np = n(n-1)p^2 + np,$$

于是

$$DX = E(X^2) - (EX)^2 = n(n-1)p^2 + np - (np)^2 = npq.$$

3. 泊松分布

已知 $EX=\lambda$,而

$$E(X^2) = \sum_{i=0}^{\infty} i^2 \cdot \frac{\lambda^i}{i!} e^{-\lambda} = \sum_{i=0}^{\infty} [i(i-1)+i] \frac{\lambda^i}{i!} e^{-\lambda} = \sum_{i=0}^{\infty} i(i-1) \frac{\lambda^i}{i!} e^{-\lambda} + \sum_{i=0}^{\infty} i \frac{\lambda^i}{i!} e^{-\lambda}$$

$$= \sum_{i=2}^{\infty} \frac{\lambda^i}{(i-2)!} e^{-\lambda} + \lambda = e^{-\lambda} \lambda^2 \sum_{i=2}^{\infty} \frac{\lambda^{i-2}}{(i-2)!} + \lambda = e^{-\lambda} \cdot \lambda^2 \cdot e^{\lambda} + \lambda = \lambda^2 + \lambda,$$

于是

$$DX = E(X^2) - (EX)^2 = \lambda^2 + \lambda - \lambda^2 = \lambda.$$

4. 均匀分布

已知 $EX=\dfrac{a+b}{2}$,而

$$E(X^2) = \int_a^b x^2 \cdot \frac{1}{b-a} dx = \frac{b^3-a^3}{3(b-a)} = \frac{a^2+ab+b^2}{3},$$

于是
$$DX = E(X^2) - (EX)^2 = \frac{a^2+ab+b^2}{3} - \left(\frac{a+b}{2}\right)^2 = \frac{(b-a)^2}{12}.$$

5. 指数分布

已知 $EX=\dfrac{1}{\lambda}$,而

$$E(X^2) = \int_0^{+\infty} x^2 \cdot \lambda e^{-\lambda x} dx = -\int_0^{+\infty} x^2 de^{-\lambda x} = \frac{2}{\lambda^2},$$

于是

$$DX = E(X^2) - (EX)^2 = \frac{2}{\lambda^2} - \left(\frac{1}{\lambda}\right)^2 = \frac{1}{\lambda^2}.$$

6. 正态分布

对于正态分布来说,按定义求方差更方便些.

已知 $EX=\mu$,有

$$DX = E(X-EX)^2 = E(X-\mu)^2 = \int_{-\infty}^{+\infty} (x-\mu)^2 \frac{1}{\sqrt{2\pi}\sigma} e^{-\frac{(x-\mu)^2}{2\sigma^2}} dx$$

$$\xlongequal{u=\frac{x-\mu}{\sigma}} \frac{\sigma^2}{\sqrt{2\pi}} \int_{-\infty}^{+\infty} u^2 e^{-\frac{u^2}{2}} du = \frac{\sigma^2}{\sqrt{2\pi}} \int_{-\infty}^{+\infty} (-u) de^{-\frac{u^2}{2}} = \sigma^2.$$

可见,正态分布中的另一个参数 $\sigma^2$ 恰好是相应的正态随机变量的方差.

### 9.2.3 方差的性质

**定理 1** 方差具有下列性质:

(1) $D(c)=0$;

(2) $D(cX)=c^2DX$;

(3) 若 $X,Y$ 相互独立,则 $D(X+Y)=DX+DY$;

(4) 若 $DX=0$,则 $P(X=EX)=1$.

这里只给出(3)的证明.

$$\begin{aligned}D(X+Y)&=E[X+Y-E(X+Y)]^2\\&=E[(X+EX)^2+2(X-EX)(Y-EY)+(Y-EY)^2]\\&=E(X-EX)^2+2E[(X-EX)(Y-EY)]+E(Y-EY)^2\\&=DX+DY+2E[X-EX][Y-EY],\end{aligned}$$

因为 $X$ 与 $Y$ 相互独立,所以 $X-EX$ 与 $Y-EY$ 也独立,有

$$E\{[X-EX][Y-EY]\}=E[X-EX]\cdot E[Y-EY]=0,$$

从而



$$D(X+Y)=DX+DY.$$

**推论 1** 若 $X_1,X_2,\cdots,X_n$ 相互独立,则

$$D(c_1X_1+c_2X_2+\cdots+c_nX_n+b)=c_1^2DX_1+c_2^2DX_2+\cdots+c_n^2DX_n,$$

其中,$c_1,c_2,\cdots,c_n,b$ 均是常数,特别地有

$$D(X_1+X_2+\cdots+X_n)=DX_1+DX_2+\cdots+DX_n.$$

方差的性质有助于简化方差的计算.

对于随机变量 $X$,如果 $EX$ 和 $DX$ 存在,且 $DX>0$,我们可以考虑一个变换

$$X^*=\frac{X-EX}{\sqrt{DX}}.\tag{9-6}$$

可以证明 $EX^*=0,DX^*=1$. 我们称期望为 0,方差为 1 的随机变量为标准化随机变量,而把式(9-6)称为标准化变换,$X^*$ 也称为标准化随机变量.

**定义 2** 设 $X$ 为随机变量,若 $E(X^k)$存在,则称 $m_k=E(X^k)$为 $X$ 的 $k$ 阶原点矩,简称 $X$ 的 $k$ 阶矩;若 $E(X-EX)^k$ 存在,则称 $C_k=E(X-EX)^k$ 为 $X$ 的 $k$ 阶中心矩.($k=1,2,\cdots$)

$X$ 的数学期望是 $X$ 的一阶原点矩,即 $EX=m_1$,$X$ 的方差是 $X$ 的二阶中心矩,即 $DX=C_2$.

**例 1** 设 $X_1,X_2,\cdots,X_n$ 相互独立,且 $D(X_i)=\sigma^2,E(X_i)=a,i=1,2,\cdots,n$. 试求 $\overline{X}=\frac{1}{n}\sum_{i=1}^{n}X_i$ 的数学期望和方差.

**解** 由期望和方差的性质,有

$$E(\overline{X})=E\left(\frac{1}{n}\sum_{i=1}^{n}X_i\right)=\frac{1}{n}E\left(\sum_{i=1}^{n}X_i\right)=\frac{1}{n}\sum_{i=1}^{n}E(X_i)=a,$$

$$D(\overline{X})=D\left(\frac{1}{n}\sum_{i=1}^{n}X_i\right)=\frac{1}{n^2}D\left(\sum_{i=1}^{n}X_i\right)=\frac{1}{n^2}\sum_{i=1}^{n}D(X_i)=\frac{\sigma^2}{n}.$$

当我们进行精密测量时，为了减少随机误差，往往是重复测量多次后取其结果的平均值，本例给出了这种做法的一个合理解释.

**例 2**　袋中有 $n$ 张卡片，编号为 $1,2,\cdots,n$，从中有放回地抽出 $k$ 张卡片，求所得号码之和的方差.

**解**　设 $X_i$ 是第 $i$ 次摸得的卡片号码，因为抽样是有放回的，所以 $X_1,X_2,\cdots,X_k$ 相互独立，按方差的性质，有

$$D(X_1+X_2+\cdots+X_k)=DX_1+DX_2+\cdots+DX_k,$$

易知 $X_i$ 的分布律是 $P(X_i=j)=\frac{1}{n}$，$j=1,2,\cdots,n$，从而

$$DX_i=\frac{n^2-1}{12},$$

$$D(X_1+X_2+\cdots+X_k)=\frac{k(n^2-1)}{12}.$$



## 习题 9.2

1. 设 $X$ 表示 10 次独立重复射击中命中目标的次数，每次射中目标的概率为 0.4，求 $EX^2$.

2. 对目标进行射击，每次击发一颗子弹，直至击中 $n$ 次为止，设各次射击相互独立，且每次射击时击中目标的概率为 $p$，试求子弹的消耗量 $X$ 的方差.

3. 设 $X$ 是一随机变量，其概率密度为

$$f(x)=\begin{cases}1+x, & -1\leqslant x\leqslant 0,\\ 1-x, & 0<x\leqslant 1,\\ 0, & \text{其他}\end{cases}$$

求 $DX$.

4. 设随机变量 $X$ 和 $Y$ 独立，且 $X$ 服从均值为 1，标准差为 $\sqrt{2}$ 的正态分布，而 $Y$ 服从标准正态分布，试求随机变量 $Z=2X-Y+3$ 的方差.

# 9.3 协方差及相关系数

## 9.3.1 协方差和相关系数

对于不同的随机变量 $X$ 和 $Y$,除了讨论它们各自的均值和方差外,还需要给出 $X$ 与 $Y$ 之间的联系的数字特征. 回想一下,在推导相互独立随机变量 $X,Y$ 之和的方差时,曾经得到:若 $X$、$Y$ 相互独立,则

$$E(X-EX)(Y-EY)=0,$$

这意味着,若 $E(X-EX)(Y-EY)\neq 0$,则 $X,Y$ 必然不独立,而是存在着一定的联系. 因此量 $E(X-EX)(Y-EY)$ 可以用来描述两个随机变量 $X$ 与 $Y$ 联系的程度,由此引入如下定义.

**定义 1** 对于二维随机变量 $(X,Y)$,若 $E(X-EX)(Y-EY)$ 存在,则称它为 $X$ 与 $Y$ 的协方差或相关矩,记为 $\mathrm{cov}(X,Y)$,即

$$\mathrm{cov}(X,Y)=E(X-EX)(Y-EY). \tag{9-7}$$

**定义 2** 对于二维随机变量 $(X,Y)$,若 $DX\neq 0,DY\neq 0$,则称

$$\rho_{XY}=\frac{\mathrm{cov}(X,Y)}{\sqrt{DX}\cdot\sqrt{DY}} \tag{9-8}$$



为 $X$ 和 $Y$ 的相关系数.

相关系数是用 $X$ 与 $Y$ 的标准差去除协方差得到的. 事实上这是一种规范化,因为相关系数也就是标准化随机变量 $\frac{X-EX}{\sqrt{DX}},\frac{Y-EY}{\sqrt{DY}}$ 的协方差.

相关系数作为一个规范化(或标准化)的指标在应用中具有很大优点. 为进一步说明这一点,我们不加证明先给出一个定理.

**定理 1** (柯西-施瓦茨不等式)对任意两个随机变量 $X$ 与 $Y$,都有

$$[E(XY)]^2\leqslant E(X^2)E(Y^2).$$

## 9.3.2 相关系数的性质

利用柯西-施瓦茨不等式,可以得到相关系数的两个重要性质:

(1) $|\rho_{XY}|\leqslant 1$;

(2) $|\rho_{XY}|=1$ 的充要条件是 $X$ 与 $Y$ 以概率 1 线性相关,即存在常数 $a\neq 0$ 和 $b$,有

$$P(Y=aX+b)=1.$$

上述性质表明 $X,Y$ 的相关系数 $\rho_{XY}$ 是 $X$ 和 $Y$ 之间线性相关度量的量. 当 $|\rho_{XY}|=1$ 时,$X$ 与 $Y$ 依概率 1 线性相关. 特别地,当 $\rho_{XY}=+1$ 时,$Y$ 随 $X$ 的增大而线性增大,此时称 $X$ 与 $Y$ 正线性相关;当 $\rho_{XY}=-1$ 时,$Y$ 随 $X$ 的增大而线性地减小,此时称 $X$ 与 $Y$ 负线性相关. 而当

$|\rho_{XY}|<1$ 时，$X$ 与 $Y$ 的线性相关程度要减弱；$\rho_{XY}$ 接近于零时，表明 $X$ 与 $Y$ 间的线性关系很差；如果 $\rho_{XY}=0$，我们称为 $X$ 与 $Y$ 不相关. 值得注意，这里的不相关，指的是在线性关系的角度上考虑的不相关，即线性无关.

独立性和不相关性都是随机变量间联系程度的一种反映. 独立性指的是 $X,Y$ 的统计规律之间没有任何联系，不相关性指的是 $X,Y$ 间没有线性相关关系. 直观上很清楚，当 $X$ 与 $Y$ 独立时，$X$ 与 $Y$ 必不相关，但反过来不一定成立.

**例 1**　设随机变量 $X$ 的分布列为

| $X$ | $-1$ | $0$ | $1$ |
|---|---|---|---|
| $P(X=x_i)$ | $\frac{1}{3}$ | $\frac{1}{3}$ | $\frac{1}{3}$ |

令 $Y=X^2$，则 $X$ 与 $Y$ 不相关，但是并不独立.

此例的证明颇为容易，我们留给读者作为练习.

对于不同的随机变量 $X$ 和 $Y$，我们不加证明给出如下常用定理：

**定理 2**　对随机变量 $X$ 和 $Y$，下面的事实是等价的：

(1) $\text{cov}(X,Y)=0$；

(2) $X$ 与 $Y$ 不相关；

(3) $E(XY)=EX\cdot EY$；

(4) $D(X+Y)=DX+DY$.



## 习题 9.3

1. 设二维离散随机变量 $(X,Y)$ 的分布列为

| $X$ \ $Y$ | $-1$ | $0$ | $1$ |
|---|---|---|---|
| $-1$ | $\frac{1}{8}$ | $\frac{1}{8}$ | $\frac{1}{8}$ |
| $0$ | $\frac{1}{8}$ | $0$ | $\frac{1}{8}$ |

求：$\rho_{XY}$，并思考 $X$ 与 $Y$ 是否独立，为什么？

2. 设 $X_1,X_2$ 是相互独立且服从同一分布的两个随机变量，已知 $X_1$ 的分布律为

$$P(X_1=i)=\frac{1}{3},i=1,2,3.$$

又设 $X=\max(X_1,X_2)$，$Y=\min(X_1,X_2)$. 求：

(1) 二维随机变量 $(X,Y)$ 的分布律；

(2) 随机变量 $X$ 的数学期望 $EX$；

(3) $X$ 与 $Y$ 的相关系数 $\rho_{XY}$.

3. 设二维随机变量 $(X,Y)$ 的概率密度

$$f(x,y)=\begin{cases}\dfrac{1}{\pi}, & x^2+y^2\leqslant 1,\\ 0, & \text{其他}.\end{cases}$$

试问：

(1) $X$ 与 $Y$ 是否相互独立？(2) $X$ 与 $Y$ 是否相关？

## 本章小结

1. 知识结构图

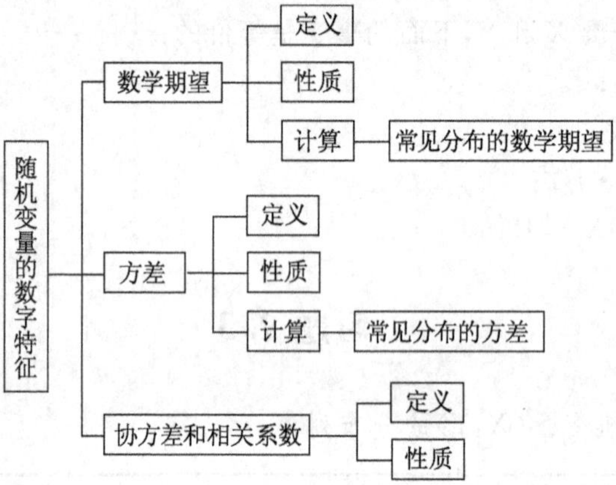




2. 学习要求

(1) 掌握数学期望、方差的概念、性质和计算方法.

(2) 掌握并熟记 0－1 分布、二项分布、泊松分布、指数分布、均匀分布和正态分布的数学期望和方差.

(3) 了解协方差、相关系数、矩的概念，并掌握它们的性质和计算方法.

3. 复习思考题

(1) 设 $X$ 为随机变量，$C$ 是常数，证明：$D(X)<E\{(X-C)^2\}$，对于 $C\neq E(X)$（由于 $D(X)=E\{[X-E(X)]^2\}$，上式表明 $E\{(X-C)^2\}$ 当 $C=E(X)$ 时取到最小值).

(2) 设随机变量 $X_1,X_2,\cdots,X_n$ 相互独立，且服从同一个 0－1 分布，试证 $X=X_1+X_2+\cdots+X_n$ 服从二项分布 $B(n,p)$，并求 $E(X)$.

(3) 设随机变量 $X$ 和 $Y$ 的联合分布为

| $Y$ \ $X$ | $-1$ | $0$ | $1$ |
|---|---|---|---|
| $-1$ | $\frac{1}{8}$ | $\frac{1}{8}$ | $\frac{1}{8}$ |
| $0$ | $\frac{1}{8}$ | $0$ | $\frac{1}{8}$ |
| $1$ | $\frac{1}{8}$ | $\frac{1}{8}$ | $\frac{1}{8}$ |

验证：$X$ 和 $Y$ 不相关，但 $X$ 和 $Y$ 不是相互独立的.

(4) 对目标进行射击，直到击中目标为止. 如果每次射击的命中率为 $p$，求射击次数 $X$ 的数学期望和方差.

(5) 一台设备由三大部件构成，在设备运转中各部件需要调整的概率相应为 0.10，0.20 和 0.30，假设各部件的状态相互独立，以 $X$ 表示同时需要调整的部件数，试求 $X$ 的数学期望 $EX$ 和方差 $DX$.

(6) 已知随机变量 $X$ 与 $Y$ 分别服从正态分布 $N(1,3^2)$ 和 $N(0,4^2)$，且 $X$ 与 $Y$ 的相关系数 $\rho_{XY}=-\frac{1}{2}$，设 $Z=\frac{X}{3}+\frac{Y}{2}$：

① $Z$ 的数学期望 $EZ$ 和方差 $DZ$；

② $X$ 与 $Z$ 的相关系数 $\rho_{XZ}$；

③ $X$ 与 $Z$ 是否相互独立，为什么？

(7) 设随机变量 $X$ 的概率密度为

$$f(x)=\begin{cases} ax, & 0<x<2, \\ cx+b, & 2\leqslant x\leqslant 4, \\ 0, & \text{其他}. \end{cases}$$

已知 $EX=2$，$P(1<X<3)=\frac{3}{4}$. 求：(1) 常数 $a,b,c$；(2) $Ee^X$.

# 第 10 章　大数定律和中心极限定理

安德烈·安德烈耶维齐·马尔可夫(Анцрей Анцреевич Марков,1856—1922),俄罗斯数学家.1874 年马尔可夫入圣彼得堡大学,师从切比雪夫,毕业后留校任教;1886 年当选为圣彼得堡科学院院士.马尔可夫的主要研究领域在概率和统计方面.他的研究开创了随机过程这个新的领域,以他的名字命名的马尔可夫链在现代工程、自然科学和社会科学各个领域都有很广泛的应用.

大数定律和中心极限定理是概率论中两类极限定理的统称.如前所述,概率论研究的是随机现象,它的规律性只有在相同条件下进行大量重复试验时才能呈现,这就是随机事件发生的频率的稳定性,本章将采用大数定律从理论上加以证明.另外,客观世界中所遇的许多随机变量往往是服从或近似服从正态分布的,这一道理也将由中心极限定理从理论上得到说明.



## 10.1　大数定律

在引入大数定律之前,先给出一个重要的不等式.

**定理 1(切比雪夫不等式)**　若 $X$ 的方差 $DX$ 存在,则对任意 $\varepsilon>0$,有

$$P(|X-EX|\geqslant\varepsilon)\leqslant\frac{DX}{\varepsilon^2}.$$

**证**　仅证明 $X$ 是离散型随机变量的情形(连续性的情形类似可证).

$$\begin{aligned}P(|X-EX|\geqslant\varepsilon)&=\sum_{|X_k-EX|\geqslant\varepsilon}P(X=x_k)\\&\leqslant\sum_{|x_k-EX|\geqslant\varepsilon}\frac{[X_k-EX]^2}{\varepsilon^2}P_k\qquad(P(X=X_k)=P_k)\\&\leqslant\sum\frac{[X_k-EX]^2}{\varepsilon^2}=\frac{DX}{\varepsilon^2}.\end{aligned}$$

切比雪夫不等式是一个重要的不等式,它利用数学期望和方差估计随机变量落在区间

$(EX-\varepsilon, EX+\varepsilon)$内的概率，指出这个概率不小于 $1-\dfrac{DX}{\varepsilon^2}$. 这种对概率的估计在实际应用中也是很有价值的. 通常，把叙述在某种条件下一随机变量序列的算术平均值(按某种意义)收敛于某数的定理称为“大数定律”.

**定义 1**　设$\{X_n\}$是一随机变量序列，$E(X_n)(n>0)$存在，令

$$Y_n=\frac{1}{n}\sum_{i=1}^{n}X_i,\ a_n=\frac{1}{n}\sum_{i=1}^{n}E(X_i),$$

若对任意 $\varepsilon>0$，有

$$\lim_{n\to\infty}P(|Y_n-a_n|\geqslant\varepsilon)=0, \tag{10-1}$$

或等价地有

$$\lim_{n\to\infty}P(|Y_n-a_n|<\varepsilon)=1, \tag{10-2}$$

则称$\{X_n\}$服从大数定律，也称随机变量序列$\{Y_n\}$依概率收敛于 $a_n$，并记作 $Y_n\xrightarrow{P}a_n$.

**定理 2(马尔可夫大数定律)**　设$\{X_n\}$是一随机变量序列，若有

$$\lim_{n\to\infty}\frac{1}{n^2}D\Big(\sum_{i=1}^{n}X_i\Big)=0, \tag{10-3}$$

则$\{X_n\}$服从大数定律.

此定理只需利用切比雪夫不等式验证满足定义 1 的条件(10-1)或(10-2)即可.

定理中条件式(10-3)称为马尔可夫条件.

**定理 3(伯努利大数定律)**　设 $\mu_n$ 是 $n$ 重伯努利试验中事件 $A$ 发生的次数，而 $p$ 是 $A$ 在每次试验中发生的概率，则对任意的 $\varepsilon>0$，都有

$$\lim_{n\to+\infty}P\left(\left|\frac{\mu_n}{n}-p\right|<\varepsilon\right)=1. \tag{10-4}$$

**证**　设 $X_i$ 为第 $i$ 次试验中事件 $A$ 发生的次数，它服从参数为 $p$ 的 0-1 分布，$EX_i=p$，$DX_i=pq(i=1,2,\cdots,n)$，并且 $X_1,\cdots,X_n$ 相互独立，而 $\mu_n=\sum\limits_{i=1}^{n}X_i$，于是

$$\frac{\mu_n}{n}-p=\frac{1}{n}\sum_{i=1}^{n}X_i-\frac{1}{n}\sum_{i=1}^{n}E(X_i),$$

$$\frac{D\Big(\sum\limits_{i=1}^{n}X_i\Big)}{n^2}=\frac{\sum\limits_{i=1}^{n}D(X_i)}{n^2}=\frac{np(1-p)}{n^2}=\frac{p(1-p)}{n}\to 0(n\to+\infty).$$

由定理 2，有

$$\lim_{n\to\infty}P\left(\left|\frac{1}{n}\sum_{i=1}^{n}X_i-p\right|<\varepsilon\right)=1,$$

即

$$\lim_{n\to\infty}P\left(\left|\frac{\mu_n}{n}-p\right|<\varepsilon\right)=1.$$

伯努利大数定律从理论上回答了通过试验确定概率的方法：做 $n$ 次独立的重复试验，以 $\mu_n$ 表示 $n$ 次试验中事件 $A$ 发生的次数，那么我们可以以很大的概率确信：$p\approx\frac{\mu_n}{n}$.

上述大数定律都建立在切比雪夫不等式的基础上，因此都要求方差存在. 但在独立同分布的场合，并不需要这个要求，这就是著名的辛钦大数定律.

**定理 4(辛钦大数定律)** 设$\{X_n\}$为一相互独立同分布的随机变量序列，且数学期望存在，$E(X_i)=\mu$，则对任意的 $\varepsilon>0$，有

$$\lim_{n\to+\infty}P\left(\left|\frac{1}{n}\sum_{i=1}^{n}X_i-\mu\right|<\varepsilon\right)=1.$$

显然伯努利大数定律是它的特例. 辛钦大数定律在应用中十分重要.

## 习题 10.1

1. 已知正常男性成人血液中，每一毫升白细胞数平均是 7 300，均方差是 700. 利用切比雪夫不等式估计每毫升白细胞数在 5 200～9 400 之间的概率.



2. 在每次试验中，事件 $A$ 发生的概率为 0.75，利用切比雪夫不等式，求独立试验次数 $n$ 最小取何值时，事件 $A$ 出现的频率在 0.74～0.76 之间的概率至少为 0.90?

3. 假定生男孩、生女孩的概率均为 0.5，用切比雪夫不等式估计 200 个新生婴儿中男孩在 80～120 个之间的概率.

# 10.2　中心极限定理

在客观实际中有许多随机变量，它们是由大量相互独立的随机因素的综合影响所形成的，其中每一个别因素在总的影响中所起的作用都很微小. 如测量误差就可以看成是由很多微小的因素影响的结果叠加而成. 这些因素相互独立地对测量结果发生影响，每个因素都只发生很微小的作用，把它们的影响叠加起来就造成了误差，类似这样的情况可以举出很多，而在某种具体条件下，这种随机变量往往近似的服从正态分布. 这种现象就是中心极限定理的客观背景. 中心极限定理是概率论中论证随机变量和的极限分布为正态分布的定理的总称，也是大样本统计推断的理论基础.

**定理 1(林德伯格-列维定理)** 设 $X_1,X_2,\cdots,X_n$ 为相互独立的随机变量序列，各有数学期望 $\mu$ 及方差 $\sigma^2$，则当 $n\to+\infty$时，

$$Y_n=\frac{X_1+X_2+\cdots+X_n-n\mu}{\sigma\sqrt{n}}$$

的分布趋于标准正态分布,也就是

$$\lim_{n\to+\infty} P(Y_n < x) = \frac{1}{\sqrt{2\pi}}\int_{-\infty}^{x} \mathrm{e}^{-\frac{t^2}{2}}\mathrm{d}t. \tag{10-5}$$

该定理表明,当 $n$ 充分大时,$Y_n=\dfrac{X_1+X_2+\cdots+X_n-n\mu}{\sigma\sqrt{n}}$的分布近似于 $N(0,1)$,从而 $X_1+X_2+\cdots+X_n=n\mu+\sigma\sqrt{n}Y_n$ 具有近似分布 $N(n\mu,n\sigma^2)$,这意味着许多个相互独立、同分布且存在方差的随机变量之和近似服从正态分布.该结论在数理统计的大样本理论中有着广泛的应用,同时也提供了计算独立同分布随机变量之和的近似概率的简便方法.

**定理 2(棣莫弗-拉普拉斯极限定理)** 设 $\mu_n$ 是 $n$ 重伯努利试验中事件 $A$ 发生的次数,而 $p(0<p<1)$是事件 $A$ 在每次试验中发生的概率,则对任意 $x$,有

$$\lim_{n\to+\infty} P\left(\frac{\mu_n-np}{\sqrt{npq}} < x\right) = \frac{1}{\sqrt{2\pi}}\int_{-\infty}^{x} \mathrm{e}^{-\frac{t^2}{2}}\mathrm{d}t, \tag{10-6}$$

其中 $q=1-p$.

由上述定理可以看出,$\dfrac{\mu_n-np}{\sqrt{npq}}$的分布近似于 $N(0,1)$分布,从而 $\mu_n$ 的分布近似于 $N(np,npq)$分布,由于 $\mu_n$ 服从于二项分布 $B(n,p)$,因而式(10-6)称为二项分布收敛于正态分布,它有助于计算出二项分布随机变量 $\mu_n$ 落入某范围内的概率的近似值.



**例 1** 一个加法器同时收到 20 个噪声电压 $V_k$,$k=1,2,\cdots,20$.设它们是相互独立的随机变量,且都服从$[0,10]$上的均匀分布.记 $V=\sum\limits_{i=1}^{20}V_i$,求 $P(V>105)$的近似值.

**解** 易知 $EV_k=5$,$DV_k=\dfrac{100}{12}$,$k=1,2,\cdots,20$,由定理 1 有

$$X=\frac{V-20\times5}{\sqrt{20}\times\sqrt{100/12}}=\frac{V-100}{10\sqrt{5/3}}$$

近似服从正态分布 $N(0,1)$,所以

$$\begin{aligned}P(V>105)&=P\left(\frac{V-100}{10\sqrt{5/3}}>\frac{5}{10\sqrt{5/3}}\right)\\&=P(X>0.387)=1-P(X\leqslant0.387)\\&\approx1-\Phi(0.387)=0.348.\end{aligned}$$

**例 2** 根据蒙德尔遗传理论,红、黄两种番茄杂交,第二代红果植株和黄果植株的比率为 3∶1.现在种植杂交种 400 株,试求黄果植株介于 83～117 株的概率.

**解** 400 株杂交种每株结什么果实,可以视为 $n=400$ 次独立试验.结黄果的概率为$\dfrac{1}{4}$,结红果的概率为$\dfrac{3}{4}$.以 $\mu_{400}$ 表示 400 株中结黄果的株数,根据定理 2,则所求概率为

$$P(83<\mu_{400}<117)\approx\Phi\left[\frac{117-400\times\frac{1}{4}}{\sqrt{400\times\frac{1}{4}\times\frac{3}{4}}}\right]-\Phi\left[\frac{83-400\times\frac{1}{4}}{\sqrt{400\times\frac{1}{4}\times\frac{3}{4}}}\right]$$
$$=\Phi(1.96)-\Phi(-1.96)=2\Phi(1.96)-1$$
$$=2\times0.975-1=0.95.$$

## 习题 10.2

1. 计算机在进行数学计算时，遵从四舍五入原则. 为简单计，现在对小数点后面第一位进行舍入运算，则误差 $X$ 可以认为服从 $[-0.5,0.5]$ 上的均匀分布. 若在一项计算中进行了 100 次数字计算，求平均误差落在区间 $\left[-\frac{\sqrt{3}}{20},\frac{\sqrt{3}}{20}\right]$ 上的概率.

2. 某车间有 200 台车床，在生产期间由于需要检修、调换刀具、变换位置及调换工作等常需停车. 设开工率为 0.6，并设每台车床的工作是独立的，且在开工时需电力 1 千瓦. 问应供应多少瓦电力就能以 99.9% 的概率保证该车间不会因供电不足而影响生产？

3. 对于一个学校而言，来参加家长会的家长人数是一个随机变量，设一个学生无家长，1 名家长，2 名家长来参加会议的概率分别为 0.05，0.8，0.15. 若学校共有 400 名学生，设各学生参加会议的家长数相互独立，且服从同一分布，求参加会议的家长数 $X$ 超过 450 的概率.



## 本章小结

1. 知识结构图

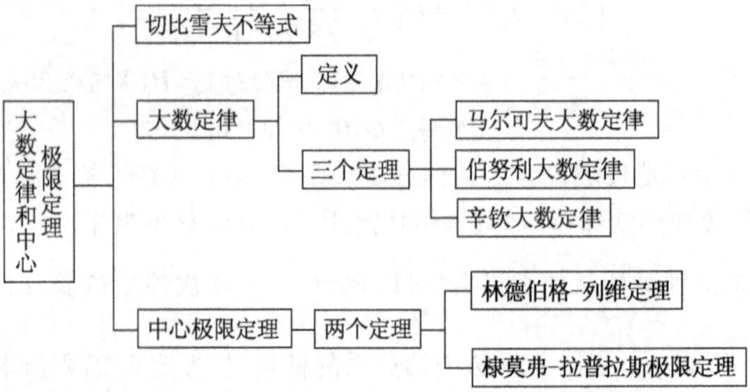

2. 学习要求

(1) 掌握切比雪夫不等式，了解三个大数定律的条件、结论.

(2) 了解独立同分布中心极限定理的条件、结论，并会用于解决一些实际问题.

3. 复习思考题

(1) 设随机变量 $X$ 的方差为 2.5，利用切比雪夫不等式估计 $P\{|X-EX|\geqslant 7.5\}$的值.

(2) 设有 1 000 人独立行动，每个人能够按时进入掩蔽体的概率为 0.9. 以 95%概率估计，在一次行动中，至少有多少人能够进入掩蔽体?

(3) 随机变量 $X$ 表示对概率为 $p$ 的事件 $A$ 做 $n$ 次重复独立试验时，$A$ 出现的次数. 试分别用切比雪夫不等式及中心极限定理估计满足下式的 $n$:

$$P\left\{\left|\frac{X}{n}-p\right|<\frac{1}{2}\sqrt{DX}\right\}\geqslant 99\%.$$

(4) 某单位内部有 260 部电话分机，每个分机有 4%的时间要用外线通话，可以认为各个电话分机用不同外线是相互独立的. 问：总机需备多少条外线才能以 95%的把握保证各个分机在使用外线时不必等候?

(5) 抽样检查产品质量时，如果发现次品多于 10 个，那么认为这批产品不能接受. 应该检查多少个产品，可使次品率为 10%的一批产品不被接受的概率达到 0.9?

(6) 抛掷一枚硬币，以 $X$ 表示 $n$ 次抛掷中出现正面的次数，则要抛掷多少次，才能以 0.99 的概率保证出现正面的频率与概率的偏差小于 0.01? 试分别用切比雪夫不等式及中心极限定理求出结果.

# 第11章　数理统计的基本概念

费歇尔(R. A. Fisher,1890—1962),英国统计学家、遗传学家,现代数理统计学的主要奠基人之一.1909年入剑桥大学学习数学和物理,1913年毕业,后任教师;1919年在罗萨姆斯泰德试验站做统计工作,1943—1957年任剑桥大学遗传学教授,1956年后任剑桥冈维尔—科尼斯学院院长.他是使统计学成为一门有坚实理论基础并获得广泛应用的主要统计学家之一.他对数理统计学有众多贡献,内容涉及估计理论、假设检验、实验设计和方差分析等重要领域.费希尔除了是一位著名的统计学家之外,还是一位举世知名的遗传学家,他用统计方法对这些领域进行研究,做出了许多重要贡献.由于他的成就,他曾多次获得英国和许多国家的荣誉,1952年被授予爵士称号.他发表的294篇学术论文,收集在《费希尔论文集》中;他还发表了一些专著,如《研究人员的统计学方法》《自然选择的遗传学理论》《统计方法和科学推断》等,大都已成为有关学科的经典著作.



数理统计是研究大量随机现象的统计规律性的一门数学科学,它以概率论为理论基础,研究如何用有效的方式收集、整理和分析受到随机性影响的数据,对研究对象的统计规律做出推断和预测,直至为决策和行动提供依据和建议.

由于随机性影响无处不在,因而数理统计的应用十分广泛,在自然科学、社会科学、工程技术、医疗卫生和工农业生产中都常常用到数理统计的理论和方法.数理统计不以任何一种专门领域为研究对象:无论你的问题是物理学的、化学的、生物学的或是工程技术方面的,只要在安排试验和处理试验数据中涉及一些一般性的、共同的数学问题,都可以用统计方法进行解决.

## 11.1　数理统计的基本概念

### 11.1.1　总体与样本

在数理统计中,把研究对象的全体构成的集合称为总体(或母体),组成总体的每一个元素称为个体. 例如,一批灯泡的全体就组成一个总体,其中每一个灯泡都是一个个体. 总体中所含有的个体的总数称为总体的容量,含有有限个元素的总体称为有限总体,含有无限个元素的总体称为无限总体.

在实际问题中,人们关心的并不是组成总体的个体本身,而是研究对象的某个数量指标及其概率分布. 例如,在研究一批灯泡组成的总体时,可能关心的是灯泡的使用寿命. 由于任何一个灯泡的寿命事先是不能确定的,而每一个灯泡都确实对应着一个寿命值,因此可认为灯泡寿命是一个随机变量. 因此,应该将总体理解为“研究对象的某一数量指标值的全体构成的集合”,并且将这样的集合即总体看作是一个随机变量. 本书用 $X,Y,Z,\cdots$ 表示总体.

为了研究总体的情况,一般只能从这个总体中按一定的规则抽出一定数量的个体进行观测,此过程称为抽样. 所谓从总体抽取一个个体,就是对总体 $X$ 进行一次观察(即进行一次实验),并记录其结果. 在相同的条件下对总体 $X$ 进行 $n$ 次重复的、独立的观察,把 $n$ 次抽样所得结果依次记为 $X_1,X_2,\cdots,X_n$,由于 $X_1,X_2,\cdots,X_n$ 是对随机变量 $X$ 观察的结果,且各次观察是在相同的条件下独立进行的,所以认为 $X_1,X_2,\cdots,X_n$ 是相互独立的,且都是与 $X$ 具有相同分布的随机变量,这样得到的 $X_1,X_2,\cdots,X_n$ 称为来自总体 $X$ 的一个简单随机样本,简称为样本. 抽样次数 $n$ 称为样本容量. 当 $n$ 次观察一经完成,就可得到一组实数 $x_1,x_2,\cdots,x_n$,它们依次是随机变量 $X_1,X_2,\cdots,X_n$ 的观察值,称为样本值.

数理统计的基本任务是要通过样本来推断总体的统计规律,因此希望样本尽可能多的反映总体特征,故对抽样方法要提出一定的要求. 如果总体中每个个体被抽到的机会是均等的,并且在抽取一个个体后总体的成分不变,那么,抽得的这些个体就能很好的反映总体的情况. 基于这种想法去抽取个体的方法称为简单随机抽样. 若样本 $X_1,X_2,\cdots,X_n$ 是由简单随机抽样抽得的样本,即 $X_1,X_2,\cdots,X_n$ 是 $n$ 个相互独立的且与总体 $X$ 同分布的随机变量,将这种样本称为简单随机样本.



有限总体的有放回抽样所得的样本为简单随机样本;无限总体或虽为有限总体但样本容量 $n$ 相对于总体的个体数 $N$ 来讲比较小$\left(如\dfrac{n}{N}<0.05\right)$的无放回抽样所得的样本,亦可近似地当作简单随机样本使用. 本书只讨论简单随机样本,简称样本.

设 $X_1,X_2,\cdots,X_n$ 为来自总体 $X$ 的一个样本,若总体的分布函数为 $F(x)$,则 $X_1,X_2,\cdots,X_n$ 的联合分布函数为 $\prod\limits_{i=1}^{n}F(x_i)$;若总体的概率密度为 $f(x)$,则 $X_1,X_2,\cdots,X_n$ 的联合概率密度为 $\prod\limits_{i=1}^{n}f(x_i)$;若总体的分布律为 $p(x)$,则 $X_1,X_2,\cdots,X_n$ 的联合分布律为 $\prod\limits_{i=1}^{n}p(x_i)$.

### 11.1.2　统计量

样本是对总体进行统计分析和推断的依据,但在处理具体的理论和应用问题时,却很少直接利用样本本身,而是针对不同的问题构造样本的适当函数,利用这些样本的函数进行统计推断.

在统计上,把凡是由样本构成的不含任何未知参数的样本函数称为统计量.统计量不依赖于任何未知参数,这一点从统计量的意义看是显然的,因为统计量的主要作用在于对未知参数进行推断.至于要选用什么统计量,当然要视问题的性质而定.

例如:设 $X\sim N(\mu,\sigma^2)$,此时 $\mu$ 为未知,但 $\sigma$ 为已知,$X_1,X_2,\cdots,X_n$ 是来自总体 $X$ 的一个样本,则 $\frac{1}{\sigma^2}\sum_{i=1}^{n}X_i$ 是统计量,而 $\sum_{i=1}^{n}(X_i-\mu)^2$ 不是统计量.

下面介绍几个常用的统计量.

设 $X_1,X_2,\cdots,X_n$ 是来自总体 $X$ 的一个样本,定义样本均值

$$\overline{X}=\frac{1}{n}\sum_{i=1}^{n}X_i; \tag{11-1}$$

样本方差

$$S^2=\frac{1}{n-1}\sum_{i=1}^{n}(X_i-\overline{X})^2=\frac{1}{n-1}\left[\sum_{i=1}^{n}X_i^2-n\overline{X}^2\right]; \tag{11-2}$$

样本标准差

$$S=\sqrt{S^2}=\sqrt{\frac{1}{n-1}\sum_{i=1}^{n}(X_i-\overline{X})^2};$$



样本 $k$ 阶原点矩

$$A_k=\frac{1}{n}\sum_{i=1}^{n}X_i^k,k=1,2,\cdots; \tag{11-3}$$

样本 $k$ 阶中心矩

$$B_k=\frac{1}{n}\sum_{i=1}^{n}(X_i-\overline{X})^k,k=1,2,\cdots; \tag{11-4}$$

显然,$A_1=\overline{X}$,$B_2=\frac{n-1}{n}S^2$.

若 $x_1,x_2,\cdots,x_n$ 是样本 $X_1,X_2,\cdots,X_n$ 的一组观测值,则 $\bar{x}=\frac{1}{n}\sum_{i=1}^{n}x_i$ 和 $s^2=\frac{1}{n-1}\sum_{i=1}^{n}(x_i-\bar{x})^2$ 分别为样本均值 $\overline{X}$ 和样本方差 $S^2$ 的观测值.

样本均值常用于估计总体分布的均值,或检验有关总体分布均值的假设.样本方差可用于估计总体分布的方差.式(11-2)中的 $n-1$ 称为 $S^2$ 的自由度(统计量中独立变量的个数).

## 习题 11.1

1. 为了解统计学专业本科毕业生的就业情况，我们调查了某地区 30 名 2000 年毕业生的统计学专业本科生实习期满的月薪情况. 问：

(1) 什么是总体？　(2) 什么是样本？　(3) 样本量是多少？

2. 某厂生产的电容器的使用寿命服从指数分布，为了解其平均寿命，从中抽出 $n$ 件产品测其实际使用寿命，试说明什么是总体，什么是样本？并指出样本的分布.

3. 设某厂大量生产某种产品，其不合格品率 $p$ 未知，每 $m$ 件产品包装为一盒. 为了检查产品的质量，任意抽取 $n$ 盒，检查其中的不合格品数，试说明什么是总体，什么是样本？并指出样本的分布.

4. 对一本书随机地检查了 10 页，发现每页上的错误数为

$$4\ 5\ 6\ 0\ 3\ 1\ 4\ 2\ 1\ 4$$

试计算其样本均值，样本方差和样本标准差.

5. 从总体 $X$ 中抽取样本$(x_1, x_2, \cdots, x_n)$，试证：

(1) $\sum_{i=1}^{n}(x_i - \bar{x}) = 0$；　(2) $\sum_{i=1}^{n}(x_i - C)^2$ 在 $C = \bar{x}$ 时达最小.



## 11.2　抽样分布

统计量是样本的函数，它是一个随机变量. 统计量的概率分布称为抽样分布. 在使用统计量进行统计推断时常需知道它的分布. 当总体的分布函数已知时，抽样分布是确定的，然而要求出统计量的精确分布，一般来说是困难的. 本节首先介绍来自正态总体的几个常用统计量的分布.

### 11.2.1　常用统计分布

1. $\chi^2$ 分布

在学习正态分布时，我们知道若 $X \sim N(0, 1)$，则 $X^2 \sim \chi^2(1)$.

**定义 1**　设随机变量 $X_1, X_2, \cdots, X_n$ 相互独立，且同服从于 $N(0, 1)$，则称随机变量

$$\chi^2 = \sum_{i=1}^{n} X_i^2 \tag{11-5}$$

服从自由度为 $n$ 的 $\chi^2$ 分布. 记作 $\chi^2 \sim \chi^2(n)$.

在上述定义中，可以认为 $X_1, X_2, \cdots, X_n$ 是来自标准正态总体 $N(0, 1)$ 的一个样本，从而式(11-5)定义的 $\chi^2$ 是一个统计量. 对下述 $t$ 分布和 $F$ 分布的定义，亦可类似地理解.

由以上定义可知：$n$ 个独立同服从 $N(0,1)$ 分布的随机变量的平方和的分布为自由度为 $n$ 的 $\chi^2$ 分布. 自由度 $n$ 表示分布中独立变量的个数.

$\chi^2(n)$分布的概率密度为

$$f(y)=\begin{cases}\dfrac{1}{2^{\frac{n}{2}}\Gamma\left(\dfrac{n}{2}\right)}y^{\frac{n}{2}-1}\mathrm{e}^{-\frac{y}{2}}, & y\geqslant 0,\\ 0, & y<0,\end{cases}$$

且 $E(\chi^2)=n$，$D(\chi^2)=2n$. $f(y)$的如图 11-1 所示.

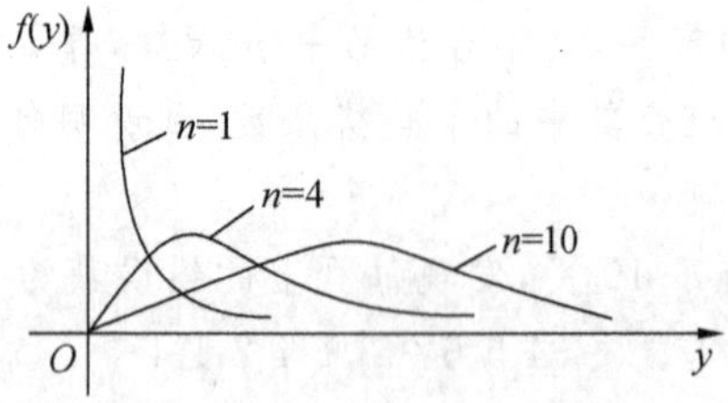


**图 11-1　$\chi^2$ 分布的密度函数图**

**性质 1(可加性)**　设 $\chi_1^2\sim\chi^2(n_1)$，$\chi_2^2\sim\chi^2(n_2)$，…，$\chi_m^2\sim\chi^2(n_m)$，且它们相互独立，则

$$\chi_1^2+\chi_2^2+\cdots+\chi_m^2\sim\chi^2(n_1+n_2+\cdots+n_m). \tag{11-6}$$



2. $t$ 分布

**定义 2**　设 $X\sim N(0,1)$，$Y\sim\chi^2(n)$，且 $X$ 与 $Y$ 相互独立，则称随机变量

$$t=\frac{X}{\sqrt{\dfrac{Y}{n}}} \tag{11-7}$$

服从自由度为 $n$ 的 $t$ 分布，记作 $t\sim t(n)$.

$t$ 分布也称为学生(Student)分布，原因在于 W. S. Gosset 在其建立 $t$ 分布的论文中使用了 Student 这一笔名.

$t(n)$分布的概率密度为

$$f(t)=\frac{\Gamma\left(\dfrac{n+1}{2}\right)}{\sqrt{n\pi}\,\Gamma\left(\dfrac{n}{2}\right)}\left(1+\frac{t^2}{n}\right)^{-\frac{n+1}{2}}, -\infty<t<+\infty.$$

$f(t)$的图像如图 11-2 所示，它关于 $t=0$ 对称，且形状类似于 $N(0,1)$分布的图像.

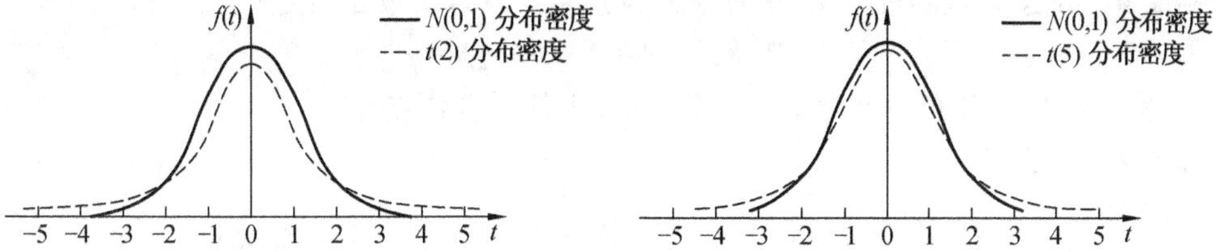


**图 11-2　$t$ 分布的密度函数图**

可以证明：$\lim\limits_{n\to\infty} f(t)=\frac{1}{\sqrt{2\pi}}e^{-\frac{t^2}{2}}$，即当 $n$ 很大时，$t$ 分布近似于 $N(0, 1)$分布. 但对于较小的 $n$，$t$ 分布与 $N(0, 1)$分布相差较大.

3. $F$ 分布

**定义 3**　设 $U\sim\chi^2(m)$，$V\sim\chi^2(n)$，且 $U$ 与 $V$ 独立，则称随机变量

$$F=\frac{U/m}{V/n} \tag{11-8}$$

服从自由度为$(m,n)$的 $F$ 分布，记作 $F\sim F(m, n)$.

$F(m, n)$分布的概率密度为

$$f(y)=\begin{cases}\dfrac{\Gamma\left(\dfrac{m+n}{2}\right)}{\Gamma\left(\dfrac{m}{2}\right)\Gamma\left(\dfrac{n}{2}\right)}\left(\dfrac{m}{n}\right)\left(\dfrac{m}{n}\cdot y\right)^{\frac{m}{2}-1}\left(1+\dfrac{m}{n}\cdot y\right)^{-\frac{m+n}{2}}, & y\geqslant 0,\\ 0, & y<0.\end{cases}$$

$f(y)$的图像如图 11-3 所示.

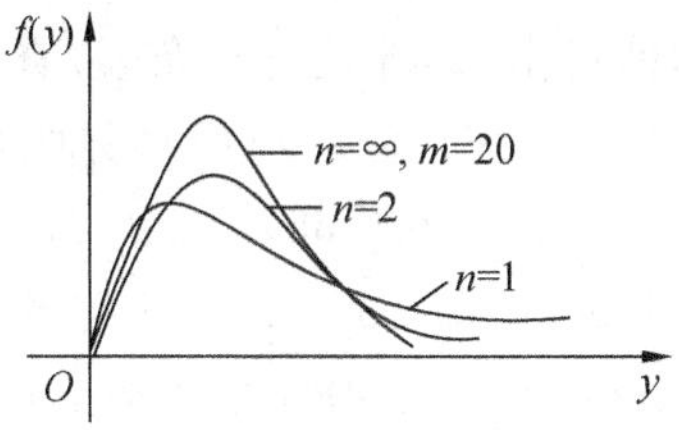


**图 11-3　$F$ 分布的密度函数图像**

由定义 3 可知，若 $F\sim F(m, n)$，则$\frac{1}{F}\sim F(n, m)$.

### 11.2.2　分位数

在介绍抽样分布之前，先给出分位数或临界值概念. 根据应用的需要，通常就连续型随机变量定义两种分位数，即上侧 $\alpha$ 分位数和双侧 $\alpha$ 分位数.

**定义 4** 设连续型随机变量 $X$ 的分布函数为 $F(x)$，实数 $\alpha$ 满足 $0<\alpha<1$，使

$$P\{X>x_\alpha\}=1-F(x_\alpha)=\alpha$$

的数 $x_\alpha$ 称为此概率分布的上侧 $\alpha$ 分位数（或称上侧 $\alpha$ 分位点）.

如果 $\lambda_1,\lambda_2$ 满足

$$P\{X<\lambda_1\}=F(\lambda_1)=\frac{\alpha}{2},P\{X>\lambda_2\}=1-F(\lambda_2)=\frac{\alpha}{2},$$

则称 $\lambda_1,\lambda_2$ 为此概率分布的双侧 $\alpha$ 分位数. 显然，双侧 $\alpha$ 分位数中较小者 $\lambda_1$ 就是上侧 $1-\frac{\alpha}{2}$ 分位数 $x_{1-\frac{\alpha}{2}}$，较大者 $\lambda_2$ 为上侧 $\frac{\alpha}{2}$ 分位数 $x_{\frac{\alpha}{2}}$.

(1) 标准正态分布的上侧 $\alpha$ 分位数记为 $u_\alpha$（或 $z_\alpha$），即对于标准正态随机变量 $X$，分位数 $u_\alpha$ 满足

$$P\{X>u_\alpha\}=1-\Phi(u_\alpha)=\alpha.$$

由图 11-4 所示，由对称性知 $-u_{1-\alpha}=u_\alpha$.

相应地，其双侧 $\alpha$ 分位数分别记为 $u_{1-\frac{\alpha}{2}}$ 和 $u_{\frac{\alpha}{2}}$，使之满足 $P\{|X|>u_{\frac{\alpha}{2}}\}=\alpha$，如图 11-5 所示.



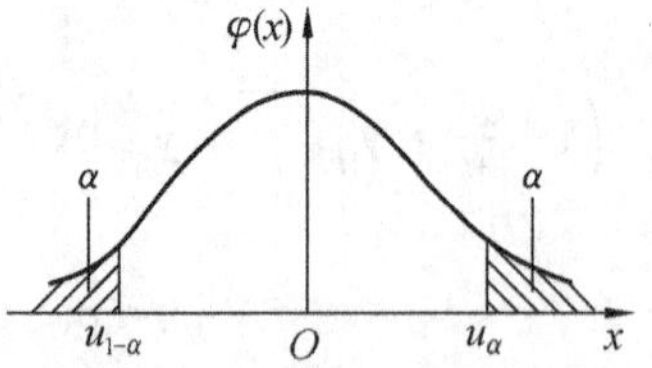


**图 11-4 正态分布上侧分位数**

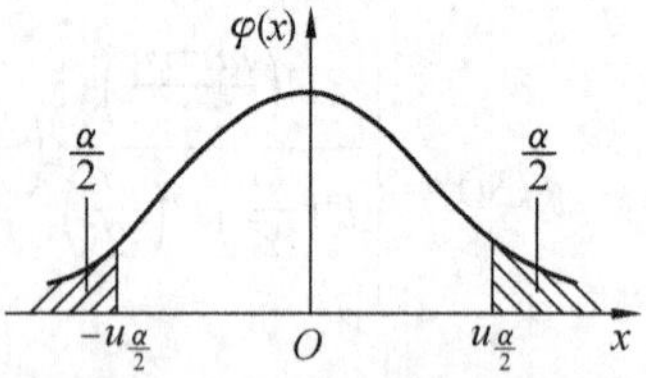


**图 11-5 正态分布双侧分位数**

对于给定的 $\alpha$，$u_\alpha$ 或 $u_{1-\alpha}$ 的值可由《标准正态分布表》查得. 例如：由 $P\{X>u_{0.05}\}=0.05$ 可得 $P\{X\leqslant u_{0.05}\}=0.95$，查表得 $u_{0.05}=1.645$. 再由对称性知 $u_{0.95}=-1.645$. 标准正态分布常用的上侧 $\alpha$ 分位数为 $u_{0.10}=1.28$，$u_{0.05}=1.65$，$u_{0.025}=1.96$，$u_{0.01}=2.33$，$u_{0.005}=2.58$.

(2) 设 $\chi^2\sim\chi^2(n)$，对给定的 $\alpha(0<\alpha<1)$，满足条件 $P\{\chi^2>\chi^2_\alpha(n)\}=\alpha$，即满足 $P\{\chi^2\leqslant\chi^2_\alpha(n)\}=1-\alpha$ 的点 $\chi^2_\alpha(n)$ 称为 $\chi^2(n)$ 分布的上侧 $\alpha$ 分位点，如图 11-6 所示.

尽管 $\chi^2(n)$ 分布不对称，但仍类似于 $N(0, 1)$ 分布，定义 $\chi^2(n)$ 分布的双侧分位点 $\chi^2_{\alpha/2}(n)$ 和 $\chi^2_{1-\frac{\alpha}{2}}(n)$，分别满足

$$P\{\chi^2>\chi^2_{\frac{\alpha}{2}}(n)\}=\alpha/2,\ P\{\chi^2<\chi^2_{1-\frac{\alpha}{2}}(n)\}=\frac{\alpha}{2},$$

如图 11-7 所示.

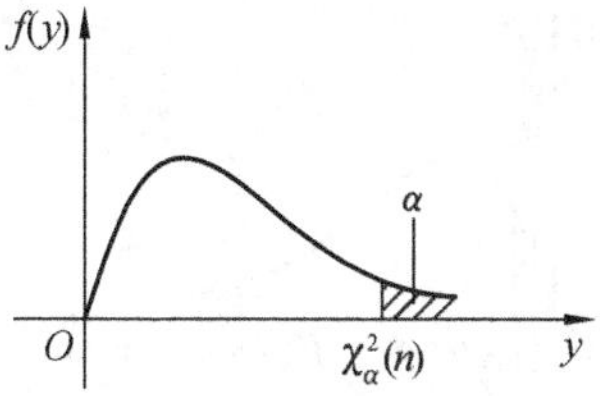


图 11-6　$\chi^2$ 分布上侧分位数

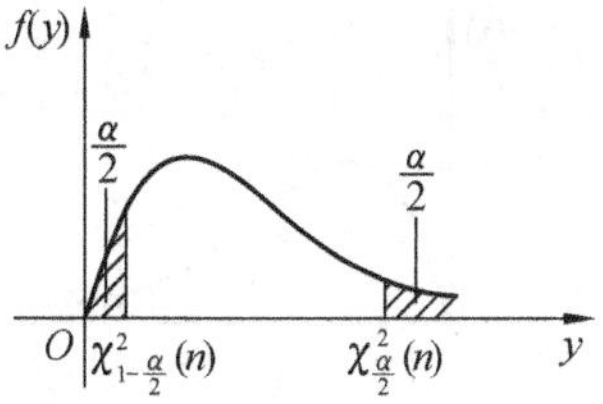


图 11-7　$\chi^2$ 分布双侧分位数

对不同的 $\alpha$ 和 $n$，$\chi^2_\alpha(n)$ 的值可由《$\chi^2$ 分布表》查得. 例如，当 $\alpha=0.1$，$n=25$ 时，查表可得 $\chi^2_{0.1}(25)=34.382$，$\chi^2_{\frac{0.1}{2}}(25)=37.652$.

(3) 设 $t\sim t(n)$，满足条件

$$P\{t>t_\alpha(n)\}=\alpha\quad(0<\alpha<1)$$

的实数 $t_\alpha(n)$ 称为 $t$ 分布的上侧 $\alpha$ 分位数，如图 11-8 所示，由对称性知，$t_{1-\alpha}(n)=-t_\alpha(n)$. 类似于标准正态分布，定义 $t$ 分布的双侧 $\alpha$ 分位数 $t_{\alpha/2}(n)$ 和 $t_{1-\alpha/2}(n)$，使之满足

$$P\{|t|>t_{\alpha/2}(n)\}=\alpha,$$

如图 11-9 所示.

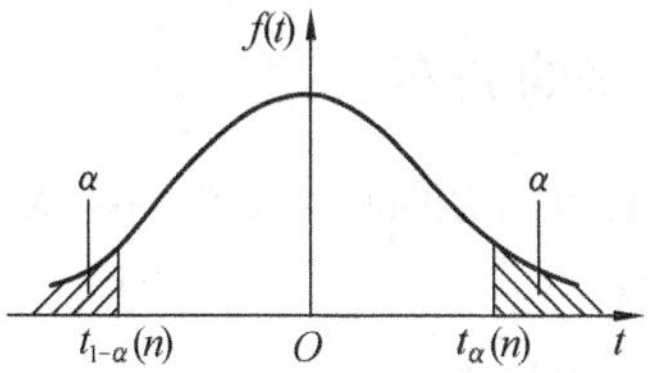


图 11-8　$t$ 分布上分位数

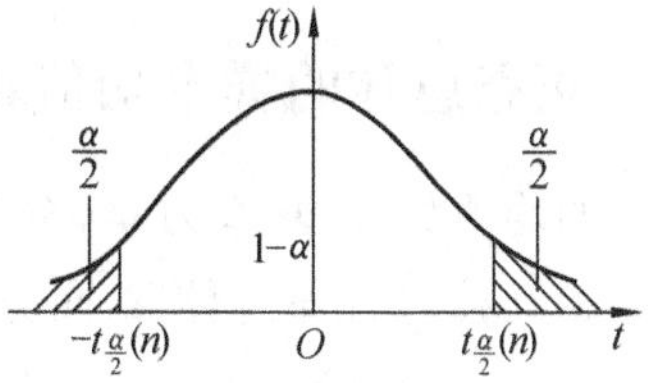


图 11-9　$t$ 分布双分位数

对不同的 $\alpha$ 和 $n$，$t_\alpha(n)$ 的值可由《$t$ 分布表》查得. 例如，当 $\alpha=0.05$，$n=15$ 时，查表得 $t_{0.05}(15)=1.753\,1$，$t_{\frac{0.05}{2}}(15)=2.131\,5$.

当 $n>45$ 时，即可用标准正态分布 $N(0,1)$ 来近似 $t(n)$ 分布，亦即有 $t_\alpha(n)\approx u_\alpha$.

(4) 设 $F\sim F(m,n)$，对给定的 $\alpha(0<\alpha<1)$ 称满足 $P\{F>F_\alpha(m,n)\}=\alpha$ 的点 $F_\alpha(m,n)$ 为 $F$ 分布的上侧 $\alpha$ 分位点，如图 11-10 所示.

$F$ 分布的双侧 $\alpha$ 分位点为 $F_{1-\frac{\alpha}{2}}(m,n)$ 与 $F_{\frac{\alpha}{2}}(m,n)$，满足

$$P(\{F<F_{1-\frac{\alpha}{2}}(m,n)\}\cup\{F>F_{\frac{\alpha}{2}}(m,n)\})=\alpha,$$

如图 11-11 所示.

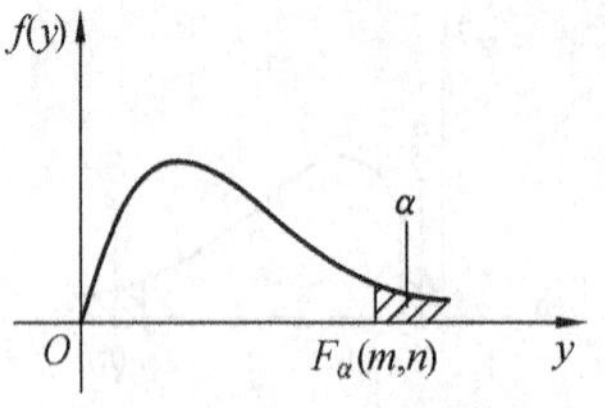


图 11-10　F 分布上侧分位数

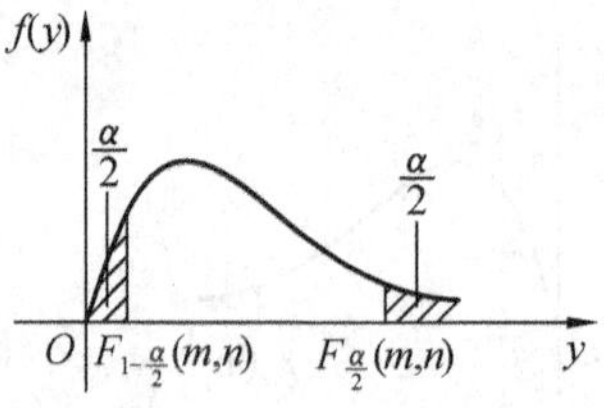


图 11-11　F 分布双侧分位数

$F_\alpha(m,n)$的值可由《F 分布表》查得. 例如，当 $\alpha=0.05$，$m=15$，$n=12$ 时，查表得到 $F_{0.05}(15, 12)=2.62$.

F 分布有如下重要性质：

$$F_{1-\alpha}(m,n)=\frac{1}{F_\alpha(n,m)}. \tag{11-9}$$

式(11-9)常用来求 F 分布表中没列出的某些值. 例如，欲求 $F_{0.95}(15,12)$，则可先查表确定 $F_{0.05}(12, 15)=2.48$，再由式(11-9)得到

$$F_{0.95}(15,12)=\frac{1}{F_{0.05}(12,15)}=0.403.$$



### 11.2.3　正态总体的样本均值和样本方差的分布

设总体 X 的均值为 $\mu$，方差为 $\sigma^2$，分布形式可以是未知的，$X_1,X_2,\cdots,X_n$ 为一样本，则 $X_1,X_2,\cdots,X_n$ 相互独立且与总体 X 同分布，因而有

$$E(X_i)=\mu,\quad D(X_i)=\sigma^2\quad (i=1,\ 2,\ \cdots,\ n).$$

由第 9 章中数学期望和方差的性质可知

$$E(\overline{X})=E\left(\frac{1}{n}\sum_{i=1}^{n}X_i\right)=\frac{1}{n}\sum_{i=1}^{n}E(X_i)=\frac{1}{n}n\mu=\mu,$$

$$D(\overline{X})=D\left(\frac{1}{n}\sum_{i=1}^{n}X_i\right)=\frac{1}{n^2}\sum_{i=1}^{n}D(X_i)=\frac{1}{n^2}n\sigma^2=\frac{\sigma^2}{n},$$

即 $\overline{X}$ 的均值为 $\mu$，方差为$\frac{\sigma^2}{n}$.

进一步，若总体 $X\sim N(\mu,\ \sigma^2)$，则由概率论中的结论可知

$$\overline{X}\sim N\left(\mu,\ \frac{\sigma^2}{n}\right). \tag{11-10}$$

$\overline{X}$ 的分布与参数 $\mu$，$\sigma^2$ 有关(某些统计量也可只依赖于一部分参数，例如统计量 $X_1-X_2$ 的分布为 $N(0,\ 2\sigma^2)$，与 $\mu$ 无关)，因此读者可能对这一点有疑问：我们强调统计量只依赖于样本而与参数无关，为什么其分布又与参数有关？这是因为统计量的表达式固然只与样本有关，但样本的分布却依赖于参数. 不仅如此，我们还强调，有用的统计量的抽样分布必须与

参数有关,否则,该统计量就不包含有关参数的任何信息,对推断这个参数也就毫无用处.如上述统计量 $X_1-X_2$ 的分布与 $\mu$ 无关,故它无助于估计 $\mu$,这在直观上是明显的.

**定理 1**　若 $X_1,X_2,\cdots,X_n$ 是来自正态总体 $N(\mu,\sigma^2)$ 的一个样本,$\overline{X}$ 和 $S^2$ 分别是样本均值和样本方差,则

(1) $\overline{X}$ 与 $S^2$ 相互独立;

(2) $\dfrac{(n-1)S^2}{\sigma^2}\sim\chi^2(n-1)$.　(11-11)

**定理 2**　设 $X_1,X_2,\cdots,X_n$ 为来自正态总体 $N(\mu,\sigma^2)$ 的一个样本,则

$$\frac{\overline{X}-\mu}{\dfrac{S}{\sqrt{n}}}\sim t(n-1).\tag{11-12}$$

**证**　由式(11-7)及(11-11),且 $\dfrac{\overline{X}-\mu}{\dfrac{\sigma}{\sqrt{n}}}$ 与 $\dfrac{(n-1)}{\sigma^2}S^2$ 相互独立(因为 $\overline{X}$ 和 $S^2$ 独立),则

$$\frac{\dfrac{\overline{X}-\mu}{\sigma/\sqrt{n}}}{\sqrt{\dfrac{(n-1)S^2}{\sigma^2(n-1)}}}=\frac{\overline{X}-\mu}{\dfrac{S}{\sqrt{n}}}\sim t(n-1).$$

**定理 3**　设 $X_1,X_2,\cdots,X_{n_1}$ 和 $Y_1,Y_2,\cdots,Y_{n_2}$ 分别是从总体 $N(\mu_1,\sigma^2)$ 和 $N(\mu_2,\sigma^2)$ 中抽取的样本,且两总体相互独立,则

$$\frac{(\overline{X}-\overline{Y})-(\mu_1-\mu_2)}{S_w\sqrt{\dfrac{1}{n_1}+\dfrac{1}{n_2}}}\sim t(n_1+n_2-2),\tag{11-13}$$

其中,$S_w^2=\dfrac{(n_1-1)S_1^2+(n_2-1)S_2^2}{n_1+n_2-2}$,$S_1^2$ 和 $S_2^2$ 分别是这两个样本的样本方差.

**证**　因为 $\overline{X}\sim N\left(\mu_1,\dfrac{\sigma^2}{n_1}\right)$,$\overline{Y}\sim N\left(\mu_2,\dfrac{\sigma^2}{n_2}\right)$,又由两总体相互独立,可知 $\overline{X}$ 与 $\overline{Y}$ 相互独立,所以

$$\overline{X}-\overline{Y}\sim N\left(\mu_1-\mu_2,\ \left(\frac{1}{n_1}+\frac{1}{n_2}\right)\sigma^2\right),$$

即

$$U=\frac{(\overline{X}-\overline{Y})-(\mu_1-\mu_2)}{\sigma\sqrt{\dfrac{1}{n_1}+\dfrac{1}{n_2}}}\sim N(0,1).\tag{11-14}$$

又

$$\frac{(n_1-1)S_1^2}{\sigma^2}\sim\chi^2(n_1-1),\ \frac{(n_2-1)S_2^2}{\sigma^2}\sim\chi^2(n_2-1),$$

且 $S_1^2$ 与 $S_2^2$ 相互独立,故由 $\chi^2$ 分布的可加性知

$$V=\frac{(n_1-1)S_1^2}{\sigma^2}+\frac{(n_2-1)S_2^2}{\sigma^2}=\frac{(n_1-1)S_1^2+(n_2-1)S_2^2}{\sigma^2}\sim\chi^2(n_1+n_2-2).$$

从而按 $t$ 分布的定义得

$$\frac{U}{\sqrt{\frac{V}{(n_1+n_2-2)}}}=\frac{(\overline{X}-\overline{Y})-(\mu_1-\mu_2)}{S_w\sqrt{\frac{1}{n_1}+\frac{1}{n_2}}}\sim t(n_1+n_2-2).$$

**定理 4** 设 $X_1,X_2,\cdots,X_{n_1}$ 和 $Y_1,Y_2,\cdots,Y_{n_2}$ 分别是从总体 $N(\mu_1,\sigma_1^2)$ 和 $N(\mu_2,\sigma_2^2)$ 中抽取的样本，且两总体相互独立，$S_1^2$ 和 $S_2^2$ 分别是这两个样本的样本方差，则

$$F=\frac{\frac{S_1^2}{\sigma_1^2}}{\frac{S_2^2}{\sigma_2^2}}\sim F(n_1-1,n_2-1),$$

若 $\sigma_1^2=\sigma_2^2$，则

$$F=\frac{S_1^2}{S_2^2}\sim F(n_1-1,n_2-1).$$

**证** 因为

$$\frac{(n_1-1)S_1^2}{\sigma_1^2}\sim\chi^2(n_1-1),\quad\frac{(n_2-1)S_2^2}{\sigma_2^2}\sim\chi^2(n_2-1),$$



且 $S_1^2$ 与 $S_2^2$ 相互独立，则

$$\frac{\dfrac{\frac{(n_1-1)S_1^2}{\sigma_1^2}}{n_1-1}}{\dfrac{\frac{(n_2-1)S_2^2}{\sigma_2^2}}{n_2-1}}=\frac{\frac{S_1^2}{\sigma_1^2}}{\frac{S_2^2}{\sigma_2^2}}\sim F(n_1-1,n_2-1).$$

特别地，当 $\sigma_1^2=\sigma_2^2$ 时

$$\frac{S_1^2}{S_2^2}\sim F(n_1-1,n_2-1).$$

## 习题 11.2

1. 在总体 $N(7.6,4)$ 中抽取容量为 $n$ 的样本，若要求样本均值落在 $(5.6,9.6)$ 内的概率不小于 0.95，则 $n$ 至少为多少？

2. 查附表求下列上侧分位数：

$$u_{0.2},\chi_{0.95}^2(5),F_{0.975}(3,7),t_{0.1}(7).$$

3. 设 $X_1,X_2,\cdots,X_n$ 为来自泊松分布 $P(\lambda)$ 的一个样本，$\overline{X}$ 为样本均值，求 $E(\overline{X})$，$D(\overline{X})$.

4. 由正态总体 $N(100,4)$ 抽取两个独立样本，样本均值分别为 $\overline{X}$，$\overline{Y}$，样本容量分别 15，20，试求 $P(|\overline{X}-\overline{Y}|>0.2)$.

## 本章小结

1. 知识结构图

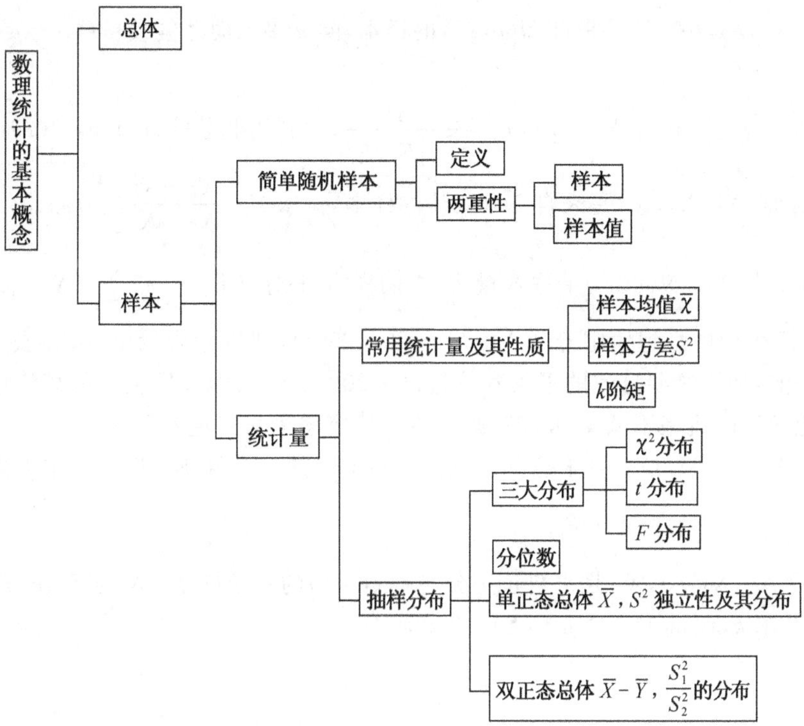


2. 学习要求

(1) 理解数理统计中的基本概念，特别是总体与样本及统计量的概念.

(2) 了解常用的统计量及其性质.

(3) 熟悉统计三大分布及如何查表求其分位数.

(4) 熟悉正态总体的抽样分布定理.

3. 复习思考题

(1) 设有 $N$ 个产品，其中有 $M$ 个次品，进行放回抽样. 定义

$$X_i=\begin{cases}1, & \text{第 } i \text{ 次取得次品,}\\ 0, & \text{第 } i \text{ 次取得正品,}\end{cases}$$

求样本 $X_1,X_2,\cdots,X_n$ 的联合分布.

(2) 考察幼林胸径,随机观测 10 株作为样本,原始数据(单位:cm)如下

3.0, 2.0, 5.5, 5.0, 3.0, 6.5, 7.0, 4.0, 4.0, 6.0,

试计算样本均值和样本方差.

(3) 设离散总体的分布列为 $P(X=k)=\frac{1}{N},k=1,2,\cdots,n$. 现进行不放回抽样, $X_1,X_2,\cdots,X_n$ 为样本, $\overline{X}=\frac{1}{n}\sum_{i=1}^{n}X_i$ 为样本均值,求 $E(\overline{X})$.

(4) 设 $X_1,X_2,\cdots,X_n$ 是来自 $N(\mu,25)$ 的样本,问 $n$ 多大时才能使 $P(|\overline{X}-\mu|<1)\geqslant 0.95$ 成立?

(5) 对 $0<\alpha<1$,试证 $F_{1-\alpha}(m, n)=\frac{1}{F_{\alpha}(n, m)}$,并利用此公式计算 $F_{0.90}(28, 2)$的值.

(6) 设 $X_1,X_2,X_3,X_4$ 是来自 $N(0,\sigma^2)$的样本,试求 $Y=\frac{X_1^2+X_2^2}{X_3^2+X_4^2}$的分布.

(7) 由正态总体 $N(\mu,\sigma^2)$抽取容量为 20 的样本,试求 $P\left(10\sigma^2\leqslant\sum_{i=1}^{20}(X_i-\mu)^2\leqslant 30\sigma^2\right)$.

(8) 某厂生产的灯泡使用寿命 $X\sim N(2\,250,250^2)$,现进行质量检查,方法如下:随机抽取若干个灯泡,如果这些灯泡的平均寿命超过 2 200 h,就认为该厂生产的灯泡质量合格,若要使检查能通过的概率不低于 0.997,则至少应检查多少只灯泡?



(9) 设 $X_1,\cdots,X_n$ 是来自正态分布总体 $N(\mu,\sigma^2)$的一个样本. $S^2$ 是样本方差,试求满足 $P\left(\frac{S^2}{\sigma^2}\leqslant 1.5\right)\geqslant 0.95$ 的最小 $n$ 值.

(10) 设 $X_1,X_2,\cdots,X_{17}$是来自正态分布 $N(\mu,\sigma^2)$的一个样本, $\overline{X}$ 与 $S^2$ 分别是样本均值与样本方差. 求 $k$,使得 $P(\overline{X}>\mu+kS)=0.95$.

# 第 12 章　参数估计

卡尔·皮尔逊(K. Pearson,1857—1936),生、卒于伦敦,被公认为统计学之父. 他于 1879 年毕业于剑桥大学数学系,1884 年进入伦敦大学学院教授数学与力学,从此待在该校一直到 1933 年. K. Pearson 引进了一个以他的名字命名的分布族,包含了正态分布及现在书籍的一些重要的非正态分布,扩大了人们的眼界;还提出了一个估计方法——矩估计法,用来估计他所引进的分布族中的参数. 自从达尔文演化论问世后,关于演化的本质争论不断,在这方面他深受Galton(达尔文表哥,“优生学”一词的发明者)与 Weldon 影响. Weldon 1893 年提出“所谓变异,遗传与天择事实上只是‘算术’”的想法,这促使 K. Pearson 在 1893—1912 年间写出 18 篇《在演化论上的数学贡献》的文章,而这门“算术”,也就是今日的统计,许多熟悉的统计名词,如标准差,成分分析,卡方检验都是他提出的.

实际问题中常常会遇到这样一类总体(随机变量),其分布函数的类型(表达式)是已知的,但包含某些未知参数,需要通过样本来估计这些参数,这类问题被称为参数估计. 参数估计的方法主要有如下两类:一是点估计法,即估计未知参数的大概值,也就是选取样本的一个函数值作为未知参数的估计值;二是区间估计法,即估计未知参数的大概所在的区间. 本章主要介绍求估计量的方法、估计量优劣的评判标准和正态总体均值与方差的区间估计.

## 12.1　点估计

点估计问题的一般提法如下:设总体 $X$ 的分布函数 $F(x, \theta)$的形式为已知,其中 $\theta=(\theta_1,\theta_2,\cdots,\theta_k)$为未知参数,$X_1,X_2,\cdots,X_n$ 是来自总体 $X$ 的一个样本,$x_1,x_2,\cdots,x_n$ 是相应的一个样本值. 点估计问题就是要构造一个适当的统计量 $\hat{\theta}(X_1,X_2,\cdots,X_n)$来估计未知参数 $\theta$,并称 $\hat{\theta}(X_1,X_2,\cdots,X_n)$为 $\theta$ 的估计量,其观察值 $\hat{\theta}(x_1,x_2,\cdots,x_n)$称为 $\theta$ 的估计值. 在不致混淆的情况下,$\theta$ 的估计量和估计值均简记为 $\hat{\theta}$. 由于估计值 $\hat{\theta}(x_1,x_2,\cdots,x_n)$表示为数轴上

的一个点，故称之为点估计. 对于不同的样本值，$\theta$ 的估计值往往是不同的.

### 12.1.1 矩估计法

矩估计法是求估计量的最古老的方法之一，它由 K. Pearson 在 20 世纪初提出，其基本思想是以样本矩来估计相应的总体矩，以样本矩的函数来估计相应的总体矩的函数. 一般来说，如果总体 $X$ 的 $l$ 阶原点矩 $m_l=E(X^l)$ 存在，便依赖于参数 $\theta_1,\theta_2,\cdots,\theta_k$，即有

$$m_l=m_l(\theta_1,\theta_2,\cdots,\theta_k),\ l=1,2,\cdots,k.$$

可以证明，只要总体的 $l$ 阶矩存在，则样本的 $l$ 阶矩依概率收敛于总体的 $l$ 阶矩. 所以，我们用样本原点矩 $A_l$ 来估计总体分布相应的矩 $m_l$，即令

$$\begin{cases} m_1(\theta_1,\theta_2,\cdots,\theta_k)=A_1, \\ m_2(\theta_1,\theta_2,\cdots,\theta_k)=A_2, \\ \cdots\cdots\cdots\cdots \\ m_k(\theta_1,\theta_2,\cdots,\theta_k)=A_k, \end{cases} \tag{12-1}$$

这是一个包含 $k$ 个参数 $\theta_1,\theta_2,\cdots,\theta_k$ 的联立方程组，一般来说，可以从中解出 $\theta_1,\theta_2,\cdots,\theta_k$，此时，我们就用方程组(12-1)的解 $\hat{\theta}_1,\hat{\theta}_2,\cdots,\hat{\theta}_k$ 分别作为 $\theta_1,\theta_2,\cdots,\theta_k$ 的估计量，称为矩估计量. 矩估计量的观察值称为矩估计值.



显然，样本均值 $\bar{x}=\dfrac{1}{n}\sum\limits_{i=1}^{n}x_i$ 是总体均值 $\mu$ 的矩估计.

**例 1** 设总体 $X\sim U(0,\theta)$，现从该总体中抽取容量为 10 的样本，样本值为

0.5　1.3　0.6　1.7　2.2　1.2　0.8　1.5　2.0　1.6

试对参数 $\theta$ 给出矩估计.

**解** 由于 $E(X)=\dfrac{\theta}{2}$，即 $\theta=2E(X)$，而样本均值 $\bar{x}=\dfrac{0.5+1.3+\cdots+1.6}{10}=1.34$，故 $\theta$ 的矩估计为 $\hat{\theta}=2\bar{x}=2.68$.

**例 2** 设总体 $X$ 的均值 $\mu$ 和方差 $\sigma^2$ 都存在，$X_1,X_2,\cdots,X_n$ 是来自 $X$ 的样本. 试求 $\mu$ 和 $\sigma^2$ 的矩估计量.

**解** 由于

$$\begin{cases} m_1=E(X)=\mu, \\ m_2=E(X^2)=D(X)+[E(X)]^2=\sigma^2+\mu^2, \end{cases}$$

令

$$\begin{cases} \mu=A_1=\dfrac{1}{n}\sum\limits_{i=1}^{n}X_i=\overline{X}, \\ \sigma^2+\mu^2=A_2=\dfrac{1}{n}\sum\limits_{i=1}^{n}X_i^2, \end{cases}$$

从中解出 $\mu$ 和 $\sigma^2$ 作为其估计量，得到

$$\hat{\mu}=\overline{X}, \tag{12-2}$$

$$\hat{\sigma}^2=\frac{1}{n}\sum_{i=1}^{n}X_i^2-\overline{X}^2=\frac{1}{n}\sum_{i=1}^{n}(X_i-\overline{X})^2=B_2. \tag{12-3}$$

即样本均值 $\overline{X}$ 是总体均值 $\mu$ 的矩估计，样本的二阶中心矩 $B_2=\frac{n-1}{n}S^2$ 是总体方差 $\sigma^2$ 的矩估计. 实际上，更多的是以 $S^2$ 估计 $\sigma^2$，其原因将在估计量的评选标准中解释.

**例 3**　设总体 $X$ 服从泊松分布，即

$$p(x;\theta)=P\{X=x\}=\frac{1}{x!}\theta^x\mathrm{e}^{-\theta},\ 0<\theta<+\infty, x=0,1,2,\cdots,$$

试求 $\theta$ 的矩估计量.

**解**　由于 $E(X)=\theta$，得 $\theta$ 的矩估计量 $\hat{\theta}=\overline{X}$；又由于 $D(X)=\theta$，故得 $\theta$ 的另一个矩估计量 $\hat{\theta}=B_2$. 由此可见，一个参数的矩估计量是不唯一的.

矩估计法直观而又简便，特别是在对总体的数学期望及方差等数字特征作估计时，并不一定要知道总体的分布函数. 但是矩估计法要求总体 $X$ 的原点矩存在，如 Cauchy 分布的原点矩不存在，就不能用矩法. 另外，样本矩的表达式同总体的分布函数 $F(x;\theta)$ 的表达式无关，这表明，矩估计法有时没有充分利用 $F(x;\theta)$ 对参数 $\theta$ 所提供的信息.



### 12.1.2　极大似然估计法

极大似然估计是要选取这样的统计量 $\hat{\theta}$，当它作为 $\theta$ 的估计值时，使观察结果出现的可能性最大. 下面通过例子说明用极大似然法估计未知参数的直观想法.

**例 4**　有甲、乙两个布袋，甲袋装有 99 个白球 1 个黑球，乙袋装有 1 个白球 99 个黑球. 现在从这两个袋子中任取一个袋子，要估计所取得的这个袋中白球数与黑球数之比 $\theta$ 是 99 还是 $\frac{1}{99}$？为了估计 $\theta$，允许从这个袋中任意抽出一个球，看看球的颜色，如果抽出的是白球，应取 $\theta$ 的估计值 $\hat{\theta}$ 是多少？

**解**　甲袋抽出白球的概率 $P(白|甲)=\frac{99}{100}$；乙袋抽出白球的概率 $P(白|乙)=\frac{1}{100}$. 由此可知，从甲袋中抽出白球的概率远大于从乙袋中抽出白球的概率. 现在既然要在一次抽样中抽得白球，很自然地会从抽得白球概率大的甲袋中抽得，也就是说，应取 $\theta$ 的估计值 $\hat{\theta}=99$.

根据同样的思路，若抽得的球是黑球，应取 $\theta$ 的估计值 $\hat{\theta}=\frac{1}{99}$.

例 4 中确定 $\hat{\theta}$ 的基本想法是：当试验中得到一个结果(例 4 指球的颜色)，一般指从总体中抽得一样本点 $(x_1,x_2,\cdots,x_n)$ 时，哪个 $\theta$ 值使这个结果的出现具有最大概率就应该取哪个

值作为$\theta$的估计值.这就是极大似然原理:"概率最大的事件最可能出现".

设$X$为离散型随机变量,概率函数$P(X=x)=p(x;\theta)$,$\theta$为待估参数,$\Theta$为$\theta$的取值范围($\theta\in\Theta$).对于来自总体$X$的样本$X_1,X_2,\cdots,X_n$及其观察值$x_1,x_2,\cdots,x_n$,显然有

$$P(X=x_i)=p(x_i;\theta),\ i=1,2,\cdots,n.$$

由于$X_1,X_2,\cdots,X_n$相互独立且与总体$X$同分布,故观察到$(x_1,x_2,\cdots,x_n)$的概率,即$\{X_1=x_1,X_2=x_2,\cdots,X_n=x_n\}$发生的概率为

$$L(\theta)=L(x_1,x_2,\cdots,x_n;\theta)=\prod_{i=1}^{n}p(x_i;\theta). \tag{12-4}$$

这个概率$L(\theta)$是$\theta$的函数,称为样本$(x_1,x_2,\cdots,x_n)$的似然函数.

若$X$为连续型随机变量,密度函数为$f(x;\theta)$,$\theta$为待估参数,由于样本与总体同分布且不同样本间相互独立,故样本$X_1,\cdots,X_n$的联合概率密度是

$$L(\theta)=L(x_1,\cdots,x_n;\theta)=\prod_{i=1}^{n}f(x_i;\theta). \tag{12-5}$$

取定样本值$x_1,x_2,\cdots,x_n$,$L(\theta)$是参数$\theta$的函数,称之为样本$x_1,x_2,\cdots,x_n$的似然函数.

R. A. Fisher 引进的极大似然估计法,就是固定样本观察值$x_1,x_2,\cdots,x_n$,在$\theta$取值的可能范围内,挑选使$L(\theta)$达到最大的$\hat{\theta}$,作为$\theta$的估计值,即取$\hat{\theta}$使



$$L(x_1,x_2,\cdots,x_n;\ \hat{\theta})=\max_{\theta\in\Theta}L(x_1,x_2,\cdots,x_n;\ \theta).$$

如此得到的$\hat{\theta}$显然与样本$x_1,x_2,\cdots,x_n$有关,记为$\hat{\theta}(x_1,x_2,\cdots,x_n)$,并称之为参数$\theta$的极大似然估计值,相应的统计量$\hat{\theta}(X_1,X_2,\cdots,X_n)$称为参数$\theta$的极大似然估计量.

如上所述,求极大似然估计量就是求似然函数$L(x_1,\cdots,x_n;\theta)$的最大值点.若$L(x_1,\cdots,x_n;\theta)$可微,通常可用求导数的方法解决.由于似然函数通常是一些函数的乘积,为了简化求导,可将似然函数先取对数,由于$\ln L(\theta)$与$L(\theta)$在相同的位置达到极大值,故只需求$\ln L(\theta)$的极大值点即可.我们称

$$\begin{cases}\dfrac{\partial\ln L(\theta)}{\partial\theta_1}=0,\\ \cdots\cdots\cdots\cdots\\ \dfrac{\partial\ln L(\theta)}{\partial\theta_k}=0,\end{cases} \tag{12-6}$$

为似然方程组.显然,$\theta=(\theta_1,\theta_2,\cdots,\theta_k)$的极大似然估计$\hat{\theta}=(\hat{\theta}_1,\hat{\theta}_2,\cdots,\hat{\theta}_k)$是似然方程组的解.

**例 5** 某种产品的质量$X$服从伯努利分布$B(1,p)$(即两点分布),这里$0<p<1$是产品质量的合格率.以"$X=1$"表示产品的质量合格,"$X=0$"表示产品的质量不合格.现从总体中抽取了一个样本$X_1,\cdots,X_n$,试求产品质量合格率$p$的极大似然估计.

**解**　$X_i$ 的概率函数是 $P(X_i=x_i)=f(x_i;p)=p^{x_i}(1-p)^{1-x_i}$，$x_i=0$，1，则样本的似然函数为

$$L(p)=P(X_1=x_1,\cdots,X_n=x_n)=\prod_{i=1}^{n}f(x_i,p)$$
$$=p^{x_1}(1-p)^{1-x_i}\cdots p^{x_n}(1-p)^{1-x_n}=p^{\sum\limits_{i=1}^{n}x_i}(1-p)^{n-\sum\limits_{i=1}^{n}x_i}.$$

为了求使得 $L(p)$ 达到最大值的 $p$ 的值，注意到对数函数 $g(x)=\ln(x)$ 是 $x$ 的单调递增函数，只需求使得 $\ln(L(p))$ 的极大值点即得 $p$ 的极大似然估计. 所以

$$\ln(L(p))=\sum_{i=1}^{n}x_i\ln p+\left(n-\sum_{i=1}^{n}x_i\right)\ln(1-p).$$

两边对 $p$ 求导数，并令其等于 0，得

$$\frac{\mathrm{d}\ln(L(p))}{\mathrm{d}p}=\frac{\sum\limits_{i=1}^{n}x_i}{p}-\frac{\left(n-\sum\limits_{i=1}^{n}x_i\right)}{1-p}=0,$$

解得 $\hat{p}=\dfrac{1}{n}\sum\limits_{i=1}^{n}x_i=\bar{x}$. 容易判断它使得 $L(p)$ 达到最大，所以 $p$ 的极大似然估计值为 $\hat{p}=\bar{x}$，相应的统计量 $\hat{p}=\dfrac{1}{n}\sum\limits_{i=1}^{n}X_i=\overline{X}$ 就是 $p$ 的极大似然估计量.



**例 6**　设连续型随机变量 $X\sim E\left(\dfrac{1}{\theta}\right)$，即 $X$ 的密度函数为

$$f(x;\theta)=\begin{cases}\dfrac{1}{\theta}\mathrm{e}^{-\frac{x}{\theta}}, & x>0,\\ 0, & x\leqslant 0.\end{cases}$$

其中 $\theta>0$ 为参数. $x_1,x_2,\cdots,x_n$ 为 $X$ 的一组样本观察值，求 $\theta$ 的极大似然估计.

**解**　由式(12-5)可得似然函数为

$$L(x_1,\cdots,x_n;\theta)=\prod_{i=1}^{n}\frac{1}{\theta}\mathrm{e}^{-\frac{x_i}{\theta}}=\frac{1}{\theta^n}\mathrm{e}^{-\frac{1}{\theta}\sum\limits_{i=1}^{n}x_i},$$

所以

$$\ln L=-n\ln\theta-\frac{1}{\theta}\sum_{i=1}^{n}x_i,$$

$$\frac{\mathrm{d}\ln L}{\mathrm{d}\theta}=-\frac{n}{\theta}+\frac{1}{\theta^2}\sum_{i=1}^{n}x_i,$$

令 $-\dfrac{n}{\theta}+\dfrac{1}{\theta^2}\sum\limits_{i=1}^{n}x_i=0$，解得

$$\hat{\theta}=\frac{1}{n}\sum_{i=1}^{n}x_i=\bar{x},$$

即 $\bar{x}$ 为 $\theta$ 的极大似然估计值，$\overline{X}$ 为 $\theta$ 的极大似然估计量.

**例 7** 设总体 $X$ 在区间 $[\theta_1,\theta_2]$ 上服从均匀分布，$X$ 的样本为 $X_1,\cdots,X_n$，求 $\theta_1$ 和 $\theta_2$ 的极大似然估计量.

**解** $X$ 的概率密度为

$$f(x;\theta_1,\theta_2)=\begin{cases}\dfrac{1}{\theta_2-\theta_1}, & \theta_1\leqslant x\leqslant\theta_2(-\infty<\theta_1<\theta_2<+\infty),\\ 0, & \text{其他}.\end{cases}$$

似然函数为

$$L(\theta_1,\theta_2)=\begin{cases}\dfrac{1}{(\theta_2-\theta_1)^n}, & \theta_1\leqslant x_i\leqslant\theta_2(i=1,2,\cdots,n),\\ 0, & \text{其他}.\end{cases}$$

易知 $L(\theta_1,\theta_2)$ 在不为 0 处不存在驻点，因此不能通过解似然方程组求得极大似然估计量. 为此，下面用直接确定似然函数最大值点的方法来求 $\theta_1,\theta_2$ 的极大似然估计量.

由似然函数 $L(\theta_1,\theta_2)$ 的表达式可知，$L(\theta_1,\theta_2)$ 的最大值是在 $L(\theta_1,\theta_2)$ 不为 0 处取得，即在

$$L(\theta_1,\theta_2)=\frac{1}{(\theta_2-\theta_1)^n}\quad(\theta_1\leqslant x_i\leqslant\theta_2,i=1,2,\cdots,n)$$



处取得. 要使上式取最大值，由 $\dfrac{\partial L}{\partial\theta_1}>0,\dfrac{\partial L}{\partial\theta_2}<0$ 可知，$\theta_1$ 应该尽量大，$\theta_2$ 应该尽量小，而且 $\theta_1$，$\theta_2$ 还应该满足条件 $\theta_1\leqslant x_i\leqslant\theta_2\,(i=1,2,\cdots,n)$，记 $x_{(1)}=\min(x_1,x_2,\cdots,x_n)$，$x_{(n)}=\max(x_1,\cdots,x_n)$. 即 $\theta_1,\theta_2$ 应该满足条件

$$\theta_1\leqslant x_{(1)}<\cdots<x_{(n)}\leqslant\theta_2,$$

由上可知，当 $\theta_1=x_{(1)}$，$\theta_2=x_{(n)}$ 时，$L(\theta_1,\theta_2)$ 取最大值，所以 $\theta_1,\theta_2$ 的极大似然估计量分别为

$$\hat{\theta}_1=\min_{1\leqslant i\leqslant n}X_i,\ \hat{\theta}_2=\max_{1\leqslant i\leqslant n}X_i.$$

## 习题 12.1

1. 从一批电子元件中抽取 8 个进行蜂鸣测试，得到如下数据(单位：h)：

$$1\,050,1\,100,1\,130,1\,040,1\,250,1\,300,1\,200,1\,080.$$

试对这批元件的平均寿命及分布的标准差给出矩估计.

2. 设总体分布律为

$$P(X=k)=\frac{1}{N},k=0,1,2,\cdots,N-1,N(N\text{ 是正整数}),$$

其中 $N$ 是未知参数，$X_1,\cdots,X_n$ 是样本，试求未知参数 $N$ 的矩估计.

3. 设 $X_1,X_2,\cdots,X_n$ 是概率密度为

$$f(x)=\begin{cases}\theta x^{\theta-1}, & 0<x<1,\\ 0, & 其他\end{cases}$$

的总体的一个样本，试求：(1) 参数 $\theta$ 的矩估计量；(2) 参数 $\theta$ 的极大似然估计量.

4. 给定一个容量为 $n$ 的样本 $X_1,X_2,\cdots,X_n$，试用矩法和极大似然法估计总体的未知参数 $\theta$. 该总体的概率密度或分布律分别为

(1) $P\{X=x\}=\theta(1-\theta)^{x-1},x=1,2,\cdots$；

(2) $f(x;\theta)=\sqrt{\theta}x^{\sqrt{\theta}-1},0<x<1,\theta>0$.

## 12.2　估计量的评选标准

当用矩法与极大似然法估计同一个参数时，得到的结果不尽相同，哪个估计结果更好呢？根据不同的要求，评价估计量的标准也不同. 下面介绍三种最常用的标准.

### 12.2.1　一致估计

一般情况 $\hat{\theta}\neq\theta$，但希望当 $n\to+\infty$ 时，$\hat{\theta}\xrightarrow{P}\theta$. 这就是说，当样本容量 $n$ 无限增大时，估计值 $\hat{\theta}$ 非常接近参数真值的概率趋近于 1.



**定义 1**　如果当 $n\to+\infty$ 时，$\hat{\theta}$ 依概率收敛于 $\theta$，即对任意 $\varepsilon>0$，有

$$\lim_{n\to\infty}P\{|\hat{\theta}-\theta|<\varepsilon\}=1,$$

则称 $\hat{\theta}$ 为参数 $\theta$ 的一致估计.

一致性是对于极限性质而言的，它只在样本容量较大时才起作用.

### 12.2.2　无偏估计

根据样本推得的估计值可能不同，然而，如果有一系列抽样构成各个估计，很合理地会要求这些估计的期望值与未知参数的真值相等. 它的直观意义是样本估计量的数值在参数的真值周围摆动，而无系统误差.

**定义 2**　如果 $E(\hat{\theta})=\theta$ 成立，那么称估计量 $\hat{\theta}$ 为参数 $\theta$ 的无偏估计.

**例 1**　设 $E(X)=\mu$ 和 $D(X)=\sigma^2$ 存在，$X_1,X_2,\cdots,X_n$ 是来自总体 $X$ 的样本，试证样本均值 $\overline{X}$ 及样本方差 $S^2$ 分别是 $\mu$ 及 $\sigma^2$ 的无偏估计.

**证**　$E(\overline{X})=E\left(\dfrac{1}{n}\sum\limits_{i=1}^{n}X_i\right)=\dfrac{1}{n}\sum\limits_{i=1}^{n}E(X_i)=\dfrac{1}{n}n\mu=\mu$，即样本均值 $\overline{X}$ 是总体均值 $\mu$ 的无偏估计.

$$D(\overline{X}) = D\left(\frac{1}{n}\sum_{i=1}^{n} X_i\right) = \frac{1}{n^2}\sum_{i=1}^{n} D(X_i) = \frac{1}{n}\sigma^2,$$

$$\begin{aligned} E(S^2) &= E\left[\frac{1}{n-1}\sum_{i=1}^{n}(X_i - \overline{X})^2\right] = \frac{1}{n-1}E\sum_{i=1}^{n}[X_i - \mu - (\overline{X} - \mu)]^2 \\ &= \frac{1}{n-1}E\left[\sum_{i=1}^{n}(X_i - \mu)^2 - n(\overline{X} - \mu)^2\right] \\ &= \frac{1}{n-1}\sum_{i=1}^{n}E(X_i - \mu)^2 - \frac{n}{n-1}E(\overline{X} - \mu)^2 \\ &= \frac{1}{n-1}n\sigma^2 - \frac{n}{n-1}\frac{\sigma^2}{n} = \sigma^2. \end{aligned}$$

即样本方差 $S^2$ 是总体方差 $\sigma^2$ 的无偏估计. 这就是我们将 $S^2 = \frac{1}{n-1}\sum_{i=1}^{n}(X_i - \overline{X})^2$ 定义为样本方差的原因.

在目前点估计的理论与实用中，无偏性占有很重要的地位. 除有悠久的历史因素外，还有两个原因：一是无偏性的要求只涉及一阶矩（数学期望），在数学上处理方便；二是在没有其他合理的评判标准时，人们心理上觉得一个具有无偏性的估计量总比没有这种性质的估计量好些.



### 12.2.3 有效估计

无偏性是对估计量的一个重要而常见的要求. 但是有时无偏估计量是不存在的，而且当未知参数的无偏估计量不止一个时，仅有无偏性不能确定这些无偏估计量的优劣. 事实上，无偏性只是反映估计量所取数值在未知参数的真值周围的波动，而无法反映估计值的波动大小的程度. 方差是反映随机变量的取值在它的数学期望的邻域内的分散或集中程度的一种度量. 所以，一个好的估计量，不仅应该是无偏估计量，还应该有尽可能小的方差.

**定义 3** 设 $X_1, X_2, \cdots, X_n$ 为来自总体 $X$ 的样本，$\hat{\theta}_1 = \hat{\theta}_1(X_1, X_2, \cdots, X_n)$ 和 $\hat{\theta}_2 = \hat{\theta}_2(X_1, X_2, \cdots, X_n)$ 是未知参数 $\theta$ 的两个无偏估计量，如果 $D(\hat{\theta}_1) < D(\hat{\theta}_2)$，那么称 $\hat{\theta}_1$ 是比 $\hat{\theta}_2$ 有效的估计量.

**例 2** 设 $X_1, X_2$ 是取自某总体的样本，试证明下列统计量都是该总体均值 $\mu$ 的无偏估计，且方差存在时指出哪一个估计是最有效的？

(1) $\hat{\mu}_1 = \frac{2}{3}X_1 + \frac{1}{3}X_2$；

(2) $\hat{\mu}_2 = \frac{1}{2}X_1 + \frac{1}{2}X_2$；

(3) $\hat{\mu}_3 = \frac{1}{4}X_1 + \frac{3}{4}X_2$.

**解**　先求三个统计量的数学期望

$$E(\hat{\mu}_1)=\frac{2}{3}EX_1+\frac{1}{3}EX_2=\frac{2}{3}\mu+\frac{1}{3}\mu=\mu,$$

$$E(\hat{\mu}_2)=\frac{1}{2}EX_1+\frac{1}{2}EX_2=\frac{1}{2}\mu+\frac{1}{2}\mu=\mu,$$

$$E(\hat{\mu}_3)=\frac{1}{4}EX_1+\frac{3}{4}EX_2=\frac{1}{4}\mu+\frac{3}{4}\mu=\mu.$$

显然，它们都是总体均值 $\mu$ 的无偏估计. 下面求它们的方差，设总体的方差为 $\sigma^2$.

$$D\hat{\mu}_1=\frac{4}{9}DX_1+\frac{1}{9}DX_2=\frac{4}{9}\sigma^2+\frac{1}{9}\sigma^2=\frac{5}{9}\sigma^2,$$

$$D\hat{\mu}_2=\frac{1}{4}DX_1+\frac{1}{4}DX_2=\frac{1}{4}\sigma^2+\frac{1}{4}\sigma^2=\frac{1}{2}\sigma^2,$$

$$D\hat{\mu}_3=\frac{1}{16}DX_1+\frac{9}{16}DX_2=\frac{1}{16}\sigma^2+\frac{9}{16}\sigma^2=\frac{5}{8}\sigma^2.$$

不难看出，$D\hat{\mu}_2<D\hat{\mu}_1<D\hat{\mu}_3$，从而 $\hat{\mu}_2$ 最有效.

## 习题 12.2



1. 设 $X_1,X_2,\cdots,X_n$ 为泊松分布 $P(\lambda)$ 的一个样本，试验证：样本方差 $S^2$ 是 $\lambda$ 的无偏估计，并且对任意 $\alpha\in[0,1]$，$\alpha\overline{X}+(1-\alpha)S^2$ 也是 $\lambda$ 的无偏估计.

2. 设 $X_1,X_2,\cdots,X_n$ 是来自正态总体 $N(\mu,\sigma^2)$ 的一个样本，对 $\sigma^2$ 考虑如下三个估计

$$\hat{\sigma}_1^2=\frac{1}{n-1}\sum_{i=1}^{n}(X_i-\overline{X})^2,\ \hat{\sigma}_2^2=\frac{1}{n}\sum_{i=1}^{n}(X_i-\overline{X})^2,\ \hat{\sigma}_3^2=\frac{1}{n+1}\sum_{i=1}^{n}(X_i-\overline{X})^2$$

哪一个是 $\sigma^2$ 的无偏估计？

3. 设 $X_1,X_2,X_3$ 是取自某总体的容量为 3 的样本，试证明下列统计量都是该总体均值 $\mu$ 的无偏估计，在方差存在时指出哪一个估计最有效？

(1) $\hat{\mu}_1=\frac{1}{2}X_1+\frac{1}{3}X_2+\frac{1}{6}X_3$；

(2) $\hat{\mu}_2=\frac{1}{3}X_1+\frac{1}{3}X_2+\frac{1}{3}X_3$；

(3) $\hat{\mu}_3=\frac{1}{6}X_1+\frac{1}{6}X_2+\frac{2}{3}X_3$.

## 12.3　区间估计

在点估计中，只给出了未知参数 $\theta$ 的估计值，而未能给出这种估计的可靠程度及这种估

计可能产生的误差大小.除了求出参数 $\theta$ 的点估计外,人们往往还希望给出一个估计区间,并希望知道这个区间包含 $\theta$ 的可靠程度.

**定义 1** 设 $X_1,X_2,\cdots,X_n$ 为来自总体 $X$ 的样本,$\theta$ 为未知参数,$\hat{\theta}_1=\hat{\theta}_1(X_1,X_2,\cdots,X_n)$ 及 $\hat{\theta}_2=\hat{\theta}_2(X_1,X_2,\cdots,X_n)$ 是两个统计量,若对给定的 $\alpha\in(0,1)$,有

$$P\{\hat{\theta}_1<\theta<\hat{\theta}_2\}=1-\alpha, \tag{12-7}$$

则称区间 $(\hat{\theta}_1,\hat{\theta}_2)$ 为 $\theta$ 的置信水平为 $1-\alpha$ 的置信区间,$\hat{\theta}_1$ 和 $\hat{\theta}_2$ 分别称为置信水平为 $1-\alpha$ 的置信区间的置信下限和置信上限,$1-\alpha$ 称为置信水平,也称置信概率或置信度.通常,将"$\theta$ 的置信水平为 $1-\alpha$ 的置信区间"简称为"$\theta$ 的 $1-\alpha$ 置信区间".

式(12-7)中,$\theta$ 是一个未知的但不含任何随机性的常数,而区间 $(\hat{\theta}_1,\hat{\theta}_2)$ 与样本有关,是随机区间.式(12-7)表示随机区间 $(\hat{\theta}_1,\hat{\theta}_2)$ 包含常数 $\theta$ 的概率为 $1-\alpha$.因此,$(\hat{\theta}_1,\hat{\theta}_2)$ 的实际意义可理解为:独立抽取 100 个容量为 $n$ 的样本,用同样方法做 100 个置信区间,平均有 $(1-\alpha)\times 100$ 个区间包含真参数 $\theta$.当 $\alpha$ 很小,例如 $\alpha\leqslant 0.05$ 时,用同样方法做的 100 个置信区间中,平均至少有 95 个区间包含真参数 $\theta$.因此,即使我们实际上只做了一次区间估计,也有理由认为它包含了真参数 $\theta$.这种判断当然也可能犯错误,但犯错误的概率很小,仅仅为 $\alpha$.



置信区间的长度不仅与其构造方法有关,而且与样本容量 $n$ 有关.人们总是希望置信区间的平均长度 $E(\hat{\theta}_2-\hat{\theta}_1)$ 较小且置信概率 $1-\alpha$ 较大.这就要求有较大的 $n$.如果在实际问题中,由于客观条件的限制不可能使 $n$ 很大,也可以适当地降低可靠程度,即把 $\alpha$ 取得稍大一些,以提高区间估计的精度.至于如何选取 $n$ 和 $\alpha$ 要视具体情况而定.

### 12.3.1 单个正态总体均值的置信区间

假设总体 $X$ 服从正态分布 $N(\mu,\sigma^2)$,$\mu$ 为未知参数,$X_1,X_2,\cdots,X_n$ 是来自 $X$ 的样本.

*1. 方差 $\sigma^2$ 已知时均值 $\mu$ 的置信区间*

由式(11-10)可知

$$U=\frac{\overline{X}-\mu}{\sigma/\sqrt{n}}\sim N(0,1). \tag{12-8}$$

对于给定的 $\alpha$,查附表可确定 $u_{\alpha/2}$,使 $P(|U|<u_{\alpha/2})=1-\alpha$,即

$$P\left\{\overline{X}-\frac{\sigma}{\sqrt{n}}u_{\frac{\alpha}{2}}<\mu<\overline{X}+\frac{\sigma}{\sqrt{n}}u_{\frac{\alpha}{2}}\right\}=1-\alpha,$$

则总体均值 $\mu$ 的置信水平为 $1-\alpha$ 的置信区间是

$$\left(\overline{X}-\frac{u_{\frac{\alpha}{2}}\sigma}{\sqrt{n}},\overline{X}+\frac{u_{\frac{\alpha}{2}}\sigma}{\sqrt{n}}\right)\triangleq\left(\overline{X}\pm\frac{u_{\frac{\alpha}{2}}\sigma}{\sqrt{n}}\right). \tag{12-9}$$

一旦一个样本被抽取,得到了样本观测值,那么对于该样本观测值,总体均值 $\mu$ 的置信

水平为 $1-\alpha$ 的置信区间是 $\left(\overline{x}-u_{\frac{\alpha}{2}}\frac{\sigma}{\sqrt{n}},\overline{x}+u_{\frac{\alpha}{2}}\frac{\sigma}{\sqrt{n}}\right)\triangleq\left(\overline{x}\pm u_{\frac{\alpha}{2}}\frac{\sigma}{\sqrt{n}}\right)$，它是一个已知的具体的区间(如图 12-1 所示).

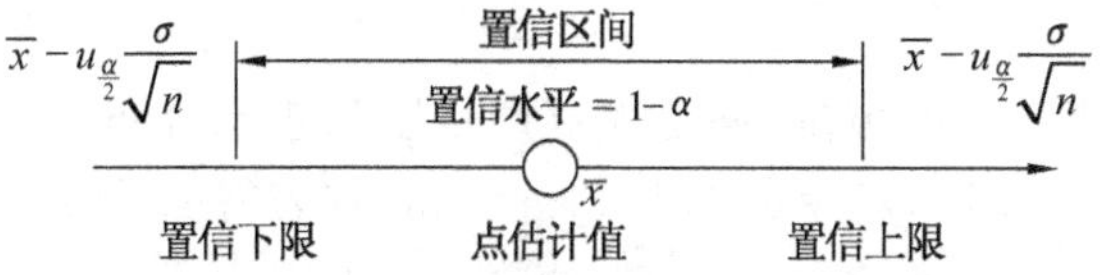


**图 12-1　总体均值的双侧置信区间示意图**

**例 1**　某灯具生产厂家生产一种 60 W 的灯泡，假设其寿命为随机变量 $X$，服从正态分布 $N(\mu,1\ 296)$. 现在从该厂生产的 60 W 灯泡中随机地抽取了 27 个产品进行测试，直到灯泡烧坏，测得它们的平均寿命为 1 478 小时. 请计算该厂 60 W 灯泡的平均寿命的置信水平为 95％的置信区间.

**解**　问题实际上就是求总体均值(60 W 灯泡的平均寿命)的置信区间，由已知条件可得，总体方差 $\sigma^2=1\ 296$，样本容量为 $n=27$，样本均值 $\overline{x}=1\ 478$. 因为置信水平为 $1-\alpha=0.95$，则 $\alpha=0.05$. 查标准正态分布表可得 $u_{\frac{\alpha}{2}}=u_{0.025}=1.96$，因此该厂 60 W 灯泡的平均寿命的置信水平为 95％的置信区间为

$$\left(\overline{x}-u_{\frac{\alpha}{2}}\frac{\sigma}{\sqrt{n}},\overline{x}+u_{\frac{\alpha}{2}}\frac{\sigma}{\sqrt{n}}\right)=\left(1\ 478-1.96\times\sqrt{\frac{1\ 296}{27}},1\ 478+1.96\times\sqrt{\frac{1\ 296}{27}}\right)$$
$$=(1\ 478-13.58,1\ 478+13.58)=(1\ 464.42,\ 1\ 491.58).$$

*2. 方差 $\sigma^2$ 未知时均值 $\mu$ 的置信区间*

在实际中，经常会遇到总体的方差 $\sigma^2$ 未知的情况，前面构造的 $U=\dfrac{\overline{X}-\mu}{\frac{\sigma}{\sqrt{n}}}$ 就无法再用来求置信区间，主要是因为它除了包含待估参数 $\mu$ 以外，还含有未知变量 $\sigma^2$，在获得样本观测值后，无法计算出置信区间. 此时考虑用样本方差 $S^2=\dfrac{1}{n-1}\sum_{i=1}^{n}(X_i-\overline{X})^2$ 来代替 $\sigma^2$，即采用 $T=\dfrac{\overline{X}-\mu}{\frac{S}{\sqrt{n}}}$，而样本方差可以通过样本计算出来.

$$T=\frac{\overline{X}-\mu}{\frac{S}{\sqrt{n}}}\sim t(n-1). \qquad (12\text{-}10)$$

类似于(12-9)的推导，可得总体均值 $\mu$ 的置信水平为 $1-\alpha$ 的置信区间是

$$\left(\overline{X}-\frac{S}{\sqrt{n}}t_{\frac{\alpha}{2}}(n-1),\quad \overline{X}+\frac{S}{\sqrt{n}}t_{\frac{\alpha}{2}}(n-1)\right). \qquad (12\text{-}11)$$

**例 2** 为估计 35 ha 豆地的大豆产量,以 200 $m^2$ 面积上的大豆作为总体的一个个体,并从中任意抽得 24 个个体,分别测得大豆的产量(单位:$kg/200\ m^2$)如下:

50 42 32 46 35 44 45 38 35 54 42 36

41 34 39 50 43 36 34 49 35 46 38 43

试估计该豆地大豆平均产量的范围(假定大豆产量服从正态分布),置信度为 $1-\alpha=0.95$.

**解** 经计算得 $\bar{x}=41.125$,$S=6.038$,$n-1=23$,查表得 $t_{\frac{\alpha}{2}}(23)=2.068\ 7$. 所以

$$\frac{S}{\sqrt{n}}t_{\frac{\alpha}{2}}(23)=\frac{6.038\times2.0687}{\sqrt{24}}=2.55,$$

由式(12-11)即得 200 $m^2$ 面积上大豆平均产量的 0.95 置信区间是

$$(41.125-2.55,\ 41.125+2.55)=(38.575,\ 43.675).$$

## 12.3.2 单个正态总体方差的置信区间

1. 均值 $\mu$ 已知时方差 $\sigma^2$ 的置信区间

设 $X_1,\cdots,X_n$ 是来自正态总体 $N(\mu,\sigma^2)$ 的一个随机样本,这里 $\sigma^2$ 未知. 当总体均值 $\mu$ 已知时,有

$$\frac{1}{\sigma^2}\sum_{i=1}^{n}(X_i-\mu)^2=\sum_{i=1}^{n}\left(\frac{X_i-\mu}{\sigma}\right)^2\sim\chi^2(n), \tag{12-12}$$



故由

$$P\left\{\chi^2_{1-\frac{\alpha}{2}}(n)<\frac{1}{\sigma^2}\sum_{i=1}^{n}(X_i-\mu)^2<\chi^2_{\frac{\alpha}{2}}(n)\right\}=1-\alpha$$

可得 $\sigma^2$ 的置信水平为 $1-\alpha$ 的置信区间是

$$\left(\frac{\sum_{i=1}^{n}(X_i-\mu)^2}{\chi^2_{\frac{\alpha}{2}}(n)},\ \frac{\sum_{i=1}^{n}(X_i-\mu)^2}{\chi^2_{1-\frac{\alpha}{2}}(n)}\right). \tag{12-13}$$

2. 均值 $\mu$ 未知时方差 $\sigma^2$ 的置信区间

总体均值 $\mu$ 已知的情形并不多见,更常见的是总体均值 $\mu$ 也未知. 由式(11-10)可知

$$\frac{(n-1)S^2}{\sigma^2}\sim\chi^2(n-1).$$

由

$$P\left\{\chi^2_{1-\frac{\alpha}{2}}(n-1)<\frac{(n-1)S^2}{\sigma^2}<\chi^2_{\frac{\alpha}{2}}(n-1)\right\}=1-\alpha,$$

可得 $\sigma^2$ 的置信水平为 $1-\alpha$ 的置信区间为

$$\left(\frac{(n-1)S^2}{\chi^2_{\frac{\alpha}{2}}(n-1)},\ \frac{(n-1)S^2}{\chi^2_{1-\frac{\alpha}{2}}(n-1)}\right). \tag{12-14}$$

**例 3** 令随机变量 $X$ 表示春季捕捉到的某种鱼的体长,单位是 cm,假定这种鱼的体长

服从正态分布 $N(\mu, \sigma^2)$，现在随机抽取了 13 条鱼，测量它们的体长分别为：

13.1　5.1　18.0　8.7　16.5　9.8　6.8　12.0　17.8　25.4　19.2　15.8　23.0.

求总体方差 $\sigma^2$ 和总体标准差 $\sigma$ 的置信水平为 95%的置信区间.

**解**　由于总体均值也未知，所以要用式(12-14)计算置信区间. $n=13$，计算得样本均值 $\bar{x}=14.7077$，样本方差 $S^2=\frac{1}{n-1}\sum_{i=1}^{n}(x_i-\bar{x})^2=37.7508$. 因为 $1-\alpha=0.95$，所以 $\frac{\alpha}{2}=0.025$，$1-\frac{\alpha}{2}=0.975$，查自由度为 12 的卡方分布表，得 $\chi^2_{\frac{\alpha}{2}}(n-1)=\chi^2_{0.025}(12)=23.3367$，$\chi^2_{1-\frac{\alpha}{2}}(n-1)=\chi^2_{0.975}(12)=4.4038$，所以总体方差 $\sigma^2$ 的置信水平为 95%的置信区间是

$$\left(\frac{(n-1)S^2}{\chi^2_{\frac{\alpha}{2}}(n-1)},\frac{(n-1)S^2}{\chi^2_{1-\frac{\alpha}{2}}(n-1)}\right)=\left(\frac{12\times 37.7508}{23.3367},\frac{12\times 37.7508}{4.4038}\right)=(19.4119,102.8681).$$

总体标准差 $\sigma$ 置信水平为 95%的置信区间为 $(\sqrt{19.4119},\ \sqrt{102.8681})=(4.41,\ 10.14)$.

## 习题 12.3

1. 随机地从一批苗木中抽取 16 株，测得其高度(单位：m)为：

1.14　1.10　1.13　1.15　1.20　1.12　1.17　1.19

1.15　1.12　1.14　1.20　1.23　1.11　1.14　1.16.

设苗高服从正态分布，试就如下两种情况求总体均值 $\mu$ 的 0.95 置信区间：

(1) 已知 $\sigma=0.01$；(2) $\sigma$ 未知.

2. 已知某种材料的抗压强度 $X\sim N(\mu,\sigma^2)$，现随机地抽取 10 个试件进行抗压试验，测得数据如下：

482　493　457　471　510　446　435　418　394　469.

(1) 求平均抗压强度 $\mu$ 的置信水平为 95%的置信区间；

(2) 若已知 $\sigma=30$，求平均抗压强度 $\mu$ 置信水平为 95%的置信区间；

(3) 求 $\sigma$ 的置信水平为 95%的置信区间.

3. 测得某品种小麦 2 500 个穗的平均穗长为 $\bar{x}=7.77$ cm，标准差 $S=1.85$ cm，试求该品种小麦平均穗长的 0.95 置信区间.

4. 设总体 $X\sim N(0,\sigma^2)$，且 $x_1,x_2,\cdots,x_{10}$ 是样本观察值，样本方差 $S^2=2$，求 $\sigma^2$ 的置信水平为 0.95 的置信区间.

## 本章小结

1. 知识结构图

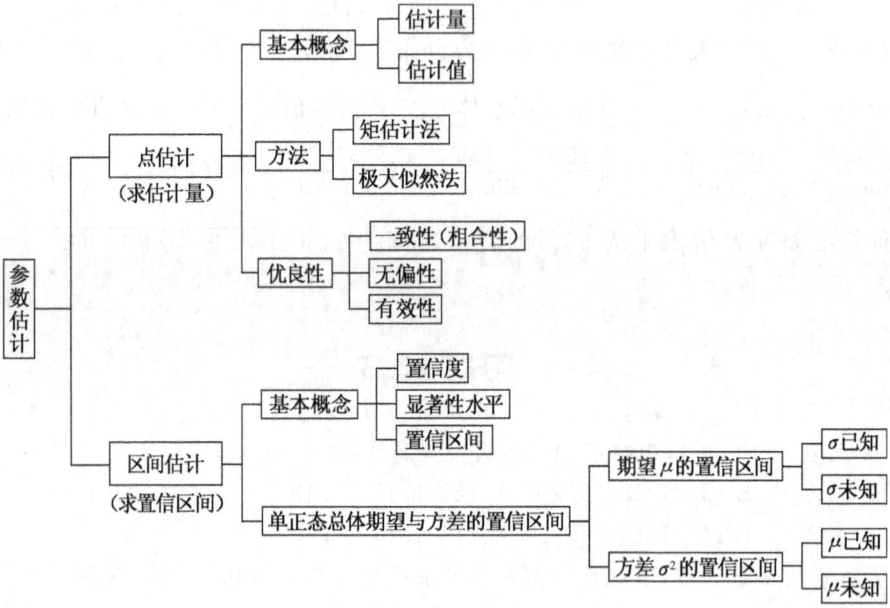




2. 学习要求

(1) 掌握参数的点估计方法;

(2) 了解估计量的评价标准,会判断估计量的优良性;

(3) 掌握正态总体均值和方差的区间估计.

3. 复习思考题

(1) 设总体密度函数如下, $X_1,\cdots,X_n$ 是样本,试求未知参数的矩估计:

① $p(x;\theta)=\dfrac{2}{\theta^2}(\theta-x),0<x<\theta,\theta>0$;

② $p(x;\theta)=(\theta+1)x^{\theta},0<x<1,\theta>0$.

(2) 甲、乙两个校对员彼此独立对同一本书的样稿进行校对,校完后,甲发现 $a$ 个错字,乙发现 $b$ 个错字,其中共同发现的错字有 $c$ 个, 试用矩估计法给出如下两个未知参数的估计

① 该书样稿的总错字个数;

② 未被发现的错字数.

(3) 设 $X_1,X_2,\cdots,X_n$ 是来自参数为 $\lambda$ 的泊松分布总体的一个样本. 试求 $\lambda$ 的极大似然

估计.

(4) 设总体概率函数如下，$X_1,\cdots,X_n$ 是样本，试求未知参数的极大似然估计

① $p(x;\theta)=\theta c^{\theta}x^{-(\theta+1)}$，$x>c$，$c>0$，已知 $\theta>1$；

② $p(x;\theta,\mu)=\dfrac{1}{\theta}e^{-\frac{x-\mu}{\theta}}$，$x>\mu$，$\theta>0$.

(5) 设样本 $X_1,\cdots,X_{n_1}$ 来自一个正态总体 $N(\mu_1,1)$，样本 $Y_1,\cdots,Y_{n_2}$ 来自另一个正态总体 $N(\mu_2,4)$，且两个样本独立.

① 求 $\mu=\mu_1+\mu_2$ 的矩估计 $\hat{\mu}$；

② 如果 $n=n_1+n_2$ 固定，试问：如何分配 $n_1$ 和 $n_2$ 才能使得 $\hat{\mu}$ 的方差达到最小？

(6) 设 $X_1,X_2,\cdots,X_n$ 为总体 $N(\mu,\sigma^2)$ 的一个样本，适当选择常数 $C$，使 $C\sum_{i=1}^{n-1}(X_{i+1}-X_i)^2$ 为 $\sigma^2$ 的无偏估计.

(7) 某厂生产的化纤强度服从正态分布，长期以来其标准差稳定在 $\sigma=0.85$，现抽取了一个容量为 $n=25$ 的样本，测定其强度，求得样本均值为 $\bar{x}=2.25$，试求这批化纤平均强度的置信水平为 0.95 的置信区间.

(8) 总体 $X\sim N(\mu,\sigma^2)$，$\sigma^2$ 已知，问样本容量 $n$ 取多大时才能保证 $\mu$ 的置信水平为 95% 的置信区间的长度不大于 $k$.

(9) 用一个仪表测量某一物理量 9 次，得样本均值 $\bar{x}=56.32$，样本标准差 $S=0.22$.

① 测量标准差 $\sigma$ 大小反映了测量仪表的精度，试求 $\sigma$ 的置信水平为 0.95 的置信区间；

② 求该物理量真值的置信水平为 0.99 的置信区间.

(10) 随机地取某种炮弹 9 发做试验，得到炮口速度(单位：m/s)的样本标准差为 11. 设炮口速度服从正态分布，求这种炮弹的炮口速度的标准差 $\sigma$ 的 0.95 置信区间.

# 第 13 章 假设检验

内曼(Neyman Jerzy,1894—1981),美国统计学家.1894 年 4 月 16 日生于俄国宾杰里.1921 年到波兰深造,曾师从于谢尔品斯基等数学家;1923 年在华沙大学获博士学位,后辗转于伦敦、巴黎、华沙、斯德哥尔摩等大学任教.内曼与皮尔逊在 1928—1938 年期间发表了一系列文章,建立了假设检验的一种严格的数学理论.内曼还从数学上定义可信区间,提出了置信区间的概念,建立置信区间估计理论;还对抽样引进某些随机操作,以保证所得结果的客观性和可靠性,在统计理论中有以他的姓氏命名的内曼置信区间法、内曼-皮尔森引理、内曼结构等.内曼将统计理论应用于遗传学、医学诊断、天文学、气象学、农业统计学等方面,取得丰硕的成果.他获得过国际科学奖,并在加利福尼亚大学创建了一个研究机构,后来发展成为世界著名的数理统计中心.



参数估计是在总体分布类型已知的条件下,利用样本提供的信息,对总体分布中的未知参数做出数值大小的估计,或在给定的置信概率下,确定出未知参数的置信区间.假设检验则是对总体的未知参数或总体服从的分布等,首先提出某种假设,例如假设未知参数等于某一常数,或假设总体服从某种已知分布等,然后由样本提供的信息,在给定的显著性水平下,对所做假设的“真实性”做出“拒绝”还是“接受”的判定.做出判定的根据是“小概率原理”,即“小概率事件在一次试验中几乎不可能发生”,否则就认为之前所做的假设不真实.

假设检验问题分为两大类,一类是参数假设检验,另一类是非参数假设检验.对总体中未知参数的假设检验称为参数假设检验或简称参数检验;对总体的分布、总体间的独立性及是否同分布等方面的检验,称为非参数假设检验.限于篇幅,本章只介绍正态总体的参数假设检验.

## 13.1 假设检验的基本概念

统计估计与统计假设检验的基本任务是相同的,但它们对问题的提法与解决问题的途径不同.什么是假设检验问题?先看以下两个例子,并由此引入有关概念.

**例 1** 外地一良种小麦，$\frac{1}{15}$ha 产量(单位:kg)服从正态分布 $N(400, 25^2)$，引入本地试种，收获时任取 $n=5$ 块地，测得其 $\frac{1}{15}$ha 产量分别为 400，425，390，450，410，假定引种后 $\frac{1}{15}$ ha产量 $X$ 也服从正态分布，试问：

(1) 若方差不变，即 $X\sim N(\mu, 25^2)$，本地平均产量 $\mu$ 与原产地的平均产量 $\mu_0=400$ kg 有无显著变化？

(2) 若 $X\sim N(\mu, 25^2)$，本地平均产量是否比原产地平均产量高(或低)？

(3) 本地引种后，产量的波动情况与原产地产量的波动情况有无显著不同？

**例 2** 检查 200 箱食品，用 $X$ 表示一箱食品中变质食品的数量(单位:包)，$n$ 表示有 $X$ 包变质食品的箱数，检验结果如下：

| $X$ | 0 | 1 | 2 | 3 | 4 |
|---|---|---|---|---|---|
| $n$ | 132 | 43 | 20 | 3 | 2 |

试问:变质食品包数 $X$ 是否服从泊松分布？

以上两个例子都是假设检验问题，而且例 1 是参数假设检验问题，例 2 是非参数假设检验问题.

检验是对假设而言的. 一般来讲有如下两种假设:一种是原假设或零假设，例如假定总体均值等于 $\mu_0$，总体方差等于 $\sigma_0^2$，总体分布为标准正态分布等，记为 $H_0$；另一种是在原假设被拒绝后可供选择的假设，称为备择假设，记为 $H_1$. 备择假设 $H_1$ 是和原假设 $H_0$ 不相容的.

例 1 中三个问题的假设分别表示为

(1) $H_0:\mu=400; H_1:\mu\neq 400$; (13-1)

(2) $H_0:\mu\leqslant 400; H_1:\mu>400$; (13-2)

$H_0:\mu\geqslant 400; H_1:\mu<400$; (13-3)

(3) $H_0:\sigma^2=25^2; H_1:\sigma^2\neq 25^2$. (13-4)

例 2 的假设则可表示为 $H_0$:$X$ 服从泊松分布；$H_1$:$X$ 不服从泊松分布.

对于一个假设检验问题，做出完整和恰当的假设是解决问题的第一步，下一步就是根据样本提供的信息，对该假设做出接受或拒绝结论的检验. 下面以例 1 中问题(1)为例，阐明假设检验的基本思想和概念.

欲检验例 1 的假设(13-1)，设$(X_1, X_1, \cdots, X_n)$是来自总体 $X$ 的样本，由第 12 章的有关讨论可知:样本均值 $\overline{X}$ 是总体均值 $\mu$ 的无偏估计量，其取值集中在 $\mu$ 附近(当 $n$ 较大时更是如此). 若假设 $H_0:\mu=400$ 为真，则样本均值 $\bar{x}$ 与总体均值 $\mu=400$ 的差异应该较小. 因此，若 $|\bar{x}-400|$ 较小，则接受 $H_0$；而当 $|\bar{x}-400|$ 较大时则拒绝 $H_0$ 接受 $H_1$. 这就需要我们给出

一个临界值 $k$，使当 $|\bar{x}-400|<k$ 时接受 $H_0$，而当 $|\bar{x}-400|\geqslant k$ 时拒绝 $H_0$ 接受 $H_1$.

通常，采用下述方法来确定这个临界值 $k$. 若 $H_0$ 为真，则

$$\bar{X}\sim N\left(400,\frac{25^2}{n}\right) \Rightarrow U=\frac{\bar{X}-400}{\frac{25}{\sqrt{n}}}\sim N(0,1).$$

这样，$\bar{X}$ 的取值集中于 400 便体现在 $U$ 的取值集中于 0.

$$|\bar{X}-400|<k \Leftrightarrow |U|=\frac{|\bar{X}-400|}{\frac{25}{\sqrt{n}}}<\frac{k}{\frac{25}{\sqrt{n}}}.$$

给定很小的正数 $\alpha\in(0,1)$（比如 $\alpha=0.01$），由于

$$P\{|U|<u_{\frac{\alpha}{2}}\}=P\left\{\frac{|\bar{X}-400|}{\frac{25}{\sqrt{n}}}<u_{\frac{\alpha}{2}}\right\}=1-\alpha,$$

$$P\{|U|\geqslant u_{\frac{\alpha}{2}}\}=P\left\{\frac{|\bar{X}-400|}{\frac{25}{\sqrt{n}}}\geqslant u_{\frac{\alpha}{2}}\right\}=\alpha,$$

因此，$\{|U|\geqslant u_{\frac{\alpha}{2}}\}$ 是小概率事件，在一次试验中几乎不可能发生. 如果在一次抽样中恰好观测到 $\{|U|\geqslant u_{\frac{\alpha}{2}}\}$，则违背了小概率原理，并导致了 $|\bar{x}-400|$ 较大，于是便拒绝 $H_0$ 接受 $H_1$；而当 $|U|<u_{\frac{\alpha}{2}}$ 时，没有找到应该拒绝 $H_0$ 的理由，便只好接受它. 称 $\alpha$ 是检验水平或显著性水平，它是我们制定检验标准的重要依据. 常数 $u_{\frac{\alpha}{2}}$ 把标准正态分布密度曲线下的区域分成了两大部分，其中一部分



$$\{(x_1,x_1,\cdots,x_n)\mid |U|\geqslant u_{\frac{\alpha}{2}}\} \tag{13-5}$$

称为 $H_0$ 的拒绝域或否定域，当样本点落入拒绝域时，我们便拒绝原假设 $H_0$；另一部分

$$\{(x_1,x_1,\cdots,x_n)\mid |U|<u_{\frac{\alpha}{2}}\} \tag{13-6}$$

则称为 $H_0$ 的接受域，当样本点落入接受域时，我们便接受原假设 $H_0$. 鉴于 $u_{\frac{\alpha}{2}}$ 的这种特殊作用，称 $u_{\frac{\alpha}{2}}$ 为 $H_0$ 的临界值.

对于假设(13-2)（或假设(13-3)），人们所关心的不仅是 $\mu$ 与 $\mu_0=400$ 有无差异，还考虑 $\mu$ 是否比 $\mu_0$ 大（或小）. 对于这类检验，统计量仍使用

$$U=\frac{\bar{X}-\mu_0}{\frac{25}{\sqrt{n}}},$$

若 $H_0$ 为真，则 $\bar{X}$ 的观察值较集中在 $\mu_0$ 附近，否则就明显向右（或向左）偏离，因此备择假设仅有一种可能性，故对于给定的显著性水平 $\alpha$，假设(13-2)中 $H_0$ 的拒绝域为

$$\{(x_1,x_1,\cdots,x_n)\mid u\geqslant u_\alpha\}. \tag{13-7}$$

$u_\alpha$ 为 $H_0$ 的临界值. 假设(13-3)中 $H_0$ 的拒绝域为

$$\{(x_1,x_1,\cdots,x_n)\mid u\leqslant -u_\alpha\}. \tag{13-8}$$

一般地，拒绝域在接受域两侧的检验称为双侧检验，(13-1)即是这类检验的假设；拒绝域和接受域各为一侧的检验称为单侧检验，(13-2)和(13-3)都是单侧检验的假设. 在单侧检验中，拒绝域在接受域右边的检验称为右边单侧检验，(13-2)是右边单侧检验的假设；而拒绝域在接受域左边的，称为左边单侧检验，(13-3)是左边单侧检验的假设.

无论假设是怎么样的，进行检验的基本思想只有一个，就是概率性质的反证法. 概率性质的反证法的根据是小概率事件原理(也称实际推断原理)，该原理表述为“小概率事件在一次试验中几乎是不可能发生的”. 概率性质的反证法与纯数学中的反证法在推理过程上是类似的，但它们毕竟是不相同的. 小概率事件在一次试验中发生与小概率事件原理相“矛盾”，这种矛盾不是形式逻辑上的绝对矛盾. 由于抽样的随机性和小概率事件并非一定不发生的事件，因此，在推断中可能会犯如下两类错误. 第一类错误称为“弃真”错误：本来 $H_0$ 为真，但由于统计量的观察值落入了拒绝域，$H_0$ 被拒绝了，显著性水平 $\alpha$ 是犯这类错误的概率，即

$$P\{H_0\text{ 被拒绝}\mid H_0\text{ 为真}\}=\alpha;$$

第二类错误称为“取伪”错误：本来 $H_0$ 不真，但由于统计量的观察值落入了接受域，$H_0$ 被接受了，犯这类错误的概率记为 $\beta(0<\beta<1)$，即

$$P\{H_0\text{ 被接受}\mid H_0\text{ 不真}\}=\beta.$$

在实际检验中，当然希望这两类错误都很小. 但是，在样本容量 $n$ 固定时，要同时减小 $\alpha$ 和 $\beta$ 是办不到的. 要减小其中的一个，则另一个就会增大(但不要理解为 $\alpha+\beta=1$). 当 $\alpha$ 减小时，拒绝域变小，假若 $H_1$ 为真时，则可能本来差异是显著的，但由于拒绝域的变小，使统计量的观察值没有落入拒绝域而是落入了接受域，把本来差异显著的 $H_1$ 当作差异不显著的 $H_0$ 接受了，导致了 $\beta$ 的增大. 要想使 $\alpha$ 和 $\beta$ 同时减小，只有增大样本容量 $n$，使样本均值的方差 $\frac{\sigma^2}{n}$ 变小而达到此目的. 关于 $\alpha$，$\beta$ 与 $n$ 的关系，此处不作进一步探讨.

在实际工作中，一般通过选择 $\alpha$ 来控制 $\beta$，至于 $\alpha$ 选多大为宜，要根据问题的重要性而定. 例如航天器元件和医疗药品，在检验中宁可使弃真错误大一些，也不要把次品混进合格品中，此时 $\alpha$ 应选大些；对于质量要求不高，次品出现影响不大的产品(例如粉笔短了 1 mm)，则可选择 $\alpha$ 小些. 通常 $\alpha$ 取 0.10，0.05，0.01，0.001 等值.

在假设检验中，当在 $0.01<\alpha\leqslant 0.05$ 下拒绝 $H_0$ 时，通常称差异显著；在 $\alpha\leqslant 0.01$ 下拒绝 $H_0$，通常称差异极显著.

综上所述，我们可总结出假设检验的步骤为：

(1) 根据问题的要求提出假设，写明原假设 $H_0$ 和备择假设 $H_1$ 的具体内容；

(2) 根据 $H_0$ 的内容，建立(或选取)检验统计量并确定其分布；

(3) 对给定(或选定)的显著性水平 $\alpha$，由统计量的分布查表或计算确定出临界值，进而得到 $H_0$ 的拒绝域和接受域；

(4) 由样本观察值计算出统计量的值；

(5) 做出推断:当统计量的值落入 $H_0$ 的接受域时就接受 $H_0$,否则拒绝 $H_0$ 接受 $H_1$;

(6) 完整准确地写出检验的结论.

## 13.2 参数假设检验

没有特别申明时,本节总假定所讨论的总体为 $X \sim N(\mu, \sigma^2)$,而 $X_1, X_2, \cdots, X_n$ 是来自总体 $X$ 的样本,$x_1, x_2, \cdots, x_n$ 为其样本观察值.

### 13.2.1 单个正态总体均值 $\mu$ 的假设检验

(1) 双侧检验 $H_0: \mu = \mu_0$; $H_1: \mu \neq \mu_0$; (13-9)

(2) 右边单侧检验 $H_0: \mu \leqslant \mu_0$; $H_1: \mu > \mu_0$; (13-10)

(3) 左边单侧检验 $H_0: \mu \geqslant \mu_0$; $H_1: \mu < \mu_0$. (13-11)

其中 $\mu_0$ 为已知常数.

以上检验又可分为如下两种情况.

1. $\sigma^2$ 已知时的 $U$ 检验

由第 11 章式(11-10)可知 $\overline{X} \sim N\left(\mu, \dfrac{\sigma^2}{n}\right)$,当 $H_0$ 为真时,有

$$U = \frac{\overline{X} - \mu_0}{\dfrac{\sigma}{\sqrt{n}}} \sim N(0,1). \tag{13-12}$$



对于给定的显著性水平 $\alpha(0<\alpha<1)$,可查表得到 $u_{\frac{\alpha}{2}}$,使

$$P\{|U| \geqslant u_{\frac{\alpha}{2}}\} = \alpha,$$

于是得到双侧假设(13-9)中 $H_0$ 的拒绝域为 $\left\{(x_1, x_1, \cdots, x_n) \,\middle|\, |u| \geqslant u_{\frac{\alpha}{2}}\right\}$,与(13-5)相同.

由样本观察值计算出统计量 $U$ 的值后,便可做出检验结论:当 $|u| \geqslant u_{\frac{\alpha}{2}}$ 时拒绝 $H_0$,认为总体均值 $\mu$ 与已知常数 $\mu_0$ 之间差异显著;而当 $|u| < u_{\frac{\alpha}{2}}$ 时,则接受 $H_0$,认为 $\mu$ 与 $\mu_0$ 之间差异不显著(但并非 $\mu = \mu_0$).

在检验单侧假设(13-10)和(13-11)时,仍使用统计量(13-12).假设(13-10)中 $H_0$ 的拒绝域为 $\{(x_1, x_1, \cdots, x_n) \mid u \geqslant u_\alpha\}$,与(13-7)相同;假设(13-11)中 $H_0$ 的拒绝域为 $\{(x_1, x_1, \cdots, x_n) \mid u \leqslant -u_\alpha\}$,与(13-8)相同.

**例 1** 对 13.1 中例 1 的问题(1),在 $\alpha = 0.01$ 下做出检验.

**解** 其假设如式(13-1)为 $\sigma^2$ 已知时的 $U$ 检验.

由样本观察值计算出 $\bar{x} = 415$,又已知 $\sigma^2 = 25^2$,$n = 5$,则统计量的观察值 $u = \dfrac{415 - 400}{25/\sqrt{5}} = 1.341\,6$,$\alpha = 0.05$,查表得临界值 $u_{\frac{\alpha}{2}} = u_{0.025} = 1.96$.

由于 $|u|=1.3416<u_{0.025}=1.96$,所以接受假设 $H_0$,认为该小麦品种引种到本地后,平均产量与原产地无显著差异,具有推广价值.

**例 2**　据往年统计,某杏园中株产量(单位:kg)服从 $N(54,3.5^2)$,1993 年整枝施肥后,在收获时任取 10 株单收,结果如下:

59.0　55.1　58.1　57.3　54.7　53.6　55.0　60.2　59.4　58.8.

假定方差不变,问:本年度的株产量是否有提高?($\alpha=0.05$)

**解**　此为已知方差 $\sigma^2=3.5^2$ 的右边单侧检验,其假设为

$$H_0:\mu\leqslant 54;H_1:\mu>54.$$

计算得 $\bar{x}=57.12$. 又 $n=10,\sigma=3.5$,所以 $u=\dfrac{57.12-54}{\dfrac{3.5}{\sqrt{10}}}=2.8189$;由 $\alpha=0.05$,得 $u_\alpha=u_{0.05}=1.645$.

由于 $U=2.8189>u_\alpha=1.645$,所以拒绝 $H_0$ 接受 $H_1$,即认为本年度的株产量较往年有较大提高.

**例 3**　已知某炼铁厂的铁水含碳量(%)在正常情况下服从 $N(4.55,0.11^2)$,今测得 5 炉铁水含碳量如下:4.28,4.40,4.42,4.35,4.37. 若标准差不变,铁水的含碳量是否有明显的降低?($\alpha=0.05$)

**解**　此为方差 $\sigma^2=0.11^2$ 时的左边单侧检验,其假设为

$$H_0:\ \mu\geqslant 4.55;\ H_1:\ \mu<4.55.$$

由题设知 $n=5,\sigma^2=0.11^2$,又由样本观察值计算出 $\bar{x}=4.364$,则

$$u=\frac{\bar{x}-\mu_0}{\dfrac{\sigma}{\sqrt{n}}}=\frac{4.364-4.55}{\dfrac{0.11}{\sqrt{5}}}=-3.781,$$

$\alpha=0.05$,查表得 $u_\alpha=1.645$.

由于 $u<-u_\alpha$,所以拒绝 $H_0$ 接受 $H_1$,即认为铁水的含碳量有显著下降.

2. $\sigma^2$ 未知时的 $t$ 检验

在许多实际问题中,方差是未知的,此时由第 11 章式(11-12),当双侧假设(13-9)中 $H_0$ 为真时

$$T=\frac{\overline{X}-\mu_0}{\dfrac{S}{\sqrt{n}}}\sim t\ (n-1),\tag{13-13}$$

对于给定的 $\alpha(0<\alpha<1)$,可查表得 $t_{\frac{\alpha}{2}}(n-1)$,使得 $P\{|T|\geqslant t_{\frac{\alpha}{2}}(n-1)\}=\alpha$.

由此得到双侧假设(13-9)中 $H_0$ 的拒绝域为 $\{(x_1,x_1,\cdots,x_n)\,\big|\,|t|\geqslant t_{\frac{\alpha}{2}}(n-1)\}$,其中 $t_{\alpha/2}(n-1)$ 为临界值. 对于给定的样本观察值,可由式(13-13)计算出统计量 $T$ 的值,并据此做出

推断：当$|t|\geqslant t_{\frac{\alpha}{2}}(n-1)$时拒绝$H_0$；而当$|t|<t_{\frac{\alpha}{2}}(n-1)$时接受$H_0$.

在检验单侧假设(13-10)和(13-11)时，仍使用统计量(13-13)，则(13-10)的假设中$H_0$的拒绝域为$\{(x_1,x_1,\cdots,x_n)\mid t\geqslant t_\alpha(n-1)\}$；(13-11)的假设中$H_0$的拒绝域为$\{(x_1,x_1,\cdots,x_n)\mid t\leqslant -t_\alpha(n-1)\}$.

单个正态总体均值$\mu$的$U$检验和$t$检验，可总结如表13-1.

**表13-1　单个正态总体均值$\mu$的$U$检验和$t$检验**

| 检验类型 | $H_0$ | $H_1$ | 方差已知($U$检验) | 方差未知($t$检验) |
|---|---|---|---|---|
| | | | 统计量 $U=\dfrac{\overline{X}-\mu_0}{\frac{\sigma}{\sqrt{n}}}\sim N(0,1)$ | 统计量 $T=\dfrac{\overline{X}-\mu_0}{\frac{S}{\sqrt{n}}}\sim t(n-1)$ |
| | | | 在显著性水平$\alpha$下$H_0$的拒绝域 | |
| 双侧检验 | $\mu=\mu_0$ | $\mu\neq\mu_0$ | $\|u\|\geqslant u_{\frac{\alpha}{2}}$ | $\|t\|\geqslant t_{\frac{\alpha}{2}}(n-1)$ |
| 右边单侧检验 | $\mu\leqslant\mu_0$ | $\mu>\mu_0$ | $u\geqslant u_\alpha$ | $t\geqslant t_\alpha(n-1)$ |
| 左边单侧检验 | $\mu\geqslant\mu_0$ | $\mu<\mu_0$ | $u\leqslant -u_\alpha$ | $t\leqslant -t_\alpha(n-1)$ |



**例4**　一般情况下667 m$^2$粮食产量服从正态分布.某县在秋收时随机抽查了20个村的667 m$^2$产量(单位:kg)，得平均产量$\bar{x}=1\ 052$ kg，标准差$S=50$ kg，试问该县667 m$^2$粮食产量是否已达1000 kg?（$\alpha=0.05$）

**解**　本题是$\sigma^2$未知的左边单侧检验

$$H_0:\mu\geqslant 1\ 000;H_1:\mu<1\ 000.$$

由于$\sigma^2$未知，用$t$检验.由题设$n=20,S=50,\alpha=0.05$，则

$$\bar{x}=1052,t=\frac{\bar{x}-\mu_0}{\frac{S}{\sqrt{n}}}=\frac{1\ 052-1\ 000}{\frac{50}{\sqrt{20}}}=4.651,$$

查表得$t_\alpha(n-1)=t_{0.05}(19)=1.729\ 1$.

由于$t>-t_\alpha(n-1)$，所以接受$H_0$，认为该县667 m$^2$粮食产量已达到1000 kg.

### 13.2.2　单个正态总体方差$\sigma^2$的$\chi^2$检验

(1) 双侧检验　$H_0:\sigma^2=\sigma_0^2$; $H_1:\sigma^2\neq\sigma_0^2$;　(13-14)

(2) 右边单侧检验　$H_0:\sigma^2\leqslant\sigma_0^2$; $H_1:\sigma^2>\sigma_0^2$;　(13-15)

(3) 左边单侧检验　$H_0:\sigma^2\geqslant\sigma_0^2$; $H_1:\sigma^2<\sigma_0^2$.　(13-16)

其中$\sigma_0^2$是已知常数.由于使用的检验统计量均服从$\chi^2$分布，故检验称为$\chi^2$检验.检验分为$\mu$已知和未知两种情况.

1. $\mu$ 已知时 $\sigma^2$ 的 $\chi^2$ 检验

当 $H_0$ 为真时

$$\chi^2 = \frac{1}{\sigma_0^2}\sum_{i=1}^{n}(X_i-\mu)^2 \sim \chi^2(n), \tag{13-17}$$

且

$$P\{\chi^2 \leqslant \chi^2_{1-\frac{\alpha}{2}}(n)\} = \frac{\alpha}{2}, \tag{13-18}$$

$$P\{\chi^2 \geqslant \chi^2_{\frac{\alpha}{2}}(n)\} = \frac{\alpha}{2}. \tag{13-19}$$

由(13-18)和(13-19)可得双侧假设(13-14)中 $H_0$ 的拒绝域为

$$\{(x_1,x_2,\cdots,x_n)\mid \chi^2 \leqslant \chi^2_{1-\frac{\alpha}{2}}(n)\} \cup \{(x_1,x_2,\cdots,x_n)\mid \chi^2 \geqslant \chi^2_{\frac{\alpha}{2}}(n)\}. \tag{13-20}$$

由样本观察值计算出统计量 $\chi^2$ 的值后,便可进行如下推断:当 $\chi^2 \leqslant \chi^2_{1-\frac{\alpha}{2}}(n)$或 $\chi^2 \geqslant \chi^2_{\frac{\alpha}{2}}(n)$ 时拒绝 $H_0$,认为 $\sigma^2$ 与 $\sigma_0^2$差异显著;否则就接受 $H_0$,认为 $\sigma^2$ 与 $\sigma_0^2$之间无显著差异.

对于单侧检验(13-15)和(13-16),仍使用统计量(13-17),不难得到它们的拒绝域分别为

$$\{(x_1,x_2,\cdots,x_n)\mid \chi^2 \geqslant \chi^2_{\alpha}(n)\} \tag{13-21}$$

和

$$\{(x_1,x_2,\cdots,x_n)\mid \chi^2 \leqslant \chi^2_{1-\alpha}(n)\}. \tag{13-22}$$



2. $\mu$ 未知时 $\sigma^2$ 的 $\chi^2$ 检验

在 $\mu$ 未知且当 $H_0$ 为真时,统计量

$$\chi^2 = \frac{n-1}{\sigma_0^2}S^2 = \frac{1}{\sigma_0^2}\sum_{i=1}^{n}(X_i-\overline{X})^2 \sim \chi^2(n-1) \tag{13-23}$$

检验方法与 $\mu$ 已知的情况没有本质的差异.

(13-14)中 $H_0$ 的拒绝域为

$$\{(x_1,x_2,\cdots,x_n)\mid \chi^2 \leqslant \chi^2_{1-\frac{\alpha}{2}}(n-1)\} \cup \{(x_1,x_2,\cdots,x_n)\mid \chi^2 \geqslant \chi^2_{\frac{\alpha}{2}}(n-1)\}; \tag{13-24}$$

(13-15)中 $H_0$ 的拒绝域为

$$\{(x_1,x_2,\cdots,x_n)\mid \chi^2 \geqslant \chi^2_{\alpha}(n-1)\}; \tag{13-25}$$

(13-16)中 $H_0$ 的拒绝域为

$$\{(x_1,x_2,\cdots,x_n)\mid \chi^2 \leqslant \chi^2_{1-\alpha}(n-1)\}. \tag{13-26}$$

总结上述讨论,可得单个正态总体方差 $\sigma^2$ 的 $\chi^2$ 检验表 13-2.

表 13-2　单个正态总体方差 $\sigma^2$ 的 $\chi^2$ 检验

| 检验类型 | $H_0$ | $H_1$ | $\mu$ 已知 | $\mu$ 未知 |
|---|---|---|---|---|
| | | | 统计量 $\chi^2=\frac{1}{\sigma_0^2}\sum_{i=1}^{n}(X_i-\mu)^2\sim\chi^2(n)$ | 统计量 $\chi^2=\frac{n-1}{\sigma_0^2}S^2\sim\chi^2(n-1)$ |
| | | | 在显著性水平 $\alpha$ 下 $H_0$ 的拒绝域 | |
| 双侧检验 | $\sigma^2=\sigma_0^2$ | $\sigma^2\neq\sigma_0^2$ | $\chi^2\leqslant\chi^2_{1-\frac{\alpha}{2}}(n)$ 或 $\chi^2\geqslant\chi^2_{\frac{\alpha}{2}}(n)$ | $\chi^2\leqslant\chi^2_{1-\frac{\alpha}{2}}(n-1)$ 或 $\chi^2\geqslant\chi^2_{\frac{\alpha}{2}}(n-1)$ |
| 右边单侧检验 | $\sigma^2\leqslant\sigma_0^2$ | $\sigma^2>\sigma_0^2$ | $\chi^2\geqslant\chi^2_{\alpha}(n)$ | $\chi^2\geqslant\chi^2_{\alpha}(n-1)$ |
| 左边单侧检验 | $\sigma^2\geqslant\sigma_0^2$ | $\sigma^2<\sigma_0^2$ | $\chi^2\leqslant\chi^2_{1-\alpha}(n)$ | $\chi^2\leqslant\chi^2_{1-\alpha}(n-1)$ |

**例 5**　已知某种棉花的纤度服从 $N(\mu,0.048^2)$，现从 2003 年收获的此种棉花中任取 8 个样品，测得纤度为：1.40，1.38，1.32，1.42，1.36，1.44，1.32，1.36. 问：2003 年棉花纤度的方差与已知纤度的方差是否相同？($\alpha=0.10$)



**解**　这是 $\mu$ 未知情况下对总体方差的双侧检验，检验假设为

$$H_0: \sigma^2=\sigma_0^2(=0.048^2).$$

由题设条件 $n=8,\sigma_0^2=0.048^2$，又由样本观察值计算得 $\bar{x}=1.375$，$\sum_{i=1}^{8}(x_i-\bar{x})^2=0.0134$，

则 $\chi^2=\frac{1}{\sigma_0^2}\sum_{i=1}^{8}(x_i-\bar{x})^2=5.8160$，$\alpha=0.10$，查表得

$$\chi^2_{1-\frac{\alpha}{2}}(n-1)=\chi^2_{1-\frac{0.10}{2}}(7)=2.167,\ \chi^2_{\frac{\alpha}{2}}(n-1)=\chi^2_{\frac{0.10}{2}}(7)=14.067.$$

由于 $\chi^2_{1-\frac{\alpha}{2}}(n-1)<\chi^2<\chi^2_{\frac{\alpha}{2}}(n-1)$，所以接受 $H_0$，即认为 2003 年棉花纤度的方差与 $0.048^2$ 无显著不同.

## 习题 13.2

1. 已知某炼铁厂铁水含炭量服从正态分布 $N(4.55,0.108^2)$. 现在测定了 9 炉铁水，其平均含炭量为 4.484，如果铁水含炭量的方差没有变化，可否认为现在生产的铁水平均含炭量仍为 4.55($\alpha=0.05$)？

2. 由经验知某零件质量 $X\sim N(15,0.05^2)$(单位：g)，技术革新后，抽出 6 个零件，测得质量为

14.7　15.1　14.8　15.0　15.2　14.6.

已知方差不变，则平均质量是否仍为15g(取 $\alpha=0.05$)?

3. 某厂生产的某种钢索的断裂强度服从分布 $N(\mu,\sigma^2)$，其中 $\sigma=40(\mathrm{kg/cm^2})$. 现从一批这种钢索中抽取一个容量为9的样本，测其断裂强度. 与以往正常生产时的平均断裂强度 $\mu_0$ 相比，样本均值 $\bar{x}$ 较 $\mu_0$ 大 $20(\mathrm{kg/cm^2})$，设总体方差不变，则在 $\alpha=0.01$ 下能否认为这批钢索的质量有显著提高?

4. 假定考生成绩服从正态分布，在某地一次数学统考中，随机抽取了36位考生的成绩，计算得平均成绩为66.5分，标准差为15分，则在显著性水平0.05下，是否可以认为这次考试全体考生的平均成绩为70分?

5. 某电工器材厂生产一种保险丝，测量其熔化时间，依通常情况方差为400，今从某天的产品中抽取容量为25的样本，测量其熔化时间并计算得 $\bar{x}=62.24$，$S^2=404.77$，则这天保险丝熔化时间的方差与通常有无显著差异?（取 $\alpha=0.05$，假定熔化时间服从正态分布）

## 本章小结

1. 知识结构图

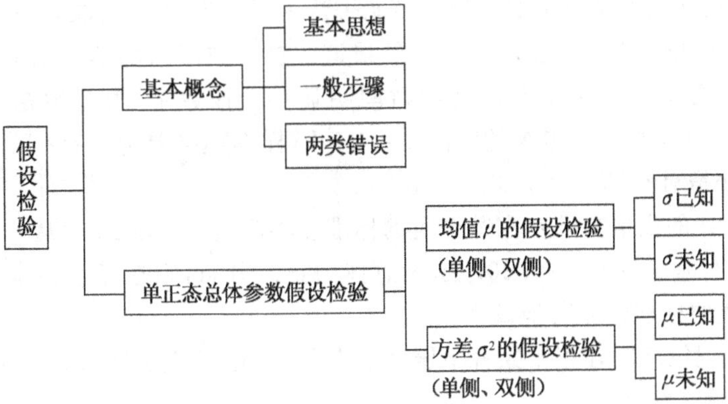


2. 学习要求

了解假设检验的基本原理和基本思想，掌握假设检验的步骤；掌握根据问题的实际情况和给出的已知条件，选择检验方法进行假设检验.

3. 复习思考题

(1) 化肥厂用自动包装机包装化肥，每包的质量服从正态分布，其平均质量为100 kg，标准差为1.2 kg. 某日开工后，为了确定这天包装机工作是否正常，随机抽取9袋化肥，称得质量如下：

99.3　98.7　100.5　101.2　98.3　99.7　99.5　102.1　100.5.

设方差稳定不变，问这一天包装机的工作是否正常(取 $\alpha=0.05$)？

(2) 有一批枪弹，出厂时其初速度 $v \sim N(950,100)$ (单位：m/s). 经过较长时间储存，取9发进行测试，得样本值(单位：m/s)如下：

914　920　910　934　953　945　912　924　940.

据经验，枪弹经储存后其初速度仍服从正态分布，且标准差保持不变，则是否可认为这批枪弹的初速度有显著降低($\alpha=0.05$)？

(3) 从一批钢管中抽取10根，测得其内径(单位：mm)为：

100.36　100.31　99.99　100.11　100.64　100.85　99.42　99.91　99.35　100.10.

设这批钢管内直径服从正态分布 $N(\mu,\sigma^2)$，试分别在下列条件下检验假设($\alpha=0.05$)：

$$H_0: \mu=100 \qquad H_1: \mu \neq 100.$$

① 已知 $\sigma=0.05$；② $\sigma$ 未知.

(4) 考察一鱼塘中鱼的含汞量，随机地取10条鱼测得各条鱼的含汞量(单位：mg)为

0.8　1.6　0.9　0.8　1.2　0.4　0.7　1.0　1.2　1.1.

设鱼的含汞服从正态分布 $N(\mu,\sigma^2)$，试检验假设(取 $\alpha=0.10$)：

$$H_0: \mu \leqslant 1.2 \qquad H_1: \mu > 1.2.$$



(5) 设在木材中抽取100根，测其小头直径，得到样本平均数为 $\bar{x}=11.2$ cm，样本标准差 $S=2.6$ cm，则该批木材小头的平均直径能否认为不低于12 cm(取 $\alpha=0.05$)？

(6) 一个小学校长在报纸上看到这样的报道："这一城市的小学学生平均每周看8 h电视."她认为她所在学校的学生看电视的时间明显小于该数字. 为此她在该校随机调查了100个学生，得知平均每周看电视的时间 $\bar{x}=6.5$ h，样本标准差为 $S=2$ h. 则是否可以认为这位校长的看法是对的(取 $\alpha=0.05$)？

(7) 某种导线的质量标准要求其电阻的标准差不超过0.005 Ω. 今从一批导线中随机抽取9根，测得样本标准差为 $s=0.007$ Ω，设总体为正态分布，则在显著性水平 $\alpha=0.05$ 下能否认为这批导线的标准差显著地偏大？

(8) 已知维尼纶纤度在正常条件下服从正态分布，且标准差为0.048. 从某天产品中抽取5根纤维，测得其纤度为

1.32，1.55，1.36，1.40，1.44.

则这一天纤度的总体标准差是否正常(取 $\alpha=0.05$)？

(9) 某工厂正常生产时，排出的污水中动植物油的浓度 $X \sim N(10,1)$，今阶段性抽取10个水样，测得平均浓度为10.8(mg/L)，标准差为1.2(mg/L)，则该工厂生产是否正常？

# 附表 1　累积二项分布表

$$P(X \leqslant x)=\sum_{k=0}^{x} \frac{n!}{k!(n-k)!} p^{k}(1-p)^{n-k}$$

| n | x | p | | | | | | | | |
|---|---|---|---|---|---|---|---|---|---|---|
| | | 0.05 | 0.1 | 0.15 | 0.2 | 0.25 | 0.3 | 0.35 | 0.4 | 0.45 |
| 1 | 0 | 0.950 00 | 0.900 00 | 0.850 00 | 0.800 00 | 0.750 00 | 0.700 00 | 0.650 00 | 0.600 00 | 0.550 00 |
| | 1 | 1.000 00 | 1.000 00 | 1.000 00 | 1.000 00 | 1.000 00 | 1.000 00 | 1.000 00 | 1.000 00 | 1.000 00 |
| 2 | 0 | 0.902 50 | 0.810 00 | 0.722 50 | 0.640 00 | 0.562 50 | 0.490 00 | 0.422 50 | 0.360 00 | 0.302 50 |
| | 1 | 0.997 50 | 0.990 00 | 0.977 50 | 0.960 00 | 0.937 50 | 0.910 00 | 0.877 50 | 0.840 00 | 0.797 50 |
| | 2 | 1.000 00 | 1.000 00 | 1.000 00 | 1.000 00 | 1.000 00 | 1.000 00 | 1.000 00 | 1.000 00 | 1.000 00 |
| 3 | 0 | 0.857 38 | 0.729 00 | 0.614 13 | 0.512 00 | 0.421 88 | 0.343 00 | 0.274 63 | 0.216 00 | 0.166 38 |
| | 1 | 0.992 75 | 0.972 00 | 0.939 25 | 0.896 00 | 0.843 75 | 0.784 00 | 0.718 25 | 0.648 00 | 0.574 75 |
| | 2 | 0.999 88 | 0.999 00 | 0.996 63 | 0.992 00 | 0.984 38 | 0.973 00 | 0.957 13 | 0.936 00 | 0.908 88 |
| | 3 | 1.000 00 | 1.000 00 | 1.000 00 | 1.000 00 | 1.000 00 | 1.000 00 | 1.000 00 | 1.000 00 | 1.000 00 |
| 4 | 0 | 0.814 51 | 0.656 10 | 0.522 01 | 0.409 60 | 0.316 41 | 0.240 10 | 0.178 51 | 0.129 60 | 0.091 51 |
| | 1 | 0.985 98 | 0.947 70 | 0.890 48 | 0.819 20 | 0.738 28 | 0.651 70 | 0.562 98 | 0.475 20 | 0.390 98 |
| | 2 | 0.999 52 | 0.996 30 | 0.988 02 | 0.972 80 | 0.949 22 | 0.916 30 | 0.873 52 | 0.820 80 | 0.758 52 |
| | 3 | 0.999 99 | 0.999 90 | 0.999 49 | 0.998 40 | 0.996 09 | 0.991 90 | 0.984 99 | 0.974 40 | 0.958 99 |
| | 4 | 1.000 00 | 1.000 00 | 1.000 00 | 1.000 00 | 1.000 00 | 1.000 00 | 1.000 00 | 1.000 00 | 1.000 00 |
| 5 | 0 | 0.773 78 | 0.590 49 | 0.443 71 | 0.327 68 | 0.237 30 | 0.168 07 | 0.116 03 | 0.077 76 | 0.050 33 |
| | 1 | 0.977 41 | 0.918 54 | 0.835 21 | 0.737 28 | 0.632 81 | 0.528 22 | 0.428 42 | 0.336 96 | 0.256 22 |
| | 2 | 0.998 84 | 0.991 44 | 0.973 39 | 0.942 08 | 0.896 48 | 0.836 92 | 0.764 83 | 0.682 56 | 0.593 13 |
| | 3 | 0.999 97 | 0.999 54 | 0.997 77 | 0.993 28 | 0.984 38 | 0.969 22 | 0.945 98 | 0.912 96 | 0.868 78 |
| | 4 | 1.000 00 | 0.999 99 | 0.999 92 | 0.999 68 | 0.999 02 | 0.997 57 | 0.994 75 | 0.989 76 | 0.981 55 |
| | 5 | 1.000 00 | 1.000 00 | 1.000 00 | 1.000 00 | 1.000 00 | 1.000 00 | 1.000 00 | 1.000 00 | 1.000 00 |
| 6 | 0 | 0.735 09 | 0.531 44 | 0.377 15 | 0.262 14 | 0.177 98 | 0.117 65 | 0.075 42 | 0.046 66 | 0.027 68 |
| | 1 | 0.967 23 | 0.885 74 | 0.776 48 | 0.655 36 | 0.533 94 | 0.420 18 | 0.319 08 | 0.233 28 | 0.163 57 |
| | 2 | 0.997 77 | 0.984 15 | 0.952 66 | 0.901 12 | 0.830 57 | 0.744 31 | 0.647 09 | 0.544 32 | 0.441 52 |
| | 3 | 0.999 91 | 0.998 73 | 0.994 11 | 0.983 04 | 0.962 40 | 0.929 53 | 0.882 58 | 0.820 80 | 0.744 74 |
| | 4 | 1.000 00 | 0.999 95 | 0.999 60 | 0.998 40 | 0.995 36 | 0.989 06 | 0.977 68 | 0.959 04 | 0.930 80 |
| | 5 | 1.000 00 | 1.000 00 | 0.999 99 | 0.999 94 | 0.999 76 | 0.999 27 | 0.998 16 | 0.995 90 | 0.991 70 |
| | 6 | 1.000 00 | 1.000 00 | 1.000 00 | 1.000 00 | 1.000 00 | 1.000 00 | 1.000 00 | 1.000 00 | 1.000 00 |
| 7 | 0 | 0.698 34 | 0.478 30 | 0.320 58 | 0.209 72 | 0.133 48 | 0.082 35 | 0.049 02 | 0.027 99 | 0.015 22 |

续表

| n | x | p | | | | | | | | |
|---|---|---|---|---|---|---|---|---|---|---|
| | | 0.05 | 0.1 | 0.15 | 0.2 | 0.25 | 0.3 | 0.35 | 0.4 | 0.45 |
| | 1 | 0.955 62 | 0.850 31 | 0.716 58 | 0.576 72 | 0.444 95 | 0.329 42 | 0.233 80 | 0.158 63 | 0.102 42 |
| | 2 | 0.996 24 | 0.974 31 | 0.926 23 | 0.851 97 | 0.756 41 | 0.647 07 | 0.532 28 | 0.419 90 | 0.316 44 |
| | 3 | 0.999 81 | 0.997 27 | 0.987 90 | 0.966 66 | 0.929 44 | 0.873 96 | 0.800 15 | 0.710 21 | 0.608 29 |
| | 4 | 0.999 99 | 0.999 82 | 0.998 78 | 0.995 33 | 0.987 12 | 0.971 20 | 0.944 39 | 0.903 74 | 0.847 07 |
| | 5 | 1.000 00 | 0.999 99 | 0.999 93 | 0.999 63 | 0.998 66 | 0.996 21 | 0.990 99 | 0.981 16 | 0.964 29 |
| | 6 | 1.000 00 | 1.000 00 | 1.000 00 | 0.999 99 | 0.999 94 | 0.999 78 | 0.999 36 | 0.998 36 | 0.996 26 |
| | 7 | 1.000 00 | 1.000 00 | 1.000 00 | 1.000 00 | 1.000 00 | 1.000 00 | 1.000 00 | 1.000 00 | 1.000 00 |
| 8 | 0 | 0.663 42 | 0.430 47 | 0.272 49 | 0.167 77 | 0.100 11 | 0.057 65 | 0.031 86 | 0.016 80 | 0.008 37 |
| | 1 | 0.942 76 | 0.813 10 | 0.657 18 | 0.503 32 | 0.367 08 | 0.255 30 | 0.169 13 | 0.106 38 | 0.063 18 |
| | 2 | 0.994 21 | 0.961 91 | 0.894 79 | 0.796 92 | 0.678 54 | 0.551 77 | 0.427 81 | 0.315 39 | 0.220 13 |
| | 3 | 0.999 63 | 0.994 98 | 0.978 65 | 0.943 72 | 0.886 18 | 0.805 90 | 0.706 40 | 0.594 09 | 0.476 96 |
| | 4 | 0.999 98 | 0.999 57 | 0.997 15 | 0.989 59 | 0.972 70 | 0.942 03 | 0.893 91 | 0.826 33 | 0.739 62 |
| | 5 | 1.000 00 | 0.999 98 | 0.999 76 | 0.998 77 | 0.995 77 | 0.988 71 | 0.974 68 | 0.950 19 | 0.911 54 |
| | 6 | 1.000 00 | 1.000 00 | 0.999 99 | 0.999 92 | 0.999 62 | 0.998 71 | 0.996 43 | 0.991 48 | 0.981 88 |
| | 7 | 1.000 00 | 1.000 00 | 1.000 00 | 1.000 00 | 0.999 98 | 0.999 93 | 0.999 77 | 0.999 34 | 0.998 32 |
| | 8 | 1.000 00 | 1.000 00 | 1.000 00 | 1.000 00 | 1.000 00 | 1.000 00 | 1.000 00 | 1.000 00 | 1.000 00 |
| 9 | 0 | 0.630 25 | 0.387 42 | 0.231 62 | 0.134 22 | 0.075 08 | 0.040 35 | 0.020 71 | 0.010 08 | 0.004 61 |
| | 1 | 0.928 79 | 0.774 84 | 0.599 48 | 0.436 21 | 0.300 34 | 0.196 00 | 0.121 09 | 0.070 54 | 0.038 52 |
| | 2 | 0.991 64 | 0.947 03 | 0.859 15 | 0.738 20 | 0.600 68 | 0.462 83 | 0.337 27 | 0.231 79 | 0.149 50 |
| | 3 | 0.999 36 | 0.991 67 | 0.966 07 | 0.914 36 | 0.834 27 | 0.729 66 | 0.608 89 | 0.482 61 | 0.361 38 |
| | 4 | 0.999 97 | 0.999 11 | 0.994 37 | 0.980 42 | 0.951 07 | 0.901 19 | 0.828 28 | 0.733 43 | 0.621 42 |
| | 5 | 1.000 00 | 0.999 94 | 0.999 37 | 0.996 93 | 0.990 01 | 0.974 71 | 0.946 41 | 0.900 65 | 0.834 18 |
| | 6 | 1.000 00 | 1.000 00 | 0.999 95 | 0.999 69 | 0.998 66 | 0.995 71 | 0.988 82 | 0.974 97 | 0.950 23 |
| | 7 | 1.000 00 | 1.000 00 | 1.000 00 | 0.999 98 | 0.999 89 | 0.999 57 | 0.998 60 | 0.996 20 | 0.990 92 |
| | 8 | 1.000 00 | 1.000 00 | 1.000 00 | 1.000 00 | 1.000 00 | 0.999 98 | 0.999 92 | 0.999 74 | 0.999 24 |
| | 9 | 1.000 00 | 1.000 00 | 1.000 00 | 1.000 00 | 1.000 00 | 1.000 00 | 1.000 00 | 1.000 00 | 1.000 00 |
| 10 | 0 | 0.598 74 | 0.348 68 | 0.196 87 | 0.107 37 | 0.056 31 | 0.028 25 | 0.013 46 | 0.006 05 | 0.002 53 |
| | 1 | 0.913 86 | 0.736 10 | 0.544 30 | 0.375 81 | 0.244 03 | 0.149 31 | 0.085 95 | 0.046 36 | 0.023 26 |
| | 2 | 0.988 50 | 0.929 81 | 0.820 20 | 0.677 80 | 0.525 59 | 0.382 78 | 0.261 61 | 0.167 29 | 0.099 56 |
| | 3 | 0.998 97 | 0.987 20 | 0.950 03 | 0.879 13 | 0.775 88 | 0.649 61 | 0.513 83 | 0.382 28 | 0.266 04 |
| | 4 | 0.999 94 | 0.998 37 | 0.990 13 | 0.967 21 | 0.921 87 | 0.849 73 | 0.751 50 | 0.633 10 | 0.504 40 |
| | 5 | 1.000 00 | 0.999 85 | 0.998 62 | 0.993 63 | 0.980 27 | 0.952 65 | 0.905 07 | 0.833 76 | 0.738 44 |
| | 6 | 1.000 00 | 0.999 99 | 0.999 87 | 0.999 14 | 0.996 49 | 0.989 41 | 0.973 98 | 0.945 24 | 0.898 01 |
| | 7 | 1.000 00 | 1.000 00 | 0.999 99 | 0.999 92 | 0.999 58 | 0.998 41 | 0.995 18 | 0.987 71 | 0.972 61 |
| | 8 | 1.000 00 | 1.000 00 | 1.000 00 | 1.000 00 | 0.999 97 | 0.999 86 | 0.999 46 | 0.998 32 | 0.995 50 |

续表

| n | x | p | | | | | | | | |
|---|---|---|---|---|---|---|---|---|---|---|
| | | 0.05 | 0.1 | 0.15 | 0.2 | 0.25 | 0.3 | 0.35 | 0.4 | 0.45 |
| | 9 | 1.000 00 | 1.000 00 | 1.000 00 | 1.000 00 | 1.000 00 | 0.999 99 | 0.999 97 | 0.999 90 | 0.999 66 |
| | 10 | 1.000 00 | 1.000 00 | 1.000 00 | 1.000 00 | 1.000 00 | 1.000 00 | 1.000 00 | 1.000 00 | 1.000 00 |
| 11 | 0 | 0.568 80 | 0.313 81 | 0.167 34 | 0.085 90 | 0.042 24 | 0.019 77 | 0.008 75 | 0.003 63 | 0.001 39 |
| | 1 | 0.898 11 | 0.697 36 | 0.492 19 | 0.322 12 | 0.197 10 | 0.112 99 | 0.060 58 | 0.030 23 | 0.013 93 |
| | 2 | 0.984 76 | 0.910 44 | 0.778 81 | 0.617 40 | 0.455 20 | 0.312 74 | 0.200 13 | 0.118 92 | 0.065 22 |
| | 3 | 0.998 45 | 0.981 47 | 0.930 56 | 0.838 86 | 0.713 30 | 0.569 56 | 0.425 55 | 0.296 28 | 0.191 12 |
| | 4 | 0.999 89 | 0.997 25 | 0.984 11 | 0.949 59 | 0.885 37 | 0.789 70 | 0.668 31 | 0.532 77 | 0.397 14 |
| | 5 | 0.999 99 | 0.999 70 | 0.997 34 | 0.988 35 | 0.965 67 | 0.921 78 | 0.851 32 | 0.753 50 | 0.633 12 |
| | 6 | 1.000 00 | 0.999 98 | 0.999 68 | 0.998 03 | 0.992 44 | 0.978 38 | 0.949 86 | 0.900 65 | 0.826 20 |
| | 7 | 1.000 00 | 1.000 00 | 0.999 97 | 0.999 76 | 0.998 81 | 0.995 71 | 0.987 76 | 0.970 72 | 0.939 04 |
| | 8 | 1.000 00 | 1.000 00 | 1.000 00 | 0.999 98 | 0.999 87 | 0.999 42 | 0.997 96 | 0.994 08 | 0.985 20 |
| | 9 | 1.000 00 | 1.000 00 | 1.000 00 | 1.000 00 | 0.999 99 | 0.999 95 | 0.999 79 | 0.999 27 | 0.997 79 |
| | 10 | 1.000 00 | 1.000 00 | 1.000 00 | 1.000 00 | 1.000 00 | 1.000 00 | 0.999 99 | 0.999 96 | 0.999 85 |
| | 11 | 1.000 00 | 1.000 00 | 1.000 00 | 1.000 00 | 1.000 00 | 1.000 00 | 1.000 00 | 1.000 00 | 1.000 00 |
| 12 | 0 | 0.540 36 | 0.282 43 | 0.142 24 | 0.068 72 | 0.031 68 | 0.013 84 | 0.005 69 | 0.002 18 | 0.000 77 |
| | 1 | 0.881 64 | 0.659 00 | 0.443 46 | 0.274 88 | 0.158 38 | 0.085 03 | 0.042 44 | 0.019 59 | 0.008 29 |
| | 2 | 0.980 43 | 0.889 13 | 0.735 82 | 0.558 35 | 0.390 68 | 0.252 82 | 0.151 29 | 0.083 44 | 0.042 14 |
| | 3 | 0.997 76 | 0.974 36 | 0.907 79 | 0.794 57 | 0.648 78 | 0.492 52 | 0.346 65 | 0.225 34 | 0.134 47 |
| | 4 | 0.999 82 | 0.995 67 | 0.976 08 | 0.927 44 | 0.842 36 | 0.723 66 | 0.583 35 | 0.438 18 | 0.304 43 |
| | 5 | 0.999 99 | 0.999 46 | 0.995 36 | 0.980 59 | 0.945 60 | 0.882 15 | 0.787 26 | 0.665 21 | 0.526 93 |
| | 6 | 1.000 00 | 0.999 95 | 0.999 33 | 0.996 10 | 0.985 75 | 0.961 40 | 0.915 37 | 0.841 79 | 0.739 31 |
| | 7 | 1.000 00 | 1.000 00 | 0.999 93 | 0.999 42 | 0.997 22 | 0.990 51 | 0.974 49 | 0.942 69 | 0.888 26 |
| | 8 | 1.000 00 | 1.000 00 | 0.999 99 | 0.999 94 | 0.999 61 | 0.998 31 | 0.994 39 | 0.984 73 | 0.964 43 |
| | 9 | 1.000 00 | 1.000 00 | 1.000 00 | 1.000 00 | 0.999 96 | 0.999 79 | 0.999 15 | 0.997 19 | 0.992 12 |
| | 10 | 1.000 00 | 1.000 00 | 1.000 00 | 1.000 00 | 1.000 00 | 0.999 98 | 0.999 92 | 0.999 68 | 0.998 92 |
| | 11 | 1.000 00 | 1.000 00 | 1.000 00 | 1.000 00 | 1.000 00 | 1.000 00 | 1.000 00 | 0.999 98 | 0.999 93 |
| | 12 | 1.000 00 | 1.000 00 | 1.000 00 | 1.000 00 | 1.000 00 | 1.000 00 | 1.000 00 | 1.000 00 | 1.000 00 |

# 附表 2　泊松分布表

$$P(X=m)=\frac{\lambda^m}{m!}e^{-\lambda}$$

| $m$ \ $\lambda$ | 0.1 | 0.2 | 0.3 | 0.4 | 0.5 | 0.6 | 0.7 | 0.8 |
|---|---|---|---|---|---|---|---|---|
| 0 | 0.904 837 | 0.818 731 | 0.740 818 | 0.670 320 | 0.606 531 | 0.548 812 | 0.496 585 | 0.449 329 |
| 1 | 0.090 484 | 0.163 746 | 0.222 245 | 0.268 128 | 0.303 265 | 0.329 287 | 0.347 610 | 0.359 463 |
| 2 | 0.004 524 | 0.016 375 | 0.033 337 | 0.053 626 | 0.075 816 | 0.098 786 | 0.121 663 | 0.143 785 |
| 3 | 0.000 151 | 0.001 092 | 0.003 334 | 0.007 150 | 0.012 636 | 0.019 757 | 0.028 388 | 0.038 343 |
| 4 | 0.000 004 | 0.000 055 | 0.000 250 | 0.000 715 | 0.001 580 | 0.002 964 | 0.004 968 | 0.007 669 |
| 5 | | 0.000 002 | 0.000 015 | 0.000 057 | 0.000 158 | 0.000 356 | 0.000 696 | 0.001 227 |
| 6 | | | 0.000 001 | 0.000 004 | 0.000 013 | 0.000 036 | 0.000 081 | 0.000 164 |
| 7 | | | | | 0.000 001 | 0.000 003 | 0.000 008 | 0.000 019 |
| 8 | | | | | | | 0.000 001 | 0.000 002 |
| 9 | | | | | | | | |

| $m$ \ $\lambda$ | 0.9 | 1.0 | 1.5 | 2.0 | 2.5 | 3.0 | 3.5 | 4.0 |
|---|---|---|---|---|---|---|---|---|
| 0 | 0.406 570 | 0.367 879 | 0.223 130 | 0.135 335 | 0.082 085 | 0.049 787 | 0.030 197 | 0.018 316 |
| 1 | 0.365 913 | 0.367 879 | 0.334 695 | 0.270 671 | 0.205 212 | 0.149 361 | 0.105 691 | 0.073 263 |
| 2 | 0.164 661 | 0.183 940 | 0.251 021 | 0.270 671 | 0.256 516 | 0.224 042 | 0.184 959 | 0.146 525 |
| 3 | 0.049 398 | 0.061 313 | 0.125 511 | 0.180 447 | 0.213 763 | 0.224 042 | 0.215 785 | 0.195 367 |
| 4 | 0.011 115 | 0.015 328 | 0.047 067 | 0.090 224 | 0.133 602 | 0.168 031 | 0.188 812 | 0.195 367 |
| 5 | 0.002 001 | 0.003 066 | 0.014 120 | 0.036 089 | 0.066 801 | 0.100 819 | 0.132 169 | 0.156 293 |
| 6 | 0.000 300 | 0.000 511 | 0.003 530 | 0.012 030 | 0.027 834 | 0.050 409 | 0.077 098 | 0.104 196 |
| 7 | 0.000 039 | 0.000 073 | 0.000 756 | 0.003 437 | 0.009 941 | 0.021 604 | 0.038 549 | 0.059 540 |
| 8 | 0.000 004 | 0.000 009 | 0.000 142 | 0.000 859 | 0.003 106 | 0.008 102 | 0.016 865 | 0.029 770 |
| 9 | | 0.000 001 | 0.000 024 | 0.000 191 | 0.000 863 | 0.002 701 | 0.006 559 | 0.013 231 |
| 10 | | | 0.000 004 | 0.000 038 | 0.000 216 | 0.000 810 | 0.002 296 | 0.005 292 |
| 11 | | | | 0.000 007 | 0.000 049 | 0.000 221 | 0.000 730 | 0.001 925 |
| 12 | | | | 0.000 001 | 0.000 010 | 0.000 055 | 0.000 213 | 0.000 642 |
| 13 | | | | | 0.000 002 | 0.000 013 | 0.000 057 | 0.000 197 |
| 14 | | | | | | 0.000 003 | 0.000 014 | 0.000 056 |
| 15 | | | | | | 0.000 001 | 0.000 003 | 0.000 015 |
| 16 | | | | | | | 0.000 001 | 0.000 004 |
| 17 | | | | | | | | 0.000 001 |

续表

| m \ λ | 4.5 | 5.0 | 5.5 | 6.0 | 6.5 | 7.0 | 7.5 | 8.0 |
|---|---|---|---|---|---|---|---|---|
| 0 | 0.011 109 | 0.006 738 | 0.004 087 | 0.002 479 | 0.001 503 | 0.000 912 | 0.000 553 | 0.000 335 |
| 1 | 0.049 990 | 0.033 690 | 0.022 477 | 0.014 873 | 0.009 772 | 0.006 383 | 0.004 148 | 0.002 684 |
| 2 | 0.112 479 | 0.084 224 | 0.061 812 | 0.044 618 | 0.031 760 | 0.022 341 | 0.015 555 | 0.010 735 |
| 3 | 0.168 718 | 0.140 374 | 0.113 323 | 0.089 235 | 0.068 814 | 0.052 129 | 0.038 889 | 0.028 626 |
| 4 | 0.189 808 | 0.175 467 | 0.155 819 | 0.133 853 | 0.111 822 | 0.091 226 | 0.072 916 | 0.057 252 |
| 5 | 0.170 827 | 0.175 467 | 0.171 401 | 0.160 623 | 0.145 369 | 0.127 717 | 0.109 375 | 0.091 604 |
| 6 | 0.128 120 | 0.146 223 | 0.157 117 | 0.160 623 | 0.157 483 | 0.149 003 | 0.136 718 | 0.122 138 |
| 7 | 0.082 363 | 0.104 445 | 0.123 449 | 0.137 677 | 0.146 234 | 0.149 003 | 0.146 484 | 0.139 587 |
| 8 | 0.046 329 | 0.065 278 | 0.084 871 | 0.103 258 | 0.118 815 | 0.130 377 | 0.137 329 | 0.139 587 |
| 9 | 0.023 165 | 0.036 266 | 0.051 866 | 0.068 838 | 0.085 811 | 0.101 405 | 0.114 440 | 0.124 077 |
| 10 | 0.010 424 | 0.018 133 | 0.028 526 | 0.041 303 | 0.055 777 | 0.070 983 | 0.085 830 | 0.099 262 |
| 11 | 0.004 264 | 0.008 242 | 0.014 263 | 0.022 529 | 0.032 959 | 0.045 171 | 0.058 521 | 0.072 190 |
| 12 | 0.001 599 | 0.003 434 | 0.006 537 | 0.011 264 | 0.017 853 | 0.026 350 | 0.036 575 | 0.048 127 |
| 13 | 0.000 554 | 0.001 321 | 0.002 766 | 0.005 199 | 0.008 926 | 0.014 188 | 0.021 101 | 0.029 616 |
| 14 | 0.000 178 | 0.000 472 | 0.001 087 | 0.002 228 | 0.004 144 | 0.007 094 | 0.011 304 | 0.016 924 |
| 15 | 0.000 053 | 0.000 157 | 0.000 398 | 0.000 891 | 0.001 796 | 0.003 311 | 0.005 652 | 0.009 026 |
| 16 | 0.000 015 | 0.000 049 | 0.000 137 | 0.000 334 | 0.000 730 | 0.001 448 | 0.002 649 | 0.004 513 |
| 17 | 0.000 004 | 0.000 014 | 0.000 044 | 0.000 118 | 0.000 279 | 0.000 596 | 0.001 169 | 0.002 124 |
| 18 | 0.000 001 | 0.000 004 | 0.000 014 | 0.000 039 | 0.000 101 | 0.000 232 | 0.000 487 | 0.000 944 |
| 19 | | 0.000 001 | 0.000 004 | 0.000 012 | 0.000 034 | 0.000 085 | 0.000 192 | 0.000 397 |
| 20 | | | 0.000 001 | 0.000 004 | 0.000 011 | 0.000 030 | 0.000 072 | 0.000 159 |
| 21 | | | | 0.000 001 | 0.000 003 | 0.000 010 | 0.000 026 | 0.000 061 |
| 22 | | | | | 0.000 001 | 0.000 003 | 0.000 009 | 0.000 022 |
| 23 | | | | | | 0.000 001 | 0.000 003 | 0.000 008 |
| 24 | | | | | | | 0.000 001 | 0.000 003 |
| 25 | | | | | | | | 0.000 001 |

| m \ λ | 8.5 | 9.0 | 9.5 | 10 | 12 | 15 | 18 | 20 |
|---|---|---|---|---|---|---|---|---|
| 0 | 0.000 203 | 0.000 123 | 0.000 075 | 0.000 045 | 0.000 006 | 0.000 000 | 0.000 000 | 0.000 000 |
| 1 | 0.001 729 | 0.001 111 | 0.000 711 | 0.000 454 | 0.000 074 | 0.000 005 | 0.000 000 | 0.000 000 |
| 2 | 0.007 350 | 0.004 998 | 0.003 378 | 0.002 270 | 0.000 442 | 0.000 034 | 0.000 002 | 0.000 000 |
| 3 | 0.020 826 | 0.014 994 | 0.010 696 | 0.007 567 | 0.001 770 | 0.000 172 | 0.000 015 | 0.000 003 |
| 4 | 0.044 255 | 0.033 737 | 0.025 403 | 0.018 917 | 0.005 309 | 0.000 645 | 0.000 067 | 0.000 014 |
| 5 | 0.075 233 | 0.060 727 | 0.048 266 | 0.037 833 | 0.012 741 | 0.001 936 | 0.000 240 | 0.000 055 |
| 6 | 0.106 581 | 0.091 090 | 0.076 421 | 0.063 055 | 0.025 481 | 0.004 839 | 0.000 719 | 0.000 183 |

续表

| m \ λ | 8.5 | 9.0 | 9.5 | 10 | 12 | 15 | 18 | 20 |
|---|---|---|---|---|---|---|---|---|
| 7 | 0.129 419 | 0.117 116 | 0.103 714 | 0.090 079 | 0.043 682 | 0.010 370 | 0.001 850 | 0.000 523 |
| 8 | 0.137 508 | 0.131 756 | 0.123 160 | 0.112 599 | 0.065 523 | 0.019 444 | 0.004 163 | 0.001 309 |
| 9 | 0.129 869 | 0.131 756 | 0.130 003 | 0.125 110 | 0.087 364 | 0.032 407 | 0.008 325 | 0.002 908 |
| 10 | 0.110 388 | 0.118 580 | 0.123 502 | 0.125 110 | 0.104 837 | 0.048 611 | 0.014 985 | 0.005 816 |
| 11 | 0.085 300 | 0.097 020 | 0.106 661 | 0.113 736 | 0.114 368 | 0.066 287 | 0.024 521 | 0.010 575 |
| 12 | 0.060 421 | 0.072 765 | 0.084 440 | 0.094 780 | 0.114 368 | 0.082 859 | 0.036 782 | 0.017 625 |
| 13 | 0.039 506 | 0.050 376 | 0.061 706 | 0.072 908 | 0.105 570 | 0.095 607 | 0.050 929 | 0.027 116 |
| 14 | 0.023 986 | 0.032 384 | 0.041 872 | 0.052 077 | 0.090 489 | 0.102 436 | 0.065 480 | 0.038 737 |
| 15 | 0.013 592 | 0.019 431 | 0.026 519 | 0.034 718 | 0.072 391 | 0.102 436 | 0.078 576 | 0.051 649 |
| 16 | 0.007 221 | 0.010 930 | 0.015 746 | 0.021 699 | 0.054 293 | 0.096 034 | 0.088 397 | 0.064 561 |
| 17 | 0.003 610 | 0.005 786 | 0.008 799 | 0.012 764 | 0.038 325 | 0.084 736 | 0.093 597 | 0.075 954 |
| 18 | 0.001 705 | 0.002 893 | 0.004 644 | 0.007 091 | 0.025 550 | 0.070 613 | 0.093 597 | 0.084 394 |
| 19 | 0.000 763 | 0.001 370 | 0.002 322 | 0.003 732 | 0.016 137 | 0.055 747 | 0.088 671 | 0.088 835 |
| 20 | 0.000 324 | 0.000 617 | 0.001 103 | 0.001 866 | 0.009 682 | 0.041 810 | 0.079 804 | 0.088 835 |
| 21 | 0.000 131 | 0.000 264 | 0.000 499 | 0.000 889 | 0.005 533 | 0.029 865 | 0.068 403 | 0.084 605 |
| 22 | 0.000 051 | 0.000 108 | 0.000 215 | 0.000 404 | 0.003 018 | 0.020 362 | 0.055 966 | 0.076 914 |
| 23 | 0.000 019 | 0.000 042 | 0.000 089 | 0.000 176 | 0.001 574 | 0.013 280 | 0.043 800 | 0.066 881 |
| 24 | 0.000 007 | 0.000 016 | 0.000 035 | 0.000 073 | 0.000 787 | 0.008 300 | 0.032 850 | 0.055 735 |
| 25 | 0.000 002 | 0.000 006 | 0.000 013 | 0.000 029 | 0.000 378 | 0.004 980 | 0.023 652 | 0.044 588 |
| 26 | 0.000 001 | 0.000 002 | 0.000 005 | 0.000 011 | 0.000 174 | 0.002 873 | 0.016 374 | 0.034 298 |
| 27 | | 0.000 001 | 0.000 002 | 0.000 004 | 0.000 078 | 0.001 596 | 0.010 916 | 0.025 406 |
| 28 | | | 0.000 001 | 0.000 001 | 0.000 033 | 0.000 855 | 0.007 018 | 0.018 147 |
| 29 | | | | 0.000 001 | 0.000 014 | 0.000 442 | 0.004 356 | 0.012 515 |
| 30 | | | | | 0.000 005 | 0.000 221 | 0.002 613 | 0.008 344 |
| 31 | | | | | 0.000 002 | 0.000 107 | 0.001 517 | 0.005 383 |
| 32 | | | | | 0.000 001 | 0.000 050 | 0.000 854 | 0.003 364 |
| 33 | | | | | | 0.000 023 | 0.000 466 | 0.002 039 |
| 34 | | | | | | 0.000 010 | 0.000 246 | 0.001 199 |
| 35 | | | | | | 0.000 004 | 0.000 127 | 0.000 685 |
| 36 | | | | | | 0.000 002 | 0.000 063 | 0.000 381 |
| 37 | | | | | | 0.000 001 | 0.000 031 | 0.000 206 |
| 38 | | | | | | | 0.000 015 | 0.000 108 |
| 39 | | | | | | | 0.000 007 | 0.000 056 |

# 附表 3　标准正态分布表

$$\Phi(x)=\int_{-\infty}^{x}\frac{1}{\sqrt{2\pi}}\mathrm{e}^{-\frac{u^2}{2}}\mathrm{d}u=P\{X\leqslant x\}$$

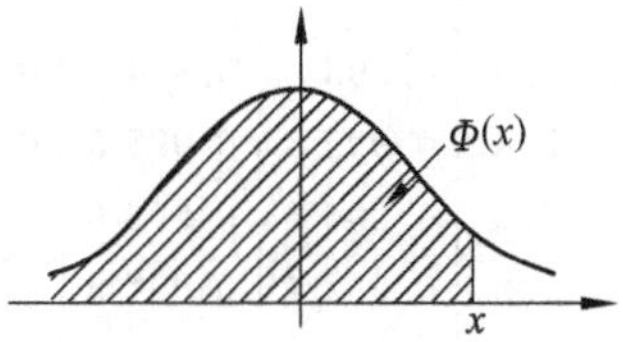


| x | 0.00 | 0.01 | 0.02 | 0.03 | 0.04 | 0.05 | 0.06 | 0.07 | 0.08 | 0.09 |
|---|---|---|---|---|---|---|---|---|---|---|
| 0.0 | 0.500 0 | 0.504 0 | 0.508 0 | 0.512 0 | 0.516 0 | 0.519 9 | 0.523 9 | 0.527 9 | 0.531 9 | 0.535 9 |
| 0.1 | 0.539 8 | 0.543 8 | 0.547 8 | 0.551 7 | 0.555 7 | 0.559 6 | 0.563 6 | 0.567 5 | 0.571 4 | 0.575 3 |
| 0.2 | 0.579 3 | 0.583 2 | 0.587 1 | 0.591 0 | 0.594 8 | 0.598 7 | 0.602 6 | 0.606 4 | 0.610 3 | 0.614 1 |
| 0.3 | 0.617 9 | 0.621 7 | 0.625 5 | 0.629 3 | 0.633 1 | 0.636 8 | 0.640 6 | 0.644 3 | 0.648 0 | 0.651 7 |
| 0.4 | 0.655 4 | 0.659 1 | 0.662 8 | 0.666 4 | 0.670 0 | 0.673 6 | 0.677 2 | 0.680 8 | 0.684 4 | 0.687 9 |
| 0.5 | 0.691 5 | 0.695 0 | 0.698 5 | 0.701 9 | 0.705 4 | 0.708 8 | 0.712 3 | 0.715 7 | 0.719 0 | 0.722 4 |
| 0.6 | 0.725 7 | 0.729 1 | 0.732 4 | 0.735 7 | 0.738 9 | 0.742 2 | 0.745 4 | 0.748 6 | 0.751 7 | 0.754 9 |
| 0.7 | 0.758 0 | 0.761 1 | 0.764 2 | 0.767 3 | 0.770 3 | 0.773 4 | 0.776 4 | 0.779 4 | 0.782 3 | 0.758 2 |
| 0.8 | 0.788 1 | 0.791 0 | 0.793 9 | 0.796 7 | 0.799 5 | 0.802 3 | 0.805 1 | 0.807 8 | 0.810 6 | 0.813 3 |
| 0.9 | 0.815 9 | 0.818 6 | 0.821 2 | 0.823 8 | 0.826 4 | 0.828 9 | 0.831 5 | 0.834 0 | 0.836 5 | 0.838 9 |
| 1.0 | 0.841 3 | 0.843 8 | 0.846 1 | 0.848 5 | 0.850 8 | 0.853 1 | 0.855 4 | 0.857 7 | 0.859 9 | 0.862 1 |
| 1.1 | 0.864 3 | 0.866 5 | 0.868 6 | 0.870 8 | 0.872 9 | 0.874 9 | 0.877 0 | 0.879 0 | 0.881 0 | 0.883 0 |
| 1.2 | 0.884 9 | 0.886 9 | 0.888 8 | 0.890 7 | 0.892 5 | 0.894 4 | 0.896 2 | 0.898 0 | 0.899 7 | 0.901 5 |
| 1.3 | 0.903 2 | 0.904 9 | 0.906 6 | 0.908 2 | 0.909 9 | 0.911 5 | 0.913 1 | 0.914 7 | 0.916 2 | 0.917 7 |
| 1.4 | 0.919 2 | 0.920 7 | 0.922 2 | 0.923 6 | 0.925 1 | 0.926 5 | 0.927 8 | 0.929 2 | 0.930 6 | 0.931 9 |
| 1.5 | 0.933 2 | 0.934 5 | 0.935 7 | 0.937 0 | 0.938 2 | 0.939 4 | 0.940 6 | 0.941 8 | 0.943 0 | 0.944 1 |
| 1.6 | 0.945 2 | 0.946 3 | 0.947 4 | 0.948 4 | 0.949 5 | 0.950 5 | 0.951 5 | 0.952 5 | 0.953 5 | 0.954 5 |
| 1.7 | 0.955 4 | 0.956 4 | 0.957 3 | 0.958 2 | 0.959 1 | 0.959 9 | 0.960 8 | 0.961 6 | 0.962 5 | 0.963 3 |
| 1.8 | 0.964 1 | 0.964 8 | 0.965 6 | 0.966 4 | 0.967 1 | 0.967 8 | 0.968 6 | 0.969 3 | 0.970 0 | 0.970 6 |
| 1.9 | 0.971 3 | 0.971 9 | 0.972 6 | 0.973 2 | 0.973 8 | 0.974 4 | 0.975 0 | 0.975 6 | 0.976 2 | 0.976 7 |
| 2.0 | 0.977 2 | 0.977 8 | 0.978 3 | 0.978 8 | 0.979 3 | 0.979 8 | 0.980 3 | 0.980 8 | 0.981 2 | 0.981 7 |
| 2.1 | 0.982 1 | 0.982 6 | 0.983 0 | 0.983 4 | 0.983 8 | 0.984 2 | 0.984 6 | 0.985 0 | 0.985 4 | 0.985 7 |

续表

| $x$ | 0.00 | 0.01 | 0.02 | 0.03 | 0.04 | 0.05 | 0.06 | 0.07 | 0.08 | 0.09 |
|---|---|---|---|---|---|---|---|---|---|---|
| 2.2 | 0.986 1 | 0.986 4 | 0.986 8 | 0.987 1 | 0.987 4 | 0.987 8 | 0.988 1 | 0.988 4 | 0.988 7 | 0.989 0 |
| 2.3 | 0.989 3 | 0.989 6 | 0.989 8 | 0.990 1 | 0.990 4 | 0.990 6 | 0.990 9 | 0.991 1 | 0.991 3 | 0.991 6 |
| 2.4 | 0.991 8 | 0.992 0 | 0.992 2 | 0.992 5 | 0.992 7 | 0.992 9 | 0.993 1 | 0.993 2 | 0.993 4 | 0.993 6 |
| 2.5 | 0.993 8 | 0.994 0 | 0.994 1 | 0.994 3 | 0.994 5 | 0.994 6 | 0.994 8 | 0.994 9 | 0.995 1 | 0.995 2 |
| 2.6 | 0.995 3 | 0.995 5 | 0.995 6 | 0.995 7 | 0.995 9 | 0.996 0 | 0.996 1 | 0.996 2 | 0.996 3 | 0.996 4 |
| 2.7 | 0.996 5 | 0.996 6 | 0.996 7 | 0.996 8 | 0.996 9 | 0.997 0 | 0.997 1 | 0.997 2 | 0.997 3 | 0.997 4 |
| 2.8 | 0.997 4 | 0.997 5 | 0.997 6 | 0.997 7 | 0.997 7 | 0.997 8 | 0.997 9 | 0.997 9 | 0.998 0 | 0.998 1 |
| 2.9 | 0.998 1 | 0.998 2 | 0.998 2 | 0.998 3 | 0.998 4 | 0.998 4 | 0.998 5 | 0.998 5 | 0.998 6 | 0.998 6 |
| 3.0 | 0.998 7 | 0.999 0 | 0.999 3 | 0.999 5 | 0.999 7 | 0.999 8 | 0.999 8 | 0.999 9 | 0.999 9 | 1.000 0 |

注：表中末行系函数值 $\Phi(3.0),\Phi(3.1),\cdots,\Phi(3.9)$.

# 附表 4　$t$ 分布表

$P\{t(n)>t_a(n)\}=a$

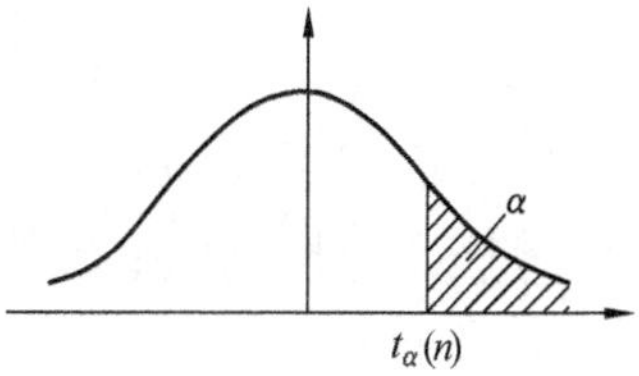


| $n$ | $a=0.25$ | 0.10 | 0.05 | 0.025 | 0.01 | 0.005 |
|---|---|---|---|---|---|---|
| 1 | 1.000 0 | 3.077 7 | 6.313 8 | 12.706 2 | 31.820 7 | 63.657 4 |
| 2 | 0.816 5 | 1.885 6 | 2.920 0 | 4.302 7 | 6.964 6 | 9.924 8 |
| 3 | 0.734 9 | 1.637 7 | 2.353 4 | 3.182 4 | 4.540 7 | 5.840 9 |
| 4 | 0.740 7 | 1.533 2 | 2.131 8 | 2.776 4 | 3.746 9 | 4.604 1 |
| 5 | 0.726 7 | 1.475 9 | 2.015 0 | 2.570 6 | 3.364 9 | 4.032 2 |
| 6 | 0.717 6 | 1.439 8 | 1.943 2 | 2.446 9 | 3.142 7 | 3.707 4 |
| 7 | 0.711 1 | 1.414 9 | 1.894 6 | 2.364 6 | 2.998 0 | 3.499 5 |
| 8 | 0.706 4 | 1.396 8 | 1.859 5 | 2.306 0 | 2.896 5 | 3.355 4 |
| 9 | 0.702 7 | 1.383 0 | 1.833 1 | 2.262 2 | 2.821 4 | 3.249 8 |
| 10 | 0.699 8 | 1.372 2 | 1.812 5 | 2.228 1 | 2.763 8 | 3.169 3 |
| 11 | 0.697 4 | 1.363 4 | 1.795 9 | 2.201 0 | 2.713 1 | 3.105 8 |
| 12 | 0.695 5 | 1.356 2 | 1.782 3 | 2.178 8 | 2.681 0 | 3.054 5 |
| 13 | 0.693 8 | 1.350 2 | 1.770 9 | 2.160 4 | 2.650 3 | 3.012 3 |
| 14 | 0.692 4 | 1.345 0 | 1.761 3 | 2.144 8 | 2.624 5 | 2.976 8 |
| 15 | 0.691 2 | 1.340 6 | 1.753 1 | 2.131 5 | 2.602 5 | 2.946 7 |
| 16 | 0.690 1 | 1.336 8 | 1.745 9 | 2.119 9 | 2.583 5 | 2.920 8 |
| 17 | 0.689 2 | 1.333 4 | 1.739 6 | 2.109 8 | 2.566 9 | 2.898 2 |
| 18 | 0.688 4 | 1.330 4 | 1.734 1 | 2.100 9 | 2.552 4 | 2.878 4 |
| 19 | 0.687 6 | 1.327 7 | 1.729 1 | 2.093 0 | 2.539 5 | 2.860 9 |

续表

| $n$ | $a=0.25$ | 0.10 | 0.05 | 0.025 | 0.01 | 0.005 |
|---|---|---|---|---|---|---|
| 20 | 0.687 0 | 1.325 3 | 1.724 7 | 2.086 0 | 2.528 0 | 2.845 3 |
| 21 | 0.686 4 | 1.323 2 | 1.720 7 | 2.079 6 | 2.517 7 | 2.831 4 |
| 22 | 0.685 8 | 1.321 2 | 1.717 1 | 2.073 9 | 2.508 3 | 2.818 8 |
| 23 | 0.685 3 | 1.319 5 | 1.713 9 | 2.068 7 | 2.499 9 | 2.807 3 |
| 24 | 0.684 8 | 1.317 8 | 1.710 9 | 2.063 9 | 2.492 2 | 2.796 9 |
| 25 | 0.684 4 | 1.316 3 | 1.708 1 | 2.059 5 | 2.485 1 | 2.787 4 |
| 26 | 0.684 0 | 1.315 0 | 1.705 6 | 2.055 5 | 2.478 6 | 2.778 7 |
| 27 | 0.683 7 | 1.313 7 | 1.703 3 | 2.051 8 | 2.472 7 | 2.770 7 |
| 28 | 0.683 4 | 1.312 5 | 1.701 1 | 2.048 4 | 2.467 1 | 2.763 3 |
| 29 | 0.683 0 | 1.311 4 | 1.699 1 | 2.045 2 | 2.462 0 | 2.756 4 |
| 30 | 0.682 8 | 1.310 4 | 1.697 3 | 2.042 3 | 2.457 3 | 2.750 0 |
| 31 | 0.682 5 | 1.309 5 | 1.695 5 | 2.039 5 | 2.452 8 | 2.744 0 |
| 32 | 0.682 2 | 1.308 6 | 1.693 9 | 2.036 9 | 2.448 7 | 2.738 5 |
| 33 | 0.682 0 | 1.307 7 | 1.692 4 | 2.034 5 | 2.444 8 | 2.733 3 |
| 34 | 0.681 8 | 1.307 0 | 1.690 9 | 2.032 2 | 2.441 1 | 2.728 4 |
| 35 | 0.681 6 | 1.306 2 | 1.689 6 | 2.030 1 | 2.437 7 | 2.723 8 |
| 36 | 0.681 4 | 1.305 5 | 1.688 3 | 2.028 1 | 2.434 5 | 2.719 5 |
| 37 | 0.681 2 | 1.304 9 | 1.687 1 | 2.026 2 | 2.431 4 | 2.715 4 |
| 38 | 0.681 0 | 1.304 2 | 1.686 0 | 2.024 4 | 2.428 6 | 2.711 6 |
| 39 | 0.680 8 | 1.303 6 | 1.684 9 | 2.022 7 | 2.425 8 | 2.707 9 |
| 40 | 0.680 7 | 1.303 1 | 1.683 9 | 2.021 1 | 2.423 3 | 2.704 5 |
| 41 | 0.680 5 | 1.302 5 | 1.682 9 | 2.019 5 | 2.420 8 | 2.701 2 |
| 42 | 0.680 4 | 1.302 0 | 1.682 0 | 2.018 1 | 2.418 5 | 2.698 1 |
| 43 | 0.680 2 | 1.301 6 | 1.681 1 | 2.016 7 | 2.416 3 | 2.695 1 |
| 44 | 0.680 1 | 1.301 1 | 1.680 2 | 2.015 4 | 2.414 1 | 2.692 3 |
| 45 | 0.680 0 | 1.300 6 | 1.679 4 | 2.014 1 | 2.412 1 | 2.689 6 |

# 附表 5　$\chi^2$ 分布表

$$P\{\chi^2(n)>\chi^2_a(n)\}=a$$

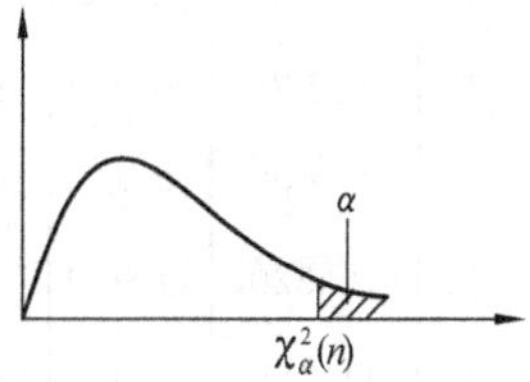


| $n$ | $a$=0.995 | 0.99 | 0.975 | 0.95 | 0.90 | 0.75 | 0.25 | 0.10 | 0.05 | 0.025 | 0.01 | 0.005 |
|---|---|---|---|---|---|---|---|---|---|---|---|---|
| 1 | — | — | 0.001 | 0.004 | 0.016 | 0.102 | 1.323 | 2.706 | 3.841 | 5.024 | 6.635 | 7.879 |
| 2 | 0.010 | 0.020 | 0.051 | 0.103 | 0.211 | 0.575 | 2.773 | 4.605 | 5.991 | 7.378 | 9.210 | 10.597 |
| 3 | 0.072 | 0.115 | 0.216 | 0.352 | 0.584 | 1.213 | 4.108 | 6.251 | 7.815 | 9.348 | 11.345 | 12.838 |
| 4 | 0.207 | 0.297 | 0.484 | 0.711 | 1.064 | 1.923 | 5.385 | 7.779 | 9.488 | 11.143 | 13.277 | 14.860 |
| 5 | 0.412 | 0.554 | 0.831 | 1.145 | 1.610 | 2.675 | 6.626 | 9.236 | 11.071 | 12.833 | 15.086 | 16.750 |
| 6 | 0.676 | 0.872 | 1.237 | 1.635 | 2.204 | 3.455 | 7.841 | 10.645 | 12.592 | 14.449 | 16.812 | 18.548 |
| 7 | 0.989 | 1.239 | 1.690 | 2.167 | 2.833 | 4.255 | 9.037 | 12.017 | 14.067 | 16.013 | 18.475 | 20.278 |
| 8 | 1.344 | 1.646 | 2.180 | 2.733 | 3.490 | 5.071 | 10.219 | 13.362 | 15.507 | 17.535 | 20.090 | 21.955 |
| 9 | 1.735 | 2.088 | 2.700 | 3.325 | 4.168 | 5.899 | 11.389 | 14.684 | 16.919 | 19.023 | 21.666 | 23.589 |
| 10 | 2.156 | 2.558 | 3.247 | 3.940 | 4.865 | 6.737 | 12.549 | 15.987 | 18.307 | 20.483 | 23.209 | 25.188 |
| 11 | 2.603 | 3.053 | 3.816 | 4.575 | 5.578 | 7.584 | 13.701 | 17.275 | 19.675 | 21.920 | 24.725 | 26.757 |
| 12 | 3.074 | 3.571 | 4.404 | 5.226 | 6.304 | 8.438 | 14.845 | 18.549 | 21.026 | 23.337 | 26.217 | 28.299 |
| 13 | 3.565 | 4.107 | 5.009 | 5.892 | 7.042 | 9.299 | 15.984 | 19.812 | 22.362 | 24.736 | 27.688 | 29.819 |
| 14 | 4.075 | 4.660 | 5.629 | 6.571 | 7.790 | 10.165 | 17.117 | 21.064 | 23.685 | 26.119 | 29.141 | 31.319 |
| 15 | 4.601 | 5.229 | 6.262 | 7.261 | 8.547 | 11.037 | 18.245 | 22.307 | 24.996 | 27.488 | 30.578 | 32.801 |
| 16 | 5.142 | 5.812 | 6.908 | 7.962 | 9.312 | 11.912 | 19.369 | 23.542 | 26.296 | 28.845 | 32.000 | 34.267 |
| 17 | 5.697 | 6.408 | 7.564 | 8.672 | 10.085 | 12.792 | 20.489 | 24.769 | 27.587 | 30.191 | 33.409 | 35.718 |
| 18 | 6.265 | 7.015 | 8.231 | 9.390 | 10.865 | 13.675 | 21.605 | 25.989 | 28.869 | 31.526 | 34.805 | 37.156 |
| 19 | 6.844 | 7.633 | 8.907 | 10.117 | 11.651 | 14.562 | 22.718 | 27.204 | 30.144 | 32.852 | 36.191 | 38.582 |

续表

| $n$ | $a$=0.995 | 0.99 | 0.975 | 0.95 | 0.90 | 0.75 | 0.25 | 0.10 | 0.05 | 0.025 | 0.01 | 0.005 |
|---|---|---|---|---|---|---|---|---|---|---|---|---|
| 20 | 7.434 | 8.260 | 9.591 | 10.851 | 12.443 | 15.452 | 23.828 | 28.412 | 31.410 | 34.170 | 37.566 | 39.997 |
| 21 | 8.034 | 8.897 | 10.283 | 11.591 | 13.240 | 16.344 | 24.935 | 29.615 | 32.671 | 35.479 | 38.932 | 41.401 |
| 22 | 8.643 | 9.542 | 10.982 | 12.338 | 14.042 | 17.240 | 26.039 | 30.813 | 33.924 | 36.781 | 40.289 | 42.796 |
| 23 | 9.260 | 10.196 | 11.689 | 13.091 | 14.848 | 18.137 | 27.141 | 32.007 | 35.172 | 38.076 | 41.638 | 44.181 |
| 24 | 9.886 | 10.856 | 12.401 | 13.848 | 15.659 | 19.037 | 28.241 | 33.196 | 36.415 | 39.364 | 42.980 | 45.559 |
| 25 | 10.520 | 11.524 | 13.120 | 14.611 | 16.473 | 19.939 | 29.339 | 34.382 | 37.652 | 40.646 | 44.314 | 46.928 |
| 26 | 11.160 | 12.198 | 13.844 | 15.379 | 17.292 | 20.843 | 30.435 | 35.563 | 38.885 | 41.923 | 45.642 | 48.290 |
| 27 | 11.808 | 12.879 | 14.573 | 16.151 | 18.114 | 21.749 | 31.528 | 36.741 | 40.113 | 43.194 | 46.963 | 49.645 |
| 28 | 12.461 | 13.565 | 15.308 | 16.928 | 18.939 | 22.657 | 32.620 | 37.916 | 41.337 | 44.461 | 48.278 | 50.993 |
| 29 | 13.121 | 14.257 | 16.047 | 17.708 | 19.768 | 23.567 | 33.711 | 39.087 | 42.557 | 45.722 | 49.588 | 52.336 |
| 30 | 13.787 | 14.954 | 16.791 | 18.493 | 20.599 | 24.478 | 34.800 | 40.256 | 43.773 | 46.979 | 50.892 | 53.672 |
| 31 | 14.458 | 15.655 | 17.539 | 19.281 | 21.434 | 25.390 | 35.887 | 41.422 | 44.985 | 48.232 | 52.191 | 55.003 |
| 32 | 15.134 | 16.362 | 18.291 | 20.072 | 22.271 | 26.304 | 36.973 | 42.585 | 46.194 | 49.480 | 53.486 | 56.328 |
| 33 | 15.815 | 17.074 | 19.047 | 20.867 | 23.110 | 27.219 | 38.058 | 43.745 | 47.400 | 50.725 | 54.776 | 57.648 |
| 34 | 16.501 | 17.789 | 19.806 | 21.664 | 23.952 | 28.136 | 39.141 | 44.903 | 48.602 | 51.966 | 56.061 | 58.964 |
| 35 | 17.192 | 18.509 | 20.569 | 22.465 | 24.797 | 29.054 | 40.223 | 46.059 | 49.802 | 53.203 | 57.342 | 60.275 |
| 36 | 17.887 | 19.233 | 21.336 | 23.269 | 25.643 | 29.973 | 41.304 | 47.212 | 50.998 | 54.437 | 58.619 | 61.581 |
| 37 | 18.586 | 19.960 | 22.106 | 24.075 | 26.492 | 30.893 | 42.383 | 48.363 | 52.192 | 55.668 | 59.892 | 62.883 |
| 38 | 19.289 | 20.691 | 22.878 | 24.884 | 27.343 | 31.815 | 43.462 | 49.513 | 53.384 | 56.896 | 61.162 | 64.181 |
| 39 | 19.996 | 21.426 | 23.654 | 25.695 | 28.196 | 32.737 | 44.539 | 50.660 | 54.572 | 58.120 | 62.428 | 65.476 |
| 40 | 20.707 | 22.164 | 24.433 | 26.509 | 29.051 | 33.660 | 45.616 | 51.805 | 55.758 | 59.342 | 63.691 | 66.766 |
| 41 | 21.421 | 22.906 | 25.215 | 27.326 | 29.907 | 34.585 | 46.692 | 52.949 | 56.942 | 60.561 | 64.950 | 68.053 |
| 42 | 22.138 | 23.650 | 25.999 | 28.144 | 30.765 | 35.510 | 47.766 | 54.090 | 58.124 | 61.777 | 66.206 | 69.336 |
| 43 | 22.859 | 24.398 | 26.785 | 28.965 | 31.625 | 36.436 | 48.840 | 55.230 | 59.304 | 62.990 | 67.459 | 70.616 |
| 44 | 23.584 | 25.148 | 27.575 | 29.787 | 32.487 | 37.363 | 49.913 | 56.369 | 60.481 | 64.201 | 68.710 | 71.893 |
| 45 | 24.311 | 25.901 | 28.366 | 30.612 | 33.350 | 38.291 | 50.985 | 57.505 | 61.656 | 65.410 | 69.957 | 73.166 |

# 附表 6　F 分布表

$$P\{F(n_1, n_2) > F_a(n_1, n_2)\} = a$$

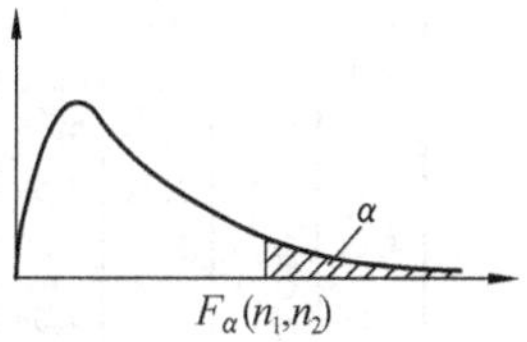


| $n_2$ \ $n_1$ | 1 | 2 | 3 | 4 | 5 | 6 | 7 | 8 | 9 | 10 | 12 | 15 | 20 | 24 | 30 | 40 | 60 | 120 | ∞ |
|---|---|---|---|---|---|---|---|---|---|---|---|---|---|---|---|---|---|---|---|
| | | | | | | | | | $a=0.10$ | | | | | | | | | | |
| 1 | 39.86 | 49.50 | 53.59 | 55.83 | 57.24 | 58.20 | 58.91 | 59.44 | 59.86 | 60.19 | 60.71 | 61.22 | 61.74 | 62.00 | 62.26 | 62.53 | 62.79 | 63.06 | 63.33 |
| 2 | 8.53 | 9.00 | 9.16 | 9.24 | 9.29 | 9.33 | 9.35 | 9.37 | 9.38 | 9.39 | 9.41 | 9.42 | 9.44 | 9.45 | 9.46 | 9.47 | 9.47 | 9.48 | 9.49 |
| 3 | 5.54 | 5.46 | 5.39 | 5.34 | 5.31 | 5.28 | 5.27 | 5.25 | 5.24 | 5.23 | 5.22 | 5.20 | 5.18 | 5.18 | 5.17 | 5.16 | 5.15 | 5.14 | 5.13 |
| 4 | 4.54 | 4.32 | 4.19 | 4.11 | 4.05 | 4.01 | 3.98 | 3.95 | 3.94 | 3.92 | 3.90 | 3.87 | 3.84 | 3.83 | 3.82 | 3.80 | 3.79 | 3.78 | 3.76 |
| 5 | 4.06 | 3.78 | 3.62 | 3.52 | 3.45 | 3.40 | 3.37 | 3.34 | 3.32 | 3.30 | 3.27 | 3.24 | 3.21 | 3.19 | 3.17 | 3.16 | 3.14 | 3.12 | 3.10 |
| 6 | 3.78 | 3.46 | 3.29 | 3.18 | 3.11 | 3.05 | 3.01 | 2.98 | 2.96 | 2.94 | 2.90 | 2.87 | 2.84 | 2.82 | 2.80 | 2.78 | 2.76 | 2.74 | 2.72 |
| 7 | 3.59 | 3.26 | 3.07 | 2.96 | 2.88 | 2.83 | 2.78 | 2.75 | 2.72 | 2.70 | 2.67 | 2.63 | 2.59 | 2.58 | 2.56 | 2.54 | 2.51 | 2.43 | 2.47 |
| 8 | 3.46 | 3.11 | 2.92 | 2.81 | 2.73 | 2.67 | 2.62 | 2.59 | 2.56 | 2.54 | 2.50 | 2.46 | 2.42 | 2.40 | 2.38 | 2.36 | 2.34 | 2.32 | 2.29 |
| 9 | 3.36 | 3.01 | 2.81 | 2.69 | 2.61 | 2.55 | 2.51 | 2.47 | 2.44 | 2.42 | 2.38 | 2.34 | 2.30 | 2.28 | 2.25 | 2.23 | 2.21 | 2.18 | 2.16 |
| 10 | 3.29 | 2.92 | 2.73 | 2.61 | 2.52 | 2.46 | 2.41 | 2.38 | 2.35 | 2.32 | 2.28 | 2.24 | 2.20 | 2.18 | 2.16 | 2.13 | 2.11 | 2.08 | 2.06 |
| 11 | 3.23 | 2.86 | 2.66 | 2.54 | 2.45 | 2.39 | 2.34 | 2.30 | 2.27 | 2.25 | 2.21 | 2.17 | 2.12 | 2.10 | 2.08 | 2.05 | 2.03 | 2.00 | 1.97 |
| 12 | 3.18 | 2.81 | 2.61 | 2.48 | 2.39 | 2.33 | 2.28 | 2.24 | 2.21 | 2.19 | 2.15 | 2.10 | 2.06 | 2.04 | 2.01 | 1.99 | 1.96 | 1.93 | 1.90 |
| 13 | 3.14 | 2.76 | 2.56 | 2.43 | 2.35 | 2.28 | 2.23 | 2.20 | 2.16 | 2.14 | 2.10 | 2.05 | 2.01 | 1.98 | 1.96 | 1.93 | 1.90 | 1.88 | 1.85 |
| 14 | 3.10 | 2.73 | 2.52 | 2.39 | 2.31 | 2.24 | 2.19 | 2.15 | 2.12 | 2.10 | 2.05 | 2.01 | 1.96 | 1.94 | 1.91 | 1.80 | 1.86 | 1.83 | 1.80 |
| 15 | 3.07 | 2.70 | 2.49 | 2.36 | 2.27 | 2.21 | 2.16 | 2.12 | 2.09 | 2.06 | 2.02 | 1.97 | 1.92 | 1.90 | 1.87 | 1.85 | 1.82 | 1.79 | 1.76 |
| 16 | 3.05 | 2.67 | 2.46 | 2.33 | 2.24 | 2.18 | 2.13 | 2.09 | 2.06 | 2.03 | 1.99 | 1.94 | 1.89 | 1.87 | 1.84 | 1.81 | 1.78 | 1.75 | 1.72 |
| 17 | 3.03 | 9.64 | 2.44 | 2.31 | 2.22 | 2.15 | 2.10 | 2.06 | 2.03 | 2.00 | 1.96 | 1.91 | 1.86 | 1.84 | 1.81 | 1.78 | 1.75 | 1.72 | 1.69 |
| 18 | 3.01 | 2.62 | 2.42 | 2.29 | 2.20 | 2.13 | 2.08 | 2.04 | 2.00 | 1.98 | 1.93 | 1.89 | 1.84 | 1.81 | 1.78 | 1.75 | 1.72 | 1.69 | 1.66 |
| 19 | 2.99 | 2.61 | 2.40 | 2.27 | 2.18 | 2.11 | 2.06 | 2.02 | 1.98 | 1.96 | 1.91 | 1.86 | 1.81 | 1.79 | 1.76 | 1.73 | 1.70 | 1.67 | 1.63 |
| 20 | 2.97 | 2.59 | 2.38 | 2.25 | 2.16 | 2.09 | 2.04 | 2.00 | 1.96 | 1.94 | 1.89 | 1.84 | 1.79 | 1.77 | 1.74 | 1.71 | 1.68 | 1.64 | 1.61 |
| 21 | 2.96 | 2.57 | 2.36 | 2.23 | 2.14 | 2.08 | 2.02 | 1.98 | 1.95 | 1.92 | 1.87 | 1.83 | 1.78 | 1.75 | 1.72 | 1.69 | 1.66 | 1.62 | 1.59 |
| 22 | 2.95 | 2.56 | 2.35 | 2.22 | 2.13 | 2.06 | 2.01 | 1.97 | 1.93 | 1.90 | 1.86 | 1.81 | 1.76 | 1.73 | 1.70 | 1.67 | 1.64 | 1.60 | 1.57 |
| 23 | 2.94 | 2.55 | 2.34 | 2.21 | 2.11 | 2.05 | 1.99 | 1.95 | 1.92 | 1.89 | 1.84 | 1.80 | 1.74 | 1.72 | 1.69 | 1.66 | 1.62 | 1.59 | 1.55 |
| 24 | 2.93 | 2.54 | 2.33 | 2.19 | 2.10 | 2.04 | 1.98 | 1.94 | 1.91 | 1.88 | 1.83 | 1.78 | 1.73 | 1.70 | 1.67 | 1.64 | 1.61 | 1.57 | 1.53 |
| 25 | 2.92 | 2.53 | 2.32 | 2.18 | 2.09 | 2.02 | 1.97 | 1.93 | 1.89 | 1.87 | 1.82 | 1.77 | 1.72 | 1.69 | 1.66 | 1.63 | 1.59 | 1.56 | 1.52 |
| 26 | 2.91 | 2.52 | 2.31 | 2.17 | 2.08 | 2.01 | 1.96 | 1.92 | 1.88 | 1.86 | 1.81 | 1.76 | 1.71 | 1.68 | 1.65 | 1.61 | 1.58 | 1.54 | 1.50 |
| 27 | 2.90 | 2.51 | 2.30 | 2.17 | 2.07 | 2.00 | 1.95 | 1.91 | 1.87 | 1.85 | 1.80 | 1.75 | 1.70 | 1.67 | 1.64 | 1.60 | 1.57 | 1.53 | 1.49 |
| 28 | 2.89 | 2.50 | 2.29 | 2.16 | 2.06 | 2.00 | 1.94 | 1.90 | 1.87 | 1.84 | 1.79 | 1.74 | 1.69 | 1.66 | 1.63 | 1.59 | 1.56 | 1.52 | 1.48 |
| 29 | 2.89 | 2.50 | 2.28 | 2.15 | 2.06 | 1.99 | 1.93 | 1.89 | 1.86 | 1.83 | 1.78 | 1.73 | 1.68 | 1.65 | 1.62 | 1.58 | 1.55 | 1.51 | 1.47 |
| 30 | 2.88 | 2.49 | 2.28 | 2.14 | 2.05 | 1.98 | 1.93 | 1.88 | 1.85 | 1.82 | 1.77 | 1.72 | 1.67 | 1.64 | 1.61 | 1.57 | 1.54 | 1.50 | 1.46 |
| 40 | 2.84 | 2.44 | 2.23 | 2.09 | 2.00 | 1.93 | 1.87 | 1.83 | 1.79 | 1.76 | 1.71 | 1.66 | 1.61 | 1.57 | 1.54 | 1.51 | 1.47 | 1.42 | 1.38 |

续表

| $n_2$ \ $n_1$ | 1 | 2 | 3 | 4 | 5 | 6 | 7 | 8 | 9 | 10 | 12 | 15 | 20 | 24 | 30 | 40 | 60 | 120 | ∞ |
|---|---|---|---|---|---|---|---|---|---|---|---|---|---|---|---|---|---|---|---|
| 60 | 2.79 | 2.39 | 2.18 | 2.04 | 1.95 | 1.87 | 1.82 | 1.77 | 1.74 | 1.71 | 1.66 | 1.60 | 1.54 | 1.51 | 1.48 | 1.44 | 1.40 | 1.35 | 1.29 |
| 120 | 2.75 | 2.35 | 2.13 | 1.99 | 1 90 | 1.82 | 1.77 | 1.72 | 1.68 | 1.65 | 1.60 | 1.55 | 1.48 | 1.45 | 1.41 | 1.37 | 1.32 | 1.26 | 1.19 |
| ∞ | 2.71 | 2.30 | 2.08 | 1.94 | 1.85 | 1.77 | 1.72 | 1.67 | 1.63 | 1.60 | 1.55 | 1.49 | 1.42 | 1.38 | 1.34 | 1.30 | 1.24 | 1.17 | 1.00 |
| | | | | | | | | | | $a=0.05$ | | | | | | | | | |
| 1 | 161.4 | 199.5 | 215.7 | 224.6 | 230.2 | 234.0 | 236.8 | 238.9 | 240.5 | 241.9 | 243.9 | 245.9 | 248.0 | 249.1 | 250.1 | 251.1 | 252.2 | 253.3 | 254.3 |
| 2 | 18.51 | 19.00 | 19.16 | 19.25 | 19.30 | 19.33 | 19.35 | 19.37 | 19.38 | 19.40 | 19.41 | 19.43 | 19.45 | 19.45 | 19.46 | 19.47 | 19.48 | 19.49 | 19.50 |
| 3 | 10.13 | 9.55 | 9.28 | 9.12 | 9.01 | 8.94 | 8.89 | 8.85 | 8.81 | 8.79 | 8.74 | 8.70 | 8.66 | 8.64 | 8.62 | 8.59 | 8.57 | 8.55 | 8.53 |
| 4 | 7.71 | 6.94 | 6.59 | 6.39 | 6.26 | 6.16 | 6.09 | 6.04 | 6.00 | 5.96 | 5.91 | 5.86 | 5.80 | 5.77 | 5.75 | 5.72 | 5.69 | 5.66 | 5.63 |
| 5 | 6.61 | 5.79 | 5.41 | 5.19 | 5.05 | 4.95 | 4.88 | 4.82 | 4.77 | 4.74 | 4.68 | 4.62 | 4.56 | 4.53 | 4.50 | 4.46 | 4.43 | 4.40 | 4.36 |
| 6 | 5.99 | 5.14 | 4.76 | 4.53 | 4.39 | 4.28 | 4.21 | 4.15 | 4.10 | 4.06 | 4.00 | 3.94 | 3.87 | 3.84 | 3.81 | 3.77 | 3.74 | 3.70 | 3.67 |
| 7 | 5.59 | 4.74 | 4.35 | 4.12 | 3.97 | 3.87 | 3.79 | 3.73 | 3.68 | 3.64 | 3.57 | 3.51 | 3.44 | 3.41 | 3.38 | 3.34 | 3.30 | 3.27 | 3.23 |
| 8 | 5.32 | 4.46 | 4.07 | 3.84 | 3.69 | 3.58 | 3.50 | 3.44 | 3.39 | 3.35 | 3.28 | 3.22 | 3.15 | 3.12 | 3.08 | 3.04 | 3.01 | 2.97 | 2.93 |
| 9 | 5.12 | 4.26 | 3.86 | 3.63 | 3.48 | 3.37 | 3.29 | 3.23 | 3.18 | 3.14 | 3.07 | 3.01 | 2.94 | 2.90 | 2.86 | 2.83 | 2.79 | 2.75 | 2.71 |
| 10 | 4.96 | 4.10 | 3.71 | 3.48 | 3.33 | 3.22 | 3.14 | 3.07 | 3.02 | 2.98 | 2.91 | 2.85 | 2.77 | 2.74 | 2.70 | 2.66 | 2.62 | 2.58 | 2.54 |
| 11 | 4.84 | 3.98 | 3.59 | 3.36 | 3.20 | 3.09 | 3.01 | 2.95 | 2.90 | 2.85 | 2.79 | 2.72 | 2.65 | 2.61 | 2.57 | 2.53 | 2.49 | 2.45 | 2.40 |
| 12 | 4.75 | 3.89 | 3.49 | 3.26 | 3.11 | 3.00 | 2.91 | 2.85 | 2.80 | 2.75 | 2.69 | 2.62 | 2.54 | 2.51 | 2.47 | 2.43 | 2.38 | 2.34 | 2.30 |
| 13 | 4.67 | 3.81 | 3.41 | 3.18 | 3.03 | 2.92 | 2.83 | 2.77 | 2.71 | 2.67 | 2.60 | 2.53 | 2.46 | 2.42 | 2.38 | 2.34 | 2.30 | 2.25 | 2.21 |
| 14 | 4.60 | 3.74 | 3.34 | 3.11 | 2.96 | 2.85 | 2.76 | 2.70 | 2.65 | 2.60 | 2.53 | 2.46 | 2.39 | 2.35 | 2.31 | 2.27 | 2.22 | 2.18 | 2.13 |
| 15 | 4.54 | 3.68 | 3.29 | 3.06 | 2.90 | 2.79 | 2.71 | 2.64 | 2.59 | 2.54 | 2.48 | 2.40 | 2.33 | 2.29 | 2.25 | 2.20 | 2.16 | 2.11 | 2.07 |
| 16 | 4.49 | 3.63 | 3.24 | 3.01 | 2.85 | 2.74 | 2.66 | 2.59 | 2.54 | 2.49 | 2.42 | 2.35 | 2.28 | 2.24 | 2.19 | 2.15 | 2.11 | 2.06 | 2.01 |
| 17 | 4.45 | 3.59 | 3.20 | 2.96 | 2.81 | 2.70 | 2.61 | 2.55 | 2.49 | 2.45 | 2.38 | 2.31 | 2.23 | 2.19 | 2.15 | 2.10 | 2.06 | 2.01 | 1.96 |
| 18 | 4.41 | 3.55 | 3.16 | 2.93 | 2.77 | 2.66 | 2.58 | 2.51 | 2.46 | 2.41 | 2.34 | 2.27 | 2.19 | 2.15 | 2.11 | 2.06 | 2.02 | 1.97 | 1.92 |
| 19 | 4.38 | 3.52 | 3.13 | 2.90 | 2.74 | 2.63 | 2.54 | 2.48 | 2.42 | 2.38 | 2.31 | 2.23 | 2.16 | 2.11 | 2.07 | 2.03 | 1.98 | 1.93 | 1.88 |
| 20 | 4.35 | 3.49 | 3.10 | 2.87 | 2.71 | 2.60 | 2.50 | 2.45 | 2.39 | 2.35 | 2.28 | 2.20 | 2.12 | 2.08 | 2.04 | 1.99 | 1.95 | 1.92 | 1.84 |
| 21 | 4.32 | 3.47 | 3.07 | 2.84 | 2.68 | 2.57 | 2.49 | 2.42 | 2.37 | 2.32 | 2.25 | 2.18 | 2.10 | 2.05 | 2.01 | 1.96 | 1.92 | 1.87 | 1.81 |
| 22 | 4.30 | 3.44 | 3.05 | 2.82 | 2.66 | 2.55 | 2.46 | 2.40 | 2.34 | 2.30 | 2.23 | 2.15 | 2.07 | 2.03 | 1.98 | 1.94 | 1.89 | 1.84 | 1.78 |
| 23 | 4.28 | 3.42 | 3.03 | 2.80 | 2.64 | 2.53 | 2.44 | 2.37 | 2.32 | 2.27 | 2.20 | 2.13 | 2.05 | 2.01 | 1.96 | 1.91 | 1.86 | 1.81 | 1.76 |
| 24 | 4.26 | 3.40 | 3.01 | 2.78 | 2.62 | 2.51 | 2.42 | 2.36 | 2.30 | 2.25 | 2.18 | 2.11 | 2.03 | 1.98 | 1.94 | 1.89 | 1.84 | 1.79 | 1.73 |
| 25 | 4.24 | 3.39 | 2.99 | 2.76 | 2.60 | 2.49 | 2.40 | 2.34 | 2.28 | 2.24 | 2.16 | 2.09 | 2.01 | 1.96 | 1.92 | 1.87 | 1.82 | 1.77 | 1.71 |
| 26 | 4.23 | 3.37 | 2.98 | 2.74 | 2.59 | 2.47 | 2.39 | 2.32 | 2.27 | 2.22 | 2.15 | 2.07 | 1.99 | 1.95 | 1.90 | 1.85 | 1.80 | 1.75 | 1.69 |
| 27 | 4.21 | 3.35 | 2.96 | 2.73 | 2.57 | 2.46 | 2.37 | 2.31 | 2.25 | 2.20 | 2.13 | 2.06 | 1.97 | 1.93 | 1.88 | 1.84 | 1.79 | 1.73 | 1.67 |
| 28 | 4.20 | 3.34 | 2.95 | 2.71 | 2.56 | 2.45 | 2.36 | 2.29 | 2.24 | 2.19 | 2.12 | 2.04 | 1.96 | 1.91 | 1.87 | 1.82 | 1.77 | 1.71 | 1.65 |
| 29 | 4.18 | 3.33 | 2.93 | 2.70 | 2.55 | 2.43 | 2.35 | 2.28 | 2.22 | 2.18 | 2.10 | 2.03 | 1.94 | 1.90 | 1.85 | 1.81 | 1.75 | 1.70 | 1.64 |
| 30 | 4.17 | 3.32 | 2.92 | 2.69 | 2.53 | 2.42 | 2.33 | 2.27 | 2.21 | 2.16 | 2.09 | 2.01 | 1.93 | 1.89 | 1.84 | 1.79 | 1.74 | 1.68 | 1.62 |
| 40 | 4.08 | 3.23 | 2.84 | 2.61 | 2.45 | 2.34 | 2.25 | 2.18 | 2.12 | 2.08 | 2.00 | 1.92 | 1.84 | 1.79 | 1.74 | 1.69 | 1.64 | 1.58 | 1.51 |
| 60 | 4.00 | 3.15 | 2.76 | 2.53 | 2.37 | 2.25 | 2.17 | 2.10 | 2.04 | 1.99 | 1.92 | 1.84 | 1.75 | 1.70 | 1.65 | 1.59 | 1.53 | 1.47 | 1.39 |
| 120 | 3.92 | 3.07 | 2.68 | 2.45 | 2.29 | 2.17 | 2.09 | 2.02 | 1.96 | 1.91 | 1.83 | 1.75 | 1.66 | 1.61 | 1.55 | 1.50 | 1.43 | 1.35 | 1.25 |
| ∞ | 3.84 | 3.00 | 2.60 | 2.37 | 2.21 | 2.10 | 2.01 | 1.94 | 1.88 | 1.83 | 1.75 | 1.67 | 1.57 | 1.52 | 1.46 | 1.39 | 1.32 | 1.22 | 1.00 |
| | | | | | | | | | | $a=0.025$ | | | | | | | | | |
| 1 | 647.8 | 799.5 | 364.2 | 899.6 | 921.8 | 937.1 | 948.2 | 956.7 | 963.3 | 368.6 | 976.7 | 984.9 | 993.1 | 997.2 | 1001 | 1006 | 1010 | 1014 | 1018 |
| 2 | 38.51 | 39.00 | 39.17 | 39.25 | 39.30 | 39.33 | 39.36 | 39.37 | 39.39 | 39.40 | 39.41 | 39.43 | 39.45 | 39.46 | 39.46 | 39.47 | 39.48 | 39.49 | 39.50 |
| 3 | 17.44 | 16.04 | 15.44 | 15.10 | 14.88 | 14.73 | 14.62 | 14.54 | 14.47 | 14.42 | 14.34 | 14.25 | 14.17 | 14.12 | 14.08 | 14.04 | 13.99 | 13.95 | 13.90 |
| 4 | 12.22 | 10.65 | 9.98 | 9.60 | 9.36 | 9.20 | 9.07 | 8.98 | 8.90 | 8.84 | 8.75 | 8.66 | 8.56 | 8.51 | 8.46 | 8.41 | 8.36 | 8.31 | 8.26 |
| 5 | 10.01 | 8.43 | 7.76 | 7.39 | 7.15 | 6.98 | 6.85 | 6.76 | 6.68 | 6.62 | 6.52 | 6.43 | 6.33 | 6.28 | 6.23 | 6.18 | 6.12 | 6.07 | 6.02 |

续表

| $n_2$ \ $n_1$ | 1 | 2 | 3 | 4 | 5 | 6 | 7 | 8 | 9 | 10 | 12 | 15 | 20 | 24 | 30 | 40 | 60 | 120 | ∞ |
|---|---|---|---|---|---|---|---|---|---|---|---|---|---|---|---|---|---|---|---|
| 6 | 8.81 | 7.26 | 6.60 | 6.23 | 5.99 | 5.82 | 5.70 | 5.60 | 5.52 | 5.46 | 5.37 | 5.27 | 5.17 | 5.12 | 5.07 | 5.01 | 4.96 | 4.90 | 4.85 |
| 7 | 8.07 | 6.54 | 5.89 | 5.52 | 5.29 | 5.12 | 4.99 | 4.90 | 4.82 | 4.76 | 4.67 | 4.57 | 4.47 | 4.42 | 4.36 | 4.31 | 4.25 | 4.20 | 4.14 |
| 8 | 7.57 | 6.06 | 5.42 | 5.05 | 4.82 | 4.65 | 4.53 | 4.43 | 4.36 | 4.30 | 4.20 | 4.10 | 4.00 | 3.95 | 3.89 | 3.84 | 3.78 | 3.73 | 3.67 |
| 9 | 7.21 | 5.71 | 5.08 | 4.72 | 4.48 | 4.23 | 4.20 | 4.10 | 4.03 | 3.96 | 3.87 | 3.77 | 3.67 | 3.61 | 3.56 | 3.51 | 3.45 | 3.39 | 3.33 |
| 10 | 6.94 | 5.46 | 4.83 | 4.47 | 4.24 | 4.07 | 3.95 | 3.85 | 3.78 | 3.72 | 3.62 | 3.52 | 3.42 | 3.37 | 3.31 | 3.26 | 3.20 | 3.14 | 3.08 |
| 11 | 6.72 | 5.26 | 4.63 | 4.28 | 4.04 | 3.88 | 3.76 | 3.66 | 3.59 | 3.53 | 3.43 | 3.33 | 3.23 | 3.17 | 3.12 | 3.06 | 3.00 | 2.94 | 2.88 |
| 12 | 6.55 | 5.10 | 4.47 | 4.12 | 3.89 | 3.73 | 3.61 | 3.51 | 3.44 | 3.37 | 3.28 | 3.18 | 3.07 | 3.02 | 2.96 | 2.91 | 2.85 | 2.79 | 2.72 |
| 13 | 6.41 | 4.97 | 4.35 | 4.00 | 3.77 | 3.60 | 3.48 | 3.39 | 3.31 | 3.25 | 3.15 | 3.05 | 2.95 | 2.89 | 2.84 | 2.78 | 2.72 | 2.66 | 2.60 |
| 14 | 6.30 | 4.80 | 4.24 | 3.89 | 3.66 | 3.50 | 3.38 | 3.29 | 3.21 | 3.15 | 3.05 | 2.95 | 2.84 | 2.79 | 2.73 | 2.67 | 2.61 | 2.55 | 2.49 |
| 15 | 6.20 | 4.77 | 4.15 | 3.80 | 3.58 | 3.41 | 3.29 | 3.20 | 3.12 | 3.06 | 2.96 | 2.86 | 2.76 | 2.70 | 2.64 | 2.59 | 2.52 | 2.46 | 2.40 |
| 16 | 6.12 | 4.69 | 4.08 | 3.73 | 3.50 | 3.34 | 3.22 | 3.12 | 3.05 | 2.99 | 2.89 | 2.79 | 2.68 | 2.63 | 2.57 | 2.51 | 2.45 | 2.38 | 2.32 |
| 17 | 6.04 | 4.62 | 4.01 | 3.66 | 3.44 | 3.28 | 3.16 | 3.06 | 2.98 | 2.92 | 2.82 | 2.72 | 2.62 | 2.56 | 2.50 | 2.44 | 2.38 | 2.32 | 2.25 |
| 18 | 5.92 | 4.59 | 3.95 | 3.61 | 3.38 | 3.22 | 3.10 | 3.01 | 2.93 | 2.87 | 2.77 | 2.67 | 2.56 | 2.50 | 2.44 | 2.38 | 2.32 | 2.26 | 2.19 |
| 19 | 5.92 | 4.51 | 3.90 | 3.56 | 3.33 | 3.17 | 3.05 | 2.96 | 2.88 | 2.82 | 2.72 | 2.62 | 2.51 | 2.45 | 2.39 | 2.33 | 2.27 | 2.20 | 2.13 |
| 20 | 5.87 | 4.46 | 3.51 | 3.86 | 3.29 | 3.13 | 3.01 | 2.91 | 2.84 | 2.77 | 2.68 | 2.57 | 2.46 | 2.41 | 2.35 | 2.29 | 2.22 | 2.16 | 2.09 |
| 21 | 5.83 | 4.42 | 3.82 | 3.48 | 3.25 | 3.09 | 2.97 | 2.87 | 2.80 | 2.73 | 2.64 | 2.53 | 2.42 | 2.37 | 2.31 | 2.25 | 2.18 | 2.11 | 2.04 |
| 22 | 5.79 | 4.38 | 3.78 | 3.44 | 3.22 | 3.05 | 2.93 | 2.84 | 2.76 | 2.70 | 2.60 | 2.50 | 2.39 | 2.33 | 2.27 | 2.21 | 2.14 | 2.08 | 2.00 |
| 23 | 5.75 | 4.35 | 3.75 | 3.41 | 3.18 | 3.02 | 2.90 | 2.81 | 2.73 | 2.67 | 2.57 | 2.47 | 2.36 | 2.30 | 2.24 | 2.18 | 2.11 | 2.04 | 1.97 |
| 24 | 5.72 | 4.32 | 3.72 | 3.38 | 3.15 | 2.99 | 2.87 | 2.78 | 2.70 | 2.64 | 2.54 | 2.44 | 2.33 | 2.27 | 2.21 | 2.15 | 2.08 | 2.01 | 1.94 |
| 25 | 5.69 | 4.29 | 3.69 | 3.35 | 3.13 | 2.97 | 2.85 | 2.75 | 2.68 | 2.61 | 2.51 | 2.41 | 2.30 | 2.24 | 2.18 | 2.12 | 2.05 | 1.98 | 1.91 |
| 26 | 5.66 | 4.27 | 3.67 | 3.33 | 3.10 | 2.94 | 2.82 | 2.73 | 2.65 | 2.59 | 2.49 | 2.39 | 2.28 | 2.22 | 2.16 | 2.09 | 2.03 | 1.95 | 1.88 |
| 27 | 5.63 | 4.24 | 3.65 | 3.31 | 3.08 | 2.92 | 2.80 | 2.71 | 2.63 | 2.57 | 2.47 | 2.36 | 2.25 | 2.19 | 2.13 | 2.07 | 2.00 | 1.93 | 1.85 |
| 28 | 5.61 | 4.22 | 3.63 | 3.29 | 3.06 | 2.90 | 2.78 | 2.69 | 2.61 | 2.55 | 2.45 | 2.34 | 2.23 | 2.17 | 2.11 | 2.05 | 1.98 | 1.91 | 1.83 |
| 29 | 5.59 | 4.20 | 3.61 | 3.27 | 3.04 | 2.88 | 2.76 | 2.67 | 2.59 | 2.53 | 2.43 | 2.32 | 2.21 | 2.15 | 2.09 | 2.03 | 1.96 | 1.89 | 1.81 |
| 30 | 5.57 | 4.18 | 3.59 | 3.25 | 3.03 | 2.87 | 2.75 | 2.65 | 2.57 | 2.51 | 2.41 | 2.31 | 2.20 | 2.14 | 2.07 | 2.01 | 1.94 | 1.87 | 1.79 |
| 40 | 5.42 | 4.05 | 3.46 | 3.13 | 2.90 | 2.74 | 2.62 | 2.53 | 2.45 | 2.39 | 2.29 | 2.18 | 2.07 | 2.01 | 1.94 | 1.88 | 1.80 | 1.72 | 1.64 |
| 60 | 5.29 | 3.93 | 3.34 | 3.01 | 2.79 | 2.63 | 2.51 | 2.41 | 2.33 | 2.27 | 2.17 | 2.06 | 1.94 | 1.88 | 1.82 | 1.74 | 1.67 | 1.58 | 1.48 |
| 120 | 5.15 | 3.80 | 3.23 | 2.89 | 2.67 | 2.52 | 2.39 | 2.30 | 2.22 | 2.16 | 2.05 | 1.94 | 1.82 | 1.76 | 1.69 | 1.61. | 1.53 | 143 | 1.31 |
| ∞ | 5.02 | 3.69 | 3.12 | 2.79 | 2.57 | 2.41 | 2.29 | 2.19 | 2.11 | 2.05 | 1.94 | 1.83 | 1.71 | 1.64 | 1.57 | 1.48 | 1.39 | 1.27 | 1.00 |

$a=0.01$

| | | | | | | | | | | | | | | | | | | | |
|---|---|---|---|---|---|---|---|---|---|---|---|---|---|---|---|---|---|---|---|
| 1 | 4052 | 4999.5 | 5403 | 5625 | 5764 | 5859 | 5928 | 5982 | 6022 | 6056 | 6106 | 6157 | 6209 | 6235 | 6261 | 6287 | 6313 | 6339 | 6366 |
| 2 | 98.50 | 99.00 | 99.17 | 99.25 | 99.30 | 99.33 | 99.36 | 99.37 | 99.39 | 99.40 | 99.42 | 99.43 | 99.45 | 99.46 | 99.47 | 99.47 | 99.48 | 99.49 | 99.50 |
| 3 | 34.12 | 30.82 | 29.46 | 28.71 | 28.24 | 27.91 | 27.67 | 27.49 | 27.35 | 27.23 | 27.05 | 26.87 | 26.69 | 26.60 | 26.50 | 26.41 | 26.32 | 26.22 | 26.13 |
| 4 | 21.20 | 18.00 | 16.69 | 15.98 | 15.52 | 15.21 | 14.98 | 14.80 | 14.66 | 14.55 | 14.37 | 14.20 | 14.02 | 13.93 | 13.84 | 13.75 | 13.65 | 13.56 | 13.46 |
| 5 | 16.26 | 13.27 | 12.06 | 11.39 | 10.97 | 10.67 | 10.46 | 10.29 | 10.16 | 10.05 | 9.89 | 9.72 | 9.55 | 9.47 | 9.38 | 9.29 | 9.20 | 9.11 | 9.02 |
| 6 | 13.75 | 10.92 | 9.78 | 9.15 | 8.75 | 8.47 | 8.26 | 8.10 | 7.98 | 7.87 | 7.72 | 7.56 | 7.40 | 7.31 | 7.23 | 7.14 | 7.06 | 6.97 | 6.88 |
| 7 | 12.25 | 9.55 | 8.45 | 7.85 | 7.46 | 7.19 | 6.99 | 6.84 | 6.72 | 6.62 | 6.47 | 6.31 | 6.16 | 6.07 | 5.99 | 5.91 | 5.82 | 5.74 | 5.65 |
| 8 | 11.26 | 8.65 | 7.59 | 7.01 | 6.63 | 6.37 | 6.18 | 6.03 | 5.91 | 5.81 | 5.67 | 5.52 | 5.36 | 5.28 | 5.20 | 5.12 | 5.03 | 4.95 | 4.86 |
| 9 | 10.56 | 8.02 | 6.99 | 6.42 | 6.06 | 5.80 | 5.61 | 5.47 | 5.35 | 5.26 | 5.11 | 4.96 | 4.81 | 4.73 | 4.65 | 4.57 | 4.48 | 4.40 | 4.31 |
| 10 | 10.04 | 7.56 | 6.56 | 5.99 | 5.64 | 5.39 | 5.20 | 5.06 | 4.94 | 4.85 | 4.71 | 4.56 | 4.41 | 4.33 | 4.25 | 4.17 | 4.08 | 4.00 | 4.91 |
| 11 | 9.65 | 7.21 | 6.22 | 5.67 | 5.32 | 5.07 | 4.89 | 4.74 | 4.63 | 4.54 | 4.40 | 4.25 | 4.10 | 4.02 | 3.94 | 3.86 | 3.78 | 3.69 | 3.60 |
| 12 | 9.33 | 6.93 | 5.95 | 5.41 | 5.06 | 4.82 | 4.64 | 4.50 | 4.39 | 4.30 | 4.16 | 4.01 | 3.86 | 3.78 | 3.70 | 3.62 | 3.54 | 3.45 | 3.36 |
| 13 | 9.07 | 6.70 | 5.74 | 5.21 | 4.86 | 4.62 | 4.44 | 4.30 | 4.19 | 4.10 | 3.96 | 3.82 | 3.66 | 3.59 | 3.51 | 3.43 | 3.34 | 3.25 | 3.17 |
| 14 | 8.86 | 6.51 | 5.56 | 5.04 | 4.69 | 4.46 | 4.28 | 4.14 | 4.03 | 3.94 | 3.80 | 3.66 | 3.51 | 3.43 | 3.35 | 3.27 | 3.18 | 3.09 | 3.00 |
| 15 | 8.68 | 6.36 | 5.42 | 4.89 | 4.56 | 4.32 | 4.14 | 4.00 | 3.89 | 3.80 | 3.67 | 3.52 | 3.37 | 3.29 | 3.21 | 3.13 | 3.05 | 3.96 | 3.87 |

续表

| $n_2$ \ $n_1$ | 1 | 2 | 3 | 4 | 5 | 6 | 7 | 8 | 9 | 10 | 12 | 15 | 20 | 24 | 30 | 40 | 60 | 120 | ∞ |
|---|---|---|---|---|---|---|---|---|---|---|---|---|---|---|---|---|---|---|---|
| 16 | 8.53 | 6.23 | 5.29 | 4.77 | 4.44 | 4.20 | 4.03 | 3.89 | 3.78 | 3.69 | 3.55 | 3.41 | 3.26 | 3.18 | 3.10 | 3.02 | 2.93 | 2.84 | 2.75 |
| 17 | 8.40 | 6.11 | 5.18 | 4.67 | 4.34 | 4.10 | 3.93 | 3.79 | 3.68 | 3.59 | 3.46 | 3.31 | 3.16 | 3.08 | 3.00 | 2.92 | 2.83 | 2.75 | 2.65 |
| 18 | 8.29 | 6.01 | 5.09 | 4.58 | 4.25 | 4.01 | 3.84 | 3.71 | 3.60 | 3.51 | 3.37 | 3.23 | 3.08 | 3.00 | 2.92 | 2.84 | 2.75 | 2.66 | 2.57 |
| 19 | 8.18 | 5.93 | 5.01 | 4.50 | 4.17 | 3.94 | 3.77 | 3.63 | 3.52 | 3.43 | 3.30 | 3.15 | 3.00 | 2.92 | 2.84 | 2.75 | 2.67 | 2.58 | 2.49 |
| 20 | 8.10 | 5.85 | 4.94 | 4.43 | 4.10 | 3.87 | 3.70 | 3.56 | 3.46 | 3.37 | 3.23 | 3.07 | 2.94 | 2.86 | 2.78 | 2.69 | 2.61 | 2.52 | 2.42 |
| 21 | 8.02 | 5.78 | 4.87 | 4.37 | 4.04 | 3.81 | 3.64 | 3.51 | 3.40 | 3.31 | 3.17 | 3.03 | 2.88 | 2.80 | 2.72 | 2.64 | 2.55 | 2.46 | 2.36 |
| 22 | 7.95 | 5.72 | 4.82 | 4.31 | 3.99 | 3.76 | 3.59 | 3.45 | 3.35 | 3.26 | 3.12 | 2.98 | 2.83 | 2.75 | 2.67 | 2.58 | 2.50 | 2.40 | 2.31 |
| 23 | 7.88 | 5.66 | 4.76 | 4.26 | 3.94 | 3.71 | 3.54 | 3.41 | 3.30 | 3.21 | 3.07 | 3.93 | 3.78 | 2.70 | 2.62 | 5.54 | 2.45 | 2.35 | 2.26 |
| 24 | 7.82 | 5.61 | 4.72 | 4.22 | 3.90 | 3.67 | 3.50 | 3.36 | 3.26 | 3.17 | 3.03 | 2.89 | 2.74 | 2.66 | 2.58 | 2.49 | 2.40 | 2.31 | 2.21 |
| 25 | 7.77 | 5.57 | 4.68 | 4.18 | 3.85 | 3.63 | 3.46 | 3.32 | 3.22 | 3.13 | 2.99 | 2.85 | 2.70 | 2.62 | 2.54 | 2.45 | 2.36 | 2.27 | 2.17 |
| 26 | 7.72 | 5.53 | 4.64 | 4.14 | 3.82 | 3.59 | 3.42 | 3.29 | 3.18 | 3.09 | 2.96 | 2.81 | 2.66 | 2.58 | 2.50 | 2.42 | 2.33 | 2.23 | 2.13 |
| 27 | 7.68 | 5.49 | 4.60 | 4.11 | 3.78 | 3.56 | 3.39 | 3.26 | 3.15 | 3.06 | 2.93 | 2.78 | 2.63 | 2.55 | 2.47 | 2.38 | 2.29 | 2.20 | 2.10 |
| 28 | 7.64 | 5.45 | 4.57 | 4.07 | 3.75 | 3.53 | 3.36 | 3.23 | 3.12 | 3.03 | 2.90 | 2.75 | 2.60 | 2.52 | 2.44 | 2.35 | 2.26 | 2.17 | 2.06 |
| 29 | 7.60 | 5.42 | 4.54 | 4.04 | 3.73 | 3.50 | 3.33 | 3.20 | 3.09 | 3.00 | 2.87 | 2.73 | 2.57 | 2.49 | 2.41 | 2.33 | 2.23 | 2.14 | 2.03 |
| 30 | 7.56 | 5.39 | 4.51 | 4.02 | 3.70 | 3.47 | 3.30 | 3.17 | 3.07 | 2.98 | 2.84 | 2.70 | 2.55 | 2.47 | 2.39 | 2.30 | 2.21 | 2.11 | 2.01 |
| 40 | 7.31 | 5.18 | 4.31 | 3.83 | 3.51 | 3.29 | 3.12 | 2.99 | 2.89 | 2.80 | 2.66 | 2.52 | 2.37 | 2.29 | 2.20 | 2.11 | 2.02 | 1.92 | 1.80 |
| 60 | 7.08 | 4.98 | 4.13 | 3.65 | 3.34 | 3.12 | 2.95 | 2.82 | 2.72 | 2.63 | 2.50 | 2.35 | 2.20 | 2.12 | 2.03 | 1.94 | 1.84 | 1.73 | 1.60 |
| 120 | 6.85 | 4.79 | 3.95 | 3.48 | 3.17 | 2.96 | 2.79 | 2.66 | 2.56 | 2.47 | 2.34 | 2.19 | 2.03 | 1.95 | 1.86 | 1.76 | 1.66 | 1.53 | 1.38 |
| ∞ | 6.63 | 4.61 | 3.78 | 3.32 | 3.02 | 2.80 | 2.64 | 2.51 | 2.41 | 2.32 | 2.18 | 2.04 | 1.88 | 1.79 | 1.70 | 1.59 | 1.47 | 1.32 | 1.00 |
| | | | | | | | | | | | $a=0.005$ | | | | | | | | |
| 1 | 16211 | 20000 | 21615 | 22500 | 23056 | 23437 | 23715 | 23925 | 24091 | 24224 | 24426 | 24630 | 24836 | 24940 | 25044 | 25148 | 25253 | 25359 | 25465 |
| 2 | 198.5 | 199.0 | 199.2 | 199.2 | 199.3 | 199.3 | 199.4 | 199.4 | 199.4 | 199.4 | 199.4 | 199.4 | 199.4 | 199.5 | 199.5 | 199.5 | 199.5 | 199.5 | 199.5 |
| 3 | 55.55 | 49.80 | 47.47 | 46.19 | 15.39 | 44.84 | 44.43 | 44.13 | 43.88 | 43.69 | 43.39 | 43.08 | 42.78 | 42.62 | 42.47 | 42.31 | 42.15 | 41.99 | 41.83 |
| 4 | 31.33 | 26.28 | 24.26 | 23.15 | 22.46 | 21.97 | 21.62 | 21.35 | 21.14 | 20.97 | 20.70 | 20.44 | 20.17 | 20.03 | 19.89 | 19.75 | 19.61 | 19.47 | 19.32 |
| 5 | 22.78 | 18.31 | 16.53 | 15.56 | 14.94 | 14.51 | 14.20 | 13.96 | 13.77 | 13.62 | 13.38 | 13.15 | 12.90 | 12.78 | 12.66 | 12.53 | 12.40 | 1.27 | 12.14 |
| 6 | 18.63 | 14.54 | 12.92 | 12.03 | 11.46 | 11.07 | 10.79 | 10.57 | 10.39 | 10.25 | 10.03 | 9.81 | 9.59 | 9.47 | 9.36 | 9.24 | 9.12 | 9.00 | 8.88 |
| 7 | 16.24 | 12.40 | 10.88 | 10.05 | 9.52 | 9.16 | 8.89 | 8.68 | 8.51 | 8.38 | 8.18 | 7.97 | 7.75 | 7.65 | 7.53 | 7.42 | 7.31 | 7.19 | 7.08 |
| 8 | 14.69 | 11.04 | 9.60 | 8.81 | 8.30 | 7.95 | 7.69 | 7.50 | 7.34 | 7.21 | 7.01 | 6.81 | 6.61 | 6.50 | 6.40 | 6.29 | 6.18 | 6.06 | 5.95 |
| 9 | 13.61 | 10.11 | 8.72 | 7.96 | 7.47 | 7.13 | 6.88 | 6.69 | 6.54 | 6.42 | 6.23 | 6.03 | 5.83 | 5.73 | 5.62 | 5.52 | 5.41 | 5.30 | 5.19 |
| 10 | 12.83 | 9.43 | 8.08 | 7.34 | 6.87 | 6.54 | 6.30 | 6.12 | 5.97 | 5.85 | 5.66 | 5.47 | 5.27 | 5.17 | 5.07 | 4.97 | 4.86 | 4.75 | 4.64 |
| 11 | 12.23 | 8.91 | 7.60 | 6.88 | 6.42 | 6.10 | 5.86 | 5.68 | 5.54 | 5.42 | 5.24 | 5.05 | 4.86 | 4.76 | 4.65 | 4.55 | 4.44 | 4.34 | 4.23 |
| 12 | 11.75 | 8.51 | 7.23 | 6.52 | 6.07 | 5.76 | 5.52 | 5.35 | 5.20 | 5.09 | 4.91 | 4.72 | 4.53 | 4.43 | 4.33 | 4.23 | 4.12 | 4.01 | 3.90 |
| 13 | 11.37 | 8.19 | 6.93 | 6.23 | 5.79 | 5.48 | 5.25 | 5.08 | 4.94 | 4.82 | 4.64 | 4.46 | 4.27 | 4.17 | 4.07 | 3.97 | 3.87 | 3.76 | 3.65 |
| 14 | 11.06 | 7.92 | 6.68 | 6.00 | 5.56 | 5.26 | 5.03 | 4.86 | 4.72 | 4.60 | 4.43 | 4.25 | 4.06 | 3.96 | 3.86 | 3.76 | 3.66 | 3.55 | 3.44 |
| 15 | 10.80 | 7.70 | 6.48 | 5.80 | 5.37 | 5.07 | 4.85 | 4.67 | 4.54 | 4.42 | 4.25 | 4.07 | 3.88 | 3.79 | 3.69 | 3.58 | 3.48 | 3.37 | 3.26 |
| 16 | 10.58 | 7.51 | 6.30 | 5.64 | 5.21 | 4.91 | 4.69 | 4.52 | 4.38 | 4.27 | 4.10 | 3.92 | 3.73 | 3.64 | 3.54 | 3.44 | 3.33 | 3.22 | 3.11 |
| 17 | 10.38 | 7.35 | 6.16 | 5.50 | 5.07 | 4.78 | 4.56 | 4.39 | 4.25 | 4.14 | 3.97 | 3.79 | 3.61 | 3.51 | 3.41 | 3.31 | 3.21 | 3.10 | 2.98 |
| 18 | 10.22 | 7.21 | 6.03 | 5.37 | 4.96 | 4.66 | 4.44 | 4.28 | 4.14 | 4.03 | 3.86 | 3.66 | 3.50 | 3.40 | 3.30 | 3.20 | 3.10 | 2.99 | 2.87 |
| 19 | 10.07 | 7.09 | 5.92 | 5.27 | 4.85 | 4.56 | 4.34 | 4.18 | 4.04 | 3.93 | 3.76 | 3.59 | 3.40 | 3.31 | 3.21 | 3.11 | 3.00 | 2.89 | 2.78 |
| 20 | 9.94 | 6.99 | 5.82 | 5.17 | 4.76 | 4.47 | 4.26 | 4.09 | 3.96 | 3.85 | 3.68 | 3.50 | 3.32 | 3.22 | 3.12 | 3.02 | 2.92 | 2.81 | 2.69 |
| 21 | 9.83 | 6.89 | 5.73 | 5.09 | 4.68 | 4.39 | 4.18 | 4.01 | 3.88 | 3.77 | 3.60 | 3.43 | 3.24 | 3.15 | 3.05 | 2.95 | 2.84 | 2.73 | 2.61 |
| 22 | 9.73 | 6.81 | 5.65 | 5.02 | 4.61 | 4.32 | 4.11 | 3.94 | 3.81 | 3.70 | 3.54 | 3.36 | 3.18 | 3.08 | 2.98 | 2.88 | 2.77 | 2.66 | 2.55 |
| 23 | 9.63 | 6.73 | 5.58 | 4.95 | 4.54 | 4.26 | 4.05 | 3.88 | 3.75 | 3.64 | 3.47 | 3.30 | 3.12 | 3.02 | 2.92 | 2.82 | 2.71 | 2.60 | 2.48 |
| 24 | 9.55 | 6.66 | 5.52 | 4.89 | 4.49 | 4.20 | 3.99 | 3.83 | 3.69 | 3.59 | 3.42 | 3.25 | 3.06 | 2.97 | 2.87 | 2.77 | 2.66 | 2.55 | 2.43 |
| 25 | 9.48 | 6.60 | 5.46 | 4.84 | 4.43 | 4.15 | 3.94 | 3.78 | 3.64 | 3.54 | 3.37 | 3.20 | 3.01 | 2.92 | 2.82 | 2.72 | 2.61 | 2.50 | 2.38 |

续表

| $n_2$ \ $n_1$ | 1 | 2 | 3 | 4 | 5 | 6 | 7 | 8 | 9 | 10 | 12 | 15 | 20 | 24 | 30 | 40 | 60 | 120 | ∞ |
|---|---|---|---|---|---|---|---|---|---|---|---|---|---|---|---|---|---|---|---|
| 26 | 9.41 | 6.54 | 5.41 | 4.79 | 4.38 | 4.10 | 3.89 | 3.73 | 3.60 | 3.49 | 3.33 | 3.15 | 2.97 | 2.87 | 2.77 | 2.67 | 2.56 | 2.45 | 2.33 |
| 27 | 9.34 | 6.49 | 5.36 | 4.74 | 4.34 | 4.06 | 3.85 | 3.69 | 3.56 | 3.45 | 3.28 | 3.11 | 2.93 | 2.83 | 2.73 | 2.63 | 2.52 | 2.41 | 2.29 |
| 28 | 9.28 | 6.44 | 5.32 | 4.70 | 4.30 | 4.02 | 3.81 | 3.65 | 3.52 | 3.41 | 3.25 | 3.07 | 2.89 | 2.79 | 2.69 | 2.59 | 2.48 | 2.37 | 2.25 |
| 29 | 9.23 | 6.40 | 5.28 | 4.66 | 4.26 | 3.98 | 3.77 | 3.61 | 3.48 | 3.38 | 3.21 | 3.04 | 2.86 | 2.76 | 2.66 | 2.56 | 2.45 | 2.33 | 2.21 |
| 30 | 9.18 | 6.35 | 5.24 | 4.62 | 4.23 | 3.95 | 3.74 | 3.58 | 3.45 | 3.34 | 3.18 | 3.01 | 2.82 | 2.73 | 2.63 | 2.52 | 2.42 | 2.30 | 2.18 |
| 40 | 8.83 | 6.07 | 4.98 | 4.37 | 3.99 | 3.71 | 3.51 | 3.35 | 3.22 | 3.12 | 2.95 | 2.78 | 2.60 | 2.50 | 2.40 | 2.30 | 2.18 | 2.06 | 1.93 |
| 60 | 8.49 | 5.79 | 4.73 | 4.14 | 3.76 | 3.49 | 3.29 | 3.13 | 3.01 | 2.90 | 2.74 | 2.57 | 2.39 | 2.29 | 2.19 | 2.08 | 1.96 | 1.83 | 1.69 |
| 120 | 8.18 | 5.54 | 4.50 | 3.92 | 3.55 | 3.28 | 3.09 | 2.93 | 2.81 | 2.71 | 2.54 | 2.37 | 2.19 | 2.09 | 1.98 | 1.87 | 1.75 | 1.61 | 1.43 |
| ∞ | 7.88 | 5.30 | 4.28 | 3.72 | 3.35 | 3.09 | 2.90 | 2.74 | 2.62 | 2.52 | 2.36 | 2.19 | 2.00 | 1.90 | 1.79 | 1.67 | 1.53 | 1.36 | 1.00 |

$a=0.001$

| $n_2$ \ $n_1$ | 1 | 2 | 3 | 4 | 5 | 6 | 7 | 8 | 9 | 10 | 12 | 15 | 20 | 24 | 30 | 40 | 60 | 120 | ∞ |
|---|---|---|---|---|---|---|---|---|---|---|---|---|---|---|---|---|---|---|---|
| 1 | 4053† | 5000† | 5404† | 5625† | 5764† | 5859† | 5929† | 5981† | 6023† | 6056† | 6107† | 6158† | 6209† | 6235† | 6261† | 6287† | 6313† | 6640† | 6366† |
| 2 | 998.5 | 999.0 | 999.2 | 999.2 | 999.3 | 999.3 | 999.4 | 999.4 | 999.4 | 999.4 | 999.4 | 999.4 | 999.4 | 999.5 | 999.5 | 999.5 | 999.5 | 999.5 | 999.5 |
| 3 | 167.0 | 148.5 | 141.1 | 137.1 | 134.6 | 132.8 | 131.6 | 130.6 | 129.9 | 129.2 | 128.3 | 127.4 | 126.4 | 125.9 | 125.4 | 125.0 | 124.5 | 124.0 | 123.5 |
| 4 | 74.14 | 61.25 | 56.18 | 53.44 | 51.71 | 50.53 | 49.66 | 49.00 | 48.47 | 48.05 | 47.41 | 46.76 | 46.10 | 45.77 | 45.43 | 45.09 | 44.75 | 44.40 | 44.05 |
| 5 | 47.18 | 37.12 | 33.20 | 31.09 | 29.75 | 28.84 | 28.16 | 27.64 | 27.24 | 26.92 | 26.42 | 25.91 | 25.39 | 25.14 | 24.87 | 24.60 | 24.33 | 24.06 | 23.79 |
| 6 | 35.51 | 27.00 | 23.70 | 21.92 | 20.81 | 20.03 | 19.46 | 19.03 | 18.69 | 18.41 | 17.99 | 17.56 | 17.12 | 16.89 | 16.67 | 16.44 | 16.21 | 15.99 | 15.75 |
| 7 | 29.25 | 21.69 | 18.77 | 17.19 | 16.21 | 15.52 | 15.02 | 14.63 | 14.33 | 14.08 | 13.71 | 13.32 | 12.93 | 12.73 | 12.53 | 12.33 | 12.12 | 11.91 | 11.70 |
| 8 | 25.42 | 18.49 | 15.83 | 14.39 | 13.49 | 12.86 | 12.40 | 12.04 | 11.77 | 11.54 | 11.19 | 10.84 | 10.48 | 10.30 | 10.11 | 9.92 | 9.73 | 9.53 | 9.33 |
| 9 | 22.86 | 16.39 | 13.90 | 12.56 | 11.71 | 11.13 | 10.70 | 10.37 | 10.11 | 9.89 | 9.57 | 9.24 | 8.90 | 8.72 | 8.55 | 8.37 | 8.19 | 8.00 | 7.81 |
| 10 | 21.04 | 14.91 | 12.55 | 11.28 | 10.48 | 9.92 | 9.52 | 9.20 | 8.96 | 8.75 | 8.45 | 8.13 | 7.80 | 7.64 | 7.47 | 7.30 | 7.12 | 6.94 | 6.76 |
| 11 | 19.69 | 13.81 | 11.56 | 10.35 | 9.58 | 9.05 | 8.66 | 8.35 | 8.12 | 7.92 | 7.63 | 7.32 | 7.01 | 6.85 | 6.68 | 6.52 | 6.35 | 6.17 | 6.00 |
| 12 | 18.64 | 12.97 | 10.80 | 9.63 | 8.89 | 8.38 | 8.00 | 7.71 | 7.48 | 7.29 | 7.00 | 6.71 | 6.40 | 6.25 | 6.09 | 5.93 | 5.76 | 5.59 | 5.42 |
| 13 | 17.81 | 12.31 | 10.21 | 9.07 | 8.35 | 7.86 | 7.49 | 7.21 | 6.98 | 6.80 | 6.52 | 6.23 | 5.93 | 5.78 | 5.63 | 5.47 | 5.30 | 5.14 | 4.97 |
| 14 | 17.14 | 11.78 | 9.73 | 8.62 | 7.92 | 7.43 | 7.08 | 6.80 | 6.58 | 6.40 | 6.13 | 5.85 | 5.56 | 5.41 | 5.25 | 5.10 | 4.94 | 4.77 | 4.60 |
| 15 | 16.59 | 11.34 | 9.34 | 8.25 | 7.57 | 7.09 | 6.74 | 6.47 | 6.26 | 6.08 | 5.81 | 5.54 | 5.25 | 5.10 | 4.95 | 4.80 | 4.64 | 4.47 | 4.31 |
| 16 | 16.12 | 10.97 | 9.00 | 7.94 | 7.27 | 6.81 | 6.46 | 6.19 | 5.98 | 5.81 | 5.55 | 5.27 | 4.99 | 4.85 | 4.70 | 4.54 | 4.39 | 4.23 | 4.06 |
| 17 | 15.72 | 10.66 | 8.73 | 7.68 | 7.02 | 7.56 | 6.22 | 5.96 | 5.75 | 5.58 | 5.32 | 5.05 | 4.78 | 4.63 | 4.48 | 4.33 | 4.18 | 4.02 | 3.85 |
| 18 | 15.38 | 10.39 | 8.49 | 7.46 | 6.81 | 6.35 | 6.02 | 5.76 | 5.56 | 5.39 | 5.13 | 4.87 | 4.59 | 4.45 | 4.30 | 4.15 | 4.00 | 3.84 | 3.67 |
| 19 | 15.08 | 10.16 | 8.28 | 7.26 | 6.62 | 6.18 | 5.85 | 5.59 | 5.39 | 5.22 | 4.97 | 4.70 | 4.43 | 4.29 | 4.14 | 3.99 | 3.84 | 3.68 | 5.51 |
| 20 | 14.82 | 9.95 | 8.10 | 7.10 | 6.46 | 6.02 | 5.69 | 5.44 | 5.24 | 5.08 | 4.82 | 4.56 | 4.29 | 4.15 | 4.00 | 3.86 | 3.70 | 3.54 | 3.38 |
| 21 | 14.59 | 9.77 | 7.94 | 6.95 | 6.32 | 5.88 | 5.56 | 5.31 | 5.11 | 4.95 | 4.70 | 4.44 | 4.17 | 4.03 | 3.88 | 3.74 | 3.58 | 3.42 | 3.26 |
| 22 | 14.38 | 9.61 | 7.80 | 6.81 | 6.19 | 5.76 | 5.44 | 5.19 | 4.99 | 4.83 | 4.58 | 4.33 | 4.06 | 3.92 | 3.78 | 3.63 | 3.48 | 3.32 | 3.15 |
| 23 | 14.19 | 9.47 | 7.67 | 6.69 | 6.08 | 5.65 | 5.33 | 5.09 | 4.89 | 4.73 | 4.48 | 4.23 | 3.96 | 3.82 | 3.68 | 3.53 | 3.38 | 3.22 | 3.05 |
| 24 | 14.03 | 9.34 | 7.55 | 6.59 | 5.98 | 5.55 | 5.23 | 4.99 | 4.80 | 4.64 | 4.39 | 4.14 | 3.87 | 3.74 | 3.59 | 3.45 | 3.29 | 3.14 | 2.97 |
| 25 | 13.88 | 9.22 | 7.45 | 6.49 | 5.88 | 5.46 | 5.15 | 4.91 | 4.71 | 4.56 | 4.31 | 4.06 | 3.79 | 3.66 | 3.52 | 3.37 | 3.22 | 3.06 | 2.89 |
| 26 | 13.74 | 9.12 | 7.36 | 6.41 | 5.80 | 5.38 | 5.07 | 4.83 | 4.64 | 4.48 | 4.24 | 3.99 | 3.72 | 3.59 | 3.44 | 3.30 | 3.15 | 2.99 | 2.82 |
| 27 | 13.61 | 9.02 | 7.27 | 6.33 | 5.73 | 5.31 | 5.00 | 4.76 | 4.57 | 4.41 | 4.17 | 3.92 | 3.66 | 3.52 | 3.38 | 3.23 | 3.08 | 2.92 | 2.75 |
| 28 | 13.50 | 8.93 | 7.19 | 6.25 | 5.66 | 5.24 | 4.93 | 4.69 | 4.50 | 4.35 | 4.11 | 3.86 | 3.60 | 3.46 | 3.32 | 3.18 | 3.02 | 2.86 | 2.69 |
| 29 | 13.39 | 8.85 | 7.12 | 6.19 | 5.59 | 5.18 | 4.87 | 4.64 | 4.45 | 4.29 | 4.05 | 3.80 | 3.54 | 3.41 | 3.27 | 3.12 | 2.97 | 2.81 | 2.64 |
| 30 | 13.29 | 8.77 | 7.05 | 6.12 | 5.53 | 5.12 | 4.82 | 4.58 | 4.39 | 4.24 | 4.00 | 3.75 | 3.49 | 3.36 | 3.22 | 3.07 | 2.92 | 2.76 | 2.59 |
| 40 | 12.61 | 8.25 | 6.60 | 5.70 | 5.13 | 4.73 | 4.44 | 4.21 | 4.02 | 3.87 | 3.64 | 3.40 | 3.15 | 3.01 | 2.87 | 2.73 | 2.57 | 2.41 | 2.23 |
| 60 | 11.97 | 7.76 | 6.17 | 5.31 | 4.76 | 4.37 | 4.09 | 3.87 | 3.69 | 3.54 | 3.31 | 3.08 | 2.83 | 2.69 | 2.55 | 2.41 | 2.25 | 2.08 | 1.89 |
| 120 | 11.38 | 7.32 | 5.79 | 4.95 | 4.42 | 4.04 | 3.77 | 3.55 | 3.38 | 3.24 | 3.02 | 2.78 | 2.53 | 2.40 | 2.26 | 2.11 | 1.95 | 1.76 | 1.54 |
| ∞ | 10.83 | 6.91 | 5.42 | 4.62 | 4.10 | 3.74 | 3.47 | 3.27 | 3.10 | 2.96 | 2.74 | 2.51 | 2.27 | 2.13 | 1.99 | 1.84 | 1.66 | 1.45 | 1.00 |

†表示要将所列数乘以 100